高职高专教材

机械基础

刘海川　主编

石油工业出版社

内 容 提 要

本书依据化工设备维修技术、机械制造与自动化、电气自动化技术、汽车检测与维修技术、油气储运技术等非机械、近机械类专业及石油、民族地域的高等职业教学特点，将机械基础课程的内容分为两大部分共计十三章进行编写，主要包括静力学、材料力学、常用机构、机械传动、联结、轴系零部件与机械装置的润滑与密封等内容。

本书可供高等职业教育三年制和五年制非机械、近机械类专业和成人高校教学使用，也可供相关技术人员参考。

图书在版编目（CIP）数据

机械基础/刘海川主编.
北京：石油工业出版社，2013.4
（高职高专教材）
ISBN 978-7-5021-9479-6

Ⅰ.机…
Ⅱ.刘…
Ⅲ.机械学—高等职业教育—教材
Ⅳ.TH11

中国版本图书馆CIP数据核字（2013）第025666号

出版发行：石油工业出版社
（北京安定门外安华里2区1号　100011）
网　址：http://www.petropub.com
编辑部：(010)64240656　发行部：(010)64523620
经　销：全国新华书店
印　刷：北京中石油彩色印刷有限责任公司

2013年4月第1版　2015年1月第2次印刷
787×1092毫米　开本：1/16　印张：15
字数：367千字

定价：30.00元
（如出现印装质量问题，我社发行部负责调换）

序

高等职业教育是高等教育的重要组成部分。随着我国高等职业教育的快速发展壮大，特别是我国实现现代工业化国家的步伐加快，需要培养大量生产一线的高技能人才。大力发展高等职业教育，培养和造就适应生产、建设、管理、服务第一线需要的技术应用性的高技能人才，要求我们必须重视高等职业教育教材改革与建设，编写具有高等职业教育自身特色的教材。高等职业教育的培养目标、教学模式、教学内容有其鲜明特色，这就要求高等职业教育教材要以教学改革为基础，突破传统教育模式，不能照搬普通本科和中专教材，从教材体系到教材内容都要体现改革精神，突出鲜明的高等职业教育特色。

近年来，高等职业教育的院校积极进行高等职业教育改革，探索以就业为导向、以“产学结合”为途径、以职业岗位需求为目标、以培养学生实际操作能力为本位的人才培养模式和课程体系。全新的课程体系包括公共与通识课程、专业大类课程、专业技术方向课程、实践课程和人文素质课程五部分。机械基础课程是一门专业大类课，本着必须、够用的原则，对以往开设的工程力学、机械原理、机械零件等课程进行整合，适当减少内容，力图使内容更加精炼，消除重叠，贯通理论力学与材料力学、机械原理与机械零件等课程，注重启发式教学，鼓励学生的创新精神；采用模块式结构，便于组合适应不同的专业需要，提高教学效果，突出问题的本质，加强内部联系；选编与工程实际和日常生活紧密相关的实例及问题，充分利用学生在物理、高等数学等课程中已学到的知识，注重对学习方法的指导，减少理论学时和教材的篇幅。

本书的主编刘海川、编者王新梅多年从事机械基础教学，积极探索高职人才培养课程改革，积累了丰富的高职教学经验。编者丁永秀虽然参加教学工作不久，但也在老教师的带动下积极参与教材编写，精神可嘉。诸位教师的辛勤耕耘，收获了丰硕的成果，成就了适合石油高等职业院校特色的校本教材。我相信一定会有更多的教师在教学改革中不断总结教学经验，积极投身教材建设，编写出一大批高质量的高等职业教育优秀教材。

王　和
2012 年 12 月

序

[illegible]

2012年12月

前　言

本书是根据高等职业教育机械基础课程教学基本要求，考虑到化工设备维修技术、机械制造与自动化、电气自动化技术、汽车检测与维修技术、油气储运技术等非机械、近机械类专业及石油、民族地域的教学特点而编写的，可供高等职业教育三年制和五年制非机械、近机械类专业学生使用。

本书将机械基础课程的教学内容分为两大部分共十三章。主要包括静力学、材料力学、常用机构、机械传动、联结、轴系零部件与机械的润滑与密封。计划学时为 80 学时左右。

在本书编写过程中，我们试图把握高职教育的培养目标、社会对人才需求的动向和机械基础课程的教学基本要求结合起来；深入研究和充分吸收近年来国内高职教育课程改革、教材建设的成果和经验；尝试改革课程体系和知识结构，联系生产实际更新课程内容，结合多年教学经验及研究成果，充实重点、难点；注重培养学生的工程意识、专业技能、钻研精神、创新精神；努力采用新标准、新理论、新方法、新技术、新工艺；着力体现本课程综合性、实践性和创新性的特征。

本教材的特色：第一次提出了矢量问题的解决方案，第一次提出了机构特点分析思路的方案，第一次提出了变换参照物进行相对分析的观点，第一次提出了利用极坐标找点的方案，第一次提出了渐开线齿轮传动的传动比恒定的解决方案。

本书中加“*”的内容为选读内容，可供读者提高性阅读。

本书由克拉玛依职业技术学院教师刘海川、王新梅、丁永秀编写。全书由刘海川统稿和定稿。在本书编写过程中，还得到了克拉玛依职业技术学院机械工程系教师们的帮助，他们提出了许多宝贵建议，在此表示感谢!

本书通过几年的使用，效果良好。随着高职高专教育的改革与发展，在 2006 年版的基础上又重新做了修订，其针对性、目标性更强，内容更丰富、简练，相信能更好地满足高职高专教学的需求。

由于编写人员水平有限，书中难免存在不妥之处，希望使用本书的师生批评指正。

编　者

2012 年 12 月

目　录

第二篇　机械综合

绪 论

自从发明了蒸汽机，人类使用机械越来越普遍，机械的形式变得也越来越复杂。现代生产的主要特征是广泛地使用机械。在各工业生产部门中，人们经常会接触到各种机械设备，并要处理许多与机械设计、制造、安装、使用和维护等有关的问题。因此，掌握一些机械方面的知识和技能是非常必要的。

一、机器与机构

机器的种类繁多，如电动机、抽油机、汽车、火车、机器人等。各种机器的结构形式和用途虽千差万别，但却具有共同的特征。

如图 0－1 所示的单缸内燃机，其中活塞 1、连杆 2、曲轴 3 和气缸体（连同机架）4 组成主体部分。气缸内燃烧的气体膨胀，推动活塞下行，通过连杆使得曲轴转动并将动力输出。它将燃气的热能转换为曲轴转动的机械能。

如图 0－2 所示的牛头刨床，小齿轮 2、大齿轮 3 和机架（床身）1 组成传动部分。电动机经 V 带（图中未画出）传动使小齿轮带动大齿轮转动。大齿轮 3、滑块 4、导杆 5、滑块 6 与机架 1 组成改换运动形式部分。大齿轮上的销轴带动滑块 4 和导杆 5，将大齿轮的转动变换成导杆的摆动。导杆顶端用销轴与滑枕 7 相连，将导杆的摆动变换成滑枕的往复移动，刨刀固定在滑枕的前端，从而实现刨削功能。

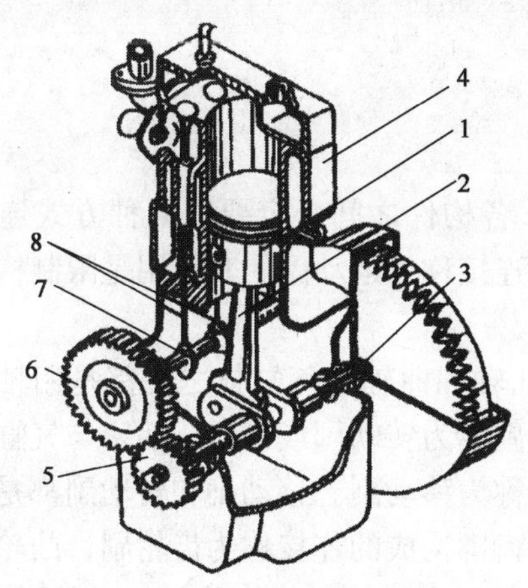

图 0－1　单缸内燃机结构示意图

1—活塞；2—连杆；3—曲轴；4—气缸体（连同机架）；
5—曲轴齿轮；6—凸轮轴齿轮；7—凸轮；8—阀杆

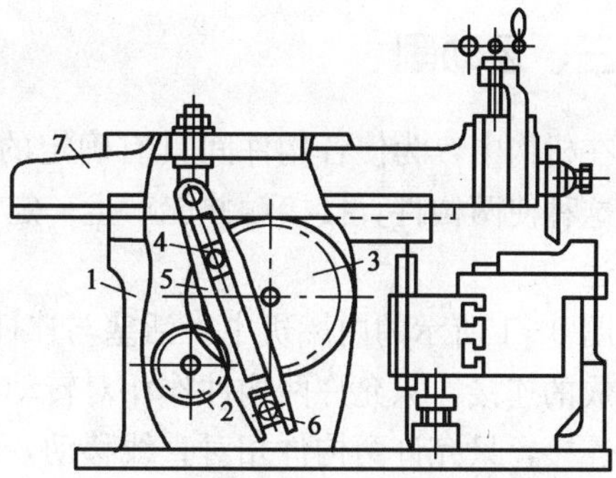

图 0－2　牛头刨床

1—机架（床身）；2—小齿轮；3—大齿轮；
4，6—滑块；5—导杆；7—滑枕

由以上实例可以说明机器具有以下三个特征：

（1）它是由许多实物人为地组合而成；

（2）各实物间具有确定的相对运动；

（3）能完成有用的机械功或进行功能转换，以减轻人们的劳动强度。

一部完整的机器是由原动部分、传动部分和工作执行部分三部分组成。如图 0-2 所示的牛头刨床，原动部分是电动机，刨刀架和工作台是它的执行部分，原动部分到执行部分之间所经过的一系列装置是传动部分。复杂的机器除上述三部分外，还有控制部分。机器是执行机械运动的装置，用来变换或传递能量、物料与信息。

机器中若干实物的组合，可实现预定运动的部分称为机构。例如，在内燃机中，活塞、连杆、曲轴和缸体（连同机架）组合起来，可将活塞的往复移动转变成曲轴的转动。凸轮、进排气阀推杆和机架的组合，可将凸轮的转动转变为进排气阀推杆的往复移动等。机构是由若干构件用运动副连接起来的构件系统。机构是机器中的一部分，是传递运动或转换运动形式的那一部分。大多数机器都是由若干基本机构组成，如内燃机的主体部分是连杆机构，进排气控制部分是凸轮机构，传动部分是齿轮机构。

机器与机构统称为机械。

也可以这样理解：机者——机动、灵活也，械者——器具也，机械——机动、灵活的器具。

二、构件与零件

构件是机构的运动单元，如曲轴、连杆、活塞等。机械中不可拆的制造单元称为零件。构件可以是单一零件，如内燃机的曲轴，也可以是若干零件的刚性组合体，如内燃机的连杆（图 0-1），是由连杆体、连杆盖、螺栓和螺母组成。这样的结构便于安装。

机构中接受外部给定运动规律的活动构件称为主动件，随主动件的运动而运动的活动构件称为从动件，支承活动构件的构件称为固定件（机架）。

零件可以分为通用零件和专用零件。通用零件是指各种机械中经常用到的零件，如螺栓、螺母、齿轮和键等。专用零件是指在某些机械中才用到的零件，如内燃机的曲轴、起重机的吊钩等。

三、运动副

在机构中，为使各构件间具有确定的相对运动，各构件之间必定要以某种方式连接起来。这种使两构件直接接触并能产生一定相对运动的连接称为运动副。其作用是限制构件的多余运动。

图 0-1 所示的内燃机中，活塞与连杆、连杆与曲轴和曲轴与气缸体之间都是用轴与圆孔构成的连接，只允许两构件作相对转动，这种运动副称为转动副或铰链；活塞与气缸体构成的连接，只允许两构件相对直线移动，这种运动副称为移动副。移动副和转动副都是两构件通过面接触组成的运动副，统称低副。两齿轮间用齿廓构成的连接称为齿轮副；凸轮与推杆之间的连接称为凸轮副。齿轮副和凸轮副都是两构件通过线接触或点接触组成的运动副，统称为高副。

四、本课程的性质、任务和基本要求

本课程是工科非机械类各专业的一门综合性专业支持课。

本课程的任务：培养学生掌握机械技术的基本知识、基本理论和基本技能，使学生初步具有使用和维护一般机械的能力，为解决生产实际问题及学习新的科学技术打下基础。

通过本课程的学习，学生应达到下列基本要求：

(1) 掌握零件的受力分析、基本变形形式和强度计算方法；

(2) 熟悉机械传动和通用机械零件的工作原理、特点、结构及应用，掌握通用机械零件的标准和选用；

(3) 初步具有处理一般机械问题的能力；

(4) 初步具有使用维护一般机械的能力。

习　题

1. 何谓机械？何谓机器？何谓机构？
2. 一部完整的机器由哪几部分组成？
3. 试举例说明机器、机构、构件、零件。
4. 何谓运动副？运动副有哪几类？

第一篇 工程力学

严格地讲，工程力学所包含的内容极为广泛，本书所讨论的“工程力学”只涉及静力学和材料力学两部分。前者研究的是物体的受力和平衡规律，后者研究的是物体在外力作用下的变形和失效现象。二者都是工程设计中必备的基本知识。

在生产实践中常用的机械设备和工程结构，都是由许多构件组成的。构件丧失正常功能的现象称为失效。构件的失效形式很多，但在工程力学范畴内的失效通常可分为三类：强度失效、刚度失效和稳定失效。

强度失效是指构件在外力作用下发生不可恢复的塑性变形或断裂。例如，起重机吊起重物时绳索被拉断，销钉产生塑性变形等。由此可知，强度是指构件抵抗塑性变形或断裂的能力。

刚度失效是指构件在外力作用下产生过量的弹性变形。例如，齿轮传动轴，若其弹性变形过大，不仅会影响齿轮间的正常啮合，缩短齿轮的使用寿命，而且会加大轴与轴承的磨损，从而导致传动机构失效；电动机轴如果变形过大，不仅会减小转子与定子之间规定的间隙，增加功率损耗，甚至可能使转子与定子接触，造成严重事故。因此，刚度是指构件抵抗过量弹性变形的能力。

稳定失效是指构件在轴向力的作用下，失去平稳。例如，千斤顶中的螺杆，压缩机中的连杆等，由于过于细长，当所受轴向压力超过一定数值时，便会从直线的平衡状态突然转变为弯曲的平衡状态，致使各自所属的机器失去正常功能。因此，稳定性是指构件保持原有平衡形式的能力。

综上所述，工程力学的主要任务：分析并确定构件所受各种外力的大小和方向，研究在外力作用下构件的内力、变形和失效的规律，提供保证构件具有足够的强度、刚度和稳定性的设计准则和计算方法。

在工程设计时，除了保证构件在确定的外力作用下正常工作性外，还要符合经济节约的原则。从安全考虑，要求选用较好的材料或采用较大截面尺寸；从经济考虑，则要求选用价廉的材料或采用较小的截面尺寸。这两个要求显然是相互矛盾的，在解决这一矛盾的过程中工程力学得到了不断的发展。

第一章　静力分析

第一节　平衡的概念

静力学主要研究的是力系的简化及物体在力系作用下的平衡规律。它包括确定研究对象、进行受力分析、简化力系、建立平衡条件、求解未知量等内容。

在研究物体平衡时，当物体在力的作用下变形很小且并不影响研究的主题，此时变形可以忽略不计，这样的物体称为刚体，否则称为变形体。当然，变形是绝对的，刚体实际上是不存在的，它只是为了方便研讨而被抽象的概念。

物体在空间的位置随时间的变化而变化，称为物体的机械运动。它是人们在日常生活和生产实践中最常见的一种运动形式。

工程中，平衡是指物体相对于地球处于静止或匀速直线运动的状态（惯性），是物体机械运动中的一种特殊状态。物体的运动是绝对的，而平衡总是相对的、有条件的。作用于物体上的力系，若使物体处于平衡状态，必须满足一定的条件，这些条件称为力系的平衡条件。研究物体的平衡条件是工程技术中具有实际意义的问题。

力系是指作用于被研究物体上的一组力，可分为空间力系和平面力系。平面力系是指所有的力均在同一平面内，可分为平面任意力系、平面汇交力系、平面平行力系和平面力偶系。

如果力系可使物体处于平衡状态，则称该力系为平衡力系；若两个力系分别作用于同一物体而效应相同，则二者互称为等效力系；若力系与一个力等效，则称此力为该力系的合力，而力系中的各个力都是此合力的分力。把各分力代换成合力的过程，称为力系的合成；把合力改换成几个分力的过程，称为力的分解。所谓力系的简化，就是用简单的力（力系）等效替代复杂的力系。

将看似杂乱无章的事物变得有章有序，看似无规律的事物变得有条有理，看似复杂的事物变得简单明了，这就是科学。

第二节　力的基本性质

一、力的概念

人们在长期的生活与生产实践中，逐渐获得力的概念。当我们提水、推车、搬动重物时，由于肌肉紧张而感觉到力的作用。随着人们在实践中感觉与观察的不断积累，认识到：力是物体间的相互机械作用。尽管力是看不见、摸不着的，但人们总可以度量到它。

力对物体的作用效应有两方面。其一，人推车时，车子由静止转为运动；行驶中的汽车刹车时，摩擦力能使它停下来；自由下落的物体，由于地球引力作用，其速度越来越快。这些说明力可以使物体的运动状态发生改变，称为运动效应或外效应。其二，弹簧受拉后会伸长，桥梁在车轮压力下会弯曲等，说明力可以使物体的形状发生变化，称为变形效应或内效应。

力对物体的作用效应，取决于力的大小、力的方向和力的作用点，这三个因素称为力的三要素。当这三要素中任何一个有所改变时，力的作用效应就会改变。

为了度量力的大小，必须选择一个标准单位，本书采用我国的法定计量单位。力的单位为 N（牛）或 kN（千牛）。

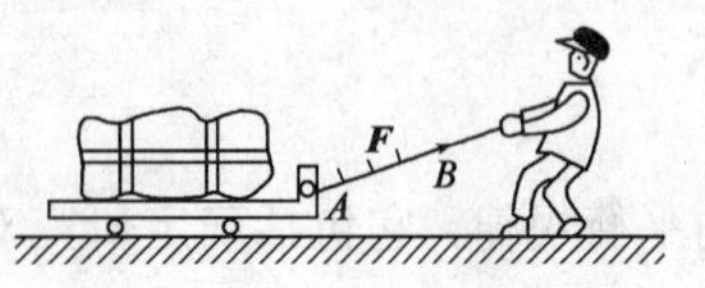

图 1-1　力的表示

在力学中有两类量：标量和矢量。只考虑大小的量称为标量，如长度、时间、质量等都是标量。既考虑大小又考虑方向的量称为矢量。力是矢量，常用一个具有方向的线段来表示。如图 1-1 所示，线段的长短（按一定的比例尺）表示力的大小，箭头的指向表示力的方向，A 点表示力的作用点。用黑体字母如 $\boldsymbol{F}$、$\boldsymbol{P}$、$\boldsymbol{S}$ 等表示力矢量，并以普通字母 F、P、S 等表示力的大小。书写时也可在普通字母上画一箭头如 $\vec{F}$、$\vec{P}$、$\vec{S}$ 表示矢量。

作用在物体上的一组力称为力系。物体在力系作用下处于平衡状态，则该力系称为平衡力系。如果一个力与一个力系对物体的作用效果相同，则称这一个力是该力系的合力，而力系中的各个力都是其合力的分力。把各分力代换成合力的过程，称为力系的合成。把合力代换成几个分力的过程，称为力的分解。

二、力的基本性质

在长期的生活与生产实践中，人们把所积累的经验加以抽象、归纳，总结出了一些结论，概括了力的基本性质，它是研究力学的基础。

1. 作用力与反作用力定律

一个物体对另一个物体有一作用力时，另一个物体对此物体必有一个反作用力，这两个力大小相等、方向相反，作用在同一直线上，且分别作用在两个物体上。例如，图 1-2 所示滑轮组中 B 轮受到绳索的拉力 $\boldsymbol{F}_1$、$\boldsymbol{F}_2$ 作用，则 B 轮亦以等值、反向的反作用力 $\boldsymbol{F}'_1$、$\boldsymbol{F}'_2$ 作用于绳索。这一定律说明了力的来源是物体间的相互作用，力总是成对地出现，并通过作用与反作用相互传递。这一定律是分析物体受力情况的依据。

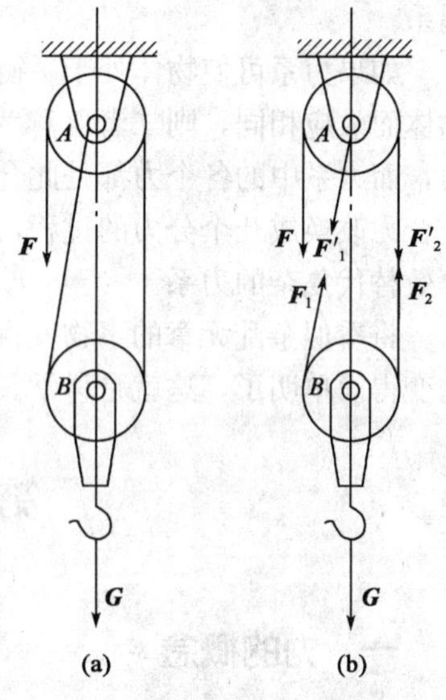

图 1-2　作用力与反作用力

2. 二力平衡公理

作用于某刚体上的两个力，使该刚体保持平衡的必要与充分条件是：这两个力大小相等、方向相反，且作用在同一直线上。例如，图 1-3 所示杆件 AB 两端分别受 $\boldsymbol{F}_1$ 与 $\boldsymbol{F}_2$ 的作用，要使此杆件处于平衡状态，则这两个力必须等值、反向、共线。这一公理说明了一个刚体受两个力作用时的平衡条件，称为二力平衡条件。它是研究力系平衡的依据。这里应注意，此公理与作用和反作用定律是有

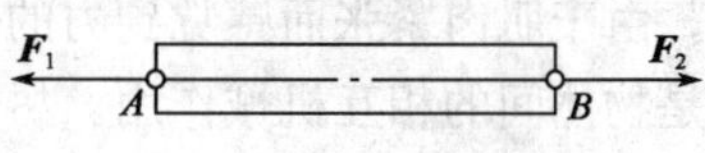

图 1-3　二力平衡

差别的，此公理叙述了作用于同一刚体上的二力平衡条件，而作用力与反作用力定律是描述两个物体之间的相互作用的关系。

利用二力平衡公理可以得出一个推论：作用于刚体上的二力，可以沿其作用线移动到该刚体上的任一点，而不改变它对刚体的作用效果。例如，图 1-4（a）所示力 $\boldsymbol{F}$ 作用在小车的 A 点上，在此力的作用线上任一点 B，加上等值、反向、共线的二力 $\boldsymbol{F}_1$、$\boldsymbol{F}_2$，并使 $\boldsymbol{F}_1=-\boldsymbol{F}_2=\boldsymbol{F}$。根据二力平衡公理可知，$\boldsymbol{F}_1$ 与 $\boldsymbol{F}_2$ 是一对平衡力系，因此，加上这一对平衡力系并不影响原力 $\boldsymbol{F}$ 对小车的作用效果，力 $\boldsymbol{F}$ 与力系 $\boldsymbol{F}_1$、$\boldsymbol{F}_2$、$\boldsymbol{F}$ 等效。由于 $\boldsymbol{F}$ 与 $\boldsymbol{F}_2$ 也是一对平衡力系，可以把它们去掉，因此力 $\boldsymbol{F}_1$ 与原力 $\boldsymbol{F}$ 等效，相当于力的作用点由 A 移到 B 点。在实践中人们有这样的体会，以等量的力推车与拉车，其效果是一样的。这一推论称为力的可传性原理。

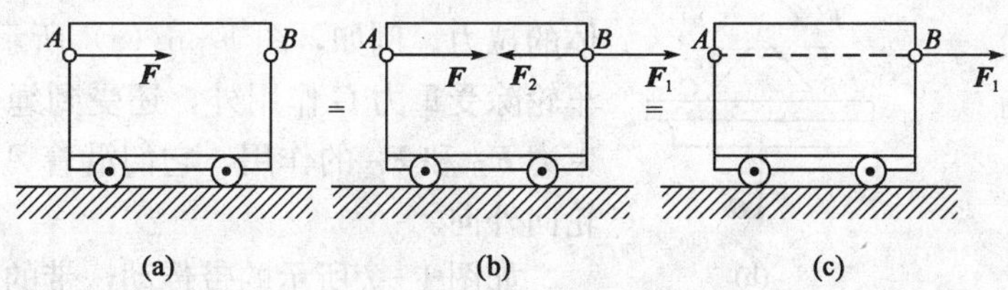

图 1-4 力的可传性证明

应当指出，这一公理与推论只适用于刚体而不适用于变形体。

3. 力的平行四边形法则

作用于物体上某一点的两个力的合力，其作用线必通过该点，合力的大小与方向可由以这两个力矢为邻边所作的平行四边形的对角线来表示，如图 1-5（a）所示。此法则指出，两个力矢相加不能简单地求其算术和，而是应用力的平行四边形法则求几何和，这种求合力的方法，称为矢量加法（几何法）。合力矢等于原来两个力矢的矢量和，可用公式表示为：

$$\boldsymbol{F}_{\mathrm{R}}=\boldsymbol{F}_1+\boldsymbol{F}_2$$

利用力的平行四边形法则，还可以把作用于物体上的一个力分解为相交的两个分力，其分力与合力作用于同一点上。通常是将力分解为方向已知、相互垂直的两个分力，如图 1-5（b）所示，这种分解称为正交分解。

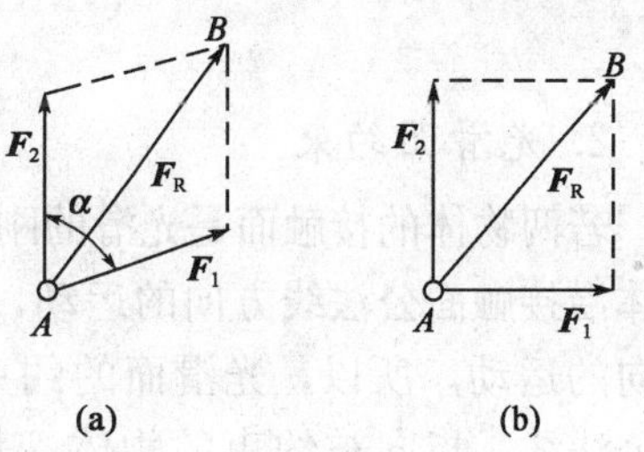

图 1-5 力的平行四边形法则

第三节 约束、约束力、受力图

一、约束与约束力

机械和工程结构中的每个构件，总是与周围其他构件相互联系而又相互制约（即形成了运动副）的，使它的运动受到限制。例如，电动机的转子受到轴承的限制，只能绕轴线转动；火车轮受到钢轨的限制，它只能沿钢轨运行等。对于某一物体的运动起限制作用的周围其他物体，称为约束。上面所说的轴承、钢轨就分别是转子、火车轮的约束。约束作用于物体上的力称为约束力。由于约束限制了物体在某一方向的运动，故约束力的方向总是与该约束所限制的运动方向相反，这是确定约束力方向的原则。

二、常见的约束类型

1. 柔体约束

由绳索、带或链条所形成的约束，称为柔体（变形体）约束。这类约束只能承受拉力不能承受压力。它只能限制物体沿柔体伸长方向的运动，而不能限制其他方向的运动。因此，柔体约束对物体的约束力方向是沿着约束的中心线而背离物体的拉力。例如，图 1－6（a）所示用绳吊起车时，车轮除受重力 $\boldsymbol{G}$ 作用外，还受到绳 AB 与 AC 的约束力 $\boldsymbol{F}_B$ 和 $\boldsymbol{F}_C$ 的作用，它们沿着 AB 和 AC 背离车轮向外向。

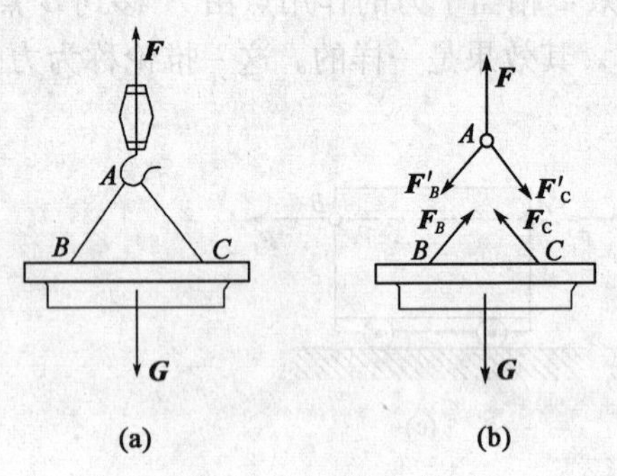

图 1－6　柔体约束

如图 1－7 所示的带传动，带的约束力沿着轮缘的切向离开轮子向外指。

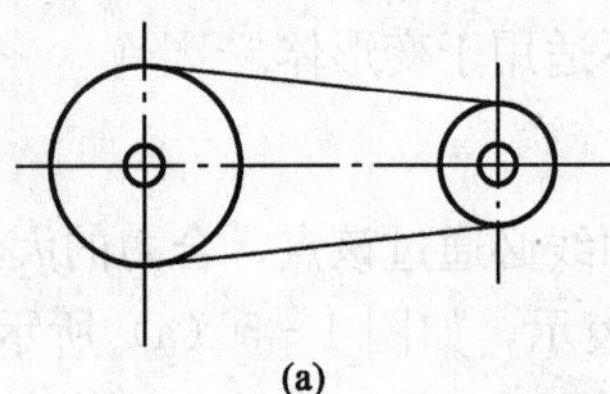

(b)

图 1－7　带传动

2. 光滑面约束

若两物体的接触面是光滑的刚性面，摩擦力很小可略去不计。这种光滑面约束只能限制物体沿接触面公法线方向的运动，而不能限制其他方向的运动，所以，光滑面的约束力是过接触点、沿公法线、指向被约束的物体，其约束力常用 $\boldsymbol{F}_{\mathrm{N}}$ 来表示。如图 1－8 所示的受重力 $\boldsymbol{G}$ 的圆柱体放置于 V 型槽铁上，圆柱体受到 V 型槽铁的约束力 $\boldsymbol{F}_{\mathrm{N}A}$ 与 $\boldsymbol{F}_{\mathrm{N}B}$，力的作用点是 A、B，力的方向是沿 AO、BO，即公法线的方向。

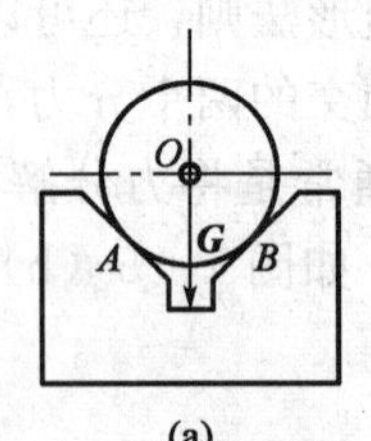

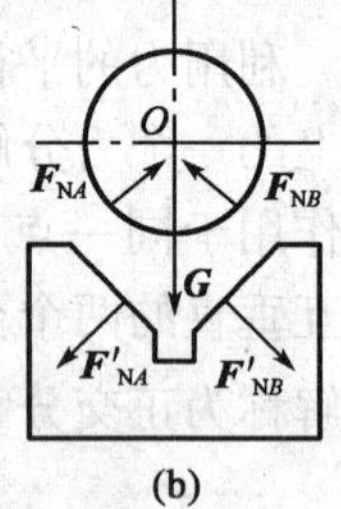

图 1－8　光滑面约束

3. 铰链支座

图 1－9（a）所示是工程上常用的圆柱形铰链约束。它是用圆柱销将两个构件连接在一起的。其中一个构件是固定件，称为支座。另一个构件可绕销轴转动，但不能产生任何方向的移动。这种铰链支座称为固定铰链支座。因此，铰链的约束力是通过销轴中心并沿销与孔接触点的公法线方向，见图 1－9（b）。由于接触点的位置一般不能预先确定，所以，约束力的方向是不能确定的，常以两个正交分力 $\boldsymbol{F}_x$、$\boldsymbol{F}_y$ 来表示。这种约束的受力简图如图 1－9（c）所示。

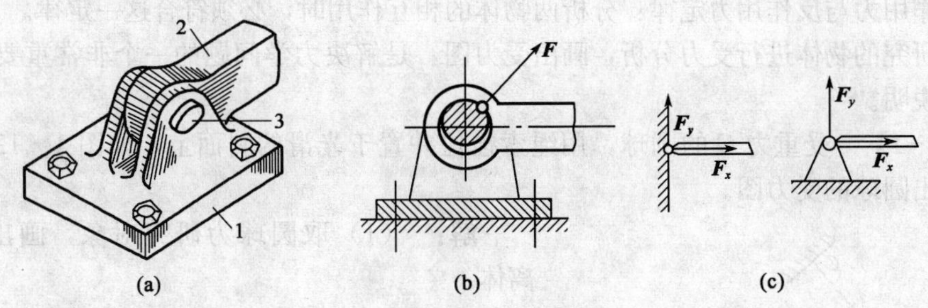

图 1－9　圆柱形铰链约束

1—固定件；2—转动件；3—圆柱销

如果在铰链支座与支承面之间安置有辊轴，如图 1－10 所示，这种约束称为活动铰链支座。这种支座使构件沿垂直于支承面方向的运动受到限制，而其他方向的运动不受限制。因此，它的约束力必垂直于支承面且通过销轴的中心。这种约束的受力简图如图 1－10（c）所示。

4. 固定端支座

如图 1－11（a）所示构件被焊接或铆接在固定的机架上或基础上，构件的固定端既不能移动也不能转动。因此，它的约束力可用两个相互垂直的分力 $\boldsymbol{F}_x$、$\boldsymbol{F}_y$ 和一个阻止转动的约束力偶 M_A 来表示，如图 1－11（c）所示。

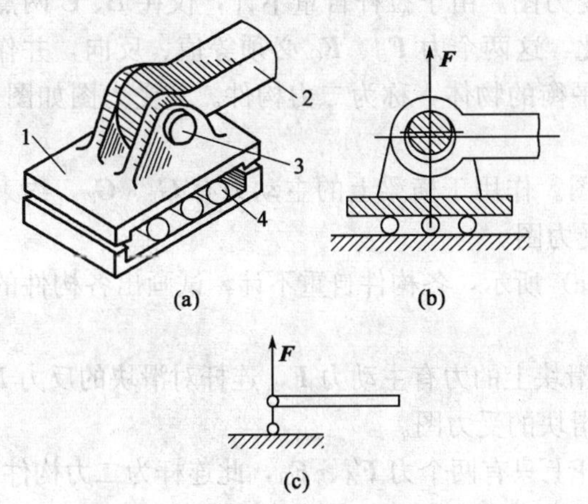

图 1－10　活动铰链支座

1—固定件；2—转动件；3—圆柱销；4—辊轴

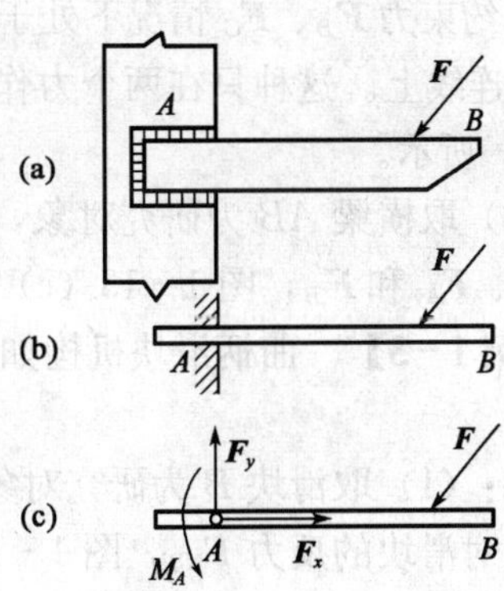

图 1－11　固定端约束

三、物体受力分析与受力图

为分析结构或机器中某个构件的受力，必须将所研究的物体（称为研究对象）从周围物体中分离出来，而将周围物体对它的作用以相应的力替代，这一过程称为取分离体。取分离体是显示物体之间相互作用力的一种重要方法。

在分离体上画出主动力和周围物体对它的约束力，得到分离体的受力图。

确定研究对象，取出分离体，分析受力并画受力图，这一过程称为受力分析。其中，关键在于分析约束力。一般情况下可根据以下原则分析和判断约束力：

（1）约束性质：由约束的结构和接触面的几何性质来决定。

（2）平衡条件：应用平衡条件来确定未知力的作用线。

(3) 作用力与反作用力定律：分析两物体的相互作用时，必须符合这一定律。

对所研究的物体进行受力分析，画出受力图，是解决力学问题的一个非常重要的方法。下面举例说明。

【例 1-1】 受重力 $\boldsymbol{G}$ 的圆球，用绳索拴住并置于光滑的斜面上，如图 1-12 (a) 所示。试画出圆球的受力图。

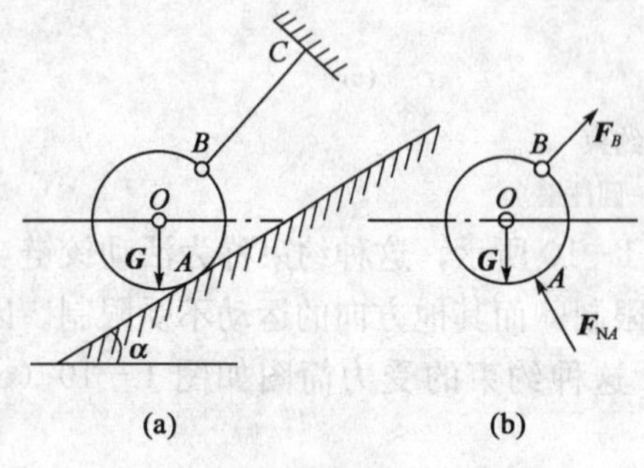

图 1-12 受力图画法示例一

解： (1) 取圆球为研究对象，画出圆球分离体。

(2) 画出主动力。重力 $\boldsymbol{G}$ 向下并作用于球心上。

(3) 画出约束力。根据约束的性质确定约束力的方位，解除绳索约束，画上约束力 $\boldsymbol{F}_B$，解除斜面约束，画上约束力 $\boldsymbol{F}_{NA}$，如图 1-12 (b) 所示。

(4) 检查。主要检查受力图上是否有多画、漏画、错画的力，特别注意检查约束力的方位。

【例 1-2】 简易悬臂吊车由立柱 AC、横梁 AB 和拉杆 BC 组成，如图 1-13 (a) 所示。A、B、C 三处均为铰链连接。横梁的重力为 $\boldsymbol{G}_1$，并作用于梁的中点，载荷与电葫芦共重 $\boldsymbol{G}_2$，拉杆自重不计。试分别画出拉杆与横梁的受力图。

解： (1) 取拉杆 BC 为研究对象，画其受力图。由于拉杆自重不计，仅在 B、C 两点处作用有约束力 $\boldsymbol{F}_B$、$\boldsymbol{F}_C$ 情况下处于平衡，因此，这两个力 $\boldsymbol{F}_B$、$\boldsymbol{F}_C$ 必须等值、反向，并作用于 BC 连线上。这种只在两个力作用下处于平衡的物体，称为二力构件。其受力图如图 1-13 (b) 所示。

(2) 取横梁 AB 为研究对象，画其受力图。作用于横梁上的主动力有 $\boldsymbol{G}_1$、$\boldsymbol{G}_2$，约束力有 $\boldsymbol{F}_{Ax}$、$\boldsymbol{F}_{Ay}$ 和 $\boldsymbol{F}'_B$，图 1-13 (c) 为横梁的受力图。

【例 1-3】 曲柄滑块机构如图 1-14 (a) 所示，各构件自重不计，试画出各构件的受力图。

解： (1) 取滑块 B 为研究对象，作用于滑块上的力有主动力 $\boldsymbol{F}$，连杆对滑块的反力 $\boldsymbol{F}_B$，气缸壁对滑块的反力 $\boldsymbol{F}_{NB}$，图 1-14 (b) 为滑块的受力图。

(2) 取连杆 AB 为研究对象，作用于连杆上只有两个力 $\boldsymbol{F}'_A$、$\boldsymbol{F}_B$，此连杆为二力构件。

(3) 取曲柄为研究对象，作用于曲柄上的有主动力矩 M，约束力 $\boldsymbol{F}_A$、$\boldsymbol{F}_{Ox}$、$\boldsymbol{F}_{Oy}$。

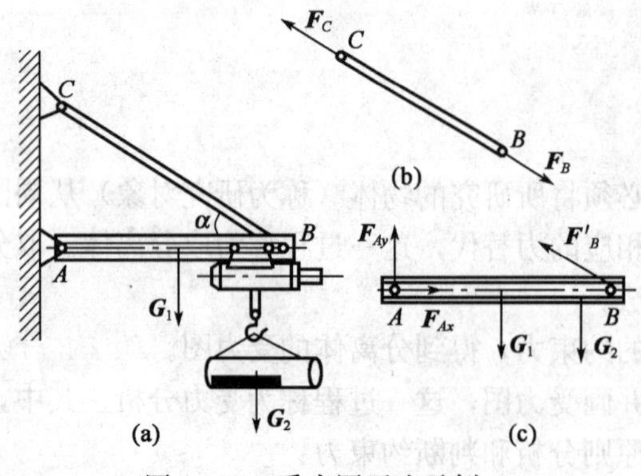

图 1-13 受力图画法示例二

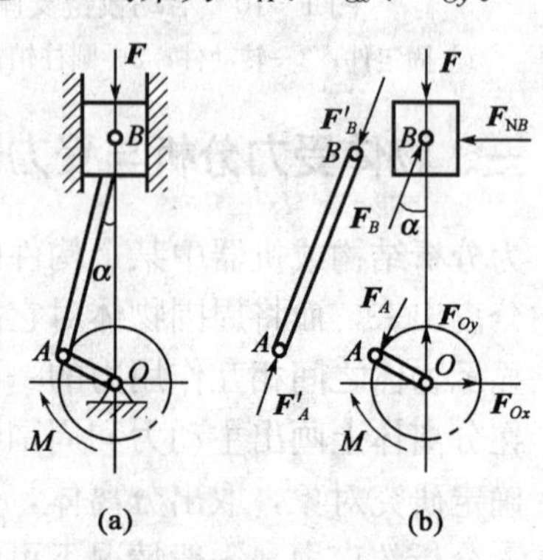

图 1-14 受力图画法示例三

第四节　平面汇交力系的合成

在工程上，常将力系按其作用线的分布情况进行分类。力系中各力的作用线都处在同一平面内者称为平面力系。力系中各力的作用线不处在同一平面内者称为空间力系。若平面力系中各力的作用线汇交于一点时则称为平面汇交力系。平面汇交力系是平面力系的特例。按照由特殊到一般的认识规律，本节先研究平面汇交力系的合成。

在研究平面汇交力系的合成时，可用矢量法（几何法）和解析法（投影法）进行。矢量法误差较大，使用不方便，一般用于定性分析；解析法较直观，一般用于定量分析。矢量法从理论上推证了力系合成（简化）的可行性，而解析法使得力系的合成（简化）具有可操作性，工程计算中常用解析法。解析法的核心是让力矢先暂时失去方向性，只考虑力的大小，然后再还原力的方向。解析法是以力在坐标轴上的投影为基础进行的，为此先介绍力在坐标轴上的投影。

一、力在轴上的投影

设一力 $\boldsymbol{F}$ 作用于物体上的 A 点，在力作用线所在平面内取一直角坐标系 Oxy，如图 1-15 所示。从力 $\boldsymbol{F}$ 的两端 A 和 B 分别向 x 轴做垂线，则得线段 ab，称为力 $\boldsymbol{F}$ 在 x 轴上的投影，用 F_x 表示。同样，从 A 和 B 分别向 y 轴做垂线，则得线段 a_1b_1，称为力 $\boldsymbol{F}$ 在 y 轴上的投影，用 F_y 表示。力的投影是代数量，它的正负符号规定如下：由投影的起点 a（a_1）到终点 b（b_1）的方向与 x（y）轴的正向一致时，则力的投影为正，反之为负。

若已知力 $\boldsymbol{F}$ 的大小和它与 x 轴的夹角为 α，则力在轴上的投影 $\boldsymbol{F}_x$、$\boldsymbol{F}_y$ 可按下式计算：

$$\left.\begin{aligned}F_x &= \pm F\cos\alpha \\ F_y &= \pm F\sin\alpha\end{aligned}\right\} \tag{1-1}$$

如果把力 $\boldsymbol{F}$ 沿 x、y 坐标轴分解，得两正交分力 $\boldsymbol{F}_x$、$\boldsymbol{F}_y$。显然，投影 F_x、F_y 的绝对值等于分力的大小。但须注意，力在轴上的投影是代数量，而分力是矢量，切不可把它们混为一谈。

二、合力投影定理

设物体上受一平面汇交力系 $\boldsymbol{F}_1$、$\boldsymbol{F}_2$、$\boldsymbol{F}_3$ 作用，如图 1-16 所示，应用力的平行四边形法则求出其合力为 $\boldsymbol{F}_\text{R}$。取坐标系 Oxy，将合力 $\boldsymbol{F}_\text{R}$ 与各力 $\boldsymbol{F}_1$、$\boldsymbol{F}_2$、$\boldsymbol{F}_3$ 向 x 轴投影则得：

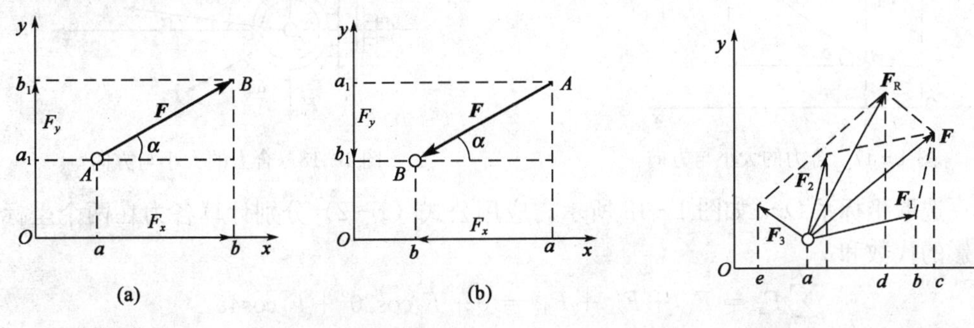

图 1-15　力在坐标轴上的投影　　图 1-16　合力投影

$$F_{Rx}=ad$$
$$F_{1x}=ab$$
$$F_{2x}=bc$$
$$F_{3x}=-cd$$

由图可知： $$ad=ab+bc-cd$$

所以： $$F_{Rx}=F_{1x}+F_{2x}+F_{3x}$$

同理： $$F_{Ry}=F_{1y}+F_{2y}+F_{3y}$$

显然，上述关系可以推广到由 n 个力 $\boldsymbol{F}_1$、$\boldsymbol{F}_2$、…、$\boldsymbol{F}_n$ 组成的平面汇交力系。从而得出：

$$\left.\begin{aligned}F_{Rx}&=F_{1x}+F_{2x}+\cdots+F_{nx}=\sum F_x\\F_{Ry}&=F_{1y}+F_{2y}+\cdots+F_{ny}=\sum F_y\end{aligned}\right\}\quad(1-2)$$

即合力在任意轴上的投影，等于诸分力在同一轴投影的代数和。这一关系称为合力投影定理。

三、求合力的方法

求平面汇交力系 $\boldsymbol{F}_1$、$\boldsymbol{F}_2$、…、$\boldsymbol{F}_n$ 的合力时，首先选定坐标系 Oxy，然后将力系中各力向坐标轴上投影，求得 F_{1x}、F_{2x}、…、F_{nx} 和 F_{1y}、F_{2y}、…、F_{ny}。由合力投影定理得：

$$F_{Rx}=\sum F_x$$
$$F_{Ry}=\sum F_y$$

根据合力在 x、y 轴上的两个投影，就可以计算出合力的大小与方向（图 1-17）。

合力的大小： $$F_R=\sqrt{F_{Rx}^2+F_{Ry}^2}=\sqrt{(\sum F_x)^2+(\sum F_y)^2}\quad(1-3)$$

合力的方向： $$\tan\alpha=\left|\frac{\sum F_y}{\sum F_x}\right|\quad(1-4)$$

式中，α 是合力 $\boldsymbol{F}_R$ 与 x 轴所夹的锐角。合力所在象限可由 $\sum F_x$ 与 $\sum F_y$ 的正负来确定。

【例 1-4】 在固定环上套有三根绳索，它们分别受拉力 $F_1=30$ N、$F_2=60$ N、$F_3=150$ N 作用，如图 1-18 所示。试求作用于环上的合力。

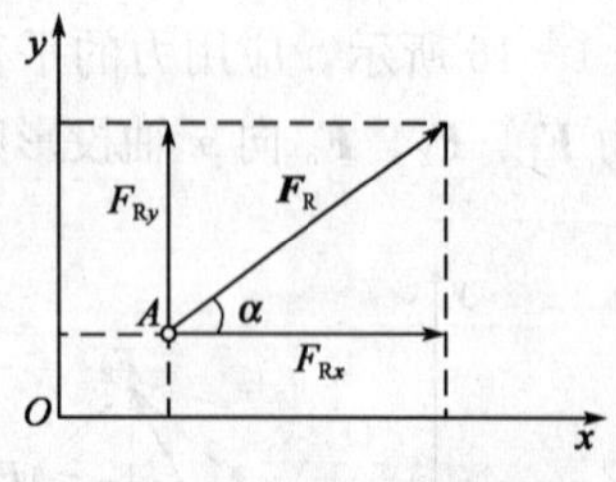

图 1-17 合力的大小与方向

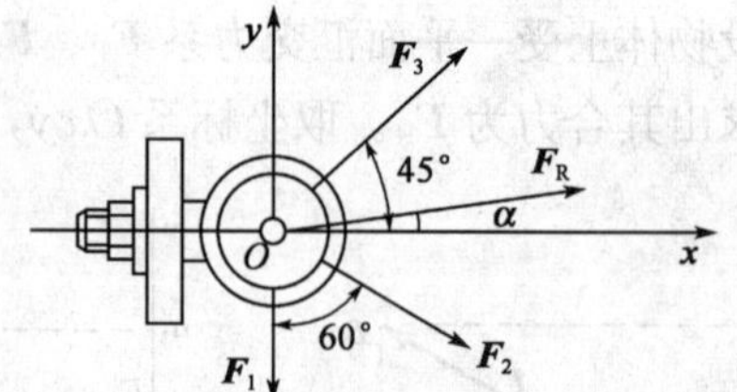

图 1-18 合力的大小与方向

解： 选取坐标系 Oxy 如图 1-18 所示。应用公式（1-2）分别计算各力在两个坐标轴上的投影的代数和：

$$\sum F_x=F_{1x}+F_{2x}+F_{3x}=0+F_2\cos30^\circ+F_3\cos45^\circ$$
$$=0+60\times0.866+150\times0.707=158(\text{N})$$

$$\sum F_y = F_{1y} + F_{2y} + F_{3y} = - F_1 - F_2 \sin 30° + F_3 \sin 45°$$
$$= -30 - 60 \times 0.5 + 150 \times 0.707 = 46.1(\text{N})$$

由公式（1－3）求合力的大小：

$$F_R = \sqrt{(\sum F_x)^2 + (\sum F_y)^2} = \sqrt{158^2 + 46.1^2} = 165(\text{N})$$

由公式（1－4）确定合力的方向为：

$$\tan\alpha = \left|\frac{\sum F_y}{\sum F_x}\right| = \left|\frac{46.1}{158}\right| = 0.292$$
$$\alpha = 16°16'$$

因为$\sum F_x$与$\sum F_y$均为正值，所以合力位于第一象限并通过各力的汇交点。

第五节　力偶和力偶的基本性质

一、力偶的概念

在日常生活与生产实践中，往往同时施加两个大小相等、方向相反、作用线平行而不重合的力来使物体转动。例如，用双手转动水阀柄［图1－19（a）］或转动汽车的方向盘［图1－19（b）］等。实践经验表明，大小相等、方向相反、作用线平行而不重合的一对力（$\boldsymbol{F}$，$\boldsymbol{F}'$）所组成的特殊力系，可使物体发生纯转动，这一对力称为力偶。力偶由两个力组成，它使物体的转动效果取决于这两个力的大小和两力之间的垂直距离，即力偶臂d［图1－19（c)]。因此，把力偶中的一个力的大小与力偶臂的乘积$F \cdot d$，加上适当的正负符号，称为力偶矩，用M表示，即：

$$M = \pm Fd \tag{1-5}$$

式（1－5）中正负号表示力偶的转动方向。通常规定：逆时针转向为正，顺时针转向为负。力偶矩是力偶使物体转动效果的度量。力偶矩的单位是N·m（牛·米）或kN·m（千牛·米）。

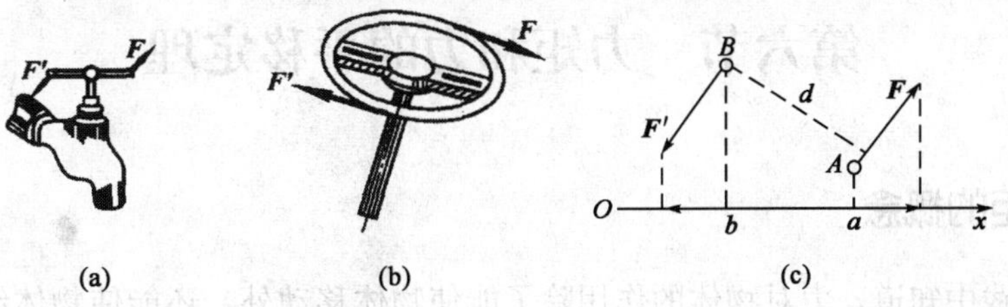

图1－19　力偶的组成

这里只讨论平面力偶，故力偶的作用效果取决于力偶矩的大小和力偶的转向。对于空间力系，则必须考虑其作用面的方位，所以力偶的三要素是力偶矩的大小、力偶的转向和力偶作用面的方位。

二、力偶的基本性质

由于力偶中的两个力的大小相等、方向相反、作用线平行，所以这两个力在任何坐标轴投影的代数和等于零［图 1-19（c）］。因此，力偶不能与一个力等效，力偶无合力，显然，力偶也不能被一个力所平衡。可见力偶使物体纯转动而不移动。所以力偶和力是力学中两个基本物理量。

力偶的另一个特性是，在同一平面内的两个力偶，如果力偶矩相同（包括大小和转向），则这两个力偶彼此等效，这称为力偶的等效性。例如，图 1-20 所示三个力偶，虽然它们的力的大小、力臂长短各不相同，但是它们的力偶矩相同，均为 $M=240\ \text{N}\cdot\text{m}$，它们使物体转动的效果是相同的，所以它们是等效力偶，即力偶可以被改装。

应该指出，力偶中的两个力对同平面内任一点的矩恒等于力偶矩，它与矩心的位置无关。力偶在其作用面内可以任意移动，这也是力偶的一个特性。

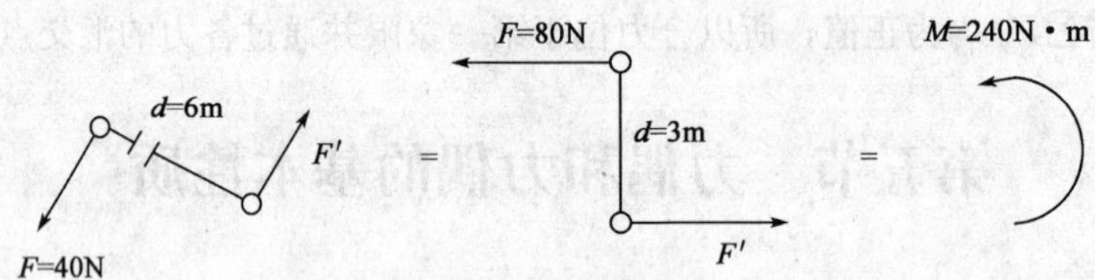

图 1-20　力偶的表示

三、力偶系的合成与平衡条件

若在物体上同一平面内作用着几个力偶，称为平面力偶系。显然，平面力偶系合成的结果仍是一个力偶，其合力偶矩等于各力偶矩的代数和，即：

$$M = \sum M_i$$

既然平面力偶系合成的结果是一个合力偶，那么欲使力偶系平衡，就必须使合力偶矩等于零，即 $M=0$。因此，平面力偶系平衡的必要和充分条件是：力偶系中各力偶矩的代数和等于零，即：

$$\sum M_i = 0$$

此式称为平面力偶系的平衡方程。

第六节　力矩和力的平移定理

一、力矩的概念

人们从实践中知道，力对物体的作用除了能使物体移动外，还能使物体绕某一点转动。例如，人们常用到杠杆、滑轮等机械，就是利用力的转动效果。试观察用扳手拧紧螺母的情况［图 1-21（a）］，力 $\boldsymbol{F}$ 使扳手和螺母绕 O 点转动，由经验可知，力 $\boldsymbol{F}$ 越大拧得越紧，力的作用线离螺栓中心越远越省力。这就是力矩的概念，它反映了力的作用线位置与力对物体的运动效果之间的关系。

设在力 $\boldsymbol{F}$ 所在平面内任取一点 O，称为矩心，如图 1-21（b）所示。矩心 O 到力作用线的垂直距离 d 称为力臂。为了衡量力 $\boldsymbol{F}$ 使物体绕某一点 O 的转动效果，把力的大小与力臂的乘积称为力矩，用 M_O（$\boldsymbol{F}$）表示，即：

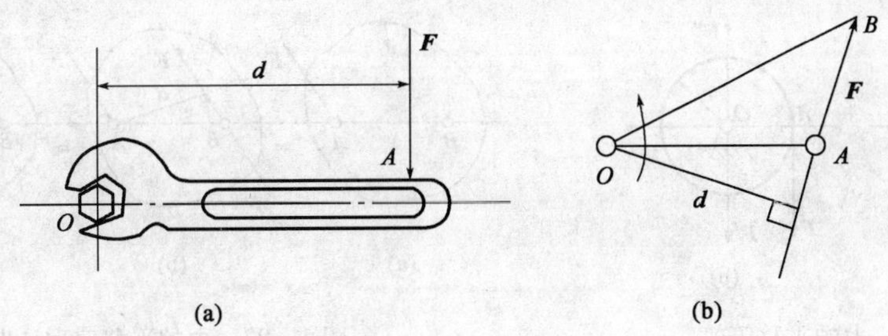

图 1-21　力矩的示意图

$$M_O(\boldsymbol{F}) = \pm Fd \qquad (1-6)$$

式（1-6）中正负符号表示力矩的转向。一般规定：使物体逆时针转动的力矩为正，反之为负。力矩 M_O（$\boldsymbol{F}$）表示力 $\boldsymbol{F}$ 使物体绕矩心 O 转动的效果，同一个力对不同矩心有不同的力矩，故力矩与矩心的位置有关。显然，当力沿作用线移动时，不会改变力对已知点的矩；当力的作用线通过矩心时，则力矩为零。

力矩的单位是 N·m（牛·米）或 kN·m（千牛·米）。

二、合力矩定理

平面力系的合力对平面内任一点之矩等于力系中各力对同一点之矩的代数和。这就是合力矩定理：

$$M_O(\boldsymbol{F}_{\mathrm{R}}) = \sum M_O(\boldsymbol{F}_i)$$

在力矩计算中应用此定理比较方便。

三、力的平移定理

由力的可传性知道，力可以沿其作用线任意移动而不会改变它对物体的作用效果。但是，力如果平行移动，则它对物体的作用效果显然是不相同的。

例如图 1-22（a）所示力 $\boldsymbol{F}$ 作用于轮缘上 A 点，它可以使轮子转动。如果将它平移到轮心 O 点，则它就不能使轮子转动，可见作用效果是不同的。为了考察力 $\boldsymbol{F}$ 对轮子的作用，可在轮心 O 点加上一对平衡力 $\boldsymbol{F}'$、$\boldsymbol{F}''$，并使该两力与力 $\boldsymbol{F}$ 平行且相等，这样并不影响原力 $\boldsymbol{F}$ 对轮子的作用，即三个力 $\boldsymbol{F}$、$\boldsymbol{F}'$、$\boldsymbol{F}''$对轮子的作用与原来一个力 $\boldsymbol{F}$ 的单独作用等效［图 1-22（b）］。力 $\boldsymbol{F}$ 与 $\boldsymbol{F}''$可组成一个力偶（$\boldsymbol{F}$、$\boldsymbol{F}''$），这就相当于把作用于 A 点的力 $\boldsymbol{F}$ 平移到 O 点，同时附加一个力偶。

定理：将作用于物体上 A 点的力 $\boldsymbol{F}$，平移到物体上任一点 B，须附加一个力偶，其力偶矩等于原力 $\boldsymbol{F}$ 对新作用点之矩，这就是力的平移定理。

证明：设力 $\boldsymbol{F}$ 作用物体上 A 点，如图 1-23 所示，在该物体上任一点 B 加上一对等值、反向、共线的力 $\boldsymbol{F}'$、$\boldsymbol{F}''$，并与作用于 A 点的原来的力 $\boldsymbol{F}$ 大小相等，作用线平行。则力 $\boldsymbol{F}$ 与 $\boldsymbol{F}''$组成一个力偶，其力偶矩为：

$$M = M_B(F) = Fd$$

显然，力 $\boldsymbol{F}'$和力偶矩 M 共同作用与原来的力 $\boldsymbol{F}$ 作用是等效的，这就证明了力的平移定理。

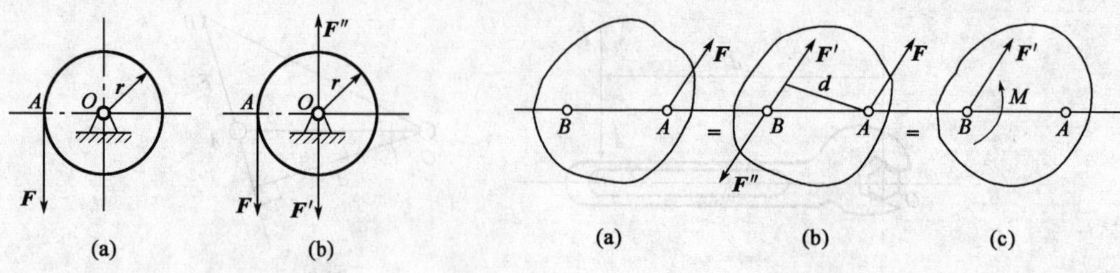

图 1-22　力的平移等效　　　　图 1-23　力的平移定理证明

【例 1-5】　锥齿轮宽度中点分度圆半径 $r_m=50$ mm，受轴向力 $F_x=300$ N，径向力 $F_r=200$ N，如图 1-24 所示，试分析此两力对轴的作用。

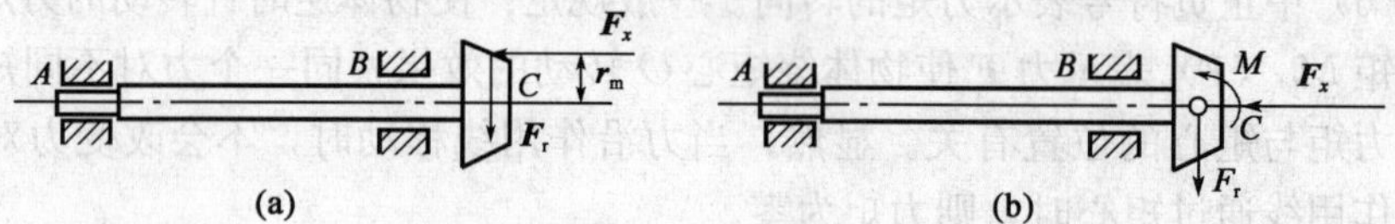

图 1-24　力的平移定理应用

解：由力的可传性原理，可将力 $\boldsymbol{F}_r$ 沿其作用线移到轴线上 C 点，根据力的平移定理，可将力 $\boldsymbol{F}_x$ 平移到轴线上，同时附加一个力偶，其力偶矩为：

$$M=F_x r_m=300\times 0.05=15(\text{N}\cdot\text{m})$$

轴向力：

$$F_x=300\text{N}$$

显然，力 $\boldsymbol{F}_x$ 使轴发生压缩，力偶矩 M 和力 $\boldsymbol{F}_r$ 将使轴发生弯曲。

第七节　平面力系的简化与平衡

一、平面力系向一点简化

设物体上作用一平面任意力系 $\boldsymbol{F}_1$、$\boldsymbol{F}_2$、…、$\boldsymbol{F}_n$，如图 1-25（a）所示。在该力系的作用平面内任选一点 O 作为简化中心。根据力的平移定理，将力系中各力都平移到 O 点，于是得到汇交于 O 点的平面汇交力系 $\boldsymbol{F}'_1$、$\boldsymbol{F}'_2$、…、$\boldsymbol{F}'_n$ 和相应的附加力偶系，其力偶矩为 M_1、M_2、…、M_n，如图 1-25（b）所示。

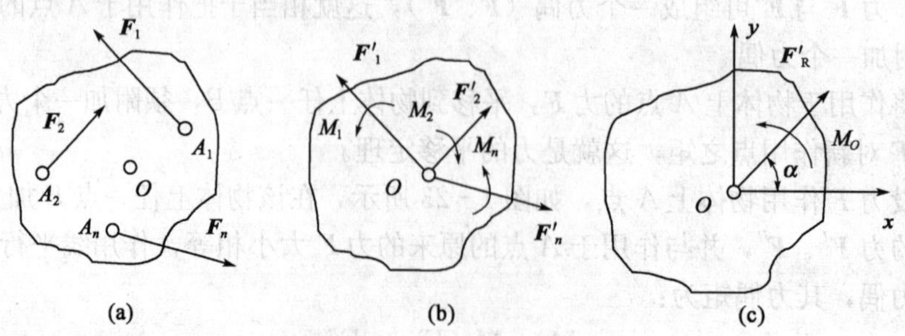

图 1-25　平面任意力系的简化

将平面汇交力系 $\boldsymbol{F}'_1$、$\boldsymbol{F}'_2$、…、$\boldsymbol{F}'_n$ 合成为一个合力 $\boldsymbol{F}'_R$，它的大小与方向等于原力系中各力的矢量和，即：

$$\boldsymbol{F}'_{\mathrm{R}} = \boldsymbol{F}_1 + \boldsymbol{F}_2 + \cdots + \boldsymbol{F}_n = \sum \boldsymbol{F}$$

$\boldsymbol{F}'_{\mathrm{R}}$ 称为平面力系的主矢，它的作用线通过 O 点，但它与简化中心的位置无关。主矢的大小与方向可由公式（1－3）和公式（1－4）求得：

$$\boldsymbol{F}'_{\mathrm{R}} = \sqrt{(\sum F_x)^2 + (\sum F_y)^2}$$

$$\tan\alpha = \left| \frac{\sum F_y}{\sum F_x} \right|$$

力偶系 M_1、M_2、…、M_n，可合成为一个合力偶，其力偶矩为 M_O，M_O 称为平面力系对 O 点的主矩。主矩等于原力系中各力对 O 点力矩的代数和，即：

$$\begin{aligned} M_O &= M_1 + M_2 + \cdots + M_n = M_O(F_1) + M_O(F_2) + \cdots + M_O(F_n) \\ &= \sum M_O(F) \end{aligned}$$

因为选择不同的简化中心时，各附加力偶的力偶臂就要发生变化，所以主矩与简化中心的位置有关，凡提到主矩时必须标明简化中心。

综上所述可得出结论：平面力系向作用面内任一点简化可得到一个力和一个力偶。这个力等于原力系中各力的矢量和，称为平面力系的主矢；这个力偶的力偶矩等于原力系中各力对简化中心的力矩的代数和，称为平面力系的主矩。

显然，主矢或主矩的单独作用都不能代替原力系对物体的作用。主矢和主矩的共同作用才能与原平面力系的作用等效。

二、平面力系的平衡条件

平面力系向任一点简化后，若主矢和主矩都为零时，力系必定平衡。因此，平面力系平衡的必要与充分条件为：力系的主矢和力系对任一点的主矩均等于零，即：

$$\left.\begin{aligned} \boldsymbol{F}'_{\mathrm{R}} &= 0 \\ M_O &= 0 \end{aligned}\right\}$$

故平面力系的平衡条件为：

$$\left.\begin{aligned} \sum F_x &= 0 \\ \sum F_y &= 0 \\ \sum M_O(F) &= 0 \end{aligned}\right\} \qquad (1-7)$$

这样平面力系的平衡条件为：力系中各力在两个坐标轴上投影的代数和分别等于零；各力对任一点力矩的代数和也等于零。公式（1－7）称为平面力系的平衡方程。这三个方程式是完全独立的，因而应用它求解平面力系的平衡问题时，能够并且最多只能求出三个未知量。下面举例说明平衡方程的应用方法。

【例 1－6】 图 1－26（a）所示一料车沿与水平成 $\alpha=30°$的斜面匀速上升。已知料车所受的重力 $G=20$ N，重心为 C 点，各处尺寸为 $a=0.6$m，$b=0.4$m，$h=0.5$m。试求绳索的拉力 F 和轮轨间的压力。

解：（1）取料车为研究对象，画出其受力图如图 1－26（b）所示；

（2）选取坐标系 Cxy［图 1－26（b）］；

（3）列平衡方程求解未知量：

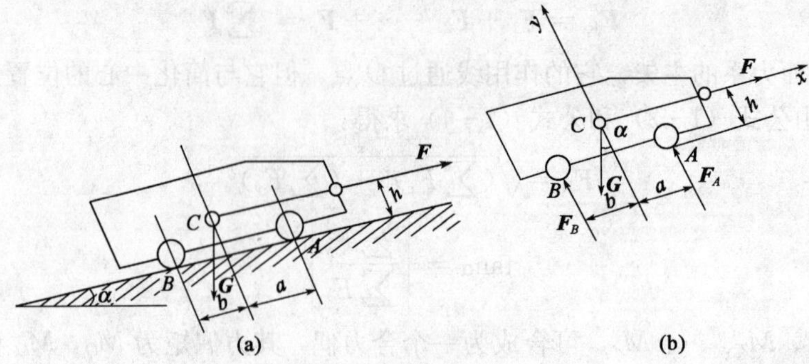

图 1-26　行走的料车

$$\sum F_x = 0, F - G\sin\alpha = 0$$

$$\sum F_y = 0, F_A + F_B - G\cos\alpha = 0$$

$$\sum M_B(F) = 0, F_A(a+b) - Fh + Gh\sin\alpha - Gb\cos\alpha = 0$$

得：$F = G\sin\alpha = 20 \times 0.5 = 10(\text{kN})$

$$F_A = \frac{1}{a+b}(Fh - Gh\sin\alpha + Gb\cos\alpha)$$

$$= \frac{1}{0.6+0.4}(10 \times 0.5 - 20 \times 0.5 \times 0.5 + 20 \times 0.4 \times 0.866)$$

$$= 6.93(\text{kN})$$

$$F_B = G\cos\alpha - R_A = 20 \times 0.866 - 6.93 = 10.4(\text{kN})$$

【例 1-7】　图 1-27（a）所示为电力机车上的电流接触器，其接触轮 A 依靠弹簧 BC 的张力紧压于电线上。已知弹簧的张力 $F_1 = 460\text{N}$，杠杆 AOB 的重力 $G = 60\ \text{N}$。$OA = l$，$OB = l/10$，$OD = l/2$，$\alpha = 45°$，$\theta = 30°$。试求压力 F_2 与支座 O 的反力。

解：（1）取杠杆为研究对象，画出其受力图如图 1-27（b）所示；

（2）选取坐标系 Oxy［图 1-27（b）］；

（3）列平衡方程求解未知量：

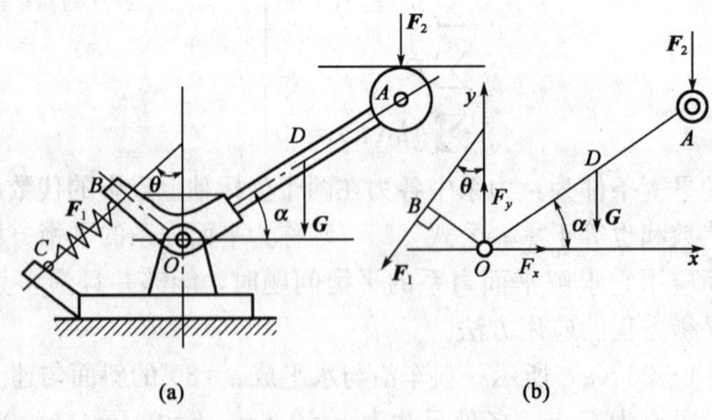

图 1-27　电流接触器

$$\sum F_x = 0, F_x - F_1\sin\theta = 0$$

$$\sum F_y = 0, F_y - G - F_2 - F_1\cos\theta = 0$$

$$\sum M_O(F)=0, F_1\cdot\frac{l}{10}-F_2 l\cos\alpha - G\frac{l}{2}\cos\alpha=0$$

得：
$$F_2=\frac{1}{\cos\alpha}\left(\frac{F_1}{10}-\frac{G}{2}\cos\alpha\right)=\frac{\sqrt{2}}{10}F_1-\frac{1}{2}G=35(\mathrm{N})$$

$$F_x=F_1\sin\theta=\frac{1}{2}F_1=230(\mathrm{N})$$

$$F_y=G+F_2+F_1\cos\theta=493(\mathrm{N})$$

【例 1－8】 水平梁 ABC［图 1－28（a）］上承受力偶矩 $M=qa^2$，均布载荷为 q（单位长度上的载荷，单位是 N/m），每段梁的长度为 a。试求梁的支座反力。

解： 取梁为研究对象，画出其受力图，选取坐标系 Axy，如图 1－28（b）所示。由：

$$\sum M_B(F)=0, qa^2-\frac{1}{2}qa^2-R_A 2a=0$$

得：
$$F_A=\frac{1}{2}\left(qa-\frac{1}{2}qa\right)=\frac{1}{4}qa$$

由：
$$\sum F_y=0, F_A+F_B-qa=0$$

得：
$$F_B=qa-F_A=\frac{3}{4}qa$$

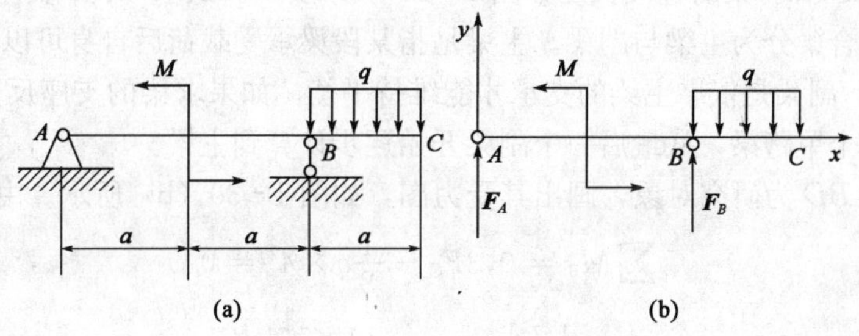

图 1－28 梁的支座反力

【例 1－9】 图 1－29（a）所示为三铰拱，由两部分组成，每部分的重力 $G=20$ kN，受载荷 $F=10$ kN。结构尺寸为 $l=5$m，$h=2$m，$a=0.5$m，$b=2$m。试求 A、B 支座反力。

解： 凡由几个物体以适当的约束互相联系所组成的系统，称为物体系。图 1－29（a）所示三铰拱就是一物体系，在研究物体系的平衡问题时，一般先考虑整个体系的平衡，再讨论组成该物体系的每一个物体的平衡，就可以求解。

（1）以整个物体系为研究对象，画出其受力图，选取坐标系 Axy，如图 1－29（b）所示。由平衡方程：

$$\sum M_A=0, F_{By}l-Ga-Fb-G(l-a)=0$$

得：
$$F_{By}=\frac{1}{l}(Fb+Gl)=\frac{1}{5}(10\times2+20\times5)=24(\mathrm{kN})$$

由：
$$\sum F_y=0, F_{Ay}+F_{By}-F-2G=0$$

得：
$$F_{Ay}=F+2G-F_{By}=10+2\times20-24=26(\mathrm{kN})$$

$$\sum F_x=0, F_{Ax}+F_{Bx}=0$$

（2）取右半拱为研究对象，画出其受力图，选取坐标系，如图 1－29（c）所示。由平衡方程：

$$\sum M_C = 0, F_{Bx}h + F_{By}\frac{l}{2} - G\left(\frac{l}{2} - a\right) = 0$$

得：
$$F_{Bx} = \frac{l}{2}(2G - 2.5F_{By}) = -10(\text{kN})$$

则：
$$F_{Ax} = -F_{Bx} = 10(\text{kN})$$

F_{Bx} 为负值，说明 F_{Bx} 的方向与图示方向相反。

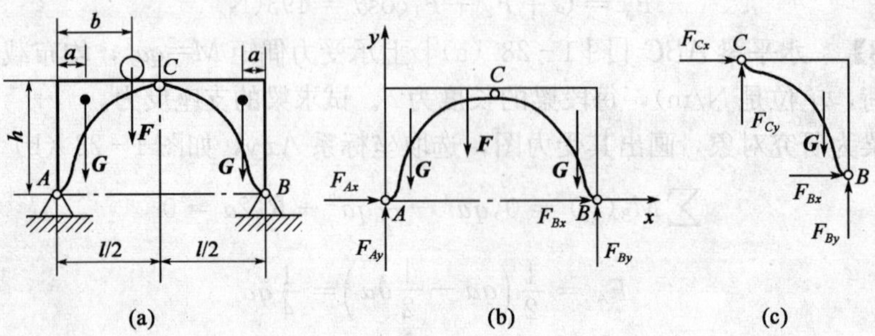

图 1-29　三铰拱

【例 1-10】　多跨组合梁由 AB 与 BD 用铰链连接而成人端固定，C 点铰支。在梁上受均布载荷 q=6 kN/m。梁的各段长度如图 1-30（a）所示。试求 A、C 支座反力。

解： 多跨组合梁分为主梁与副梁。主梁是指某段梁承受载荷后自身可以维持平衡，见图 1-30 中 AB 梁。副梁是依靠主梁的支承才能维持平衡。如果求梁的支座反力时，先将梁从铰接处拆成若干个单跨梁，从最后一个副梁开始逐步计算到主梁。

（1）取副梁 BD 为研究对象，画出其受力图，如图 1-30（b）所示。由平衡方程：

$$\sum M_B = 0, 3F_C - \frac{1}{2}q \times 4^2 = 0$$

得：
$$F_C = \frac{1}{3}\left(\frac{1}{2} \times 6 \times 16\right) = 16(\text{kN})$$

由：
$$\sum F_y = 0, F_B + F_C - 4q = 0$$

得：
$$F_B = 4q - F_C = 8(\text{kN})$$

（2）取主梁 AB 为研究对象，画出其受力图，如图 1-30（b）所示。由平衡方程：

$$\sum M_A = 0, M_A - 2F'_B = 0$$

得：
$$M_A = 2F_B = 16(\text{kN} \cdot \text{m})$$

由：
$$\sum F_y = 0, F_A - F'_B = 0$$

得：
$$F_A = F_B = 8(\text{kN})$$

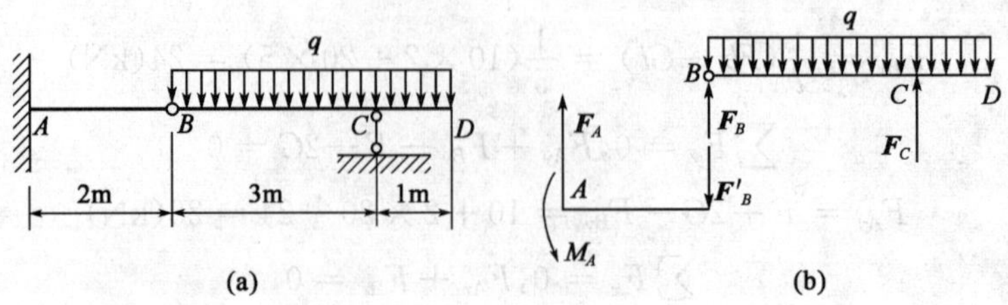

图 1-30　多跨组合梁

现将物体系平衡问题的解题步骤归纳如下：

（1）选取研究对象。选取物体系中哪个物体作为分析研究的对象是解题的关键，其基本思路是从分析已知力和未知力之间的联系来考虑，一般先取具有已知条件而未知量少的物体作为研究对象，先求出部分未知量，扩大已知条件。然后逐步选取与它相关的物体为研究对象，直到求出全部未知量。

（2）进行受力分析，画出受力图。先画上已知的外力，再根据约束的性质确定约束力的方位，画上约束力，并要注意作用与反作用的关系，还要弄清每个力是哪个物体施加的，准确无误地画出受力图。

（3）选择坐标系与矩心位置。选取坐标系的原则是使坐标轴与未知力垂直或平行，并且各力的作用线与轴的夹角明显易确定。选取矩心的原则是将矩心选在未知力集中的作用点上，并且各力的力臂易于确定。最好是使每个平衡方程中只包含一个未知量，免于解联立方程组，计算简单。

（4）列出平衡方程并求解未知量。一般先列力矩平衡方程，未知量少，可先求出一个未知量，再列投影平衡方程，逐个求解全部未知量。

第八节　考虑摩擦时的平衡问题

摩擦是机械传动中普遍存在的一种自然现象。无论是静止或运动着的物体，它们之间都可能有摩擦力存在。例如，在路上行驶的汽车，受到路面的摩擦作用。前面在分析刚体或物系的平衡问题时，都认为接触表面是“光滑”的而不考虑摩擦的影响，是因为在摩擦力比法向约束反力小得多时，摩擦力对所研究问题而言属次要因素，可以将它忽略不计。

在工程实际中，摩擦在许多情况下是作为主要因素而不能忽略的，如汽车的行驶、汽车的摩擦制动、带传动、机床夹具夹紧工件等，均是利用摩擦力来工作的。另外还应注意到，摩擦也有不利的方面，它会引起发热、磨损、降低精度和效率、缩短寿命等。因此，有必要对摩擦加以分析研究，掌握其基本规律，发挥其有用之处。

摩擦是一种十分复杂的物理现象。按物体之间的相对运动形式不同，摩擦可分为滑动摩擦和滚动摩擦。关于摩擦机理的研究已形成了专门的学科——摩擦学，本节只介绍滑动摩擦和滚动摩擦的基本内容。

一、滑动摩擦

滑动摩擦是指两个互相接触的物体，沿其接触面相对滑动或有相对滑动趋势时，接触面间产生的摩擦。此时，两接触面之间彼此阻碍滑动的力即为滑动摩擦力。如图 1-31（a）所示，放于桌面上重力为 $\boldsymbol{G}$ 的物体，如只受到重力 $\boldsymbol{G}$ 和法向力 $\boldsymbol{F}_{\mathrm{N}}$ 作用而平衡，则物体在水平方向无滑动趋势，接触面之间没有摩擦力。当在物体上施加一水平拉力 $\boldsymbol{F}_{\mathrm{P}}$ 后，则会随 $\boldsymbol{F}_{\mathrm{P}}$ 的大小不同出现以下几种情况。

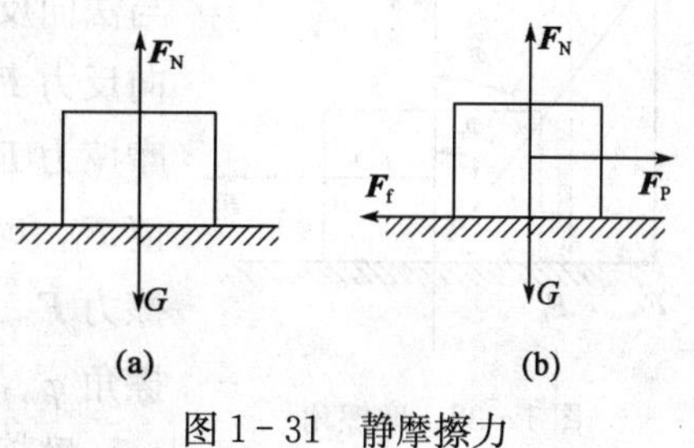

图 1-31　静摩擦力

1. 静摩擦力

当 $\boldsymbol{F}_{\mathrm{P}}$ 由零逐渐增加但不够大时，物体不会向右滑动。这是因为物体与水平面之间产生了摩擦力，如图 1－31（b）所示。这种在两个物体之间有相对滑动趋势时接触面之间产生的摩擦力，称为静滑动摩擦力，简称静摩擦力，用 $\boldsymbol{F}_f$ 表示。此时，根据平衡条件得：

$$F_N = G$$

$$F_f = F_P$$

如果 $\boldsymbol{F}_P$ 继续增大，在某一范围内，物体仍保持静止状态，但摩擦力 $\boldsymbol{F}_f$ 随 $\boldsymbol{F}_P$ 而增加。由此可见静摩擦力的性质为：

（1）静摩擦力产生的条件是有切向力 $\boldsymbol{F}_P$ 存在，物体间有相对滑动趋势但仍静止。

（2）静摩擦力的大小可根据平衡条件确定，其方向与滑动趋势方向相反。

2. 最大静摩擦力

静摩擦力 $\boldsymbol{F}_f$ 不能随 $\boldsymbol{F}_P$ 的增大而无限增加，当 $\boldsymbol{F}_P$ 增大到某一界限 $\boldsymbol{F}_{PK}$ 时，物体处于将要滑动而尚未滑动的临界状态。此时，静摩擦力达到最大值，称为最大静摩擦力，用 $\boldsymbol{F}_{fmax}$ 表示。试验表明，最大静摩擦力与两物体间的正压力 $\boldsymbol{F}_N$ 成正比，方向仍与相对滑动趋势相反，即：

$$F_{fmax} = f_s F_N \qquad (1-8)$$

式（1－8）称为静摩擦定律（库仑定律）。式中，比例系数 f_s 称为静摩擦因数，其大小与两接触物体的材料性质及表面状况有关。各种材料在不同表面状况下的 f_s 值可查阅有关工程手册。由以上分析可知，静摩擦力的范围是：$0<F_f<F_{fmax}$。

3. 动摩擦力

只要拉力 $\boldsymbol{F}_P$ 稍大于 $\boldsymbol{F}_{PK}$ 后，物体即开始滑动。此时，两相对滑动物体接触面上产生阻碍物体滑动的力，称为动滑动摩擦力，简称动摩擦力，用 $\boldsymbol{F}'_f$ 表示。试验表明，动摩擦力的大小与两接触面间的正压力 $\boldsymbol{F}_N$ 成正比，即：

$$F'_f = f F_N \qquad (1-9)$$

式（1－9）称为动摩擦定律。式中，比例系数 f 称为动摩擦因数，其大小除了与两接触物体的材料性质、表面状况有关外，还与相对滑动速度有关，可查阅有关工程手册。一般情况下，$f< f_s$。

二、摩擦角及自锁的概念

1. 摩擦角

由以上分析可知，当物体的接触面之间有摩擦存在时，约束面除了对物体产生法向约束反力 $\boldsymbol{F}_N$ 以外，还产生切向约束反力，即摩擦力 $\boldsymbol{F}_f$。摩擦力 $\boldsymbol{F}_f$ 与法向反力 $\boldsymbol{F}_N$ 的合力 $\boldsymbol{F}_R$ 称为全反力。全反力 $\boldsymbol{F}_R$ 作用线与法向反力 $\boldsymbol{F}_N$ 作用线之间的夹角用 φ 表示。随着拉力 $\boldsymbol{F}_P$ 的增大，摩擦力 $\boldsymbol{F}_f$ 也增大，夹角 φ 也随之加大。当摩擦力 $\boldsymbol{F}_f$ 达到最大值 $\boldsymbol{F}_{fmax}$ 时，夹角 φ 也出现了最大值，用 φ_m 表示，即最大静摩擦力 $\boldsymbol{F}_{fmax}$ 时全反力 $\boldsymbol{F}_R$ 与法向约束反力 $\boldsymbol{F}_N$ 之间的夹角，称为摩擦角 φ_m，如图 1－32 所示。

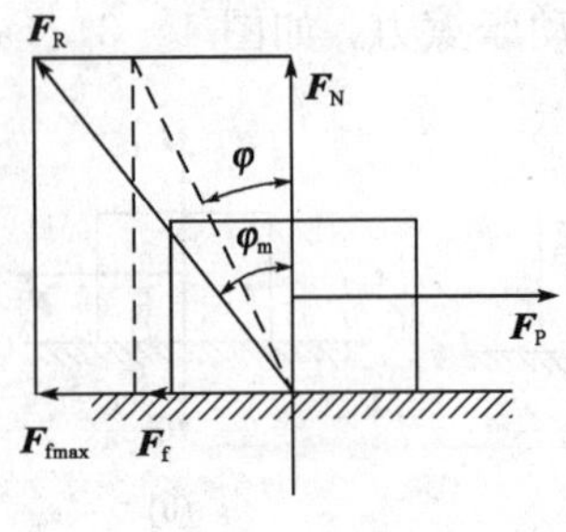

图 1－32　摩擦角

摩擦角的公式为：

$$\tan\varphi_m = \frac{F_{fmax}}{F_N} = \frac{f_s F_N}{F_N} = f_s \tag{1-10}$$

式（1-10）说明，摩擦角 φ_m 的正切等于静摩擦因数 f_s。可见，摩擦角也是反映材料摩擦性质的物理量。

2. 自锁

当物体平衡时，总有 $F_f \leqslant F_{fmax}$，即夹角 $\varphi \leqslant \varphi_m$。因此，摩擦角 φ_m 的大小，表明了物体平衡时全反力 $\boldsymbol{F}_R$ 的作用线的位置范围。如图 1-33 所示，所有主动力的合力 $\boldsymbol{F}_Q$ 与接触面法线之间的夹角为 α，则当物体平衡时，根据二力平衡条件应有：$\boldsymbol{F}_Q$ 与 $\boldsymbol{F}_R$ 等值、反向、共线，即 $\alpha=\varphi$，而 $\varphi \leqslant \varphi_m$。因此可得出物体保持平衡时需满足的条件为：

$$\alpha \leqslant \varphi_m \tag{1-11}$$

式（1-11）说明，只要保持主动力的合力 $\boldsymbol{F}_Q$ 的作用线在摩擦角 φ_m 范围内，无论 $\boldsymbol{F}_Q$ 的大小如何，总能保持物体平衡，这种现象称为自锁，而 $\alpha < \varphi_m$ 称为自锁条件。

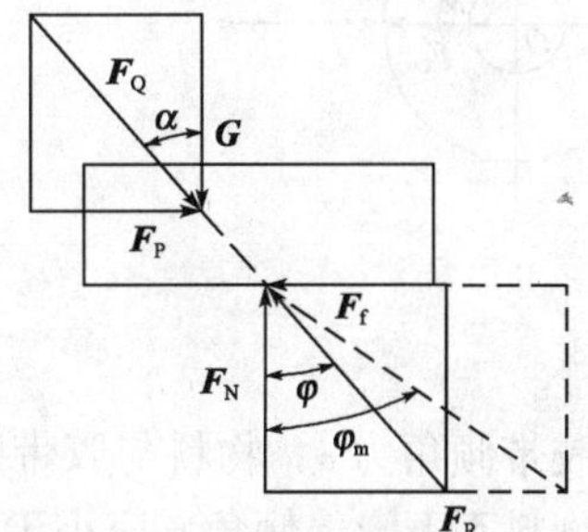

图 1-33 摩擦角与自锁

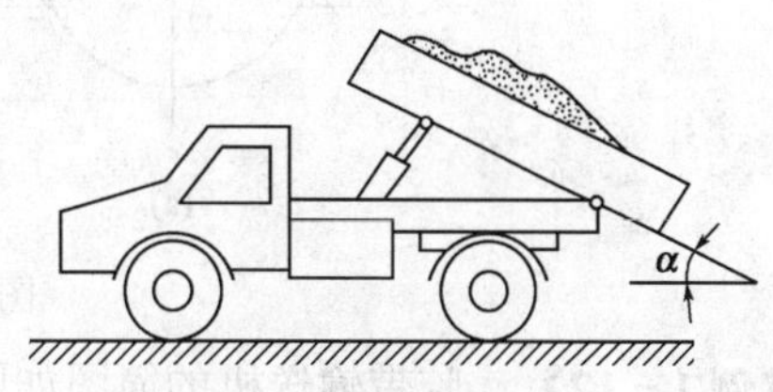

图 1-34 翻斗车厢

自锁现象在工程上经常被利用。例如，螺旋千斤顶、起重装置中的蜗轮蜗杆，满足自锁条件时不会自行下落。而在一些机构中，则要求避免出现自锁，如汽车发动机中的凸轮机构，要求挺杆在任何位置均不发生自锁；还有自卸车中的翻斗车厢，如图 1-34 所示，抬起的角度也应避免自锁，以使车厢内的物料能倾卸干净。因此，了解自锁的条件，可以便于利用自锁或防止自锁发生。

三、考虑摩擦时的平衡问题

考虑摩擦时物体的平衡问题，同样是根据平衡条件来解决问题，所不同的是在受力分析时要考虑摩擦力。因此，解决这类问题的一个关键就是正确判断摩擦力的方向和确定其大小。

摩擦力的方向总是与物体相对滑动（或相对滑动趋势）方向相反；而摩擦力的大小则需由平衡条件来确定。由于静摩擦力 $\boldsymbol{F}_f$ 总是在 $0 \leqslant F_f \leqslant F_{fmax}$ 范围内，因此物体的平衡是有一定的条件和范围的。通常对物体的临界状态进行分析，以便确定平衡的范围，即当 $F_f = F_{fmax}$，列出 $F_f = f_s F_N$ 作为补充方程，计算出结果后再进行讨论计算。

考虑摩擦时物体的平衡问题一般可分为以下几类：

（1）已知作用在物体上的主动力，要求判断物体是否平衡并计算摩擦力。

（2）已知物体处于临界平衡状态，要求计算主动力大小或确定平衡时的位置。

（3）求物体的平衡范围。

【例 1-11】 如图 1-35（a）所示的电磁制动器，车轮轴上作用有力偶，其矩为 $M=1000\text{N}\cdot\text{m}$，轴上制动轮半径为 $r=25\text{cm}$，制动轮与制动块之间的静摩擦因数为 $f_s=0.25$。求制动时制动块对制动轮的压力 $\boldsymbol{F}_N$ 至少多大？

解：取制动轮为研究对象，画出受力图如图 1-35（b）所示，作用于制动轮上的力有主动力偶 M，两侧制动块的正压力 $\boldsymbol{F}_N$ 及摩擦力 $\boldsymbol{F}_f$ 轴的约束反力 $\boldsymbol{F}_{Ox}$、$\boldsymbol{F}_{Oy}$，方向如图示。当制动轮处于临界平衡状态时，有 $F_f = F_{fmax} = f_s F_N$，且左右两摩擦力互成力偶，方向与主动力偶 M 方向相反，即得平衡方程：

$$\sum M_O(F) = 0, F_{fmax} \cdot 2r = M$$

$$2F_N f_s r = M$$

$$F_N = \frac{M}{2f_s r} = \frac{1000}{2 \times 0.25 \times 25 \times 10^{-2}} = 8000(\text{N})$$

制动时，制动块的正压力 $\boldsymbol{F}_N$ 至少为 8000N。

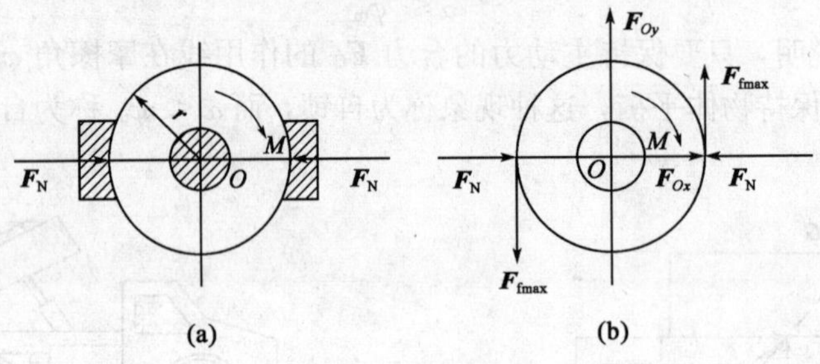

图 1-35　制动器

【例 1-12】　胶带输送机的简图如图 1-36 所示，胶带倾角为 α，物料与胶带间的静摩擦因数为 f_s，所运输的物料重力为 $\boldsymbol{G}$。为保证运输过程物料不下滑，倾角 α 应小于何值？

解：取物料为分离体，绘受力图，并取一直角坐标系，如图 1-36 所示。由于物料在重力作用下，因受沿胶带向下的分力作用而有沿胶带下滑的趋势，故摩擦力 $\boldsymbol{F}_f$ 应沿胶带向上。

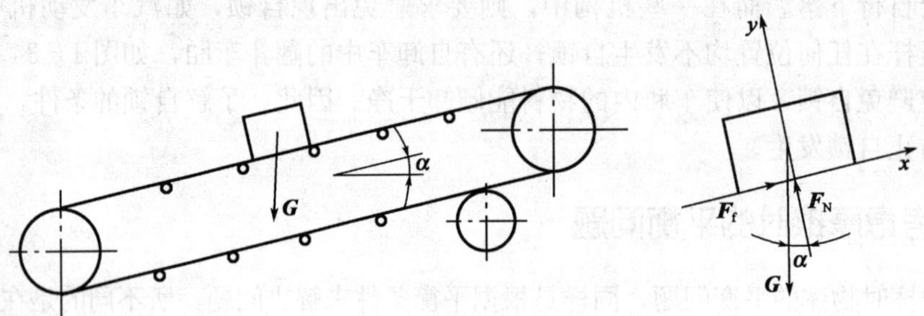

图 1-36　胶带输送机

列平衡方程如下：

$$\sum X = 0, \quad F_f - G\sin\alpha = 0$$

$$\sum Y = 0, \quad F_N - G\cos\alpha = 0$$

另外，由式（1-8）有：

$$F_f \leqslant f_s F_N$$

得：

$$G\sin\alpha \leqslant f_s G\cos\alpha$$

即：

$$\frac{\sin\alpha}{\cos\alpha} \leqslant f_s$$

得：

$$\tan\alpha \leqslant \tan\varphi_m$$

或：

$$\alpha \leqslant \varphi_m$$

即胶带运输机的倾角不能超过物料与胶带之间的摩擦角。

四、滚动摩擦简介

滚动摩擦是指一物体沿另一物体的表面作相对滚动或有相对滚动趋势时，接触表面产生的摩擦。在工程上，若将笨重的物体置于滚轴上将其搬动，如图 1－37 所示，比直接放于地面上拖动会省力很多，这说明滚动比滑动阻力小。下面以车轮滚动为例，简单介绍滚动摩擦的规律。

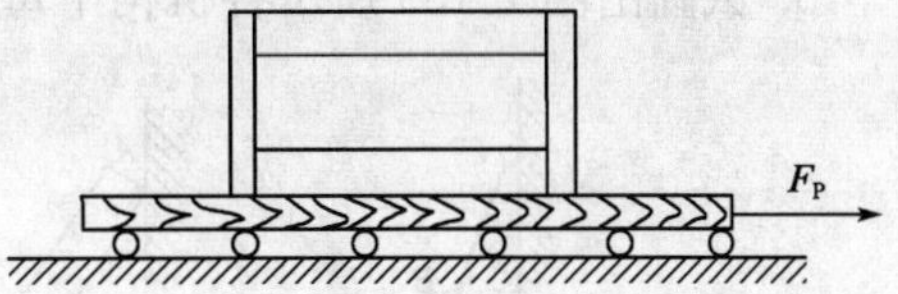

图 1－37　滚动实例

如图 1－38（a）所示，水平面上有一重力为 $\boldsymbol{G}$ 的车轮，处于静止状态。

由平衡条件可知，有 $F_N=-G$，在车轮上轮心处加一水平力 $\boldsymbol{F}_P$，此时，支承面会产生一摩擦阻力 $\boldsymbol{F}_f$，阻止车轮的滑动，如图 1－38（b）所示。由于 $\boldsymbol{F}_P$ 和 $\boldsymbol{F}_f$ 构成一对力偶，因此车轮向前滚动。由此可见，摩擦阻力 $\boldsymbol{F}_f$ 除阻止车轮滑动外，还有促使车轮滚动的作用。如果车轮和支承面都是绝对刚性的，则车轮会由于无任何阻力而滚动不停。但事实上，车轮和支承面都不会是绝对刚性的，多少会发生一定的变形。假设车轮较支承面硬，则当车轮向前滚动时，接触面 A 处会产生凹坑，其前缘会受到挤压变形而凸起。此时，支承面约束反力的合力 $\boldsymbol{F}_N$ 偏移 $\boldsymbol{G}$ 的作用线 δ 距离，与 $\boldsymbol{G}$ 形成一力偶，$\boldsymbol{G}$ 和 $\boldsymbol{F}_N$ 构成一滚动阻力偶，如图 1－38（c）、（d）所示。

利用力的平移原理，将 $\boldsymbol{F}_N$ 平移到 A 点，如图 1－38（e）所示，则产生的附加力偶为 $M=F_N\delta$，称为滚动摩擦力偶矩。当车轮平衡时，有：

$$\sum M_A(F)=0, M=F_N\delta=F_Pr$$

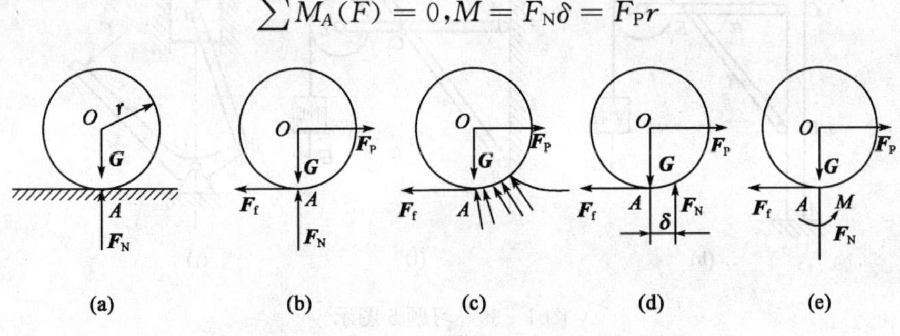

图 1－38　车轮滚动摩擦

由 $M=F_Pr$ 可知，M 随 $\boldsymbol{F}_P$ 的大小而变化。当 $\boldsymbol{F}_P$ 增大到使车轮处于将滚而未滚的临界状态 $M_{max}=\delta_m\boldsymbol{F}_N$ 时，M 也增加到了最大值。其中，δ_m 是法向反力 $\boldsymbol{F}_N$ 偏移量占的最大值，称为滚动摩擦因数，与接触物体材料性质有关。

由以上分析可知，车轮滚动必须克服摩擦阻力偶 M_{max} 即 $F_Pr>\delta_mF_N$。因此，作用于车轮上的水平力应满足以下条件：

$$F_P>\frac{F_N\delta_m}{r}$$

习　题

1. 力的三要素是什么？二力平衡条件是什么？
2. 作用与反作用定律和二力平衡公理有什么异同？

3. 一条软绳的两端点作用着等值、反向、共线的拉力各为 $\boldsymbol{F}$，若将两端点的拉力分别沿其作用线移到另一端时，此绳还能不能平衡？为什么？

4. 一力 $\boldsymbol{F}$ 的投影 $\boldsymbol{F}_x$、$\boldsymbol{F}_y$ 与它的正交分力 $\boldsymbol{F}_x$、$\boldsymbol{F}_y$ 有什么异同？

5. 试画出图 1-39 所示各机构中每一个物体的受力图。

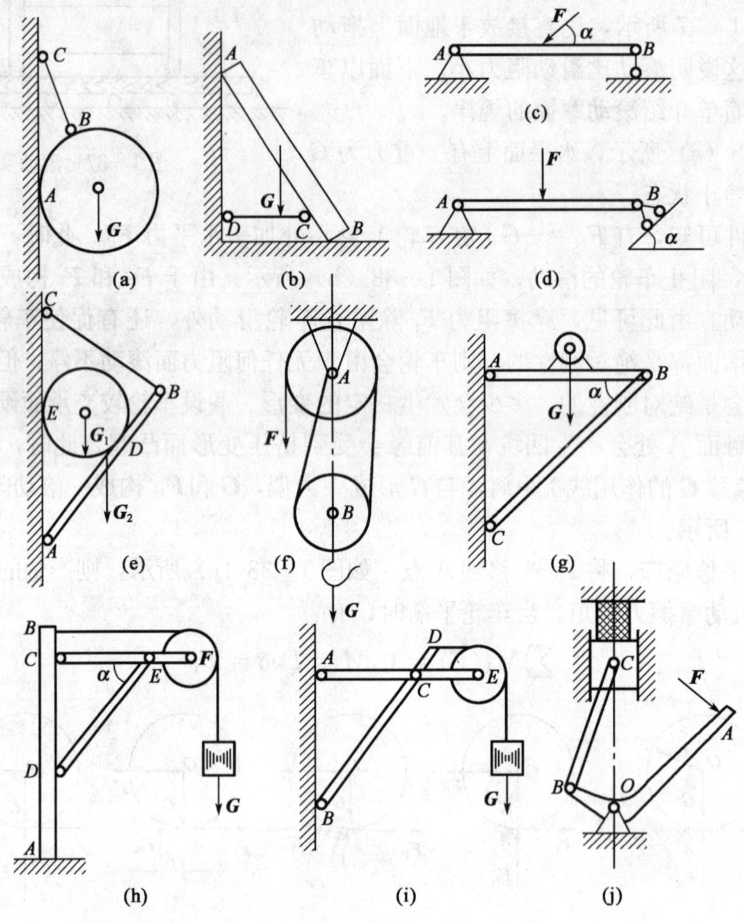

图 1-39　习题 5 图示

6. 圆柱形容器放置在两个滚子 A、B 上，A、B 处在同一水平线上。已知容器所受重力 G=30kN，直径 D = 1m，滚子的直径为 0.1 m，两滚子中心距 l=750 mm。试求滚子 A、B 所受的压力（图 1-40）。

7. 等边三角形结构中 A、B、C 各点均为铰链连接，如图 1-41 所示。已知重物的重力 G=10 kN，各杆自重不计。试求两杆受力大小。

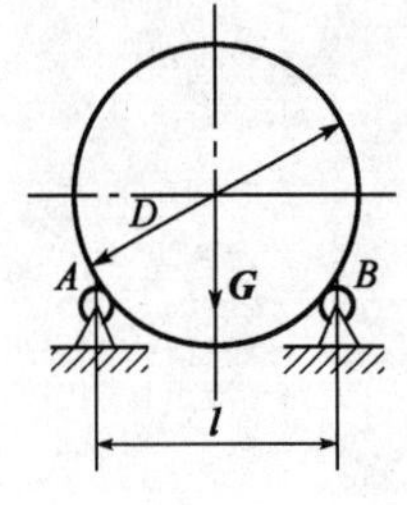

图 1-40　习题 6 图示

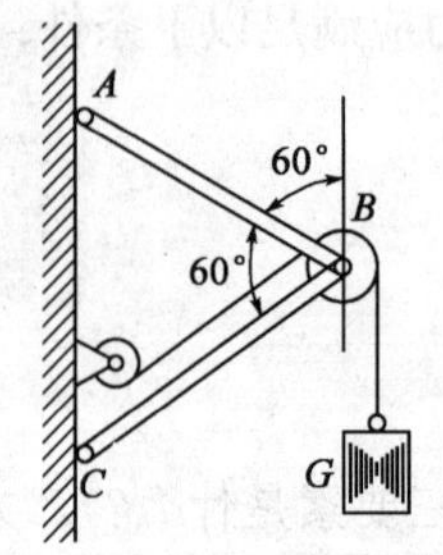

图 1-41　习题 7 图示

8. 图 1－42 所示一零件承受四个径向力作用，各力的大小分别为 $F_1=500\text{N}$，$F_2=1000\text{N}$，$F_3=600\text{N}$，$F_4=2000\text{N}$，试求此力系的合力。

9. 图 1－43 所示吊杆中 A、B、C 均为铰链连接。已知主动力 F，$AB=BC=l$，$BO=h$。试求两吊杆受力大小。

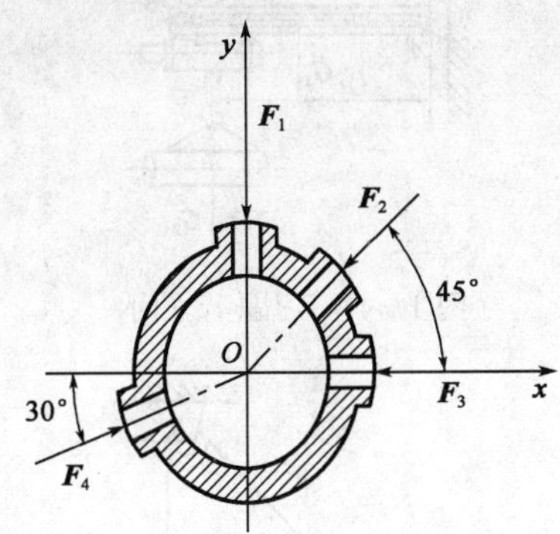

图 1－42　习题 8 图示

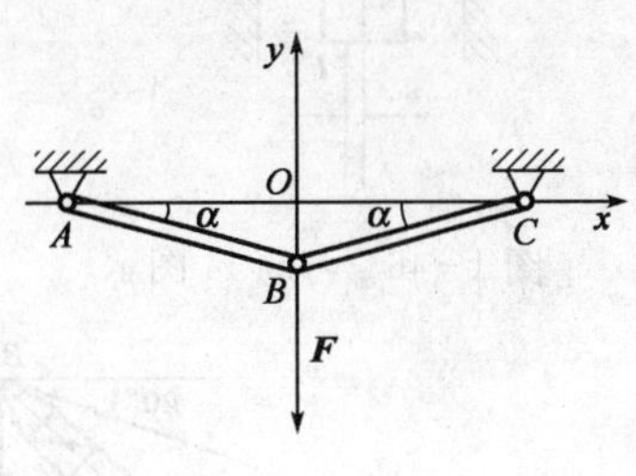

图 1－43　习题 9 图示

10. 图 1－44 所示液压机械，作用于活塞 A 上的力为 $F=1\text{kN}$，$\alpha=10°$，各杆自重及各处摩擦不计。试求工件所受的压力 F_1，并讨论增力比 F_1/F。

11. 力偶的三要素是什么？力偶的作用效果用什么来度量？

12. 试比较力矩与力偶矩有什么异同？

13. 图 1－45 所示滑轮上吊有重力为 $\boldsymbol{G}$ 的物体，在轮上受主动力偶矩 $M=Gr$，此时滑轮处于平衡状态。试问这能否说明力与力偶是可以平衡的？又如何解释这种平衡现象呢？

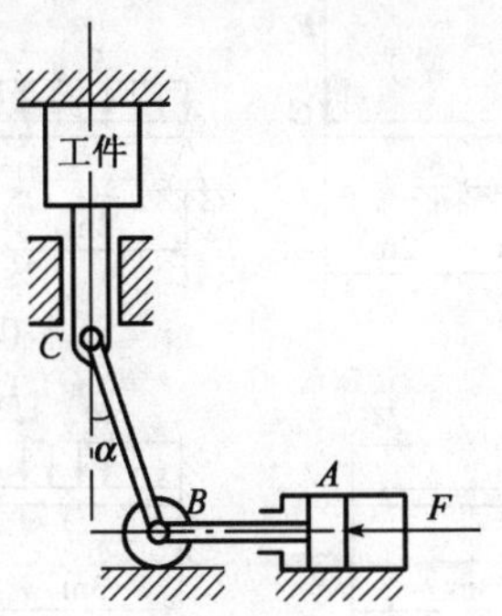

图 1－44　习题 10 图示

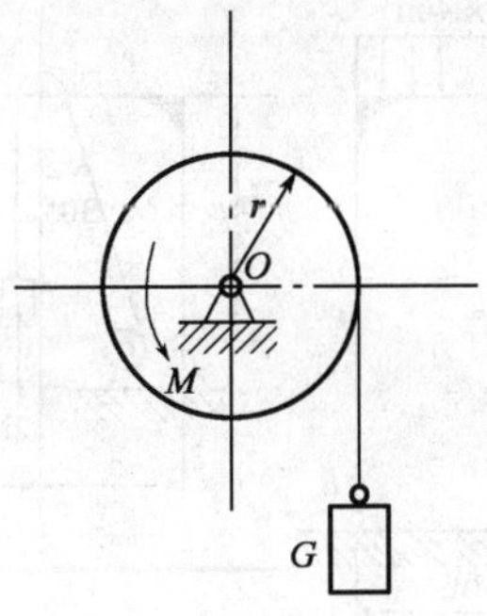

图 1－45　习题 13 图示

14. 图 1－46 所示汽锤在锻打工件时，由于工件偏置，使锤头受偏心力而发生倾斜。已知压力 $F=100\text{ kN}$，偏心距 $e=2\text{cm}$，锤头升起高度 $h=20\text{cm}$。试求锤头受两侧导轨的约束力。

15. 摇臂起重机的水平梁 AB 两端铰接，如图 1－47 所示。水平梁自重 $G_1=4\text{ kN}$，载荷 $G_2=12\text{ kN}$。尺寸 $l=6\text{m}$，$a=4\text{m}$，$\alpha=30°$。试求拉杆 BC 的拉力和铰链 A 的约束力。

16. 起重机吊臂 AB 重 $G_1=20\text{ kN}$，作用于 AB 中点。载荷 $G_2=25\text{ kN}$。试求图 1－48 所示位置绳 CB 的拉力和 A 支座反力。

17. 水平杆 AB 长 3m，重力 $G_1=1.2\text{kN}$，载荷 $G_2=1\text{kN}$，如图 1－49 所示。试求绳和支座 A 的反力。

18. 刚架结构承受载荷的情况如图 1－50 所示，其自重不计。试求 A、B 支座反力。

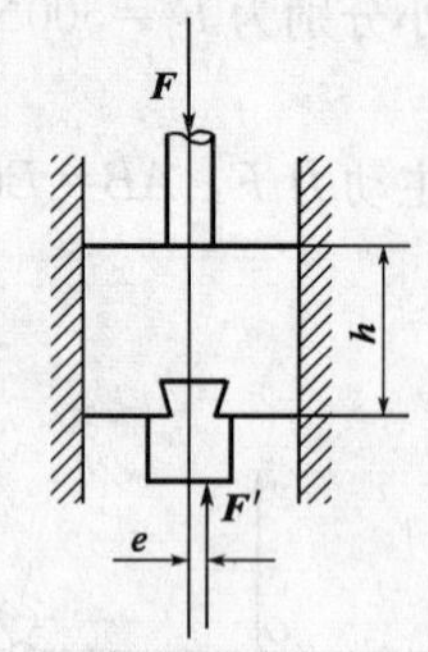

图 1-46 习题 14 图示

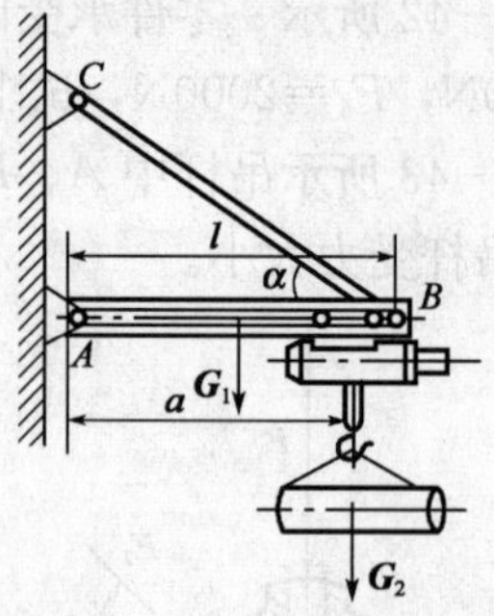

图 1-47 习题 15 图示

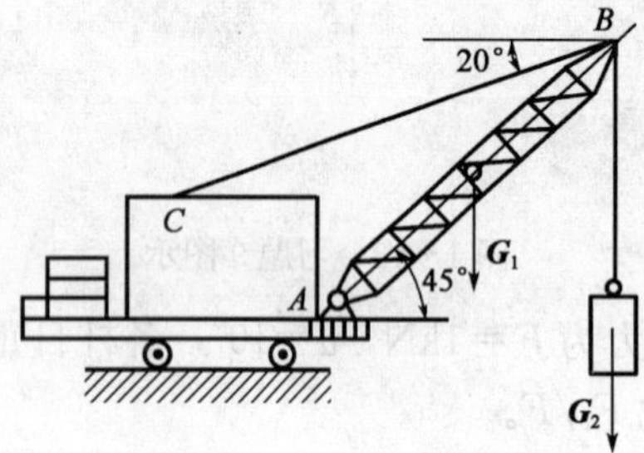

图 1-48 习题 16 图示

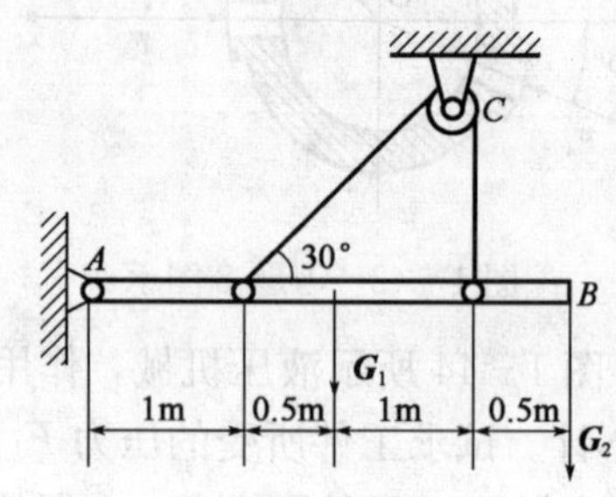

图 1-49 习题 17 图示

19. 水平梁上受载荷情况如图 1-51 所示。已知 $F_1=200$ N，$F_2=100$ N，$M=5$ N·m，$q=40$ N/m。试求支座 A、B 的约束力。

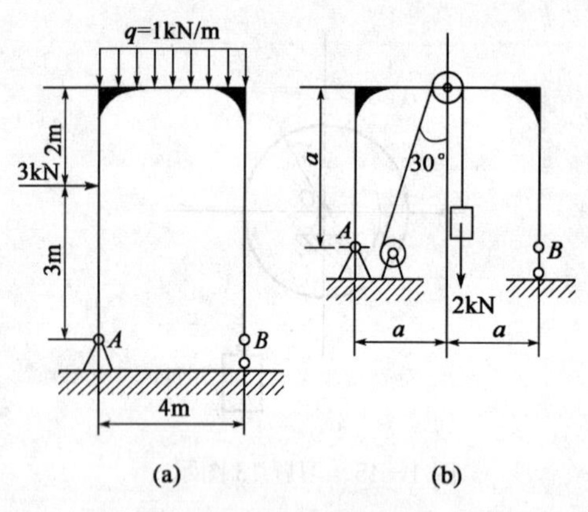

图 1-50 习题 18 图示

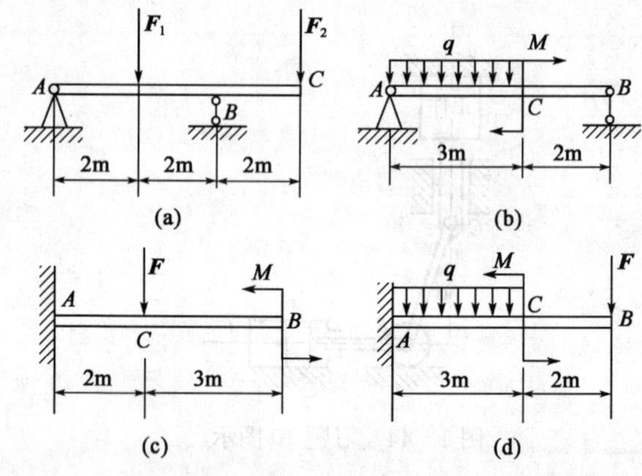

图 1-51 习题 19 图示

20. 图 1-52 所示为由 AD 和 BD 杆组成的组合梁，用铰链 D 连接。已知载荷 $F=5$ kN，$M=40$ kN·m，$q=10$ kN/m，梁的自重不计。试求 A、B、C 处的约束力。

21. 图 1-53 所示一手动水泵，作用于手柄上的力 $F_1=200$ N，不计各杆自重与各处摩擦。试求图示位置水的压力 F_2 和支座 A 的反力。

22. 图 1-54 所示三角拱，已知每半拱重力 $G=100$kN，跨度 $l=10$m，拱高 $h=4$m，半拱重心位于 $b=l/5$ 处。试求 A、B 支座反力。

23. 图 1-55 所示一滑轮支架，A、B、C 三处均为铰链连接，各杆与轮自重不计，若载荷 $G=30$kN。试求 A、B 支座反力。

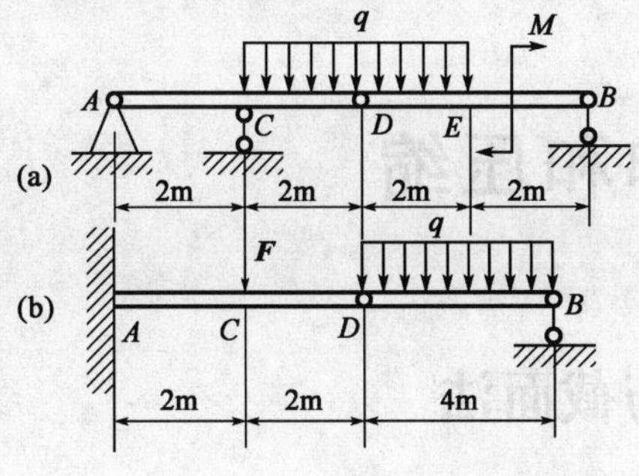

图 1-52　习题 20 图示

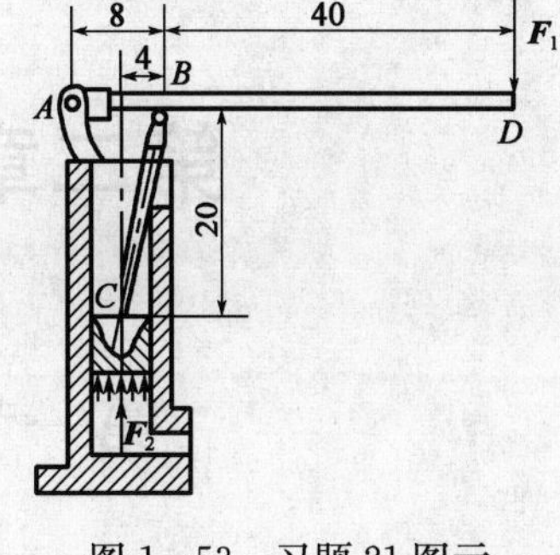

图 1-53　习题 21 图示

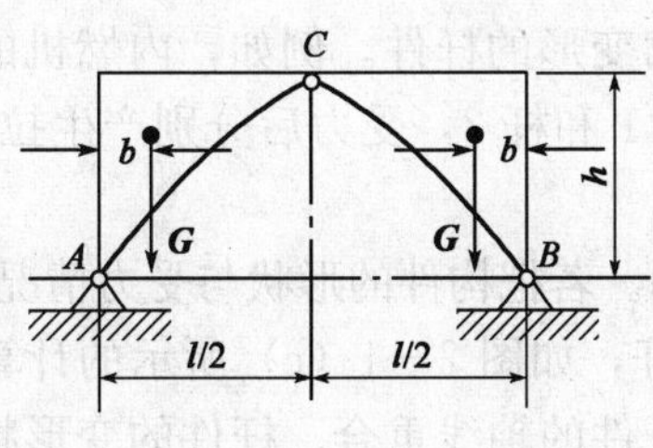

图 1-54　习题 22 图示

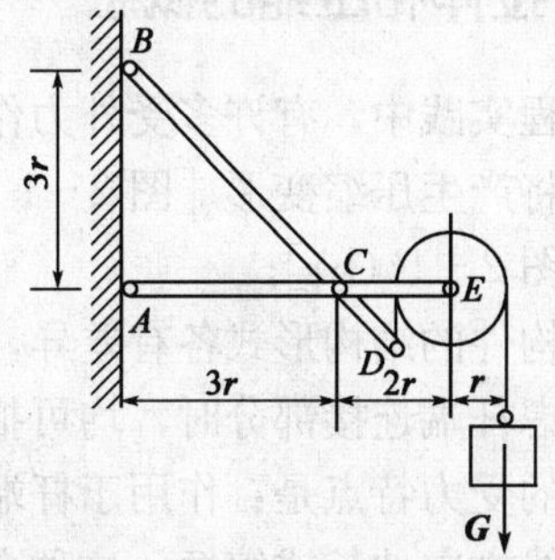

图 1-55　习题 23 图示

24. 铰链四杆机构如图 1-56 所示。已知主动力 $F=400$N，各杆自重不计。试求平衡时力偶矩 M_O 和 A、D 支座反力。

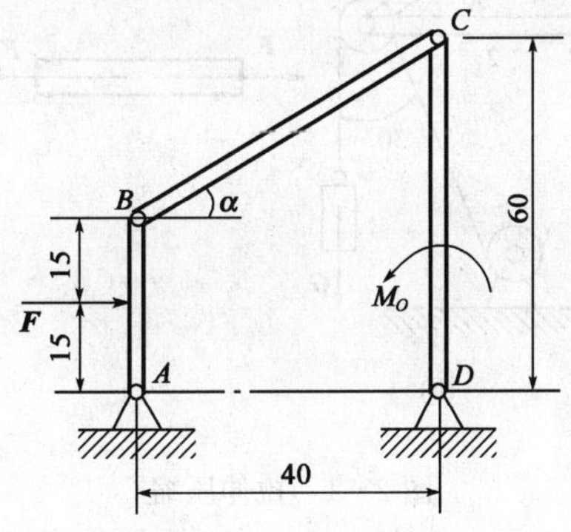

图 1-56　习题 24 图示

第二章　拉伸和压缩

第一节　内力与截面法

一、拉伸和压缩的概念

在工程实践中，有许多受外力作用产生拉伸或压缩变形的杆件。例如，内燃机的连杆，在工作中将产生压缩变形［图 2－1（a)］；桁架中的杆 1 和杆 2，受力后分别产生拉伸和压缩变形［图 2－1（b)］。

这些构件的结构形式各有差异，受力方式各不相同。若把构件的形状与受力情况进行简化，不考虑杆端连接部分时，均可抽象为一等截面直杆，如图 2－1（c）所示的计算简图。这类杆件的受力特点是：作用于杆端的合力作用线与杆件的轴线重合。杆件的变形特点是：杆件沿轴线方向伸长或缩短，这种变形形式称为拉伸或压缩。

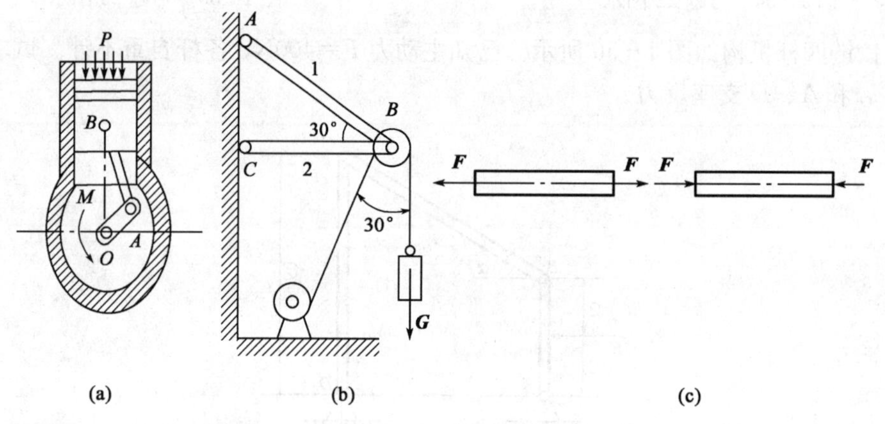

图 2－1　拉伸压缩

二、内力的概念

一般把作用于杆件上的载荷和约束力均称为外力。杆件内各质点之间的相互作用力称为内力。正是由于这种内力才使各质点之间保持一定的相对位置，使构件保持一定的几何形状。当杆件受外力作用后而变形时，杆件内部各质点间的距离将发生变化，因此它的内力也随之变化，即在原有内力的基础上又产生了新的内力。这种由于外力作用而引起的杆件内各质点之间的相互作用力的改变量，称为附加内力，简称内力。应该指出，内力随着外力的增加而增大，到达一定限度时，杆件就会发生破坏。因此，内力与杆件的强度有密切的关系，内力计算是工程力学的重要内容。

三、截面法

求内力的基本方法是截面法。如图 2-2（a）所示杆件的两端受拉力作用，$\boldsymbol{F}=-\boldsymbol{F}'$。欲求某一截面 $m-n$ 上的内力，可假想地用一截面将杆件在 $m-n$ 处截开，分成左右两部分，任取其中一部分（如左半部分）为研究对象，如图 2-2（b）所示，并将移去部分对留下部分的作用痕迹以内力替代，设其合力为 $\boldsymbol{F}_{\mathrm{N}}$。由于杆件原来处于平衡状态，故截开后各部分仍保持平衡。由平衡方程：

$$\sum F_x = 0, F_{\mathrm{N}} - F = 0$$

求得：

$$F_{\mathrm{N}} = F$$

如果取杆件的右半部分为研究对象，如图 2-2（c）所求同一截面上的内力时，可得相同的结果，即：

$$F'_{\mathrm{N}} = F' = F$$

实际上，$\boldsymbol{F}_{\mathrm{N}}$ 与 $\boldsymbol{F}'_{\mathrm{N}}$ 是作用力与反作用力的关系。因此，对同一截面来说，若选取不同的部分为研究对象，则所求得的内力，必然是数值相等，而方向相反。

这种假想地用一截面将杆件截开，从而显示内力和确定内力的方法，称为截面法，它的步骤归纳如下：

（1）截开：在需要求内力的截面处，假想地将杆件截分为两部分，移去一部分，留下一部分作为研究对象；

（2）替代：将移去部分对留下部分的作用痕迹以内力替代，画出保留部分的受力图；

（3）平衡：根据保留部分的平衡条件，确定内力的大小与方向。

在拉伸和压缩时，内力的合力作用线必沿杆件的轴线方向，这种内力 $\boldsymbol{F}_{\mathrm{N}}$ 称为轴力。轴力的符号是根据杆件的变形情况来规定的：杆件拉伸时轴力规定为正，称为拉力；杆件压缩时轴力规定为负，称为压力。按此规定无论取截面左侧或右侧分离体为研究对象，所求得的轴力不仅数值相等，而且方向也相同。

【例 2-1】 图 2-3（a）所示为一双压手铆机活塞杆。作用于活塞上的力分别简化为 $F_1=3\mathrm{kN}$，$F_2=1.4\mathrm{kN}$，$F_3=1.6\mathrm{kN}$，见图 2-3（b）。试求活塞杆各横截面上的轴力。

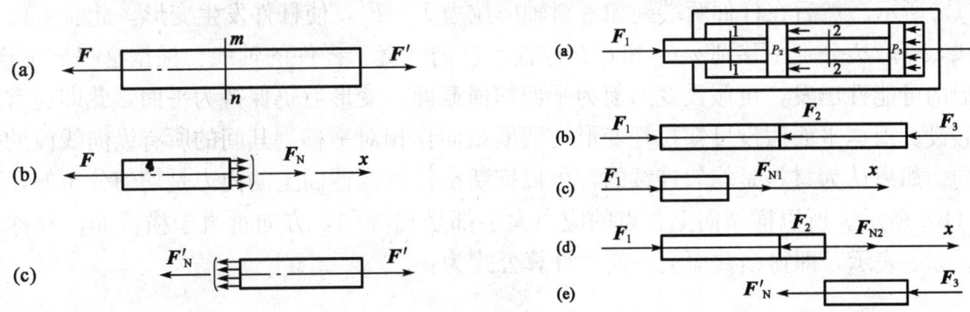

图 2-2　截面法　　　　图 2-3　双压手铆机活塞杆

解： 应用截面法计算各横截面上的轴力。

先沿截面 1-1 将杆件截成两段，取左段为研究对象［图 2-3（c）］，用轴力 $\boldsymbol{F}_{\mathrm{N1}}$ 代替右段对左段杆的作用。由左段的平衡方程：

$$\sum F_x = 0, F_{N1} + F_1 = 0$$

求得：

$$F_{N1} = -F_1 = -3(\text{kN})$$

同样应用截面法沿截面 2-2 截开［图 2-3（d)］，求得轴力 F_{N2}：

$$\sum F_x = 0, F_{N2} + F_1 - F_2 = 0$$

则得：

$$F_{N2} = F_2 - F_1 = -1.6(\text{kN})$$

负号表示 $\boldsymbol{F}_{N1}$、$\boldsymbol{F}_{N2}$ 方向与图示方向相反。

由此可知活塞杆两段均受压力。

通过此例题可以归纳出轴力的计算规则：某一截面上轴力的大小等于截面一侧所有外力的代数和，外力背离截面取正，外力指向截面取负。

第二节　拉伸或压缩时的应力分析

一、应力的概念

在确定了拉伸或压缩杆件的轴力以后，还不能解决杆件的强度问题。例如，两根材料相同、粗细不等的拉杆，若两者承受的轴力相同，随着拉力的增加，细杆首先被拉断。这说明杆件的强度不仅与轴力有关，而且还与横截面尺寸有关。因此，工程上常用截面上内力分布的集密度，或用单位面积上的内力来衡量杆件的受力程度。截面上某一点处内力分布的集密度，称为应力。

在我国法定计量单位中，应力的单位是 Pa（帕）。$1\text{Pa}=1\text{N/m}^2$，称为牛顿每平方米。由于 Pa 这一单位太小，工程上常用 MPa（兆帕）作为应力的单位。$1\text{MPa}=10^6\text{Pa}=1/\text{N/mm}^2$。

二、横截面上的应力

为了确定横截面上的应力，应先研究内力在横截面上的分布规律。由于内力与变形之间存在着一定的关系，因此，需要通过试验观察杆件的变形情况。

取一等截面直杆，试验前在杆件表面上作两条垂直于轴线的横向直线 ab 和 cd，如图 2-4 (a)所示。然后在杆件两端施加一对轴向拉力 $F=F'$，使杆件发生变形。此时可以观察到直线 ab 和 cd 分别平移到 a_1b_1 和 c_1d_1 位置，且仍垂直于杆件的轴线。根据这一变形现象，从变形的可能性出发，可假设变形前为平面的横截面，变形后仍保持为平面，此即通常称的平面假设。根据平面假设可知拉杆变形时两横截面作相对平移，其间的所有纵向线段的伸长都相同。如果认为材料是均匀连续的，可以推断出拉杆横截面上的内力是均匀分布的，如图 2-4 (b) 所示。所以横截面上各点的应力大小都是相等的，方向垂直于横截面，故称为正应力，以 σ 表示，即得横截面上正应力计算公式为：

$$\sigma = \frac{F_N}{A} \tag{2-1}$$

式中　σ——横截面上的正应力，MPa；

F_N——横截面上的轴力，N；

A——横截面的面积，mm^2。

正应力的符号根据杆件的变形情况确定：拉应力为正，压应力为负。分别以 σ_t 表示拉应力，以 σ_c 表示压应力。

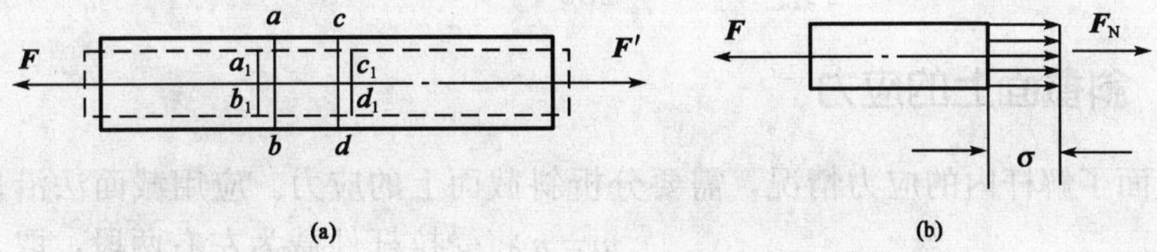

图 2-4　截面上的应力

【例 2-2】　图 2-5 所示直杆受力 $F_1=15\text{kN}$，$F_2=6\text{kN}$，其横截面面积分别为：$A_1=150\text{mm}^2$，$A_2=80\ \text{mm}^2$。试求横截面上的最大正应力。

解：(1) 计算轴力：

$$F_{N1}=F_1-F_2=-9(\text{kN})$$

$$F_{N2}=F_2=6(\text{kN})$$

(2) 计算正应力：

$$\sigma_1=\frac{F_{N1}}{A_1}=-\frac{9\times10^3}{150}=-60(\text{MPa})$$

$$\sigma_2=\frac{F_{N2}}{A_2}=\frac{6\times10^3}{80}=75(\text{MPa})$$

最大正应力为：

$$\sigma_{max}=75\text{MPa}$$

【例 2-3】　三角形桁架如图 2-6 (a) 所示。受载荷 $G=20\text{kN}$，已知各杆件的横截面面积分别为：$A_{AB}=100\ \text{mm}^2$，$A_{BC}=250\ \text{mm}^2$。试求各杆件的正应力。

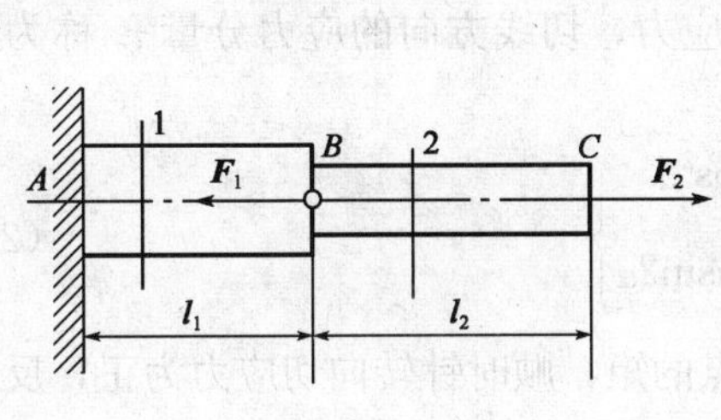

图 2-5　直杆受力

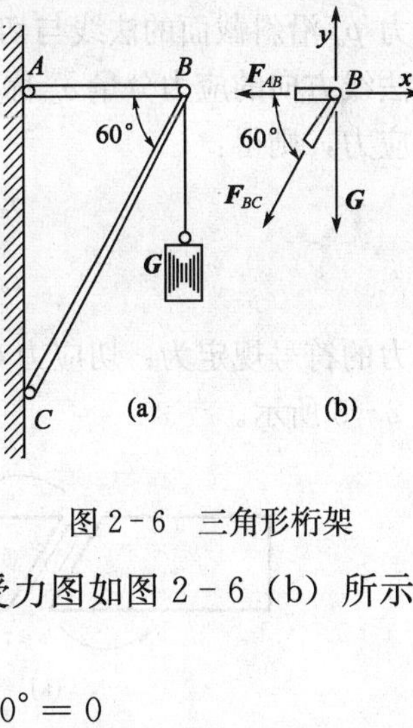

图 2-6　三角形桁架

解：(1) 计算轴力：取节点 B 为研究对象，画其受力图如图 2-6 (b) 所示，由平衡方程：

$$\sum F_y=0,\ -G-F_{BC}\sin60^\circ=0$$

得：

$$F_{BC}=-G/\sin60^\circ=-23.1(\text{kN})$$

由：

$$\sum F_x=0,\ -F_{AB}-F_{BC}\cos60^\circ=0$$

得：

$$F_{AB}=-F_{BC}\cos60^\circ=11.5(\text{kN})$$

(2) 计算正应力：

$$\sigma_{AB}=\frac{F_{AB}}{A_{AB}}=\frac{11.5\times10^3}{100}=115(\text{MPa})$$

$$\sigma_{BC}=\frac{F_{BC}}{A_{BC}}=-\frac{23.1\times10^3}{250}=-92.4(\text{MPa})$$

＊三、斜截面上的应力

为了全面了解杆内的应力情况，需要分析斜截面上的应力。应用截面法沿任一斜截面 $m-n$ 将受拉杆件截为左右两段，取左段为研究对象，如图 2－7（b）所示。由平衡方程：

$$\sum F_x=0, F_\alpha-F=0$$

求得：

$$F_\alpha=F$$

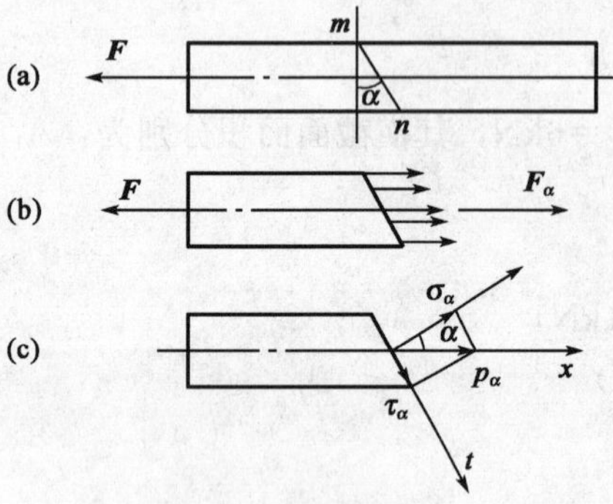

仿照横截面上正应力分析方法，可得出斜截面上的应力是均匀分布的结论。以 p_α 表示与横截面成 α 角的斜截面上的应力，A_α 为斜截面面积，则斜截面上的应力为：

$$p_\alpha=\frac{F_\alpha}{A_\alpha}=\frac{F}{A_\alpha}$$

图 2－7　斜截面上的应力

由于斜截面面积 A_α 与横截面面积 A 间的几何关系为：

$$A_\alpha=\frac{A}{\cos\alpha}$$

则得：

$$p_\alpha=\frac{F}{A}\cos\alpha=\sigma\cos\alpha$$

式中，$\sigma=F/A$ 是横截面上的正应力。

将应力 p_α 沿斜截面的法线与切线方向分解为 σ_α 与 τ_α 两个应力分量，如图 2－7（c）所示。并把法线方向的应力分量 σ_α 称为斜截面上的正应力，切线方向的应力分量 τ_α 称为斜截面上的切应力，则得：

$$\left.\begin{aligned}\sigma_\alpha&=p_\alpha\cos\alpha=\sigma\cos^2\alpha\\ \tau_\alpha&=p_\alpha\sin\alpha=\frac{1}{2}\sigma\sin2\alpha\end{aligned}\right\}\qquad(2-2)$$

切应力的符号规定为：切应力对分离体上任一点的矩，顺时针转向切应力为正，反之为负，如图 2－8 所示。

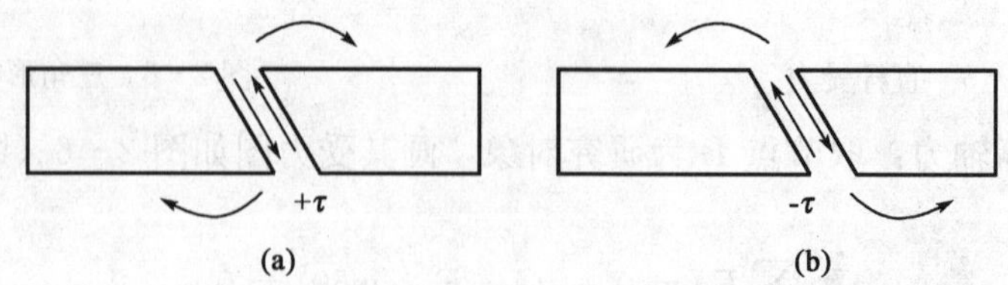

图 2－8　斜截面上切应力的正负

由公式（2－2）可知，σ_α 与 τ_α 均是 α 角的函数，它随斜面的方位不同而变化。

（1）当 $\alpha=0°$时，正应力 σ_α 达到最大值：

$$\sigma_{\max}=\sigma, \tau_\alpha=0$$

（2）当 $\alpha=45°$时，切应力 τ_α 达到最大值：

$$\tau_{max}=\frac{1}{2}\sigma,\sigma_\alpha=\frac{1}{2}\sigma$$

即拉伸或压缩时的最大正应力发生在横截面上，最大切应力发生在与轴线成45°的截面上，且为最大正应力的一半。

（3）当$\beta=\alpha+90°$时，在这两个相互垂直的截面上（即与横截面成α角和β角的截面），切应力存在着一定的关系，由公式（2-2）可知：

$$\tau_{\alpha+90°}=\frac{1}{2}\sigma\sin 2(\alpha+90°)=\frac{1}{2}\sigma\sin 2\alpha \tag{2-3}$$

故：
$$\tau_{\alpha+90°}=-\tau_\alpha$$

即两个相互垂直截面上的切应力同时存在，且大小相等，符号相反。这一关系称为切应力互等定理。

第三节　拉伸或压缩时的强度计算

一、许用应力与安全系数

前面曾指出，一个构件的承载能力首先应满足的基本要求之一，就是需要它具有足够的强度。当计算出构件的正应力后，还不能判断构件是否安全可靠。例如，构件的截面形状、尺寸、受力情况均相同时，木材要比钢材容易破坏。因此，还需要研究材料的性质。试验表明：当应力达到某一极限值时，材料便发生破坏，材料破坏时的应力，称为极限应力，用σ_{lim}表示。为了保证构件在外力作用下能安全可靠地工作，应使它的工作应力小于材料的极限应力，并使构件的强度留有必要的储备。因此，一般把极限应力除以大于1的系数S，作为设计时应力的最高限度，这个构件能够安全工作的最大应力，称为许用应力，用$[\sigma]$表示，即：

$$[\sigma]=\frac{\sigma_{lim}}{S} \tag{2-4}$$

式中　S——安全系数。

确定安全系数的大小是一项很重要的工作，它不仅反映了构件工作的安全程度和材料的强度储备量，又反映了材料合理使用的情况。安全系数取得过高，浪费材料，且使构件笨重；取得太低则不安全。因此，确定安全系数时，应考虑的主要因素是：材料的性质及均匀程度，载荷性质及大小、应力计算的准确程度，构件的工作条件等。一般在工程设计中可取$S=1.4\sim3.5$。这只是一个参考范围，在应用时可查阅机械工程设计手册。

二、拉伸或压缩强度计算

为了保证构件具有足够的强度，能够安全耐久地工作，必须使构件的实际工作应力不超过材料的许用应力，即：

$$\sigma=\frac{F_N}{A}\leqslant[\sigma] \tag{2-5}$$

式（2-5）称为拉伸或压缩时的强度条件。运用强度条件可以解决工程中三个方面的强度计算问题：

（1）强度校核：已知构件的截面尺寸、材料的许用应力和载荷，应用公式（2－5）检查构件的强度是否足够。

（2）设计截面：若已知构件所承受的载荷和材料的许用应力，可按公式（2－5）确定截面尺寸，即：

$$A \geqslant \frac{F_N}{[\sigma]}$$

（3）确定许可载荷：若已知构件的截面尺寸和材料的许用应力，可根据公式（2－5）计算构件所能承担的最大轴力，即：

$$F_N \leqslant [\sigma]A$$

从而可以确定此构件的许可载荷。

【例 2－4】 曲柄滑块机构如图 2－9（a）所示。工作时滑块受气体压力 $F_P=80\text{kN}$，曲柄 OA 长度 $r=100\text{mm}$，连杆 AB 长度 $L=250\text{mm}$，截面尺寸 $b=40\text{mm}$，$h=60\text{mm}$ 。材料的许用应力 $[\sigma]=50\text{MPa}$。当 OA 与 AB 处于垂直位置时，试校核连杆的强度。

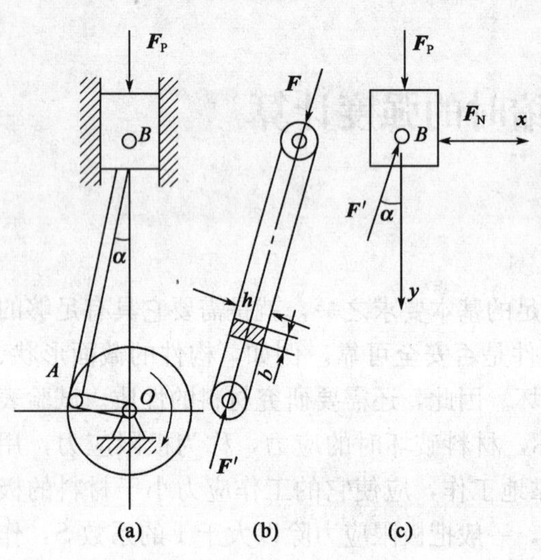

图 2－9 曲柄滑块机构

解： 根据滑块的平衡条件，求出连杆所受轴力［图 2－9（c）］：

$$\sum F_y = 0, F_P - F'\cos\alpha = 0$$

$$F' = \frac{F_P}{\cos\alpha} = \frac{F_P}{l}\sqrt{l^2+r^2}$$

$$= \frac{80}{250}\sqrt{250^2+100^2} = 86.16(\text{kN})$$

计算截面面积［图 2－9（b）］：

$$A = bh = 40 \times 60 = 2400(\text{mm}^2)$$

校核连杆的强度，由公式（2－5）可知：

$$\sigma = \frac{F_N}{A} = \frac{F}{bh} = \frac{86.16 \times 10^3}{2400} = 35.9(\text{MPa}) < 50(\text{MPa})$$

因为 $\sigma < [\sigma]$，所以连杆强度足够。

【例 2－5】 气动夹具如图 2－10 所示。已知气压 $p=1.5\text{MPa}$，气缸内径 $D=150\text{mm}$。连杆的许用应力 $[\sigma]=80\text{MPa}$。试设计连杆的直径。

解： 连杆的轴力为：

$$F_N = p \cdot \frac{\pi D^2}{4} = 1.5 \times \frac{3.14 \times 150^2}{4} = 26.5(\text{kN})$$

连杆截面积： $$A = \frac{\pi d^2}{4} \geqslant \frac{F_N}{[\sigma]}$$

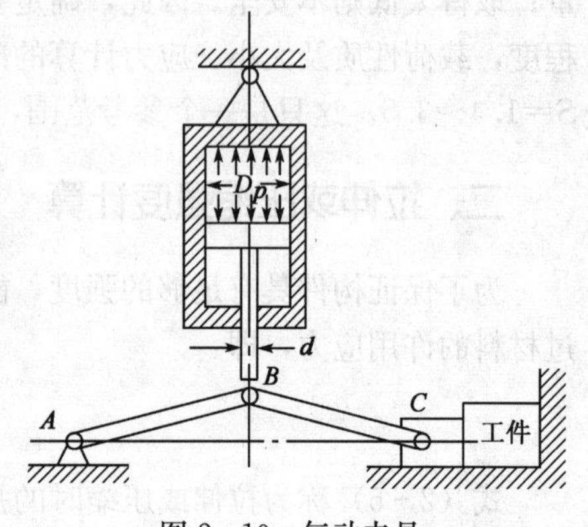

图 2－10 气动夹具

设计连杆的直径：

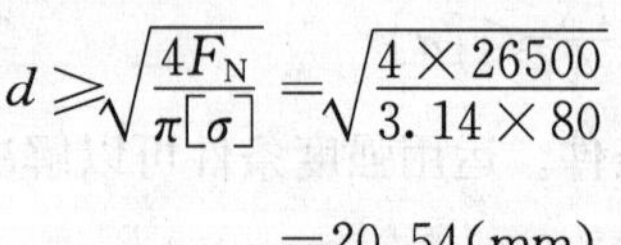

$$d \geqslant \sqrt{\frac{4F_N}{\pi[\sigma]}} = \sqrt{\frac{4 \times 26500}{3.14 \times 80}}$$

$$= 20.54(\text{mm})$$

取 $d=22\text{mm}$。

【例 2-6】 等边三角架如图 2-11（a）所示。用钢丝绳绕滑轮吊挂重物 $\boldsymbol{G}$。已知 AB 杆的许用拉应力 $[\sigma]_t=100\text{MPa}$，其横截面面积 $A_{AB}=500\text{mm}^2$；BC 杆的许用压应力 $[\sigma]_c=40\text{MPa}$，其横截面面积 $A_{BC}=2400\text{mm}^2$。试求此三角架的许可载荷。

解： 根据节点 B 的平衡条件，求各杆的轴力［图 2-11（b）］。

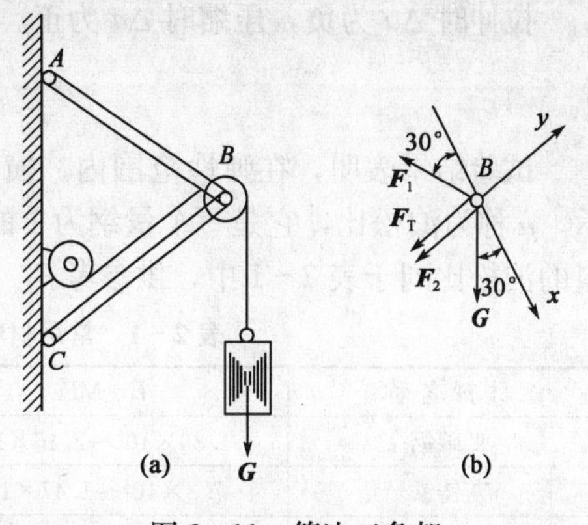

图 2-11　等边三角架

由：　$\sum F_x = 0, G\cos30° - F_1\cos30° = 0$

得：　$F_1 = G$

由：　$\sum F_y = 0, F_2 - F_T - 2G\sin30° = 0$

得：　$F_T = G, F_2 = 2G$

求 AB 杆的许可载荷：

$F_1 = G \leqslant A_{AB}[\sigma]_t = 500 \times 100 = 50(\text{kN})$

求 BC 杆的许可载荷：

$$G = \frac{F_2}{2} \leqslant \frac{1}{2}A_{BC}[\sigma]_c = \frac{1}{2} \times 2400 \times 40 = 48(\text{kN})$$

故知桁架的最大许可载荷为 $G \leqslant 48\text{kN}$。

＊第四节　拉伸或压缩时的变形

杆件受轴力作用时，将引起纵向和横向尺寸的改变，如图 2-12 所示。

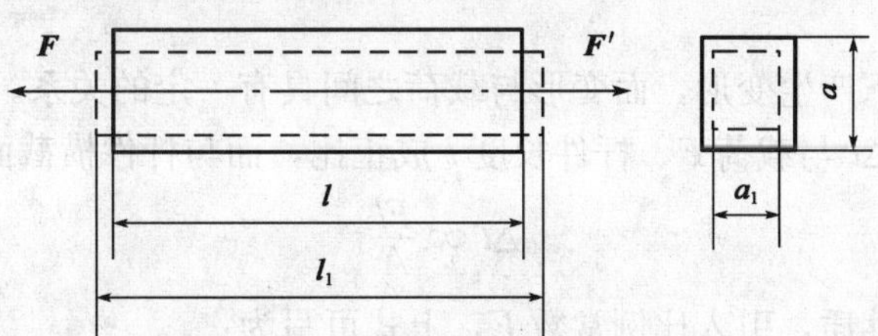

图 2-12　拉伸或压缩时的变形

一、纵向变形

设杆件的原长为 l，在轴力作用下，变形后的长度为 l_1，杆件的轴向变形称为纵向变形，用面 Δl 表示，即：

$$\Delta l = l_1 - l$$

拉伸时 Δl 为正，压缩时 Δl 为负。

Δl 与杆件长度 l 有关，为了比较变形的程度，常用单位长度的变形来度量。工程上把杆件单位长度的变形称为线应变，用 ε 表示，即：

$$\varepsilon = \frac{\Delta l}{l} \tag{2-6}$$

线应变是量纲为 1 的量。

二、横向变形

若杆件原横向尺寸为 a，变形后为 a_1，则横向变形为：

$$\Delta a = a_1 - a$$

拉伸时 Δa 为负，压缩时 Δa 为正。横向线应变为：

$$\varepsilon_1 = \frac{\Delta a}{a}$$

试验结果表明，在弹性范围内，横向应变与纵向应变之比的绝对值为一常数，用 μ 表示。μ 称为泊松比，它是一个量纲为 1 的量，其值随材料而异，由试验测定。工程上常用材料的泊松比列于表 2－1 中，供参考。

表 2－1　常用材料的弹性模量和泊松比的近似值

材料名称	E，MPa	G，MPa	μ
低碳钢	$1.86\times10^5\sim2.16\times10^5$	$8.0\times10^4\sim8.27\times10^4$	0.25～0.33
灰铸铁	$7.8\times10^4\sim1.47\times10^5$	$4.67\times10^4\sim6.3\times10^4$	0.23～0.27
球墨铸铁	1.58×10^5	—	0.25～0.29
铜及其合金	$7.35\times10^4\sim1.27\times10^5$	$2.82\times10^4\sim4.58\times10^4$	0.31～0.42
铝及强铝	7.15×10^4	2.67×10^4	0.33
混凝土	$1.37\times10^4\sim3.53\times10^4$	—	0.16～0.18
橡胶	8	—	0.47

注：E 为材料的弹性模量；G 为材料的剪切弹性模量，详见第四章第二节公式（4－2）。

三、胡克定律

杆件在载荷作用下产生变形，而变形与载荷之间具有一定的关系。由试验证明：在弹性范围内，杆件的变形 Δl 与载荷 $\boldsymbol{F}$、杆件长度 l 成正比，而与杆件横截面面积 A 成反比，即：

$$\Delta l \propto \frac{Fl}{A}$$

考虑材料的物理性质，引入比例常数 E，上式可写为：

$$\Delta l = \frac{Fl}{EA}$$

由于轴力 $F_N = F$，又可写为：

$$\Delta l = \frac{F_N l}{EA} \tag{2-7}$$

这一关系是英国科学家胡克于 1678 年首先提出的，故称胡克定律。式中 E 称为材料的拉（压）弹性模量，其数值随材料而异，由试验测定。工程上常用材料的弹性模量列于表 2－1中，供参考。

由公式（2－7）可知，对于长度相同、受力相等的杆件，EA 值越大，则变形 Δl 越小。所以，EA 称为抗拉（压）刚度。它反映了构件抵抗拉（压）变形的能力。

若将 $\sigma = F_N/A$、$\varepsilon = \Delta l/l$ 代入公式（2－7）中，即得胡克定律的另一表达形式：

$$\sigma = E\varepsilon$$

即在弹性范围内，正应力与线应变成正比。

【例 2－7】　若例 2－2 中杆件的受力情况与截面尺寸不变。并知长度 $L_1 = 1\text{m}$，$L_2 = 1.5\text{ m}$，

材料的弹性模量 $E=210\times10^3$ MPa。试求杆件的总伸长量。

解：此杆件有两段，总伸长量等于两段变形的代数和，即：

$$\Delta l=\Delta l_1+\Delta l_2=\frac{F_{N1}l_1}{EA_1}+\frac{F_{N2}l_2}{EA_2}$$

$$=-\frac{9\times10^3\times1000}{210\times10^3\times150}+\frac{6\times10^3\times1500}{210\times10^3\times80}=0.25(\text{mm})$$

第五节　材料的力学性能

在拉伸（或压缩）强度和变形计算时，曾涉及反映材料力学性能的某些量值，如弹性模量 E 和极限应力 $\sigma_{\lim}$ 等，这些都必须通过试验测定。在材料试验中，可以全面了解材料在受力和变形过程中所具有的特性指标，即所谓材料的力学性能。由于材料的力学性能与载荷有关，下面分别介绍静载荷下和交变载荷下材料的力学性能。

一、静载荷下材料的力学性能

1. 低碳钢的拉伸试验

低碳钢是机械工程上广泛应用的一种塑性材料，其力学性能又具有典型性，因此常选择它来阐明钢材的一些特性。拉伸试验时采用国家标准规定的试件，做成一定的形状与尺寸，其工作长度（标距）与直径的关系为：$l=10d$，$l=5d$。

拉伸试验是在万能材料试验机上进行的。把试件安装在试验机上后，开动机器，缓慢地加载，直到试件被拉断为止。把这一过程中试件的受力与变形的关系绘制成 $F-\Delta l$ 曲线，称为拉伸图，如图 2-13（a）所示。为了消除试件尺寸的影响，将拉伸图的纵坐标 F 与横坐标 Δl 分别除以试件原截面面积和原来的长度，绘制出低碳钢的 $\sigma-\varepsilon$（应力－应变）曲线，如图 2-13（b）所示。

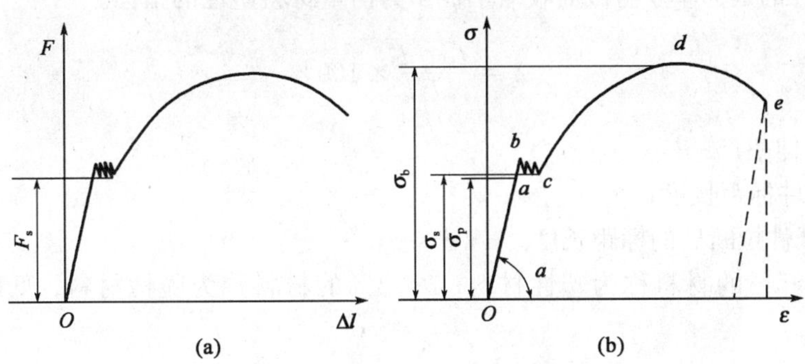

图 2-13　低碳钢拉伸试验曲线

低碳钢的整个拉伸过程主要有下列各阶段：

（1）弹性阶段。在弹性阶段应力 σ 与应变 ε 的关系为一直线，表示 σ 与 ε 成正比。试件的变形是弹性的，即卸载后，变形能够完全消失，这种变形称为弹性变形。与 a 点相对应的应力值，称为比例极限，以 σ_p 表示。比例极限是材料的应力与应变成正比的最大应力。因此，胡克定律只在应力不超过比例极限的范围内适用。图中倾角 α 的正切为：

$$\tan\alpha = \frac{\sigma}{\varepsilon} = E$$

即材料的弹性模量 E 等于 Oa 直线的斜率。在工程应用中，一般均使构件在弹性范围内工作，这时的变形小，属于小变形问题。

（2）屈服阶段。应力超过 a 点，将出现应变增加很快，而应力波动的阶段，这种现象称为材料的屈服（或冷蠕动）。在屈服阶段内的最小应力，即 c 点对应的应力值，称为屈服极限，以 σ_s 表示。当材料屈服时，光滑的试件表面将出现与轴线大致成 45°倾角的条纹，如图 2-14（a）所示。这是由于材料内部晶格之间产生蠕动而形成的，称为滑移线。

在屈服阶段，如果卸载，将出现较大的不能恢复的变形，称为塑性变形。在机械工程中绝大多数构件，当它们发生较大的塑性变形时，就不能正常工作。因此，在设计中对低碳钢一类的塑性材料常以屈服极限 σ_s 作为材料的强度指标。

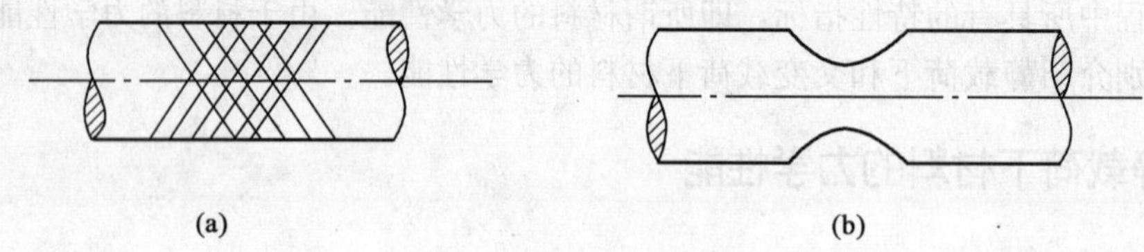

(a)　　　　　　(b)

图 2-14　拉伸的变形

（3）强化阶段。超过屈服极限后，材料又恢复了抵抗变形的能力，要使它继续变形，必须增加拉力，这种现象称为材料的强化。强化阶段的最高点 d［图 2-13（b）］所对应的应力值，称为强度极限，用 σ_b 表示。它是材料所能承受的最大应力，是衡量材料强度的另一个重要指标。

当应力达到 σ_b 后，试件的变形就集中在某一较弱的局部区域内，这时截面逐渐收缩，形成颈缩现象，如图 2-14（b）所示。最后试件在颈缩处被拉断。

试件拉断后，弹性变形消失，只留下塑性变形。塑性变形的大小就标志着材料的塑性。工程上常用试件的延伸率 δ 与截面收缩率 ψ 作为衡量材料塑性的指标。

$$\delta = \frac{l_1 - l}{l} \times 100\%$$

式中　δ——延伸率；

l——试件标距长度；

l_1——试件拉断后的标距长度。

通常把 $\delta > 5\%$ 的材料称为塑性材料；$\delta < 5\%$ 的材料称为脆性材料。低碳钢属于塑性材料。

$$\psi = \frac{A - A_1}{A} \times 100\%$$

式中　ψ——截面收缩率；

A——试件原横截面面积；

A_1——拉断后颈缩处的截面面积。

2. 铸铁的拉伸试验

铸铁是工程上广泛应用的一种脆性材料。用铸铁制成标准试件，按照与低碳钢拉伸试验的同样方法，可得到铸铁在拉伸时的 σ—ε 曲线，如图 2－15 所示。图 2－15 是一条微弯的曲线，没有明显的直线部分，也没有屈服与颈缩现象。在拉力较小的情况下突然断裂。拉断时的应力称为强度极限。在工程上常以 σ—ε 曲线的弦线的斜率作为弹性模量 E，因此，可以近似地应用胡克定律。

铸铁的延伸率 $\delta<1\%$，属于脆性材料。材料的强度指标是铸铁的强度极限。

3. 材料的压缩试验

金属材料的压缩试验的试件通常制成圆柱体，圆柱的高度是直径的 1.5～3 倍。

（1）低碳钢的压缩试验。试验时将试件置于万能材料试验机的两座间，使之受压，其压缩时的 σ—ε 曲线如图 2－16 所示。为了便于比较，图中虚线表示低碳钢压缩时的 σ—ε 曲线，可见材料在屈服以前，两条曲线重合，即低碳钢在拉伸与压缩时的弹性模量 E、比例极限 σ_p 和屈服极限 σ_s 是相同的。但是，在屈服后，试件越压越扁，试件抵抗能力也继续增大，并不断裂。因此，不能测得强度极限。

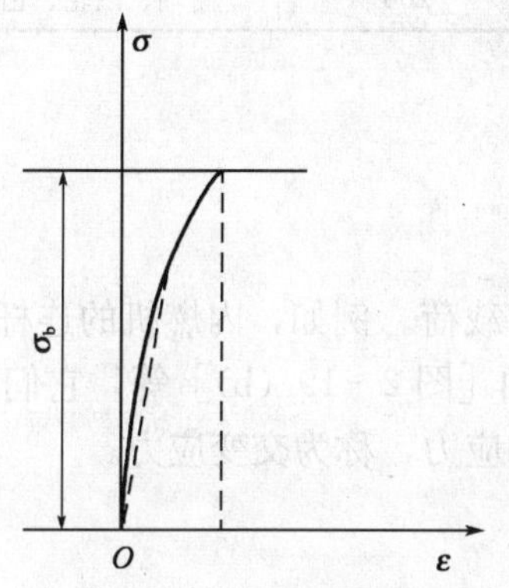

图 2－15　铸铁的弹性模量

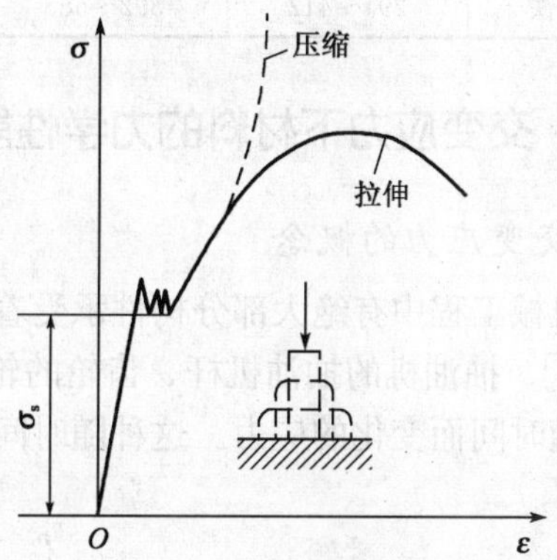

图 2－16　低碳钢的压缩试验

（2）铸铁的压缩试验。铸铁压缩试验的 σ—ε 曲线如图 2－17 所示。为了便于比较，图中虚线表示铸铁拉伸时的 σ—ε 曲线，可以看出铸铁拉伸与压缩时均没有明显的直线部分，而且均没有屈服现象。压缩时有明显的变形，随着压力增大试件渐呈鼓形，在塑性变形很小的情况下突然断裂。破坏断面与轴线约成 45°的倾角。断裂时的最大应力，称为压缩强度极限，以 σ_b 表示。它比拉伸时的强度极限高得多，约为拉伸时的 3～4 倍。因此，铸铁一类的脆性材料多用于承压构件，如机器支座、电机外壳等。这样能发挥脆性材料耐压强度高的特性。

但是许多金属材料没有明显的屈服阶段，因而规定产生 0.2％塑性应变时的应力值为材料的屈服极限，如图 2－18 所示。

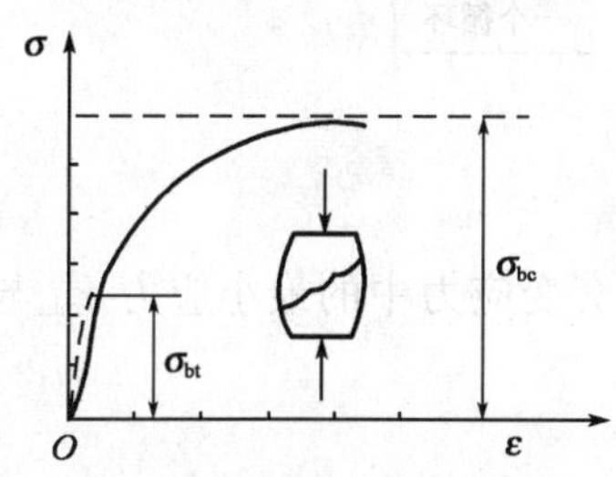

图 2－17　铸铁的压缩试验曲线

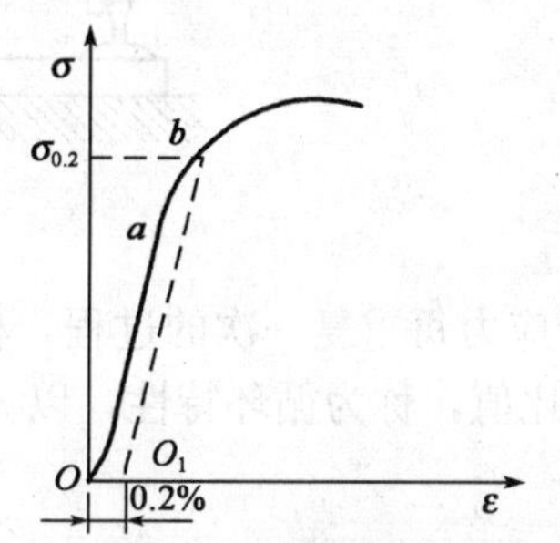

图 2－18　0.2％塑性应变时的应力值为材料的屈服极限

在机械工程中，选用材料主要是根据它的屈服极限、强度极限和延伸率等。为了便于比较各类材料的力学性能，现将常用材料的几种力学性能和主要用途列于表 2-2 中，供参考。

表 2-2　常用材料的力学性能和用途

材料名称	屈服极限 σ_s，MPa	强度极限 σ_b，MPa	延伸率 δ，%	疲劳极限 σ_{-1}，MPa	用途
Q235	235	392	24	170～220	螺栓、轴等
Q275	274	490～608	20	216	
35	313	529	20	212	齿轮、螺栓、轴、键等
45	353	597	16	245	
40Cr	490	715	23	314	齿轮、轴等
20CrMnSi	735	931	19～21	441	
灰铸铁	—	147～372	<1	—	轴承座、机架、壳体等
球墨铸铁	294～412	392～588	1.5～10	200	曲轴、凸轮、齿轮等

二、交变应力下材料的力学性能

1. 交变应力的概念

在机械工程中有绝大部分构件承受着随时间而变化的载荷。例如，内燃机的连杆［图 2-19 (a)］、抽油机的抽油机杆、齿轮的轮齿、车辆的车轴［图 2-19 (b)］等，它们工作时将产生随时间而变化的应力。这种随时间作周期性变化的应力，称为交变应力。

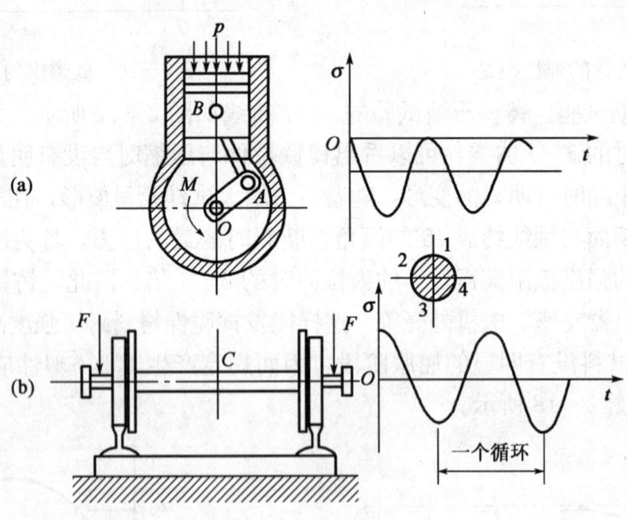

图 2-19　交变应力

交变应力每重复一次的过程，称为一个应力循环。交变应力中的最小应力 σ_{min} 与最大应力 σ_{max} 的比值，称为循环特性，以 r 表示，即：

$$r = \frac{\sigma_{min}}{\sigma_{max}}$$

在机械工程中常按应力循环特性 r，将交变应力分为三种类型：

(1) 对称循环交变应力最大应力与最小应力的数值相等，而符号相反的交变应力，其循环特性 $r=-1$，如图 2-19 (b) 所示车轴的应力变化情况。

(2) 脉动循环交变应力这种交变应力的循环特性 $r=0$，如图 2-19 (a) 所示连杆的应力变化情况。

(3) 静应力当应力的大小与符号都不变时，即 $\sigma_{max}=\sigma_{min}$时，它的循环特性 $r=+1$，显然这是静载荷下的应力情况。

2. 疲劳的概念

在长期的生产实践中，人们发现构件在交变应力作用下，即使应力低于材料的强度极限甚至屈服极限，而且塑性很好的材料，也常常在没有明显塑性变形的情况下发生脆性断裂，这种破坏现象称为疲劳破坏。构件抵抗疲劳破坏的能力，常称为疲劳强度。

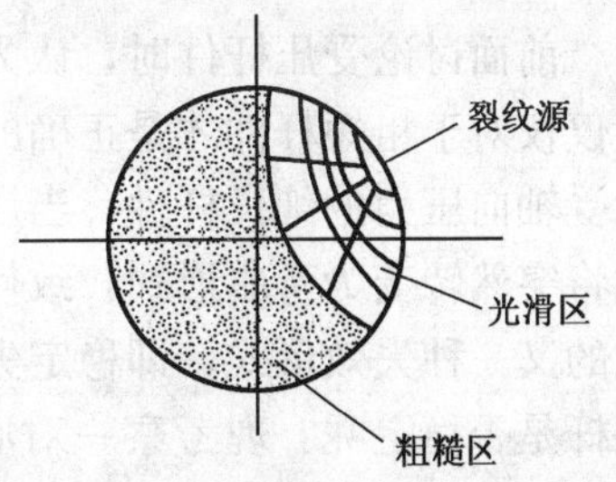

图 2-20　疲劳破坏的断面

疲劳破坏的断面，一般可分为光滑区和晶粒状的粗糙区，如图 2-20 所示。疲劳破坏的过程一般认为有三个阶段：

(1) 疲劳裂纹源的形成：当交变应力大小超过一定的限度时，经过长期工作，在构件中最大应力（峰值）处或材料有缺陷的地方，会产生很细微的裂纹，这样就形成了裂纹源。

(2) 疲劳裂纹的扩展：在交变应力的反复作用下，促使疲劳裂纹源逐渐扩展，形成宏观的疲劳裂纹。这一扩展过程是缓慢的。在疲劳裂纹扩展过程中，裂纹表面的材料时而压紧，时而张开，或者反复地相互错动，就发生类似研磨的作用，因而形成了断面上的光滑区域。

(3) 脆性断裂阶段：经过多次的应力循环以后，随着疲劳裂纹的不断扩展，构件的有效截面逐渐减小，当截面削弱到一定程度时，在一个偶然的冲击或振动下，构件就会发生突然断裂。因而形成了断口的晶粒状粗糙区域。

在交变应力作用下构件的疲劳破坏，实质上就是指裂纹的发生、扩展和脆性断裂的全部过程。由于疲劳破坏时，断裂比较突然，而现代化工业生产中，机器的运转速度又不断提高，所以，疲劳破坏的后果往往是比较严重的。可见研究构件的疲劳强度是非常重要的。

3. 材料的疲劳极限

为了建立构件在交变应力作用下的强度条件，必须测定在交变应力下材料的极限应力。实践证明，材料抵抗对称循环交变应力的能力最差，因此，通常进行对称循环下的疲劳试验。试验结果记录在以循环次数 N 为横坐标，试件中的最大应力 σ 为纵坐标的疲劳曲线上，如图 2-21 所示。由疲劳曲线可知，试件在某一应力下，疲劳曲线就接近水平，试件能经受无限次应力循环而不发生破坏。金属材料在交变应力下，能承受无限次应力循环而不破坏的最大应力，称为材料的疲劳（持久）极限，以 σ_r 表示，下标 r 为循环特性。对称循环下的疲劳极限为 σ_{-1}，脉动循环下的疲劳极限为 σ_0。

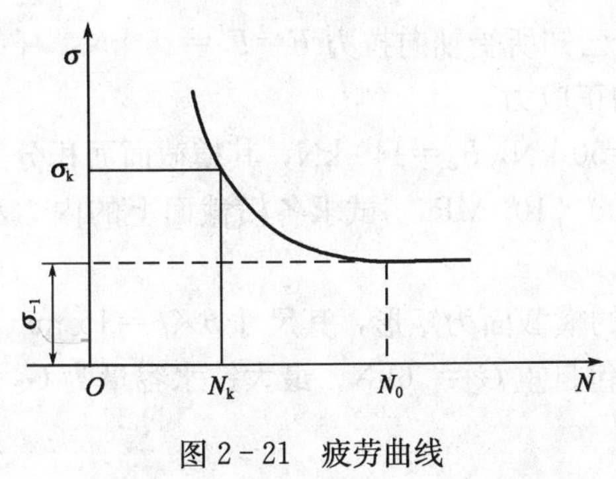

图 2-21　疲劳曲线

材料的疲劳极限是衡量构件疲劳强度的一个基本数据，常用钢材的疲劳极限列于表 2-2 中，供参考。

必须指出，材料的疲劳极限是用标准试件测定的，而实际构件的几何形状、尺寸大小和表面加工质量等因素，对疲劳极限都会有不同程度的影响。因此，必须考虑各种影响因素对材料的疲劳极限进行适当的修正，才能作为实际构件的疲劳极限，作为机械设计的依据。

*第六节　压杆稳定的基本概念

前面讨论受压杆件时，认为只要满足压缩强度条件，就能保证压杆正常工作。事实上，这仅仅对于粗短杆件才是正确的，而对于细长的压杆或柱，就不能单纯从强度方面考虑了。承受轴向压力的细长杆件，当压力超过一定数值后，在任意外界的扰动下，其直线的平衡形式将突然转变为弯曲形式，致使杆件或所属的结构丧失正常功能。这是区别于强度、刚度失效的又一种失效形式，即稳定失效。稳定问题在工程设计中占有重要的地位。怎样判断细长压杆是否稳定呢？现考察一对心受压理想直杆，当压力小于某一数值时，在任意小的扰动下，压杆偏离其直线平衡位置（如产生微弯），当扰动除去后，压杆又回到原来的直线平衡位置。这表明，当压力小于一定数值时，压杆只有一种平衡形式（即直线），这时压杆的平衡是稳定的。当压力超过一定数值后，压杆仍具有直线平衡形式，但在外界扰动下，压杆偏离直线平衡位置，扰动除去后，不能再回到原来的直线平衡位置，而在某一弯曲状态下达到新的平衡，因此，称原来的直线平衡位置是不稳定的。这表明，当压力大于一定数值时，压杆存在两种可能的平衡形式，即直线的和弯曲的平衡形式，但这种直线平衡形式是不稳定的。故知压杆从直线平衡形式到弯曲平衡形式的转变，称为失稳。本书不展开介绍。

习　题

1. 何谓内力？试举例说明截面法的步骤。

2. 何谓应力？正应力与切应力的符号是怎样规定的？

3. 什么是实际工作应力？什么是许用应力？二者有什么本质区别？

4. 两根长度、横截面面积相同，但材料不同的等截面直杆。当它们所受轴力相等时，试说明：(1) 两杆横截面上的应力是否相等？(2) 两杆的强度是否相同？(3) 两杆的总变形是否相等？

5. 在圆截面钢杆上铣出一槽如图 2-22 所示。已知所受轴向拉力 $F=F'=15$ kN，杆的直径 $d=20$mm，试求 $A-A$ 和 $B-B$ 截面上的平均正应力。

6. 图 2-23 所示直杆在 A、B 处分别受力 $F_1=50$ kN，$F_2=140$ kN，其横截面面积分别为 $A_1=5\text{cm}^2$，$A_2=10\text{cm}^2$，材料的弹性模量 $E=200\times10^3$ MPa。试求各横截面上的内力和应力，并求杆件的总变形量。

7. 铸造车间的铁水包如图 2-24 所示。二吊杆的横截面为矩形，其尺寸 $b\times h=15$ mm$\times$40mm，材料的许用应力 $[\sigma]=80$MPa。已知铁水包自重 $G_1=6$kN，最大铁水容量为 $G_2=30$kN。试校核二吊杆的强度。

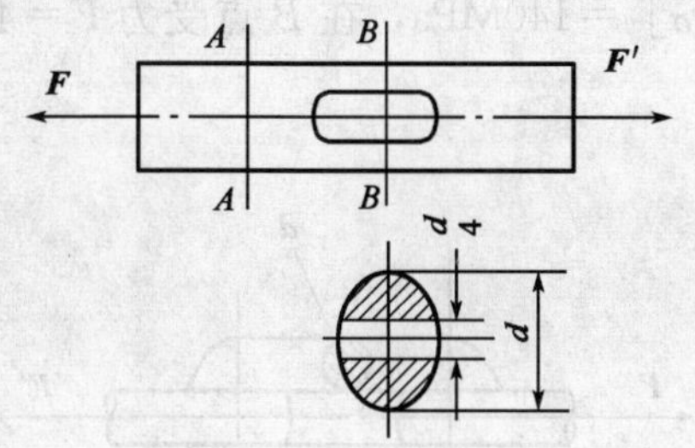

图 2-22 习题 5 图示

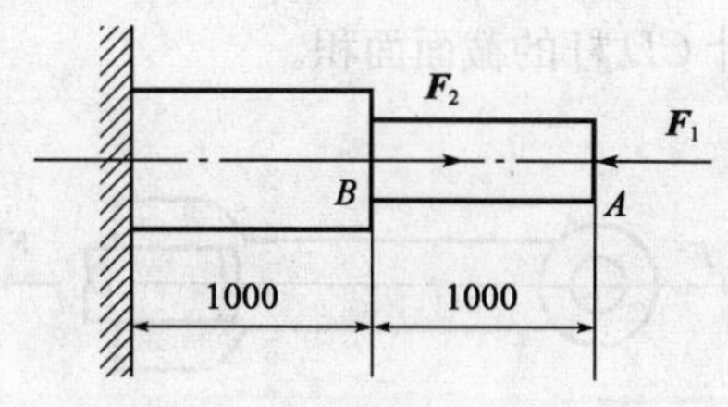

图 2-23 习题 6 图示

8. 图 2-25 所示为螺栓夹板装置。已知螺栓为 $M20$（大径为 20mm，小径为 17.3mm），材料的许用应力［σ］=50MPa，若工件所受压力 F=1.5kN。试校核螺栓的强度。

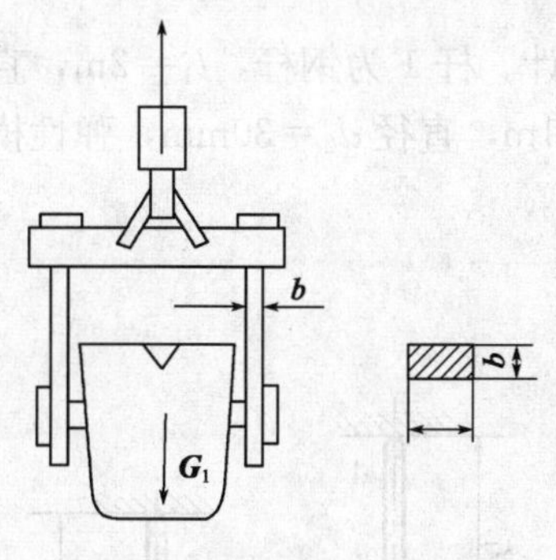

图 2-24 习题 7 图示

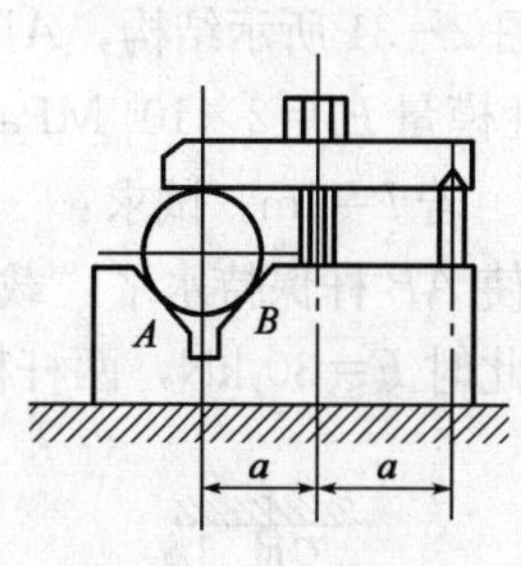

图 2-25 习题 8 图示

9. 图 2-26 所示为一手动压力机。对工件的最大压力 F=150 kN，已知材料的屈服极限 σ_s=240 MPa，规定安全系数 S=1.5。(1) 试校核螺杆（小径 d=40mm）的强度；(2) 试设计两立柱的直径。

10. 简易旋臂吊车如图 2-27 所示。电动葫芦能沿横梁 AB 移动。已知电动葫芦自重 G_1=5kN，起重量 G_2=15kN。拉杆 BC 的许用应力［σ］=120MPa。试设计拉杆的直径。

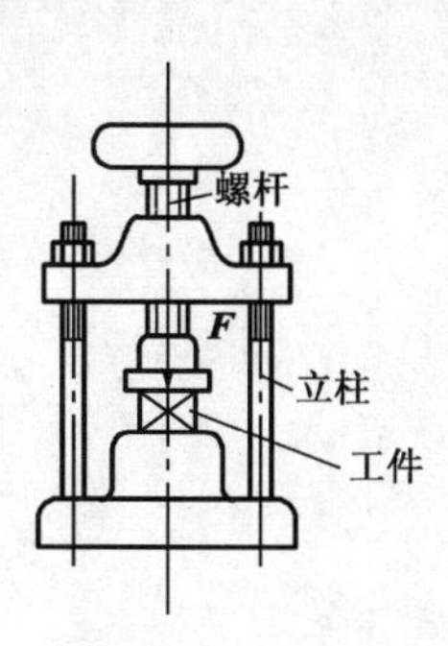

图 2-26 习题 9 图示

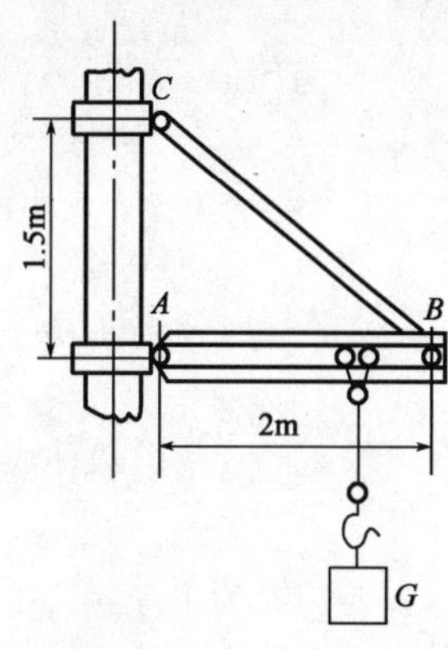

图 2-27 习题 10 图示

11. 钢质拉杆受轴向力 F= F'=400kN，如图 2-28 所示。若材料的许用应力［σ］=100MPa，横截面为矩形，如 b=2a。试选择 a、b 尺寸。

12. 起重链条的受力如图 2-29 所示。链环由直径 d=18mm 的圆钢弯制而成，其许用应力［σ］=60MPa。试求链条的许可载荷 F。

13. 如图 2－30 所示结构，CD 杆的许用应力 $[\sigma]=140\text{MPa}$，在 B 点受力 $F=40\text{kN}$。试设计 CD 杆的截面面积。

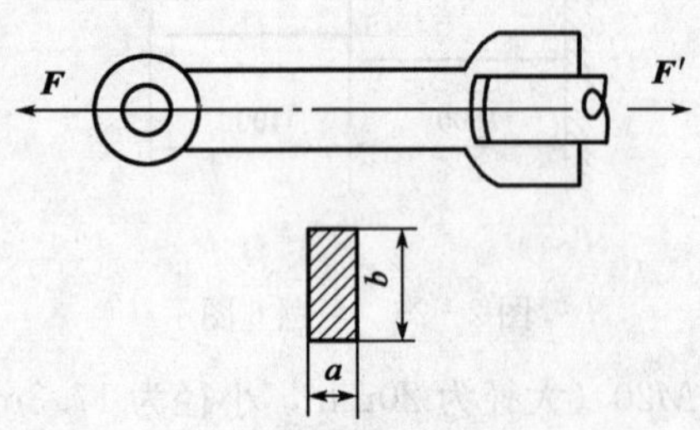

图 2－28　习题 11 图示

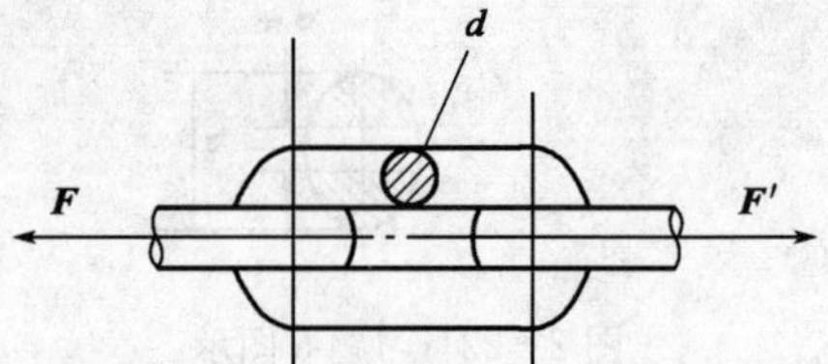

图 2－29　习题 12 图示

14. 如图 2－31 所示结构，AB 杆的变形与自重不计。杆 1 为钢杆，$l_1=2\text{m}$，直径 $d_1=20\text{mm}$，弹性模量 $E_1=2\times10^5$ MPa。杆 2 为铜杆，$l_2=1\text{m}$，直径 $d_2=30\text{mm}$，弹性模量 $E_2=1\times10^5$ MPa。若 $l=2\text{m}$。试求：

(1) 欲使 AB 杆保持水平，载荷 $\boldsymbol{F}$ 作用的位置；

(2) 若此时 $F=30$ kN，两杆横截面上的正应力。

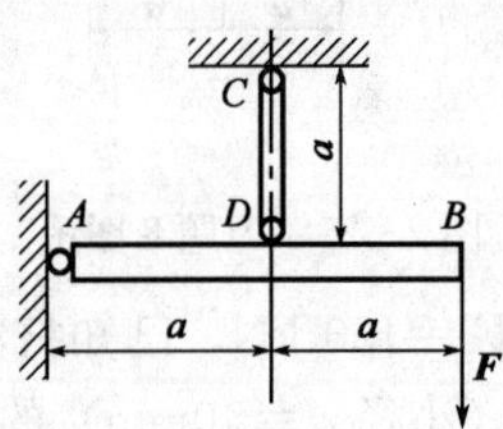

图 2－30　习题 13 图示

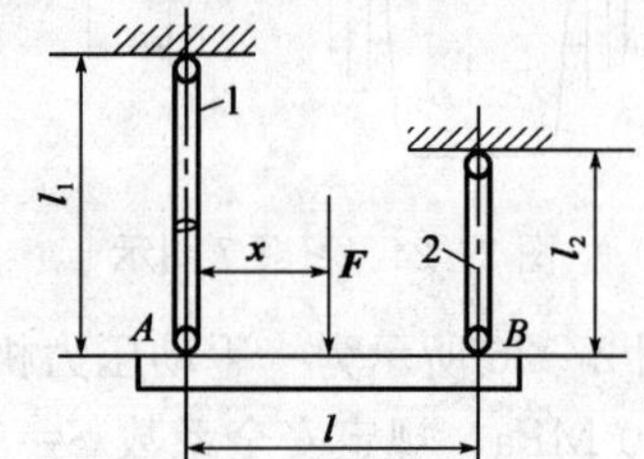

图 2－31　习题 14 图示

第三章　剪切和挤压实用计算

第一节　基本概念

在机械工程上常用一些联结，如铆钉联结［图 3-1（a）］、轴与轮毂间的键联结［图 3-2（a）］、销联结等。这些联结零件的特点是比较粗短，当构件两侧受到一对大小相等、方向相反、作用线相距很近的横向力作用时，构件将主要产生剪切和挤压变形。剪切变形的特点是，位于两作用力之间的构件横截面发生相对错动。

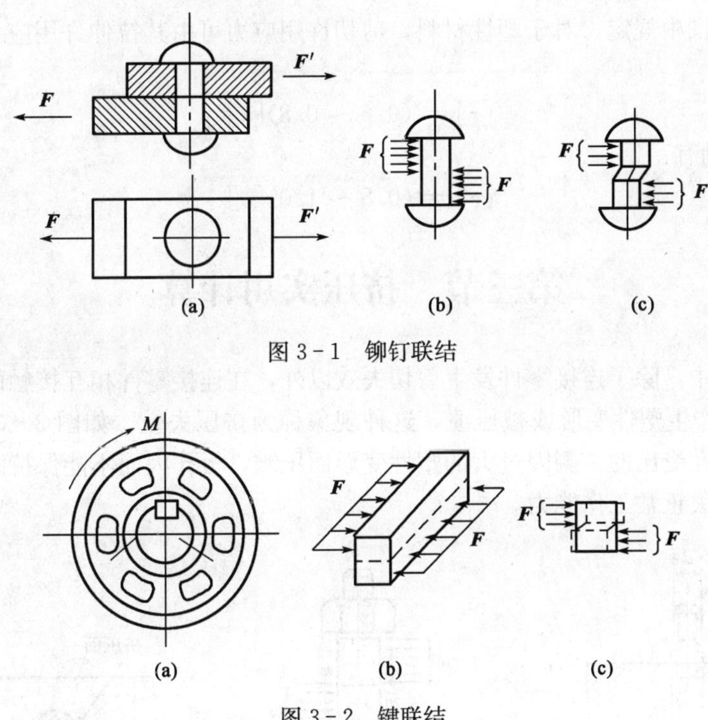

图 3-1　铆钉联结

图 3-2　键联结

第二节　剪切实用计算

现以铆钉为例说明剪切实用计算方法。铆钉的受力与变形如图 3-1（c）所示，其横截面上主要作用有剪力 $\boldsymbol{F}_Q$，根据截面法与平衡条件，横截面上的剪力为：

$$F_Q = F$$

由于发生剪切的构件大多数为粗短杆，它们的应力与变形规律比较复杂，因而理论分析比较困难。因此，在工程设计中根据实践经验通常采用实用计算法。这种方法是假设切应力在剪切面上是均匀分布的，故切应力的计算公式为：

$$\tau_m = \frac{F_Q}{A}$$

式中 F_Q——作用于截面上的剪力，N；

A——剪切面面积，mm^2；

τ_m——平均切应力，MPa。

为了保证构件安全可靠地工作，要求工作应力不许超过材料的许用应力。所以，剪切强度条件为：

$$\tau_m = \frac{F_Q}{A} \leqslant [\tau] \tag{3-1}$$

式中，$[\tau]$ 称为许用切应力，单位为 MPa。它是由试件或实际构件在与实际构件受力状况相同的条件下测得的剪断时的切应力值，再考虑安全系数以后而确定的。所谓实用计算，一般有两层含意：其一是假定切应力的分布规律；其二是采用的试件和试验条件与实际构件的受力状况相类似确定极限应力。

一般工程范围中规定，对于塑性材料，剪切许用应力可由其拉伸许用应力，按下列关系式确定：

$$[\tau] = (0.6 \sim 0.8)[\sigma]$$

对于脆性材料，则有：

$$[\tau] = (0.8 \sim 1.0)[\sigma]$$

第三节 挤压实用计算

在剪切问题中，除了连接零件发生剪切失效以外，在连接零件相互接触面上产生挤压应力，局部区域内产生塑性变形或被压溃，这种现象称为挤压失效。如图 3-3 所示为铰制孔用螺栓连接，板孔受压的一侧因过大的塑性变形而压皱，板孔因而不能保持圆形，导致连接松动，使构件丧失正常工作能力。

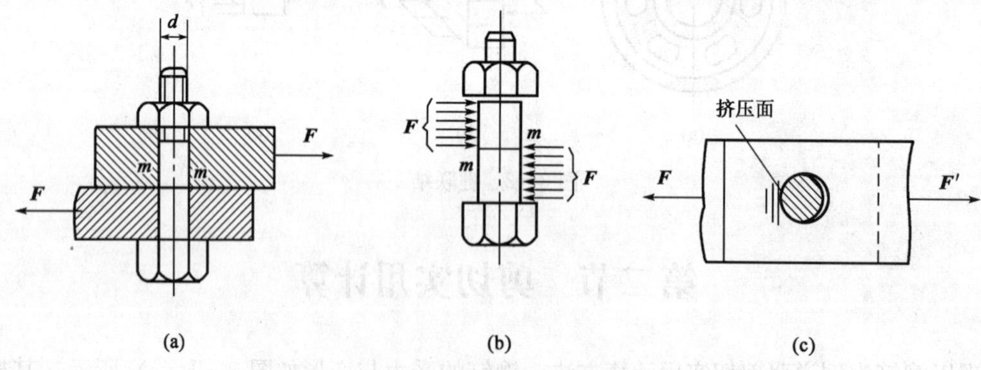

图 3-3 铰制孔用螺栓连接

接触面上的总压力称为挤压力，以 F_{pc} 表示，相应的应力称为挤压应力。实际上挤压应力是很复杂的，工程上采用实用计算方法。假定挤压应力在有效挤压面上均匀分布，则挤压应力计算公式为：

$$\sigma_{pc} = \frac{F_{pc}}{A_{pc}}$$

式中　F_{pc}——受压处的挤压力，N；

A_{pc}——挤压面面积，mm^2；

σ_{pc}——平均挤压应力，MPa。

有效挤压面积是实际挤压面在垂直于挤压力的平面上的投影面积。对于键［图 3－4 (a)］其挤压面积为一平面，故有效挤压面积即为实际挤压面积。对于螺栓［图 3－3（b）］、铆钉等，实际挤压面为半圆柱面，有效挤压面积为图 3－4（c）中所示的在轴截面上的投影面积。根据理论分析，在半圆柱挤压面上，挤压应力的实际分布情况如图 3－4（b）所示，最大挤压应力在半圆弧的中点处。采用有效挤压面积算得的结果与理论分析所得的最大挤压应力值相近。

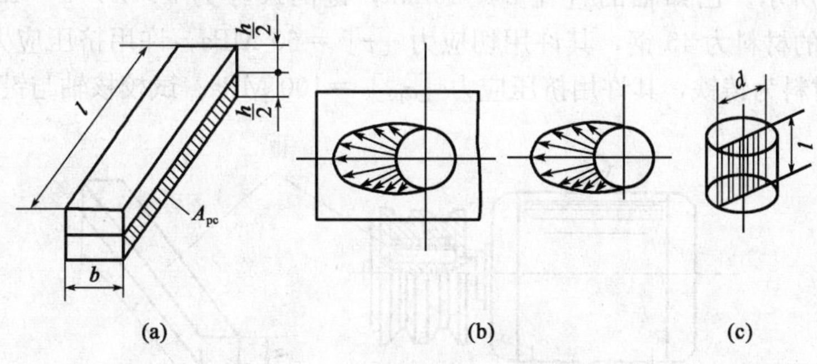

图 3－4　接触面上的挤压力

为了保证受挤压的构件不致因挤压而失效的强度条件为：

$$\sigma_{pc}=\frac{F_{pc}}{A_{pc}}\leqslant[\sigma_{pc}] \tag{3-2}$$

式中，$[\sigma_{pc}]$ 为许用挤压应力，单位为 MPa。一般对于塑性材料，许用挤压应力与许用拉伸应力之间有下列关系：

$$[\sigma_{pc}]=(1.7\sim2.0)[\sigma]$$

如果两个接触零件的材料不同，应以抗挤压能力较弱的零件为准进行挤压强度计算。

【例 3－1】　拖车挂钩的销钉联结如图 3－5 所示。已知叉形接头的钢板厚 $t=8\text{mm}$，材料的许用切应力 $[\tau]=50$ MPa，许用挤压应力 $[\sigma_{pc}]=150$ MPa。若拖车的拉力 $F=20$ kN，试选择销钉的直径。

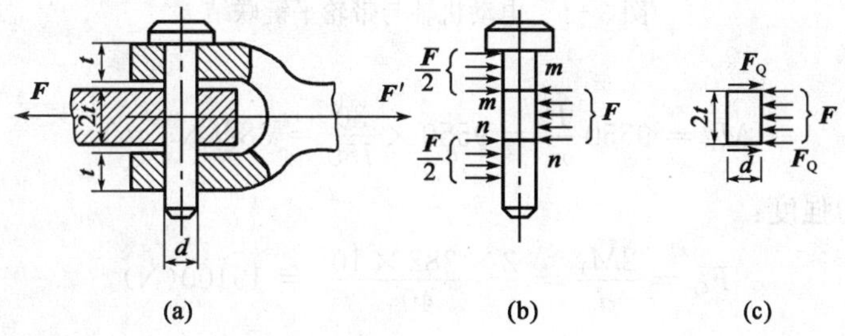

图 3－5　拖车挂钩的销钉联结

解：取销钉为研究对象，应用截面法求出剪切面上的剪力：

$$F_Q=\frac{1}{2}F=10(\text{kN})$$

按剪切强度条件计算销钉直径：

$$A \geqslant \frac{F_Q}{[\tau]}$$

$$d \geqslant \sqrt{\frac{4F_Q}{\pi[\tau]}} = \sqrt{\frac{4 \times 10 \times 10^3}{\pi \cdot 50}} = 16(\text{mm})$$

校核销钉的挤压强度：

$$\sigma_{pc} = \frac{F_{pc}}{A_{pc}} = \frac{F}{2dt} = \frac{20 \times 10^3}{2 \times 16 \times 8} = 78(\text{MPa}) < [\sigma_{pc}]$$

故选取销钉的直径 d=16mm，其挤压强度足够。

【例 3-2】 电动机的功率 P=30 kW，转速 n=750 r/min，电动机轴与带轮用平键联结，如图 3-6 所示。已知轴的直径 d=40mm，键的尺寸为 $b \times h \times l$=12mm×8mm×50mm。轴与键的材料为 45 钢，其许用切应力［τ］=60 MPa，许用挤压应力［σ_{pc}］=150 MPa。带轮的材料为铸铁，其许用挤压应力［σ_{pc}］=100 MPa。试校核轴与键的强度。

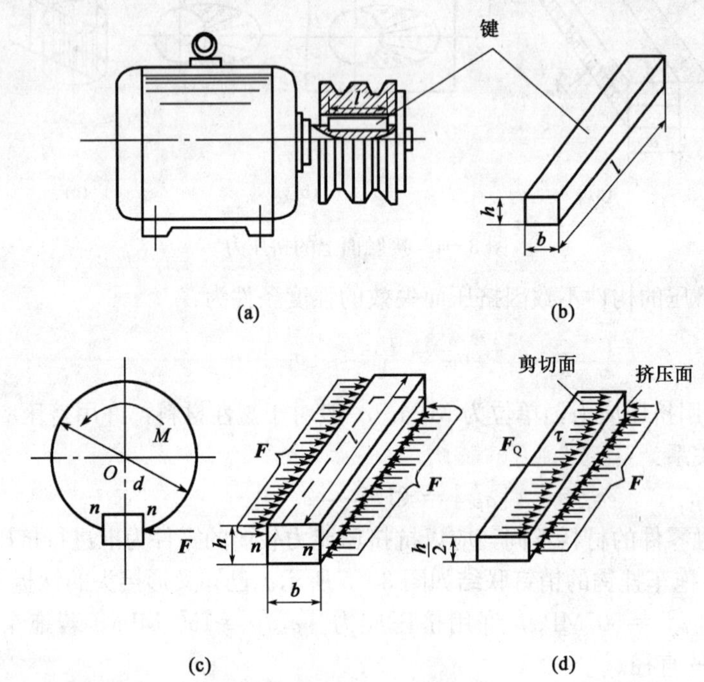

图 3-6 电动机轴与带轮平键联结

解：转矩：

$$M_T = 9550\frac{P}{n} = 9550 \times \frac{30}{750} = 382(\text{N} \cdot \text{m})$$

校核键的剪切强度：

剪力：
$$F_Q = \frac{2M_T}{d} = \frac{2 \times 382 \times 10^3}{40} = 19100(\text{N})$$

切应力：
$$\tau_m = \frac{F_Q}{bl} = \frac{19100}{12 \times 50} = 31.8(\text{MPa})$$

因 τ_m=31.8 MPa<［τ］，故键的剪切强度足够。

校核键与轮的挤压强度：

挤压力：
$$F_{pc} = F_Q = 19100(\text{N})$$

挤压应力：$$\sigma_{pc}=\frac{2F_{pc}}{hl}=\frac{2\times19100}{8\times50}=95.5(\text{MPa})$$

因 $\sigma_{pc}<[\sigma_{pc}]=100\text{MPa}$，故挤压强度足够。

习　题

1. 构件在剪切时的受力特点与变形特点是什么？

2. 剪切实用计算的含意包括哪些方面？

3. 铆钉联结如图 3－7 所示，作用在钢板上的拉力 $F'=F=20$ kN，板的厚度 $\delta=$ 20mm，铆钉的直径 $d=12$mm。铆钉的许用应力 $[\tau]=80$ MPa，$[\sigma_{pc}]=200$ MPa。试校核铆钉的强度。

4. 轴与齿轮用平键联结，如图 3－8 所示。若轴的直径 $d=50$ mm，键的尺寸 $b\times h\times l=$ 16mm×10mm×50 mm。已知轴所传递的力矩 $M=1000$ N·m。材料的许用切应力 $[\tau]=$ 60 MPa，许用挤压应力 $[\sigma_{pc}]=150$ MPa 。试校核轴与键的强度。

5. 图 3－9 所示为冲压机冲孔的情况。已知冲头的直径 $d=18$mm，被冲钢板的厚度 $s=$ 10mm，钢板的剪切强度极限 $\tau_b=300$ MPa。试求所需的冲压力 F。

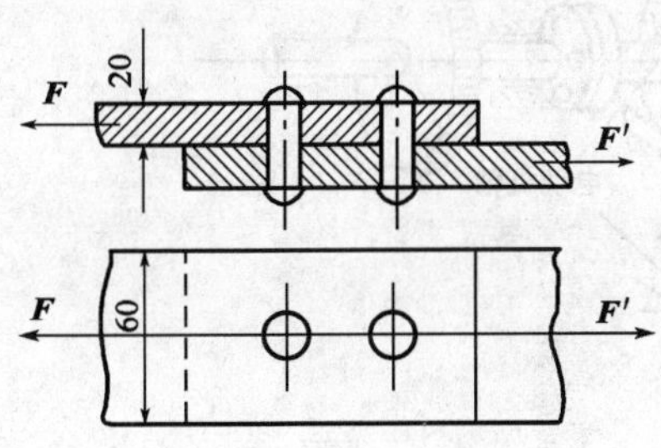

图 3－7　习题 3 图示

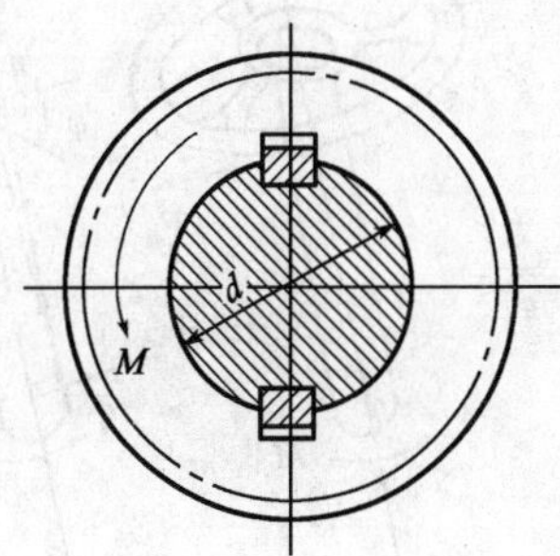

图 3－8　习题 4 图示

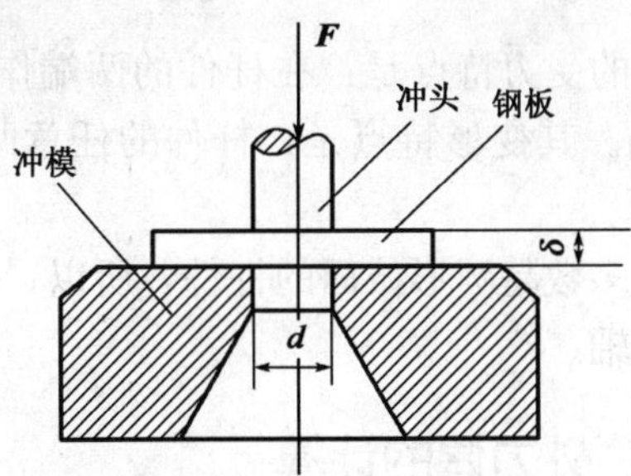

图 3－9　习题 5 图示

第四章　扭　　转

第一节　扭矩的计算

一、扭转的概念

在机械工程上，有许多发生扭转的杆件。例如，汽车操纵杆［图 4-1 (a)］、电动机轴［图 4-1 (b) 和钻井中的钻杆等，它们在工作时都要承受外力偶的作用，使汽车操纵杆、电动机轴与钻杆发生扭转变形。它们的计算简图如图 4-1 所示。

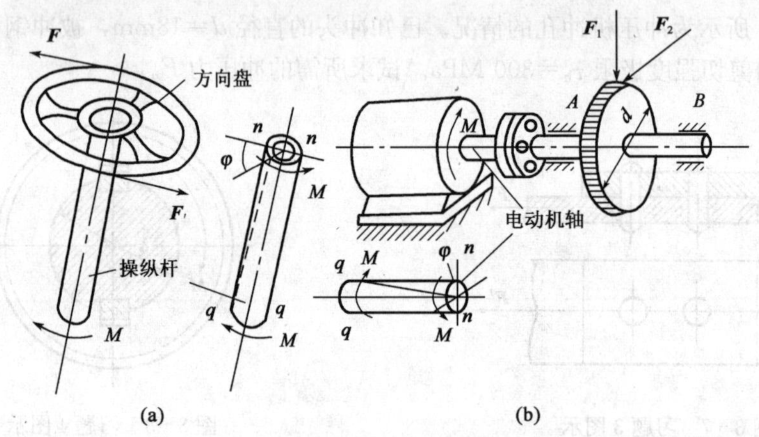

图 4-1　零件受扭

这些发生扭转变形的构件的受力特点是：在杆件的两端作用二个大小相等、转向相反，且作用面与轴线垂直的外力偶。其变形特点是：杆件的任意两个横截面都绕轴线作相对转动，这种变形形式称为扭转。

由于发生扭转的构件绝大多数是圆形截面的杆件，所以，这里只研究圆截面杆件的扭转问题。把发生扭转的杆件称为轴。

二、外力偶的计算

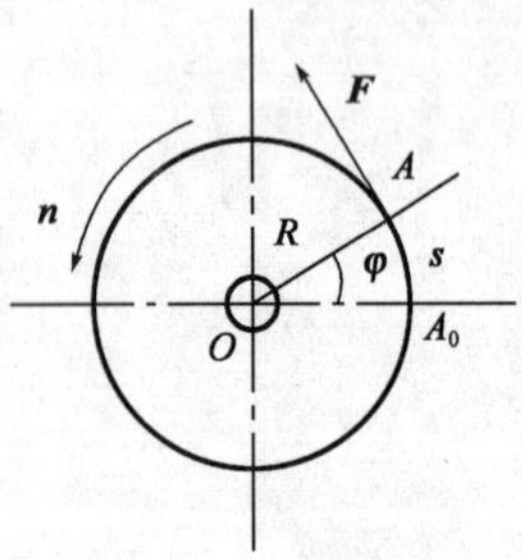

在研究扭转的应力和变形以前，先介绍作用于构件上的外力偶的计算方法。作用于轴上的外力偶往往不是直接给出的，而是给出轴所传递的功率和轴的转速。为此需要讨论功率、转速与外力偶之间的关系。

我们知道，力在单位时间内所做的功称为功率。如图 4-2 所示，如果在时间 t 内所做的功为：

图 4-2　做功示意图

$$W = F \cdot s = F \cdot R\varphi = M\varphi$$

功率为：

$$P=\frac{W}{t}=\frac{M\varphi}{t}$$

在机械工程上习惯用转速 n 来表示转动的快慢，转速的单位是 r/min（转/分）。则功率为：

$$P=M\cdot\frac{2\pi n}{60}$$

由此可得力偶矩为：

$$M=9550\frac{P}{n} \tag{4-1}$$

式中 M——作用于轴上的外力偶，N·m；

P——轴所传递的功率，kW；

n——轴的转速，r/min。

三、扭矩的计算

当求出作用于轴上的外力偶矩以后，即可用截面法计算横截面上的内力。

设有一传动轴，受外力矩作用，如图 4-3（a）所示。试求任一截面 $m-n$ 上的内力。应用截面法，假想地沿截面 $m-n$ 将轴分为左右两段，取左段作为研究对象。由于整个轴是平衡的，所以左段分离体也处于平衡状态。使左段保持平衡的内力必然是一个内力偶 M_T，如图 4-3（b）所示。

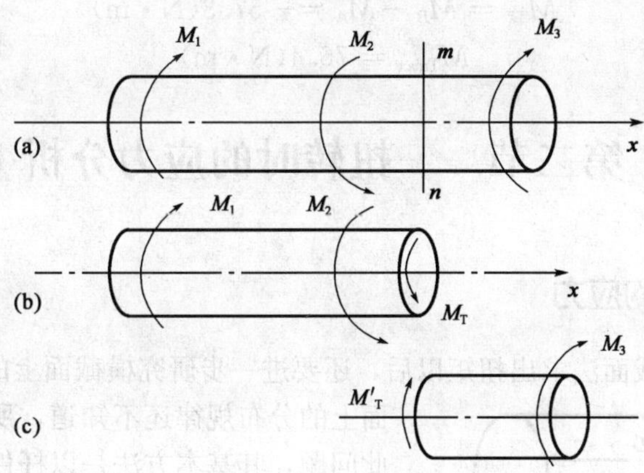

图 4-3　圆轴受扭时横截面上的内力

由平衡条件：

$$\sum M_x=0, M_T-M_1+M_2=0$$

求得：

$$M_T=M_1-M_2$$

轴扭转时，任一截面上的内力偶矩 M_T 称为扭矩。

显然，若取右段轴为研究对象［图 4-3（c）］所求得的扭矩 M_T' 与扭矩 M_T 应大小相等、转向相反，这是作用与反作用的关系。为了使由左、右两段轴上求得的同一截面上的扭矩数值与符号完全相同，可将扭矩的符号按右螺旋法则规定：以右手四指握向表示扭矩的转向，若拇指的指向与截面外法线方向一致时，扭矩规定为正，反之扭矩为负。应用截面法时，一般都是先假设截面上的扭矩为正向，扭矩的大小可由分离体的平衡方程求得。

【例 4-1】 传动轴如图 4-4 所示。主动轮 A 上输入的功率为 $P_A=14\text{kW}$，从动轮 B 和 C 上输出的功率分别为 $P_B=8\text{kW}$，$P_C=6\text{kW}$，轴的转速为 $n=1000\text{r/min}$，试求各段轴横截面上的扭矩。

解：（1）计算外力偶：

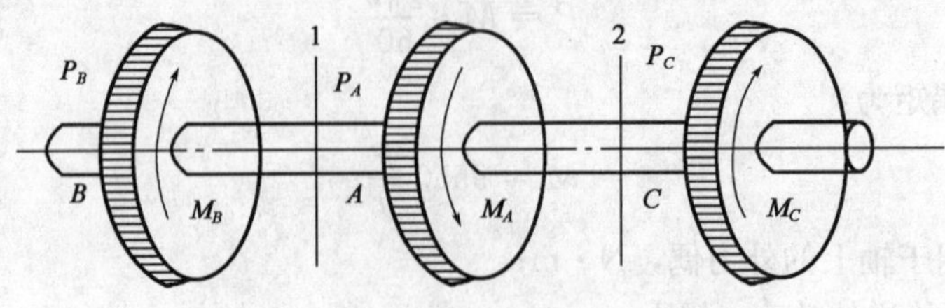

图 4-4 传动轴

$$M_A = 9550\,\frac{P_A}{n} = 9500 \times \frac{14}{1000} = 133.7(\text{N}\cdot\text{m})$$

$$M_B = 9550\,\frac{P_B}{n} = 9500 \times \frac{8}{1000} = 76.4(\text{N}\cdot\text{m})$$

$$M_C = 9550\,\frac{P_C}{n} = 9500 \times \frac{6}{1000} = 57.3(\text{N}\cdot\text{m})$$

（2）计算各截面上的扭矩：

$$M_{\text{T1}} = M_B = 76.4(\text{N}\cdot\text{m})$$

$$M_{\text{T2}} = M_B - M_A = -57.3(\text{N}\cdot\text{m})$$

故：

$$M_{\text{Tmax}} = 76.4(\text{N}\cdot\text{m})$$

第二节 扭转时的应力分析

一、横截面上的应力

圆轴扭转时，用截面法求出扭矩以后，还要进一步研究横截面上的应力。由于应力在截面上的分布规律还不知道，所以无法求解。要解决此问题，其基本方法是以杆件在受力后表面上的变形情况为依据，由表及里地作出内部变形的假设，再从变形的几何关系、内力与变形的物理关系和静力学关系三方面考虑，才能得到扭转时的应力公式。

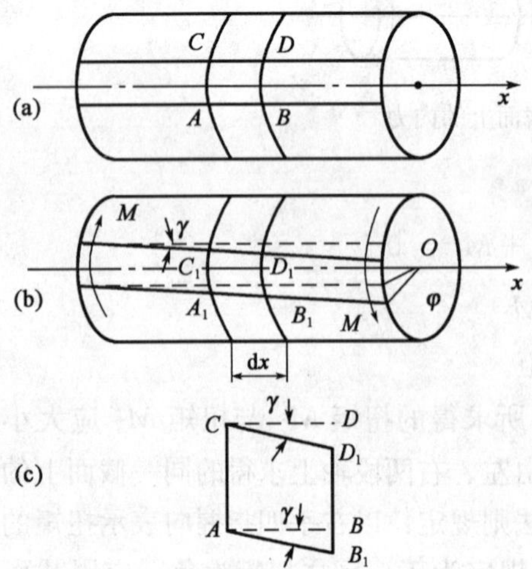

图 4-5 圆轴扭转时的变形

1. 变形的几何关系

现取一圆截面直杆，在其圆柱表面上作出两条圆周线和平行于轴线的纵向线，如图 4-5（a）所示。然后在杆件的两端分别施加二个外力矩 M，使杆件发生扭转变形。由图 4-5（b）可以观察到如下的变形现象：

（1）各圆周线的形状、大小和两圆周线的距离均未改变，只绕轴线旋转一微小角度；

(2) 各纵向线倾斜了同一个微小角度 γ，圆柱表面上由圆周线与纵向线所组成的矩形变成了平行四边形。

根据上述变形现象，从变形的可能性出发，认为圆周线反映了横截面的变形，便可得出假设：圆轴扭转前的横截面，变形后仍保持为平面，且形状和大小不变，其半径仍保持为直线。这就是平面假设。按照这一假设可以推论出：扭转变形中，横截面就如刚性平面一样，绕轴线作相对转动。因此，出现了圆柱表面上矩形的直角改变量 γ，这一角变形称为切应变。由于扭转变形时，两横截面间的距离不变，即线应变 $\varepsilon=0$。所以，横截面上只有切应力而没有正应力。又因半径长度不变，故切应力的方向必然与半径垂直。

为了研究变形规律，从圆轴上取出长为 $\mathrm{d}x$ 的一微段轴来讨论，如图 4-6 (a) 所示。在扭矩 M_T 作用下，若 B 截面相对于 A 截面转动了一个角度 $\mathrm{d}\varphi$，按照平面假设，半径 O_1B 转到了 O_1B_1 位置，纵向线 AB 倾斜了 γ 角。再从微分圆柱体中切取出楔形体，如图 4-6 (b) 所示，便可显示出半径为 ρ 处的切应变 γ_ρ。在弹性范围内，切应变 γ_ρ 很小，由图 4-6 (b) 的几何关系可知：

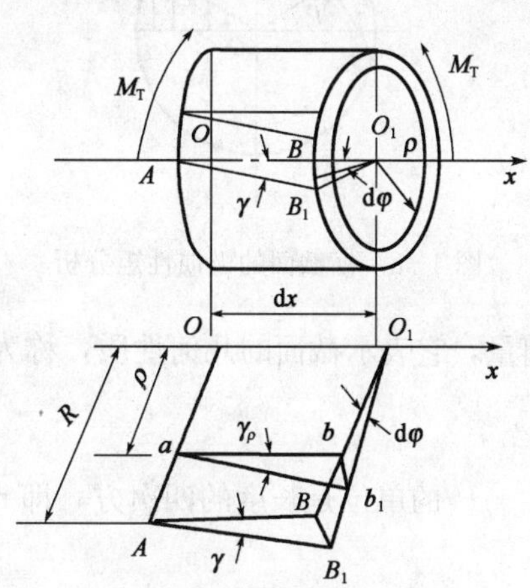

图 4-6 圆轴扭转微段轴

$$\tan\gamma_\rho=\frac{bb_1}{ab}=\frac{\rho d\varphi}{\mathrm{d}x}\approx\gamma_\rho$$

则得切应变：

$$\gamma_\rho=\frac{\mathrm{d}\varphi}{\mathrm{d}x}\cdot\rho$$

式中 $\mathrm{d}\varphi/\mathrm{d}x$ 对同一截面的各点为一常量。这表明：扭转时横截面上任一点的切应变 γ_ρ 与该点到圆心的距离 ρ 成正比。圆心处为零，圆轴表面最大，在半径为 ρ 的同一圆周上各点的切应变相等。

2. 物理关系

试验结果表明，在弹性范围内，切应力 τ 与切应变 γ 成正比，这一关系称为剪切胡克定律，即：

$$\tau=Gr \tag{4-2}$$

式中，G 为材料的剪切弹性模量，其值由试验测定，常用材料的 G 值列于表 2-1 中供参考。

根据剪切胡克定律，扭转时横截面上半径为 ρ 的任意点处的切应力今与该点的切应变 γ_ρ 成正比，即：

$$\tau_\rho=G\gamma_\rho=G\frac{\mathrm{d}\varphi}{\mathrm{d}x}\cdot\rho$$

此式表示了切应力的分布规律，即横截面上任意点处的切应力 γ_ρ 与该点到圆心的距离 ρ 成正比。因而在半径为 ρ 的同一圆周上各点的切应力相等。其方向与半径垂直。圆心处切应力为零，圆周边缘上各点的切应力最大。切应力在横截面上的分布情况如图 4-7 所示。

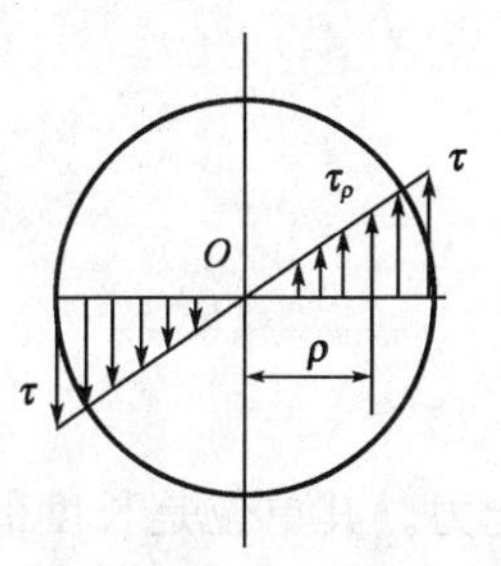

图 4-7 横截面上的切应力分布

但是，由于 $\mathrm{d}\varphi/\mathrm{d}x$ 尚未知道，所以，仍不能求得切应力的值，必须利用静力学关系解决这一问题。

3. 静力学关系

在横截面上半径为 ρ 处取一微分面积 $\mathrm{d}A$，如图 4-8 所示，作用于此微分面积上的内力的合力为 $\tau_\rho \mathrm{d}A$，其方向垂直于半径。该内力对圆心 O 的内力矩为 $\rho\tau_\rho \mathrm{d}A$。整个横截面上这些微内力矩的合成结果应等于横截面上的扭矩 M_T，即：

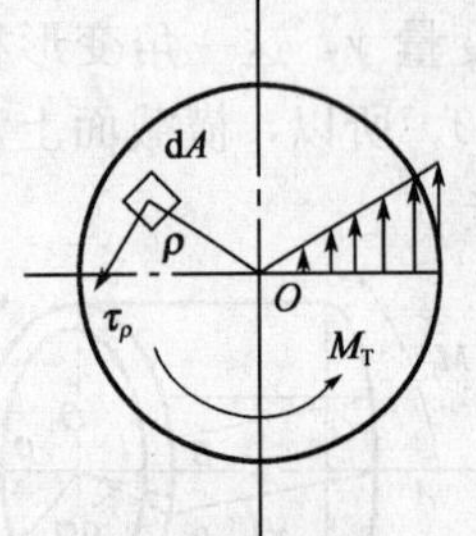

图 4-8　横截面的极惯性矩分析

$$M_\mathrm{T} = \int_A \rho\tau_\rho \mathrm{d}A$$

式中 A 为横截面面积。将 $\tau_\rho = G\mathrm{d}\varphi/\mathrm{d}x \cdot \rho$ 代入上式，并将常量 $G\mathrm{d}\varphi/\mathrm{d}x$ 移至积分外，可得：

$$M_\mathrm{T} = G\frac{\mathrm{d}\varphi}{\mathrm{d}x}\int_A \rho^2 \mathrm{d}A$$

式中积分 $\int_A \rho^2 \mathrm{d}A$ 是仅与截面形状和尺寸有关的几何量，它表示截面的几何性质，称为横截面的极惯性矩，以 I_p 表示，即

$$I_\mathrm{p} = \int_A \rho^2 \mathrm{d}A \tag{4-3}$$

I_p 的单位是长度的四次方，即 mm^4 或 m^4。于是有：

$$M_\mathrm{T} = G\frac{\mathrm{d}\varphi}{\mathrm{d}x}\cdot I_\mathrm{p} \tag{4-4}$$

或：

$$\frac{\mathrm{d}\varphi}{\mathrm{d}x} = \frac{M_\mathrm{T}}{GI_\mathrm{p}}$$

式（4-4）是研究轴扭转变形的一个基本公式。将式（4-4）代入 $\tau_\rho = G\mathrm{d}\varphi/\mathrm{d}x \cdot \rho$ 得到横截面上任一点的切应力公式为：

$$\tau_\rho = \frac{M_\mathrm{T}\rho}{I_\mathrm{p}} \tag{4-5}$$

式中　M_T——横截面上的扭矩，N·mm；

I_p——横截面的极惯性矩，mm^4；

ρ——某点到圆心的距离，mm。

由公式（4-5）可知，当 ρ 达到最大半径 R 时，即圆截面边缘上各点处切应力最大值为：

$$\tau_{\max} = \frac{M_\mathrm{T}R}{I_\mathrm{p}}$$

此式中 R、I_p 都是与截面几何尺寸有关的量，可表示为：

$$W_\mathrm{p} = \frac{I_\mathrm{p}}{R}$$

则：

$$\tau_{\max} = \frac{M_\mathrm{T}}{W_\mathrm{p}} \tag{4-6}$$

式中 W_p 称为抗扭截面系数，它表示截面抵抗扭转破坏的能力。其单位是长度的三次方，即 mm^3 或 m^3。

试验结果证明：对于圆截面直杆，平面假设是成立的，因此式（4-5）、式（4-6）只

适用于圆截面杆件。此外，在推导公式时，还应用了剪切胡克定律，所以公式只有在线弹性范围内才适用。

二、截面的几何性质

在研究式（4-5）、式（4-6）时，引出了截面的极惯性矩 I_p 和抗扭截面系数 W_p，这里介绍它们的计算方法。

1. 圆形截面

按照极惯性矩的定义，由公式（4-3）可知：

$$I_p = \int_A \rho^2 dA$$

设圆形截面的直径为 D，在此圆截面上半径为 ρ 处，取一厚度为 $d\rho$ 的环形微分面积，如图 4-9（a）所示，即：

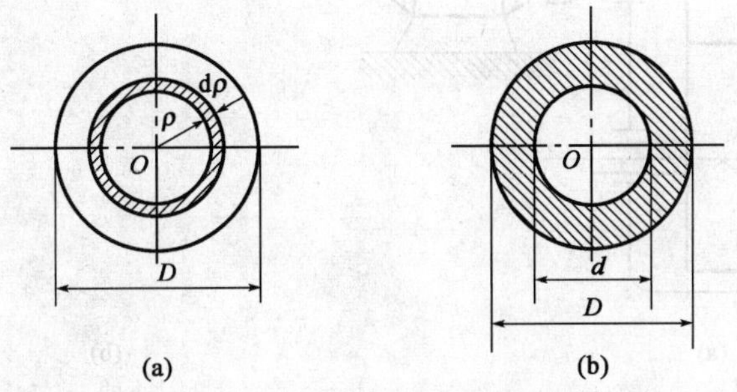

图 4-9　圆轴截面

$$dA = 2\rho\pi \cdot d\rho$$

则：

$$I_p = \int_A \rho^2 dA = 2\pi \int_0^{D/2} \rho^3 d\rho = \frac{\pi D^4}{32} \tag{4-7}$$

抗扭截面系数为：

$$W_p = \frac{I_p}{R} = \frac{I_p}{D/2} = \frac{\pi D^3}{16} \tag{4-8}$$

2. 圆环形截面

设圆环形截面的内径为 d，外径为 D，并取 $\alpha = d/D$，如图 4-9（b）所示。它的极惯性矩为：

$$I_p = 2\pi \int_{d/2}^{D/2} \rho^3 d\rho = \frac{\pi}{32}(D^4 - d^4) = \frac{\pi D^4}{32}(1 - \alpha^4) \tag{4-9}$$

抗扭截面系数为：

$$W_p = \frac{I_p}{R} = \frac{I_p}{D/2} = \frac{\pi D^3}{16}(1 - \alpha^4) \tag{4-10}$$

三、扭转强度计算

圆轴扭转时，为了保证轴能正常工作，它的最大切应力 τ_{max} 不能超过材料的许用切应力 $[\tau]$。所以，扭转强度条件为：

$$\tau_{max} = \frac{M_T}{W_p} \leqslant [\tau] \tag{4-11}$$

式中，[τ] 为材料的许用切应力，单位为 MPa，可根据扭转试验测定。在静载荷作用下它与拉伸时的许用应力 [σ] 具有如下关系：

塑性材料：　　　　　　　　$[\tau]=(0.5\sim 0.6)[\sigma]$

脆性材料：　　　　　　　　$[\tau]=(0.8\sim 1.0)[\sigma]$

应用轴的扭转强度条件，可以进行强度和刚度校核、设计截面尺寸、确定许可载荷三类问题的计算。

【例 4-2】　图 4-10（a）所示为一齿轮减速器的简图，由电动机带动 AB 轴，轴的直径 d=25mm，轴的转速 n=900r/min，传递功率 P=5kW。材料的许用切应力 [τ] = 30MPa。试校核此轴的强度。

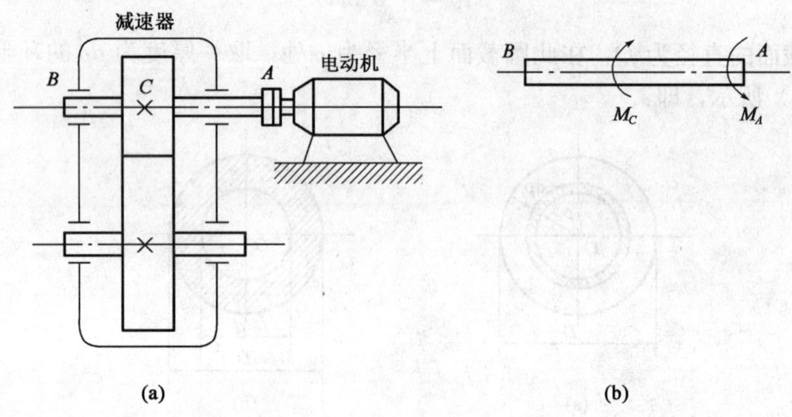

图 4-10　齿轮减速器的简图

解： 取 AB 轴为研究对象，如图 4-10（b）所示。该轴发生扭转，同时还有弯曲。在初步计算时可以仅考虑扭转。该轴承受力偶矩为横截面上的扭矩：

$$M=9550\,\frac{P}{n}=9550\times\frac{5}{900}=53.1(\mathrm{N\cdot m})$$

$$M_{\mathrm{T}}=M=53.1(\mathrm{N\cdot m})$$

圆截面的抗扭截面系数：

$$W_{\mathrm{p}}=\frac{\pi d^3}{16}=\frac{3.14\times 25^3}{16}=3068(\mathrm{mm}^3)$$

轴的初步强度计算：

$$\tau_{\max}=\frac{M_{\mathrm{T}}}{W_{\mathrm{p}}}=\frac{53.1\times 10^3}{3068}=17.3(\mathrm{MPa})$$

因 $\tau_{\max}<[\tau]$，故轴的强度足够。

【例 4-3】　实心轴与空心轴通过牙嵌离合器连接，如图 4-11 所示。已知轴的转速 n=1000r/min，传递的功率 P=8kW，材料的许用切应力 [τ] =40MPa。试设计实心轴的直径 d 和空心轴的内、外径（设 α=0.7）。若两根轴的长度相同，试比较二轴的质量。

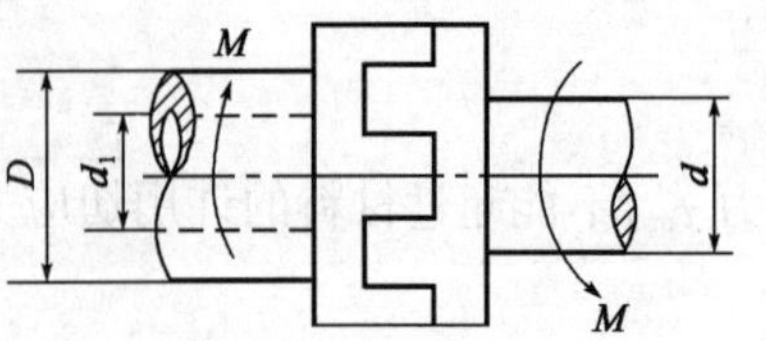

图 4-11　牙嵌离合器连接

解： 该轴承受的力偶矩为：

$$M=9550\,\frac{P}{n}=9550\times\frac{8}{1000}=76.4(\mathrm{N\cdot m})$$

横截面上的扭矩为：

$$M_T = M = 76.4(\mathrm{N \cdot m})$$

设计实心轴的直径：

$$d \geqslant \sqrt[3]{\frac{16M_T}{\pi[\tau]}} = \sqrt[3]{\frac{16 \times 76.4 \times 10^3}{\pi \cdot 40}} = 21.4(\mathrm{mm})$$

设计空心轴的外径：

$$D \geqslant \sqrt[3]{\frac{16M_T}{\pi[\tau](1-\alpha^4)}} = \sqrt[3]{\frac{16 \times 76.4 \times 10^3}{\pi \cdot 40 \times (1-0.24)}} = 23.4(\mathrm{mm})$$

空心轴的内径：

$$d_1 = 0.7D = 16.4(\mathrm{mm})$$

在两轴长度相同、材料相同的情况下，两轴的质量之比等于两轴的横截面面积之比，即：

$$A = \frac{\pi d^2}{4} = \frac{\pi \cdot 21.4^2}{4} = 359.7(\mathrm{mm^2})$$

$$A_1 = \frac{\pi}{4}(D^2 - d_1^2) = \frac{\pi}{4} \times (23.4^2 - 16.4^2) = 218.8(\mathrm{mm^2})$$

则：

$$A/A_1 = 1.6(倍)$$

由此可知，空心轴比实心轴的重量较轻，用料省。但是，空心轴制造工艺复杂，加工成本高。所以，空心轴只用在有特殊要求的机器上。

【例 4-4】 不同部位的两根轴用套筒联轴器连接，如图 4-12 所示。轴的材料为 45 号钢，其许用切应力 $[\tau]=40\mathrm{MPa}$，轴的直径 $d=20\mathrm{mm}$。套筒的材料为铸铁，其许用切应力为 $[\tau]=20\mathrm{MPa}$，套筒的外径 $D=30\mathrm{mm}$。试求此装置的许可扭矩。

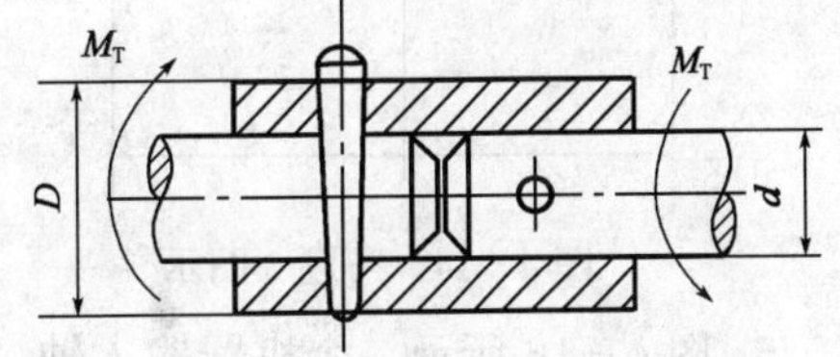

图 4-12　套筒联轴器连接

解：根据轴的扭转强度求许可扭矩：

$$W_p = \frac{\pi d^3}{16} = \frac{3.14 \times 20^3}{16} = 1570.8(\mathrm{mm^3})$$

由公式（4-11）求许可扭矩为：

$$M_T \leqslant [\tau]W_p = 40 \times 1570.8 = 62.8(\mathrm{N \cdot m})$$

再校核套筒的扭转强度：

$$W_p = \frac{\pi D^3}{16}(1-\alpha^4) = \frac{\pi \cdot 30^3}{16} \times (1-0.2) = 4250(\mathrm{mm^3})$$

$$\tau_{max} = \frac{M_T}{W_p} = \frac{62.8 \times 10^3}{4250} = 14.8(\mathrm{MPa}) \leqslant [\tau]$$

故此装置的许可扭矩为 $M_T=62.8\mathrm{N \cdot m}$。注意在上述计算中均未考虑销钉孔对轴与套筒的削弱，仅是近似计算。

习　题

1. 两根轴的直径 d 和长度 l 相同，而材料不同，在相同的扭矩作用下，它的最大切应力是否相同？扭转角是否相同？为什么？

2. 轴的横截面上扭矩为 M_T，如图 4-13 所示。试画出图示各截面上切应力的分布图。

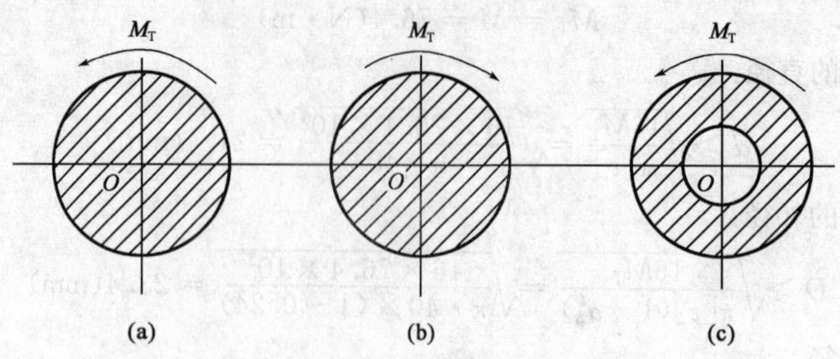

图 4－13　习题 2 图示

3. 图 4－14 所示一端固定的轴，已知轴的直径 $d=80$mm，每段长度 $l=500$mm，外力矩 $M_1=7$kN·m，$M_2=5$kN·m。试求横截面上的最大扭矩、最大切应力。

4. 图 4－15 所示轴上受力偶矩 $M=300$N·m，材料的许用切应力为［τ］＝60 MPa，轴的尺寸如图所示。试校核此轴的强度。

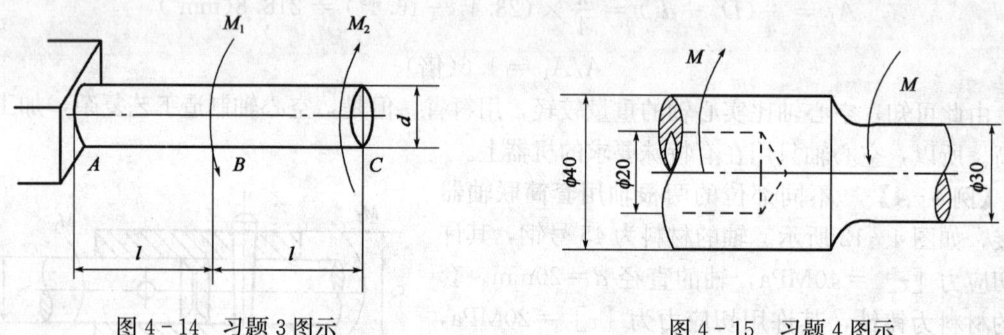

图 4－14　习题 3 图示　　图 4－15　习题 4 图示

5. 图 4－16 所示一个机器输入轴，由电动机带动带轮。输入功率 $P=4$kW，该轴的转速 $n=900$r/min。轴的直径 $d=30$mm。材料的许用切应力［τ］＝30MPa。试校核此轴的强度。

6. 齿轮减速器如图 4－17 所示，由电动机带动。已知电动机的转速 $n=960$r/min，传递功率 $P=5$ kW，材料的许用切应力［τ］＝40MPa。试设计减速器输入轴的直径。

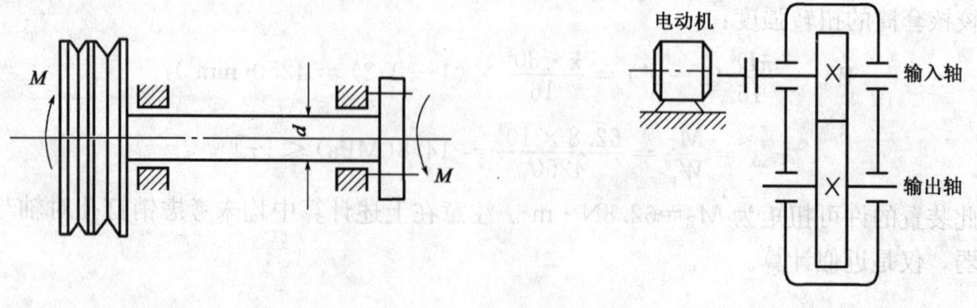

图 4－16　习题 5 图示　　图 4－17　习题 6 图示

7. 桥式单梁起重机如图 4－18 所示。传动轴传递的最大转矩 $M=220$N·m，材料的许用切应力［τ］＝40 MPa。试设计此轴的直径。

8. 传动轴的直径 $d=80$mm，转速 $n=200$r/min，材料的许用切应力［τ］＝50MPa，试求该轴的许可功率。

9. 万向联轴器如图 4-19 所示，用一个直径 $d_0=16\text{mm}$ 的销钉连接。已知轴与销钉的许用切应力为 $[\tau]=50$ MPa。试计算该联轴器所能传递的最大扭矩。

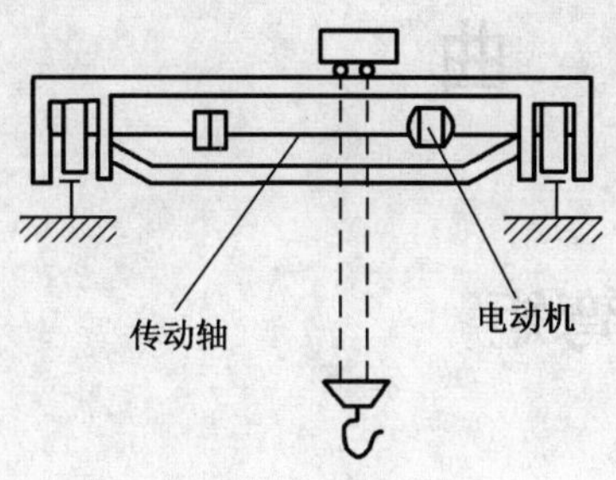

图 4-18　习题 7 图示

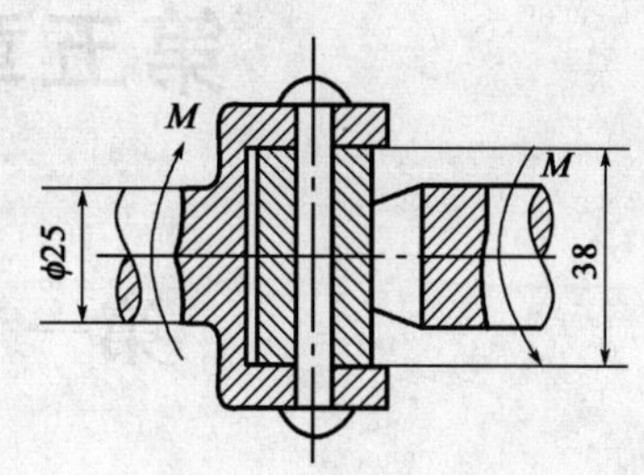

图 4-19　习题 9 图示

10. 图 4-20 所示传动轴的转速 $n=500\text{r/min}$，主动轮输入功率 $P_1=40\text{kW}$，从动轮分别输出功率 $P_2=25\text{kW}$，$P_3=15\text{kW}$。已知材料的许用切应力 $[\tau]=60\text{MPa}$。试按强度条件设计：

(1) AB 段的直径 d_1 和 BC 段的直径 d_2；

(2) 如果两段用同一直径，确定 d；

(3) 按经济观点，各轮应如何安排更合理。

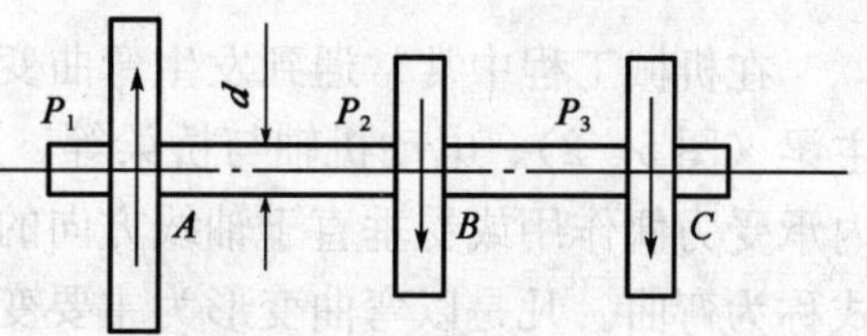

图 4-20　习题 10 图示

第五章　弯　　曲

第一节　剪力与弯矩

一、梁弯曲的概念

在机械工程中常常遇到发生弯曲变形的构件，如车辆的车轴（图 5－1）、桥式起重机的主梁（图 5－2）、电动机轴与桥梁等。这类构件受力与变形的主要特点是：在构件轴线平面内承受力偶作用或受垂直于轴线方向的外力作用，将使构件的轴线弯曲成曲线，这种变形形式称为弯曲。凡是以弯曲变形为主要变形的杆件，通常称为梁。

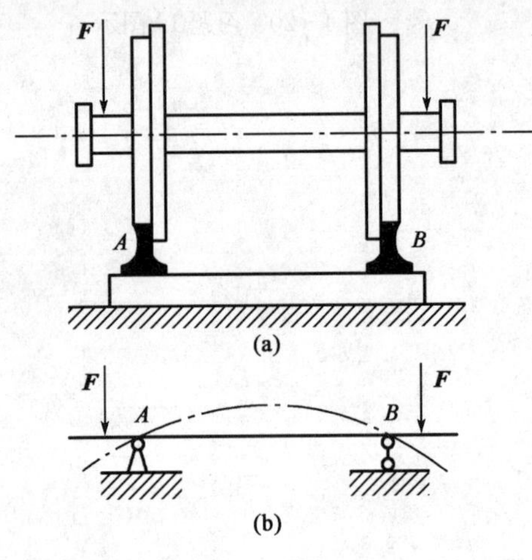

图 5－1　车辆的车轴

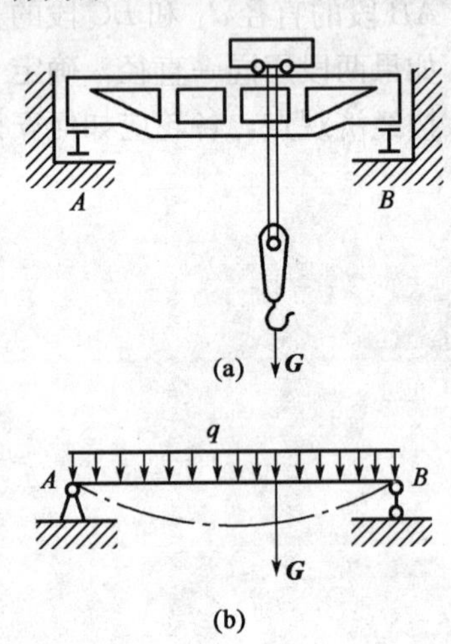

图 5－2　桥式起重机

在工程实际中常见的梁，它们的横截面一般都具有一个对称轴，如图 5－3（a）所示。对称轴与梁的轴线组成一纵向对称面，即 xy 平面，如图 5－3（b）所示。如果梁上的载荷与支座反力均作用于对称面内，则梁变形后的轴线将是一条平面曲线，这种弯曲称为平面弯曲。本章只研究平面弯曲问题。

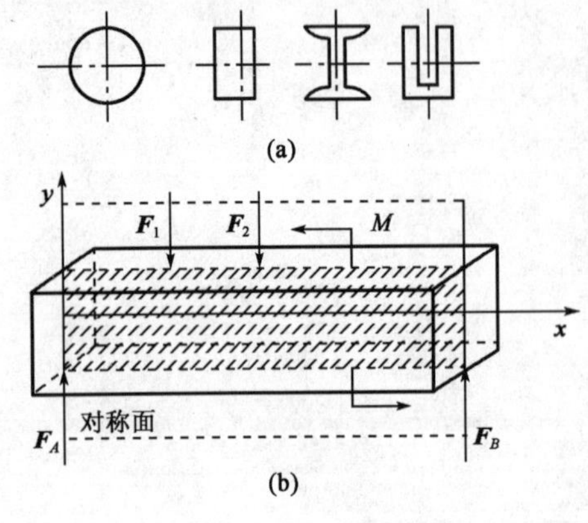

图 5－3　纵向对称面

梁的结构形式是多种多样的，为了便于分析与计算，对梁应进行必要的简化，用计算简图来代替它，如图［5－1（b)］所示，然后进行力学计算。确定计算简图的原则是：要能切实地反映梁的约束与载荷的实际情况，在保证计算结果足够精确的条件下，尽可能简化。首先是梁本身的简化，通常用梁的轴线来代替实际的梁。其次是对梁的约束进行简化，梁在平面弯曲时，按照支座对梁的约束情况，可将梁简化为如下三种典型形式：

(1) 简支梁：梁一端是固定铰链支座，另一端是活动铰链支座，可自由弯曲的梁［图 5-2 (b)］。

(2) 外伸梁：简支梁的一端或两端伸出支座以外的梁［图 5-1 (b)］。

(3) 悬臂梁：一端固定，另一端自由的梁（图 5-7)。

作用于梁上的载荷，可以简化成三种类型：集中力 **F** 是作用于构件上一点的载荷，其单位是 N（牛）或 kN（千牛）；力偶 M 是由于力的平移而出现的转动作用，其单位是N·m（牛·米）或 N·mm（牛·毫米）；均布载荷 q 是作用于构件上一定长度的力，q 称为载荷集度，其单位是 N/m（牛/米）或 kN/m（千牛/米）。

梁上受载荷作用时，在支座处将产生反力，载荷与反力保持平衡。上述三种梁的支座反力均可以利用梁的平衡方程求出，这种梁称为静定梁。由于工程上需要设置较多的支座，因而使梁的支座反力数目多于平衡方程的数目，这种梁称为静不定梁。

二、剪力与弯矩

在确定了梁上的载荷与反力以后，为了计算梁的强度与刚度，还要进一步研究梁上各截面的内力。内力分析与计算的方法仍采用截面法。

设一简支梁受集中力 **F** 作用，如图 5-4 (a) 所示。先利用梁的平衡方程求出其支座反力为：

$$F_A = \frac{Fb}{l}, F_B = \frac{Fa}{l}$$

为了求某一截面上的内力，可假想地用一截面 $m-n$ 将梁分为左右两段，研究左段梁的平衡。左段梁在外力 $\boldsymbol{F}_A$ 作用下，有向上移动的趋势，欲保持其平衡，横截面上必有一个与 $\boldsymbol{F}_A$ 平行且方向向下的内力 $\boldsymbol{F}_Q$ 作用。同时，在 $\boldsymbol{F}_A$ 与 $\boldsymbol{F}_Q$ 作用下，左段梁有沿顺时针方向转动的趋势，因此，横截面上必然作用着一个逆时针转向的内力偶 M 与之平衡，如图 5-4 (b) 所示。这个使梁横截面发生错动的内力 $\boldsymbol{F}_Q$ 称为剪力；使梁轴线发生弯曲的内力偶 M 称为弯矩。所以，左右两段梁的相互作用，可以用剪力 $\boldsymbol{F}_Q$ 与弯矩 M 表示。由平衡方程：

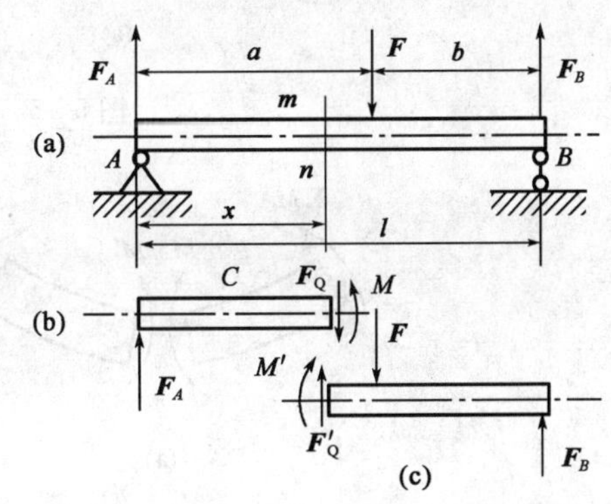

图 5-4　梁截面的内力

$$\sum F_y=0, \quad F_A-F_Q=0$$

得剪力：

$$F_Q=F_A=\frac{Fb}{l}$$

由：

$$\sum M_C=0, \quad M-F_A x=0$$

得弯矩：

$$M=F_Ax=\frac{Fb}{l}x$$

式中矩心 C 是横截面的形心，在求某一截面上的弯矩时，永远是以该截面的形心作为矩心。

如取右段梁来分析，同样用平衡方程也可以求得该截面上的剪力与弯矩，即：

$$\sum F_y=0,\ F_B-F+F'_Q=0$$

$$F'_Q=F-F_B=F-\frac{Fa}{l} \tag{5-1}$$

$$\sum M_C=0,\ F_B\ (l-x)\ -F\ (a-x)\ -M'=0$$

$$M'=\frac{Fa}{l}\ (l-x)\ -F\ (a-x) \tag{5-2}$$

显然，取左段（或右段）梁为研究对象，分别求出的同一截面上的剪力或弯矩，其数值相等、方向或转向相反，它们是作用与反作用的关系。为了使从左右两段梁上求得同一截面上的内力符号一致，可根据梁的变形情况，对剪力与弯矩的符号作如下规定：以某一截面为界，左右两段梁发生左上右下的相对错动时［图 5-5（a）］，该截面上的剪力为正，反之为负［图 5-5（b）］；使某段梁弯曲呈上凹形曲线时［图 5-6（a）］，横截面上的弯矩为正，反之为负［图 5-6（b）］。

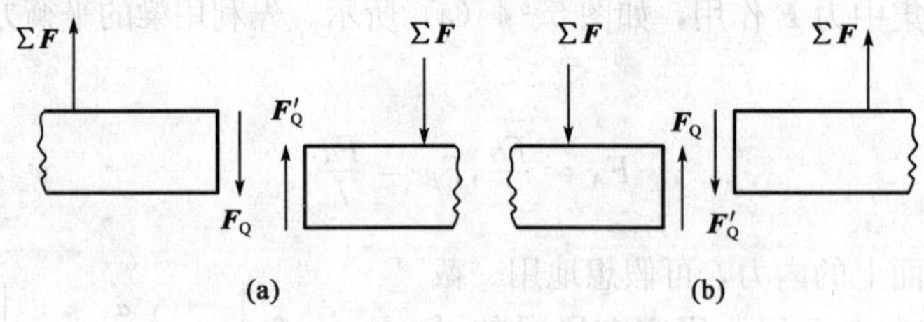

图 5-5　横截面上剪力的正负

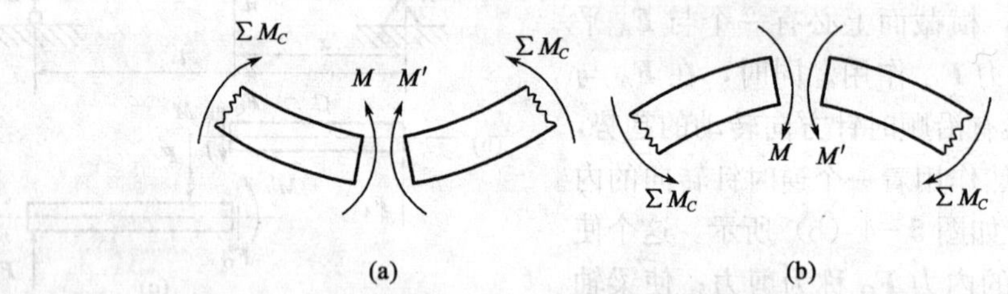

图 5-6　横截面上弯矩的正负

用截面法计算横截面上的剪力与弯矩，是求弯曲内力的基本方法。在这一方法的基础上，可引出直接由梁上的外力求截面上的剪力与弯矩的方法。从式（5-1）和式（5-2）总结出剪力与弯矩计算规则：

（1）某截面上剪力的大小等于此截面以左（或右）所有外力的代数和。截面左侧的外力，向上取正号；向下取负号。截面右侧外力的正负号与此相反。因此，可以概括为“左上右下，剪力为正”。

（2）某截面上弯矩的大小等于此截面以左（或右）所有外力（外力偶）对该截面形心力矩的代数和。所有向上的外力对截面形心之矩为正、向下的外力对截面形心之矩为负；截面左侧顺时针转向的外力偶、截面右侧逆时针转向的外力偶对截面形心之矩为正；反之亦反。

因此，可以概括为“左顺右逆，弯矩为正”。

利用上述计算规则，可以直接根据截面左侧或右侧梁上的外力，求得该截面上的剪力与弯矩，应用简便。

【例 5-1】 一受均布载荷的悬臂梁，如图 5-7（a）所示。试求 x 截面上的剪力与弯矩。

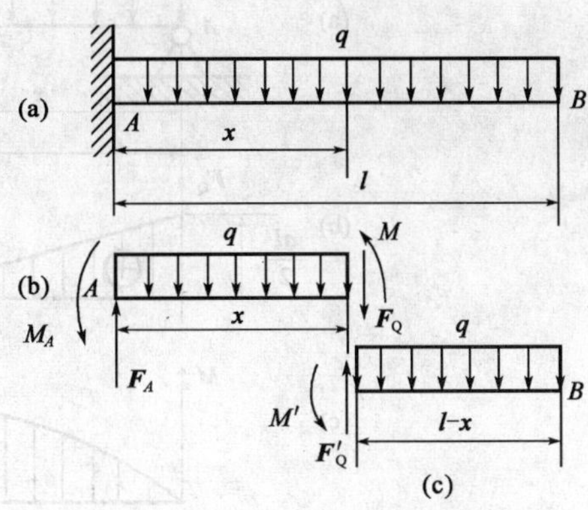

图 5-7 均布载荷的悬臂梁

解：（1）求支座反力取 AB 梁为研究对象，由平衡条件求得：

$\sum F_x=0$，$F_{Ax}=0$

$\sum F_y=0$，$F_{Ay}-ql=0$，$F_{Ay}=ql$

$\sum M_A=0$，$M_A-\dfrac{1}{2}ql^2=0$，$M_A=\dfrac{1}{2}ql^2$

（2）求剪力与弯矩，取 x 截面以左为研究对象，如图 5-7（b）所示，按剪力与弯矩计算规则求得：

$$F_Q = F_{Ay} - qx = ql - qx = q(l-x)(\downarrow)$$

$$M = F_{Ay}x - \frac{1}{2}qx^2 - M_A = qlx - \frac{1}{2}qx^2 - \frac{1}{2}ql^2$$
$$= \frac{1}{2}q(l-x)^2(\curvearrowright)$$

（3）若取 x 截面以右为研究对象，如图 5-7（c）所示，按弯矩与剪力计算规则求得：

$$F'_Q = q(l-x)(\uparrow)$$

$$M' = \frac{1}{2}q(l-x)^2(\curvearrowleft)$$

比较上述两种计算结果 $\boldsymbol{F}_Q$、M 的大小与符号都完全一致。对悬臂梁选取自由端一边为研究对象比较简便。

第二节　剪力图与弯矩图

为了进行弯曲应力与变形的计算，必须掌握剪力与弯矩沿梁轴线的变化规律，从而确定剪力与弯矩的最大值及其所在截面位置。以梁的轴线为 x 轴，则坐标 x 表示横截面的位置。一般剪力与弯矩是随截面位置而变化的，因此剪力与弯矩可表示为 x 的位置函数，即：

$$F_Q = F_Q(x)$$
$$M = M(x)$$

此二式分别称为剪力方程与弯矩方程。它表达了剪力与弯矩沿梁轴线的变化规律。

为了清楚地表示剪力与弯矩的变化情况，可按剪力方程与弯矩方程作出图形。表示剪力变化规律的图形，称为剪力图；表示弯矩变化规律的图形，称为弯矩图。画剪力图与弯矩图的基本方法是：以平行于梁轴线的横坐标 x 表示截面的位置，纵坐标代表横截面上的剪力或弯矩值，列出梁的剪力方程与弯矩方程，然后根据这些方程作图。

例 5-2 简支梁 AB 受均布载荷 q 作用，如图 5-8（a）所示。试作此梁的剪力图与弯矩图。

解：（1）求支座反力。取整个梁为研究对象，由平衡方程求得反力为：

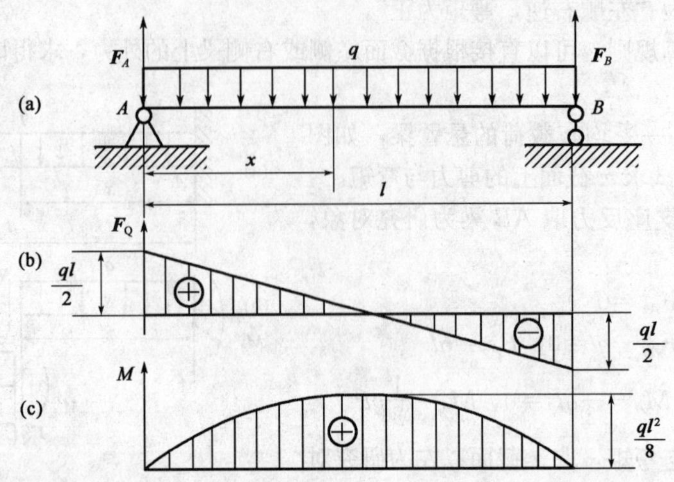

图 5-8　均布载荷简支梁的剪力图与弯矩图

$$F_A = F_B = \frac{1}{2}ql$$

(2) 列剪力方程与弯矩方程。以梁的 A 端为坐标原点，在距 A 端为 x 处截取左段梁为研究对象，按照 F_Q、M 计算规则列出 x 截面上的剪力方程与弯矩方程分别为：

$$F_Q = F_A - qx = \frac{1}{2}ql - qx \qquad (0 \leqslant x \leqslant l) \tag{5-3}$$

$$M = F_A x - \frac{1}{2}qx^2 = \frac{1}{2}ql - \frac{1}{2}qx^2 \qquad (0 \leqslant x \leqslant l) \tag{5-4}$$

(3) 画剪力图与弯矩图。由式（5-3）可知 F_Q 是 x 的一次函数，剪力图为一条直线，须由式（5-3）确定两点的剪力值：

$$x = 0, F_Q = \frac{1}{2}ql; x = l, F_Q = -\frac{1}{2}ql$$

由这两端点的剪力值可画出剪力图，如图 5-8（b）所示。

由式（5-4）可知 M 是 x 的二次函数，弯矩图为一抛物线，须由式（5-4）确定三点的弯矩值：

$$x = 0, M = 0; x = l, M = 0$$

根据微积分知识，可求得弯矩的极值及其所在截面的位置。即使式（5-4）对 x 求一次导数，并令其为零：

$$\frac{\mathrm{d}M}{\mathrm{d}x} = \frac{1}{2}ql - qx_0 = 0$$

得：

$$x_0 = \frac{1}{2}l$$

故：

$$M_{\max} = \frac{1}{8}ql^2$$

由这三点的弯矩值可画出弯矩图，如图 5-8（c）所示。

(4) 确定剪力与弯矩的最大值：

$$|F_Q|_{max}=\frac{ql}{2}$$

$$|M|_{max}=\frac{ql^2}{8}$$

【例 5-3】 简支梁 AB 受集中力 $\boldsymbol{F}$ 作用，如图 5-9（a）所示。试作此梁的剪力图与弯矩图。

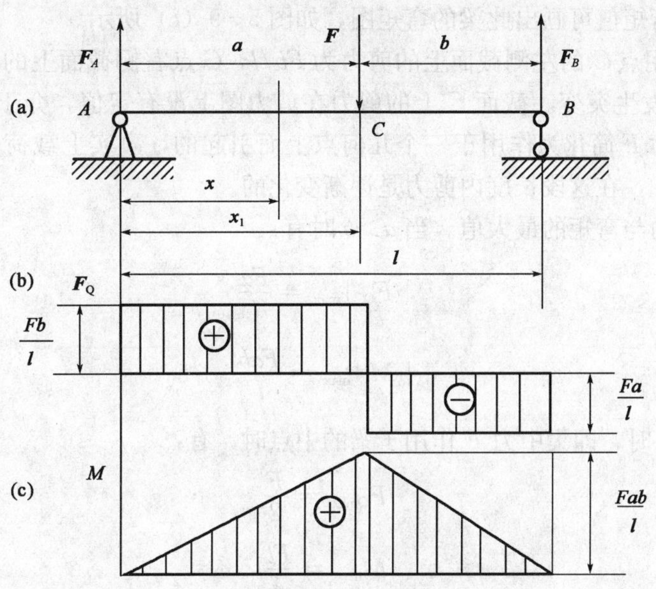

图 5-9　集中载荷简支梁的剪力图与弯矩图

解：(1) 求支座反力。取整个梁为研究对象，由平衡方程求得：

$$\sum M_B=0,\ Fb-F_Al=0,\ F_A=\frac{Fb}{l}$$

$$\sum F_y=0,\ F_A+F_B-F=0,\ F_B=\frac{Fa}{l}$$

(2) 列剪力方程与弯矩方程。此梁在 C 点有集中力作用，此时用一个方程已不能描述全梁的剪力或弯矩的变化情况，必须分段列出剪力方程与弯矩方程。全梁分 AC 与 BC 两段。

在 AC 段内取一距 A 端为 x 的截面，此截面上的剪力与弯矩分别为：

$$F_Q=F_A=\frac{Fb}{l} \tag{5-5}$$

$$M=F_Ax=\frac{Fb}{l}x \quad (0\leqslant x\leqslant a) \tag{5-6}$$

在 BC 段内取一距 A 端为 x_1 的截面，此截面上的剪力与弯矩分别为：

$$F_{Q1}=F_A-F=\frac{Fb}{l}-F=-\frac{Fa}{l} \tag{5-7}$$

$$M_1=F_Ax_1-F(x_1-a)=\frac{Fa}{l}(l-x_1) \quad (a\leqslant x_1\leqslant l) \tag{5-8}$$

(3) 画剪力图与弯矩图。由式（5-5）、式（5-7）可知，在 AC 和 BC 两段的剪力均是常数，故此两段内剪力图是与横坐标平行的水平线，如图 5-9（b）所示。由式（5-6）、式（5-8）可知，在 AC 和 BC 两段的弯矩均是坐标 x 的一次函数，故此两段的弯矩图均是斜直线。根据式（5-6）、式（5-8）确定三点的弯矩值：

$$x=0, M=0$$

$$x=x_1=a, M=\frac{Fab}{l}$$

$$x_1=l, M=0$$

由这三点的弯矩值可画出此梁的弯矩图，如图 5-9（c）所示。

在载荷 F 作用点 C 的左侧截面上的剪力为 Fb/l，C 点右侧截面上的剪力为 $-Fa/l$，剪力图经过 C 点时发生突变。截面 C 上的剪力在剪力图上没有定值，介于 Fb/l 与 $-Fa/l$ 之间。这是因为将力 F 简化为作用于一个几何点上而引起的，事实上载荷是作用于一段很小的长度上的，因此，在这段长度内剪力是逐渐变化的。

（4）确定剪力与弯矩的最大值。当 $a>b$ 时有：

$$|F_Q|_{max}=\frac{Fa}{l}$$

$$|M|_{max}=\frac{Fab}{l}$$

当 $a=b=l/2$ 时，即集中力 F 作用于梁的中点时，有：

$$F_{Qmax}=\frac{F}{2}$$

$$M_{max}=\frac{Fl}{4}$$

【例 5-4】 简支梁 AB 上受集中力偶 M_0 作用，如图 5-10（a）所示。试作此梁的剪力图及弯矩图。

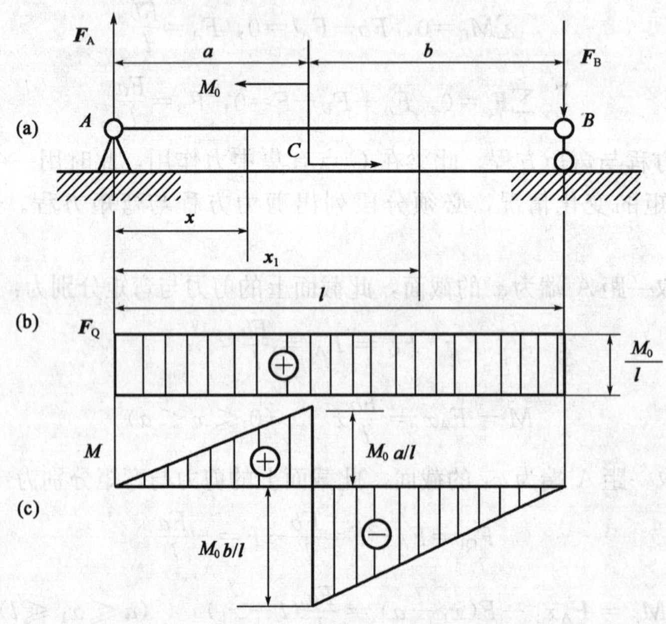

图 5-10　集中力偶简支梁的剪力图与弯矩图

解：（1）求支座反力。取全梁为研究对象，由平衡方程求得：

$$\sum M_B=0,\ M_0-F_Al=0,\ F_A=\frac{M_0}{l}$$

$$\sum F_y=0,\ F_A-F_B=0,\ F_B=\frac{M_0}{l}$$

(2) 列剪力方程及弯矩方程。此梁受力偶矩作用，在 AC 和 BC 两段内受力情况不同，因此，要分段考虑。

AC 段：

$$F_Q=F_A=\frac{M_0}{l} \tag{5-9}$$

$$M=F_Ax=\frac{M_0}{l}x \qquad (0\leqslant x\leqslant a) \tag{5-10}$$

BC 段：

$$F_{Q1}=F_A=\frac{M_0}{l} \tag{5-11}$$

$$M_1=F_Ax_1-M_0=M_0\left(\frac{x_1}{l}-1\right) \qquad (a\leqslant x_1\leqslant l) \tag{5-12}$$

(3) 画剪力图与弯矩图。由式（5-9）、式（5-11）可知，两段各截面上的剪力相同，则剪力图为一水平直线；由式（5-10）、式（5-12）可知，弯矩图均为斜直线，如图 5-10（c）所示。由图可知，在 $b>a$ 的情况下，C 点稍右的截面上弯矩绝对值最大，其值为：

$$|M|_{max}=\frac{M_0b}{l}$$

从上述例题可以看出，梁上的均布载荷 q、剪力 F_Q 与弯矩 M 之间存在一定的内在联系。若将例 5-2 中弯矩方程式（5-4）对 x 取一次导数，则得：

$$\frac{dM}{dx}=\frac{ql}{2}-qx$$

这恰恰是同一截面上的剪力方程式，故知：

$$\frac{dM}{dx}=F_Q \tag{5-13}$$

若将剪力方程式对 x 取一次导数，则得：

$$\frac{dF_Q}{dx}=-q \tag{5-14}$$

式（5-14）中负号表示均布载荷向下，如向上则为正号。显然，载荷集度 q、剪力 $\boldsymbol{F}_Q$ 和弯矩之间的微分关系是：

$$\frac{d^2M}{dx^2}=\frac{dF_Q}{dx}=q \tag{5-15}$$

这一微分关系虽然是由例题导出的，它却具有普遍意义。由式（5-14）说明剪力图中某点处的斜率等于对应点的载荷集度，当某段梁有向上的分布载荷时，该段剪力图的斜率为正，即剪力值随 x 递增；反之，则剪力值随 x 递减，如图 5-8（b）所示。由式（5-13）说明弯矩图中某点处的斜率等于对应截面上的剪力，当某段梁的剪力为正时，该段梁上弯矩图的斜率为正，即弯矩值随 x 递增；反之，则弯矩值随 x 递减，如图 5-8（c）所示。弯矩图的凹凸形状可由式（5-15）说明，如某段梁上有向上的均布载荷，即 $d^2M/dx^2>0$，则弯矩图是向上凸的曲线；反之，弯矩图是向下凹的曲线。

根据上述微分关系与前面例题，可以归纳出弯矩图与剪力图的规律如下：

（1）梁上某段无均布载荷时，则该段剪力图为水平线，弯矩图为斜直线。

（2）梁上某段有均布载荷时，则该段剪力图为斜直线，弯矩图为二次抛物线。若均布载荷向下，则该段剪力值递减，弯矩图为向下凹曲线；反之，均布载荷向上，剪力值递增，弯矩图为向上凸曲线。在某截面的 $F_Q=0$，则此截面处弯矩有极值。

（3）在集中力作用处，剪力图有突变，其突变量等于集中力，弯矩图有折角。

（4）在集中力偶作用处，弯矩图有突变，其突变量等于集中力偶矩，而剪力图不变。

利用上述规律，可以检查所作剪力图与弯矩图形状是否正确，也可以画梁的剪力图与弯矩图。作图方法是：根据梁上的载荷与支座情况将梁分成若干段，求出每段梁两端截面上的剪力与弯矩，然后由各段梁上的载荷情况，判断剪力图与弯矩图的形状，则可以作出剪力图与弯矩图。

【例 5-5】 外伸梁 ABC 上受载荷作用如图 5-11（a）所示。已知 $F=4\text{kN}$，$M_B=6\text{kN}\cdot\text{m}$，$q=8\text{kN/m}$，跨度 $l=2\text{m}$，外伸端长 $a=0.5\text{m}$。试作此梁的剪力图与弯矩图。

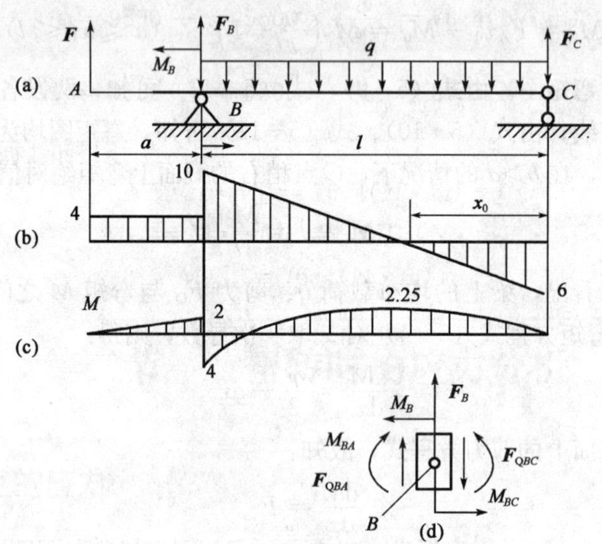

图 5-11 外伸梁的剪力图与弯矩图

解：（1）求支座反力。根据全梁的平衡方程求得：

$$\sum M_B=0$$

$$F_Cl+M_B-Fa-\frac{1}{2}ql^2=0$$

$$F_C=6(\text{kN})$$

$$\sum F_y=0, F_B+F_C+F-ql=0$$

$$F_B=6(\text{kN})$$

（2）作剪力图。全梁分成 AB 和 BC 两段，求出每段梁两端截面上的剪力值：

$$F_{QAB}=F=4(\text{kN}), F_{QBA}=F=4(\text{kN})$$

$$F_{QBC}=ql-F_C=10(\text{kN})$$

$$F_{QCB}=-F_C=-6(\text{kN})$$

由于 AB 段上 $q=0$，$\boldsymbol{F}_Q$ 图为水平线；BC 段上 $q<0$，$\boldsymbol{F}_Q$ 图为一条递减的斜直线。作剪

力图如图 5-11（b）所示。

（3）作弯矩图。分别求出 AB 和 BC 两段梁的端截面上的弯矩值：

$$M_{AB}=0,M_{BA}=Fa=2(\mathrm{kN\cdot m})$$

$$M_{BC}=F_C\cdot l-\frac{1}{2}ql^2=-4(\mathrm{kN\cdot m}),M_{CB}=0$$

由于 AB 段上，F_{Q}＝常量，M 图为一斜直线；BC 段上 $q<0$，M 图为一向下凹曲线。因为此段梁上剪力图由正变负，存在 $F_{\mathrm{Q}}=0$ 的截面，因此，弯矩图上有极值点。为此，令 BC 段上剪力方程等于零，确定 $F_{\mathrm{Q}}=0$ 的截面位置，即：

$$F_{\mathrm{Q}}=qx_0-F_C=0$$

所以：

$$x_0=\frac{F_C}{q}=0.75(\mathrm{m})$$

求此截面上的弯矩值：

$$M_B=F_Cx_0-\frac{1}{2}qx_0^2=2.25(\mathrm{kN\cdot m})$$

根据上述五点的弯矩值作弯矩，如图 5-11（c）所示。

（4）检验 $\boldsymbol{F}_{\mathrm{Q}}$ 图与 M 图。利用 B 点的平衡条件，检查 $\boldsymbol{F}_{\mathrm{Q}}$ 图与 M 图是否正确。应用截面法，在 B 点左右相距无限近处，沿横截面切取分离体，如图 5-11（d）所示。画上外力 $\boldsymbol{F}_{\mathrm{B}}$ 与力偶矩 M_{B}，再画上两横截面上的剪力 F_{QBA}、F_{QBC} 与弯矩 M_{BA}、M_{BC}。剪力图与弯矩图若是正确的，应满足平衡方程：

$$\sum M_B=0,M_B-M_{BA}+M_{BC}=0$$

$$(6-2-4)\mathrm{kN\cdot m}=0$$

$$\sum F_y=0,F_B+F_{QBA}-F_{QBC}=0$$

$$(6+4-10)\mathrm{kN}=0$$

第三节　弯曲应力分析

由前面弯曲内力分析可知，在一般情况下，梁的横截面上既有剪力又有弯矩。因此，梁不仅发生弯曲变形而且发生剪切变形，这种情况的变形称为平面弯曲或剪切弯曲。如果某段梁的横截面上只有弯矩而无剪力时，则称为纯弯曲。本节研究梁在纯弯曲时的应力。分析应力的方法与扭转时相同，以试验为基础，提出假设，然后综合考虑变形的几何关系、物理关系和静力学关系三方面来建立弯曲应力公式。

一、变形几何关系

取一矩形截面梁，在梁的表面上作出与梁轴线平行的纵向线 ab 与 cd，与纵向线垂直的横向线 $m-m'$ 与 $n-n'$。然后，在梁的对称平面内施加两个等值、反向的力偶矩 M，使此梁发生纯弯曲，如图 5-12 所示。观察其变形情况：

(1) 横向线在变形后仍为直线，倾斜了一个角度后仍与轴线垂直；

(2) 纵向线在变形后均弯成弧线，ab 直线伸长为弧线 $a'b'$，而 cd 直线缩短为弧线 $c'd'$。

根据所观察到的变形现象，从变形的可能性出发，可认为表面上的横向线反映了梁内横截面的变形，于是提出假设为：梁的横截面在弯曲变形后仍保持为平面，并且仍垂直于变形后的轴线，只是绕某一轴旋转了一个角度。这一假设称为平面假设。

若设想梁是由许多纵向纤维组成的，由于横截面的转动，使梁内凸边纤维伸长，凹边纤维缩短，纤维之间无挤压，由于变形的连续性，中间必有一层纤维长度不变，此层纤维称为中性层。中性层与横截面的交线，称为中性轴，如图 5-13 (b) 所示。梁弯曲时，各横截面绕中性轴转动，这是弯曲变形的特点。因此，横截面上只有拉伸或压缩正应力。

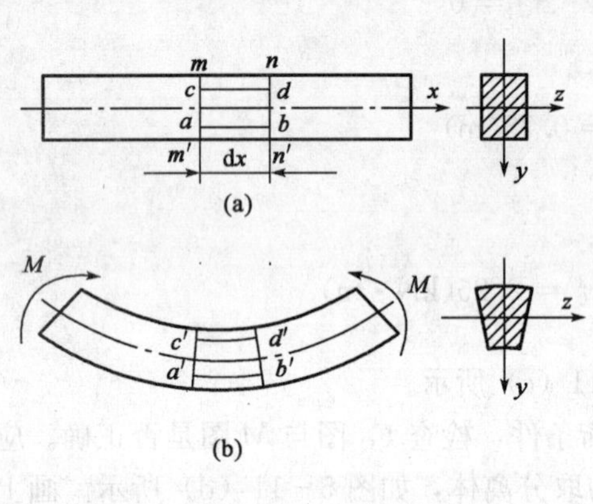

图 5-12　纯弯曲梁的变形

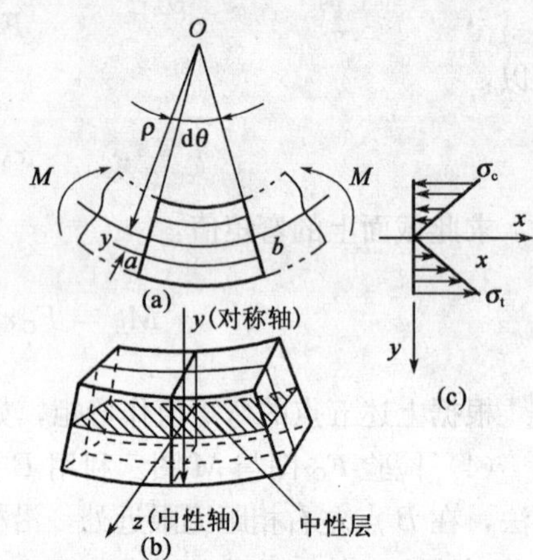

图 5-13　中性轴与拉伸或压缩正应力

现以梁的轴线为 x 轴，横截面的对称轴为 y 轴，中性轴为 z 轴［图 5-12 (a)］。若取长度为 dx 的一段梁分析，如图 5-13 (a) 所示。由于相邻两横截面各绕其中性轴转动，其延长线交于 O 点，O 点称为梁的曲率中心，曲率半径以 ρ 表示。可求出距中性层为 y 的任一层纤维 ab 的变形：该层纤维的原长为 $dx=\rho d\theta$，变形后的长度为 $(\rho+y)\,d\theta$，故知此纤维的线应变为：

$$\varepsilon=\frac{(\rho+y)\mathrm{d}\theta-\rho\mathrm{d}\theta}{\rho\mathrm{d}\theta}=\frac{y}{\rho} \tag{5-16}$$

式 (5-16) 表达了任一纤维的变形规律，因式中 ρ 对某一截面是一常数，所以，任一纤维的线应变 ε 与它到中性层的距离 y 成正比。

二、物理关系

根据平面假设，纯弯曲时纵向纤维是单向的拉伸或压缩，纤维之间无挤压。于是，在正应力不超过材料的比例极限时，由胡克定律知：

$$\sigma=E\varepsilon=E\frac{y}{\rho} \tag{5-17}$$

式 (5-17) 表达了横截面上正应力的变化规律，即横截面上任一点的正压力 σ 与该点到中性轴的距离 y 成正比。亦即正应力沿截面的高度按线性规律分布，如图 5-13 (c) 所示。距中性轴等远的各点正应力相等，距中性轴越远的点，其正应力值越大，在中性轴上的正应力等于零。

三、静力学关系

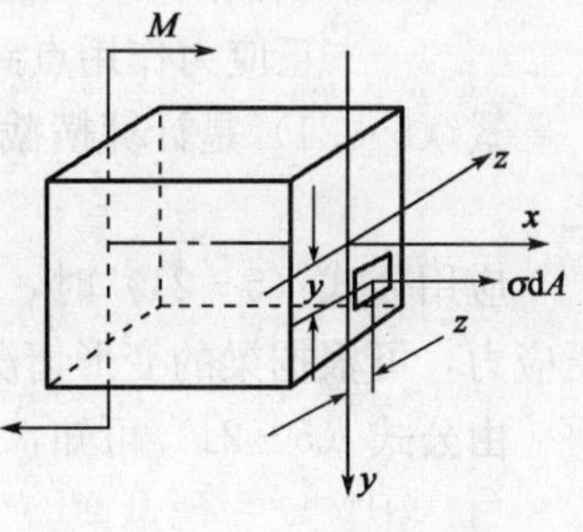

图 5-14　微分分析图

虽已明确了正应力分布规律，但尚不能用式（5-17）计算弯曲正应力，这是因为曲率半径 ρ 与中性轴 z 的位置均未确定，这一问题需通过静力学关系来解决。

纯弯曲时横截面上仅有正应力，若把横截面划分成许多微分面积 $\mathrm{d}A$，在坐标为（y，z）处的微分面积 $\mathrm{d}A$ 上作用着内力为 $\sigma\mathrm{d}A$，如图 5-14 所示。则整个横截面上的分布内力，可以简化成为一个力和一个力偶，即：

$$F_{\mathrm{N}x} = \int_A \sigma \mathrm{d}A$$

$$M_x = \int_A y\sigma \mathrm{d}A$$

由于横截面上只有绕中性轴转动的弯矩 M，而没有轴向内力，即 $F_{\mathrm{N}x}=0$，故各微分面积上的内力所组成的力偶矩必然等于弯矩 M，即：

$$\int_A y\sigma \mathrm{d}A = M \tag{5-18}$$

$$\int_A \sigma \mathrm{d}A = 0 \tag{5-19}$$

现在综合分析几何关系、物理关系和静力学关系，从而建立弯曲正应力公式。

先将式（5-17）代入式（5-19）可得：

$$\int_A E\,\frac{y}{\rho}\mathrm{d}A = \frac{E}{\rho}\int_A y\mathrm{d}A = \frac{E}{\rho}\cdot S_z = 0$$

$$S_z = \int_A y\mathrm{d}A$$

S_z 称为截面对中性轴 z 的静矩。由于 E/ρ 不会等于零，则必须静矩 $S_z=0$，从截面图形的几何性质可知，只有当 z 轴通过截面形心时，静矩才会等于零。因此，中件轴 z 必须通过截面形心，从而确定了中性轴的位置。

再将式（5-17）代入式（5-19）可得：

$$\int_A E\,\frac{y}{\rho}\cdot y\mathrm{d}A = \frac{E}{\rho}\int_A y^2\mathrm{d}A = \frac{E}{\rho}\cdot I_z = M$$

$$I_z = \int_A y^2\mathrm{d}A$$

I_z 是与截面的形状与尺寸有关的一个几何量，通常称为截面对中性轴的惯性矩，从而确定了梁轴线的曲率为：

$$\frac{1}{\rho} = \frac{M}{EI_z} \tag{5-20}$$

这是研究弯曲变形的一个基本公式。式中 El_z 称为梁的抗弯刚度，因此值越大时曲率越小，故梁的弯曲变形也就越小。它是材料与截面几何性质对弯曲变形的综合抵抗能力。

将式（5-20）代入式（5-18）可求得弯曲正应力公式：

$$\sigma = \frac{My}{I_z} \tag{5-21}$$

式中　M——横截面上的弯矩，N·mm；

I_z——横截面对中性轴的惯性矩，mm^4；

y——正应力作用点到中性轴的距离，mm。

式（5-21）是计算横截面上任一点的弯曲正应力公式。它是工程力学中基本理论公式之一。

应用公式（5-21）时，M、y 均可以绝对值代入计算，所求得的正应力是拉应力还是压应力，可根据梁的变形情况，判断纤维的伸长或缩短而确定。

由公式（5-21）可知，横截面上最大正应力发生在上下边缘上各点，即：

$$\sigma_{\max} = \frac{My_{\max}}{I_z}$$

引用符号：

$$W_z = \frac{I_z}{y_{\max}}$$

则得：

$$\sigma_{\max} = \frac{M}{W_z} \qquad (5-22)$$

式中 W_z 称为抗弯截面系数，它是与截面尺寸和形状有关的一个几何量，常用单位是 mm^3 或 m^3。

简单截面的抗弯截面系数：

矩形截面［图 5-15（a）］：

$$W_z = \frac{bh^2}{6}$$

圆形与圆环截面的抗弯截面系数：

实心圆［图 5-15（b）］：

$$W_z = \frac{\pi d^3}{32}$$

空心圆［图 5-15（c）］：

$$W_z = \frac{\pi D^3}{32}(1-\alpha^4)$$

$$\alpha = d/D$$

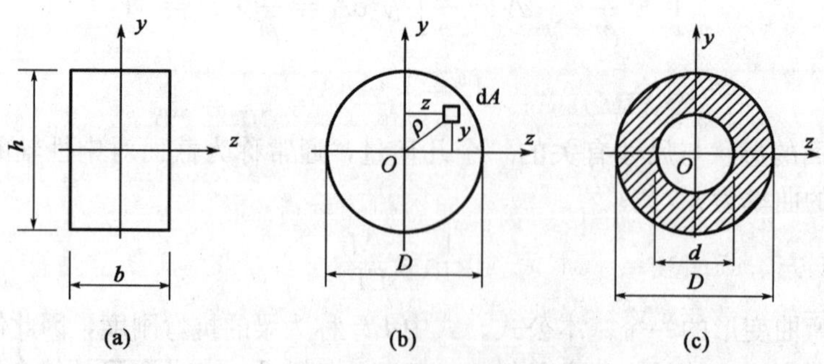

图 5-15　各形状截面的抗弯截面系数计算

式（5-20）、式（5-21）、式（5-22）是根据纯弯曲的情况导出的。在机械工程中常见的是平面弯曲，横截面上不仅有正应力，而且还有切应力。由于切应力的作用，梁的横截面将发生翘曲，平面假设不符合实际了。但是，精确的理论分析表明，如果梁的跨度 l 比横

截面的高度 h 大很多时（$l/h>5$），这种翘曲对正应力的影响很小，可以忽略不计。因此，纯弯曲正应力公式用于平面弯曲仍然是正确的。

【例 5-6】 小型桥吊的主梁 AB 如图 5-16 所示。梁的跨度 $l=5\text{m}$，横截面为矩形，尺寸 $b=40\text{mm}$，$h=60\text{mm}$。最大起重量 $G=2.4\text{kN}$。试求横截面上最大正应力与该截面上距中性轴为 $a=20\text{mm}$ 处的正应力。

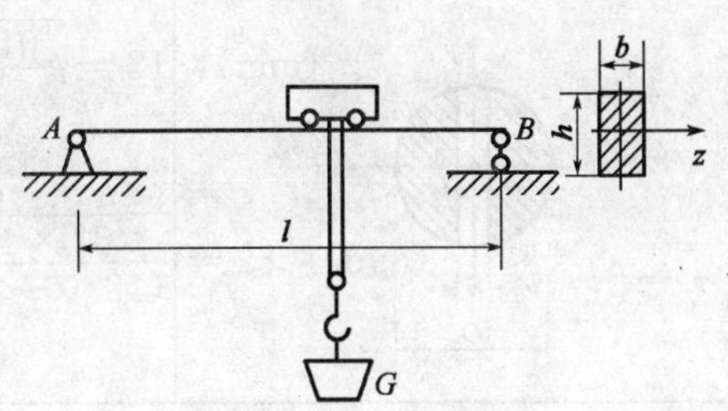

图 5-16 桥吊主梁

解：最大弯矩为：

$$M_{\max}=\frac{Pl}{4}=3(\text{kN}\cdot\text{m})$$

截面的轴惯性矩与抗弯截面系数分别为：

$$I_z=720\times10^3(\text{mm}^4)$$

$$W_z=24\times10^3(\text{mm}^3)$$

最大正应力由公式（5-22）计算：

$$\sigma_{\max}=\frac{M_{\max}}{W_z}=\frac{3\times10^6}{24\times10^3}=125(\text{MPa})$$

距中性轴为 $y=a$ 的各点上的正应力为：

$$\sigma=\frac{My}{I_z}=\frac{3\times10^6\times20}{720\times10^3}=83.3(\text{MPa})$$

第四节 截面的几何性质

构件的承载能力与截面的几何性质有密切的关系。例如，在拉伸与压缩的应力与变形计算中，要用到横截面面积 A；在扭转的应力与变形计算中，要用到横截面对圆心的极惯性矩 I_p 和抗扭截面系数 W_p；弯曲应力计算中要用到截面的轴惯性矩 I_z 和抗弯截面系数 W_z 等几何量。为了便于计算时查用，将几种常用的截面图形几何性质列于表 5-1 中。

表 5-1 几种常用截面的几何性质计算公式

截 面 图 形	形心轴惯性矩	抗弯截面系数
z_C, y, H, h, C, z, y_C, b, B	$I_z=\frac{1}{12}(BH^3-bh^3)$	$W_z=\frac{1}{6h}(BH^3-bh^3)$
z_C, y, t, b, z, C, y_C, d	$I_z=\frac{\pi d^4}{64}-\frac{bt}{4}(d-t)^2$	$W_z=\frac{\pi d^3}{32}-\frac{bt(d-t)^2}{2d}$

续表

截 面 图 形	形心轴惯性矩	抗弯截面系数
	$I_z=\frac{\pi D^4}{64}-\frac{dD^3}{12}$	$W_z=\frac{\pi D^3}{32}-\frac{dD^2}{6}$

第五节　弯曲强度计算

等截面梁弯曲时，最大正应力发生在最大弯矩所在截面上，这一截面称为危险截面。在危险截面上、下边缘处的正应力最大，这些点首先发生破坏，故称危险点。必须首先保证这些危险点的安全。由于横截面上、下边缘各点处于单向拉伸或压缩状态，因此，应按弯曲正应力建立梁的强度条件：最大弯曲正应力不得超过材料的许用弯曲应力，即：

$$\sigma_{\max}=\frac{M_{\max}}{W_z}\leqslant[\sigma_w] \tag{5-23}$$

许用弯曲应力 $[\sigma_w]$ 一般近似采用材料的许用拉（压）应力。当材料的抗拉与抗压强度相同时，$[\sigma_w]=[\sigma]$；当材料的抗拉强度与抗压强度不相同时，或横截面相对中性轴不对称时，应分别校核抗拉强度与抗压强度。

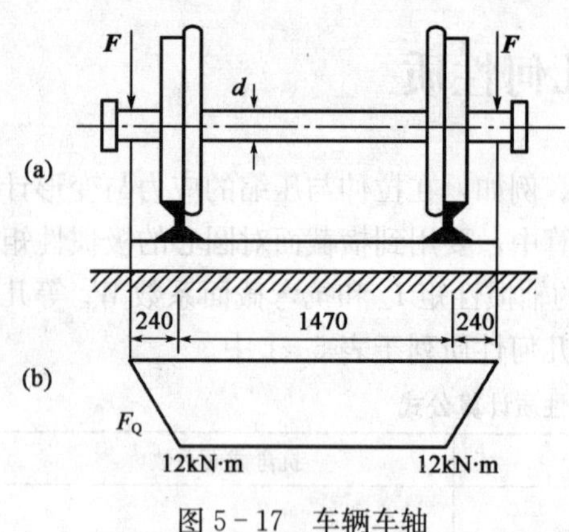

图 5－17　车辆车轴

根据梁的强度条件，可以对梁进行强度校核、设计截面与求许可载荷三方面的计算。

【例 5－7】　车辆的车轴承受重力 $F=50\text{kN}$，如图 5－16（a）所示。考虑到载荷的变化，选取材料较小的许用应力为 $[\sigma_w]=80\text{MPa}$。试设计车轴的直径。

解： 确定最大弯矩，作弯矩图如图 5－17（b）所示，最大弯矩为：

$$M_{\max}=12(\text{kN}\cdot\text{m})$$

设计车轴直径由公式（5－23）可知：

$$\frac{M_{\max}}{[\sigma_w]}=W_z=\frac{\pi d^3}{32}$$

故：

$$d\geqslant\sqrt[3]{\frac{32M_{\max}}{\pi[\sigma_w]}}=\sqrt[3]{\frac{32\times12\times10^6}{\pi\times80}}=115(\text{mm})$$

【例 5－8】　某一传动轴如图 5－18 所示。受力 $F_1=8\text{kN}$，$F_2=5\text{kN}$，材料为 45 钢，许用弯曲应力 $[\sigma_w]=80\text{MPa}$。试校核此轴的弯曲强度。

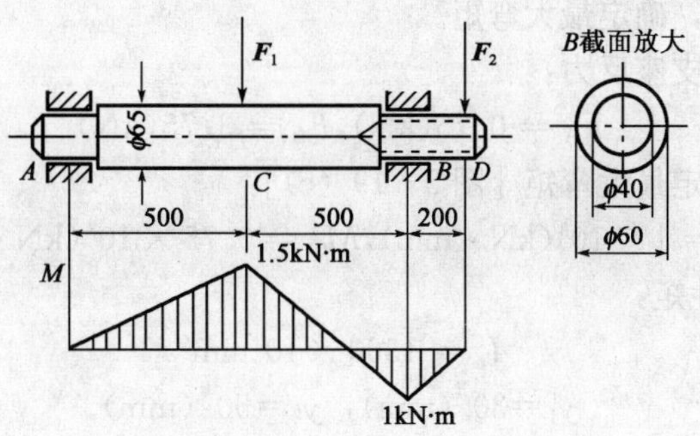

图 5-18　传动轴

解：(1) 确定最大弯矩。作弯矩图如图 5-18 所示，最大弯矩为：

$$M_{max} = 1.5(\text{kN} \cdot \text{m})$$

$$M_{BD} = 1.0(\text{kN} \cdot \text{m})$$

(2) 计算抗弯截面系数。由于 C 截面弯矩最大，而 B 截面有空心削弱。因此，两截面均需考虑验算弯曲强度。

$$\alpha = d/D = 4/6$$

则抗弯截面系数为：

$$W_{zB} = \frac{\pi D^3}{32}(1-\alpha^4) = \frac{\pi \times 60^3}{32} \times (1-0.2) = 17 \times 10^3 (\text{mm}^3)$$

$$W_{zC} = \frac{\pi D_1^3}{32} = \frac{\pi \times 65^3}{32} = 27 \times 10^3 (\text{mm}^3)$$

(3) 校核轴的强度：

$$\sigma_{BD} = \frac{M_{BD}}{W_{zB}} = \frac{1 \times 10^6}{17 \times 10^3} = 58.8(\text{MPa})$$

$$\sigma_{CB} = \frac{M_{max}}{W_{zC}} = \frac{1.5 \times 10^6}{27 \times 10^3} = 55.6(\text{MPa})$$

故知两危险截面上的弯曲正应力均小于材料的许用应力，安全。

【例 5-9】　图 5-19 (a) 所示为一铸铁水平梁，横截面为 T 形，截面尺寸如图 5-19 (b) 所示。材料的拉伸许用应力 $[\sigma_t]=40\text{MPa}$，压缩许用应力 $[\sigma_c]=80\text{MPa}$。梁上载荷如图示。试校核此梁的强度。

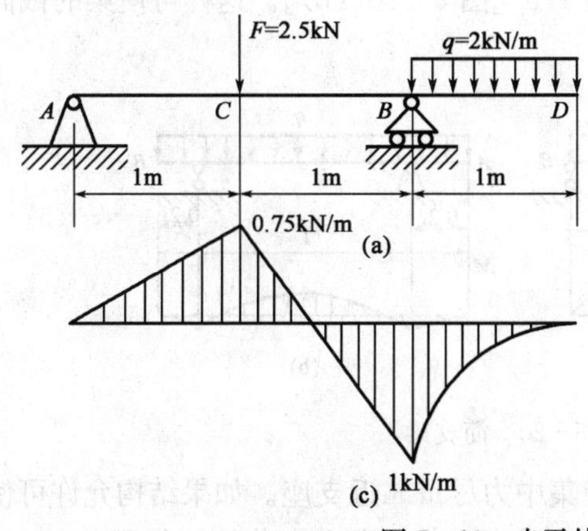

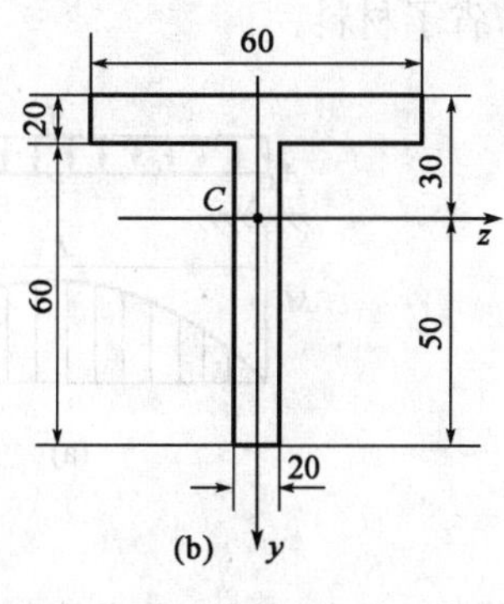

图 5-19　水平外伸梁

解：(1) 作弯矩图，确定最大弯矩。

由梁的平衡条件求支座反力：

$$F_A = 0.75(\mathrm{kN}), F_B = 3.75(\mathrm{kN})$$

绘梁的弯矩图，确定最大弯矩［图 5－19（c）］：

$$M_B = 1 \times 10^3(\mathrm{kN \cdot mm}), M_C = 0.75 \times 10^3(\mathrm{kN \cdot mm})$$

(2) 截面的轴惯性矩：

$$I_z = 1360 \times 10^3 \mathrm{mm}^4$$

截面形心坐标：　　　　$y_1 = 30$（mm），$y_2 = 50$（mm）

(3) 弯曲强度计算。

由于 B 截面弯矩最大，需计算该截面上下边缘的拉压强度。

$$\sigma_t = \frac{M_B y_1}{I_z} = \frac{1000 \times 10^3 \times 30}{1360 \times 10^3} = 22.06(\mathrm{MPa})$$

$$\sigma_c = \frac{M_B y_2}{I_z} = \frac{1000 \times 10^3 \times 50}{1360 \times 10^3} = 36.76(\mathrm{MPa})$$

可知 $\sigma_t < [\sigma_t]$，$\sigma_c < [\sigma_c]$。B 截面有足够的弯曲强度，是安全的。

C 截面弯矩 M_C 虽然不大，但该截面的下边缘的各点到形心轴的距离 y_2 较大，因此，需计算该截面下边缘的拉伸强度。

$$\sigma_t' = \frac{M_C y_2}{I_z} = \frac{750 \times 10^3 \times 50}{1360 \times 10^3} = 27.57(\mathrm{MPa})$$

可知 $\sigma_t' < [\sigma_t]$，C 截面也是安全的。

在机械设计中要尽量提高梁的弯曲强度，降低材料的消耗，从而使设计满足即安全又经济的要求，这是工程技术人员必备的基本思想。在一般情况下，梁的设计是以弯曲正应力强度条件为依据的。一个构件的承载能力包括三个因素：一是载荷大小（即弯矩 M、扭矩 M_T、轴力 F_N 等）；二是截面几何量（即抗弯截面系数 W_z、抗扭截面系数 W_p、截面面积 A 等）；三是材料的抵抗能力（即许用正应力、许用切应力等）。针对这三个因素采取措施，提高构件承载能力。下面讨论如何提高弯曲强度问题。

(1) 降低最大弯矩。

使最大弯矩减小的途径，可通过支座与载荷的合理布置而达到。例如，受均布载荷的简支梁，如图 5－20（a）所示，最大弯矩值 $M_{max} = 0.125ql^2$。如果使两支座各向内移动 $0.2l$，则最大弯矩 $M_{max} = 0.025ql^2$，即是前者的 1/5［图 5－20（b）］。这样可使梁的截面尺寸相应减小，节省了材料。

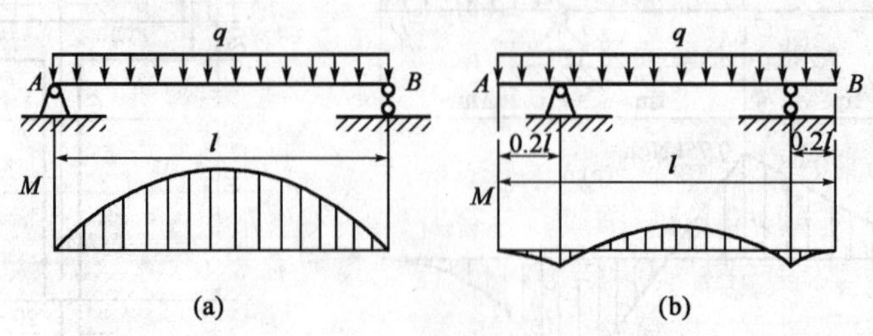

图 5－20　简支梁

在设计中考虑到梁上载荷布置时，使集中力尽量靠近支座。如果结构允许可使集中力分散作用，可以减小最大弯矩。例如，在简支梁中点受集中力 $\boldsymbol{F}$ 作用，如图 5－21（a）所示，则最大弯矩为：

$$M_{\max}=\frac{1}{4}Fl$$

若在梁上安置一长为 $l/2$ 的副梁 CD，如图 5－21（b）所示，则 AB 梁的最大弯矩减少为 $M_{\max}=Fl/8$。利用这样的方法，可以用 5kN 的吊车，吊起 10kN 的重物。

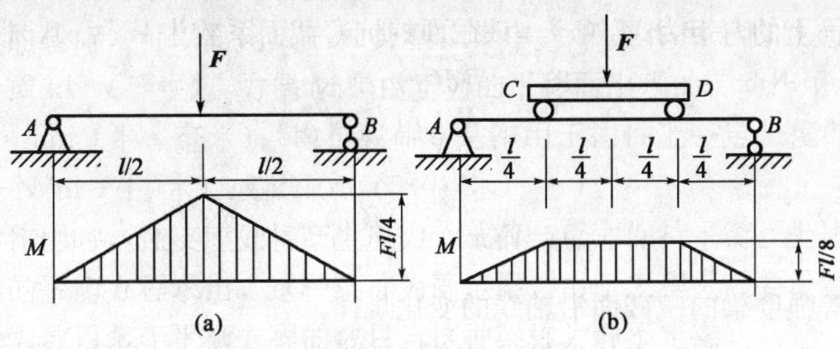

图 5－21　简支梁

（2）选择合理截面。

由弯曲强度条件可知，抗弯截面系数 W_z 越大，梁的弯曲强度越高，抗弯截面系数的大小与截面的形状和大小有关。为了节省材料，减轻构件自重，应该选择面积较小而抗弯截面系数较大的截面形状。因此，比值 W_x/A 较大的截面是合理截面。表 5－2 所列为三种截面的 W_z/A 比值，比较可知工字形截面比矩形截面合理，而矩形截面又比圆形截面合理。

表 5－2　抗弯截面系数与面积之比值

截面形状（$h=d=D$）	圆截面	圆环截面	矩形截面	工字形截面
W_z/A	0.125 d	0.205 $D(\alpha=0.8)$	0.167h	（0.27－0.31）h

从弯曲正应力的分布规律可见，横截面上、下边缘处的正应力最大，而靠近中性轴处的正应力很小。为了使物尽其用，可将圆截面改成截面积相同的圆环形截面；将矩形截面中性轴附近的面积挖掉，加在离中性轴较远的上、下边缘处，如图 5－22 所示，就变成了工字形截面。这样材料的使用就比较合理，提高了经济性。

此外，根据材料的特性，对于拉压强度相同的塑性材料，可选用对称于中性轴的截面，这样可使截面上的最大拉（压）应力同时达到材料的许用应力。而对于拉压强度不相等的脆性材料，在选择截面时，为使物尽其用，最好采用中性轴靠近受拉一边的截面，如 T 字形截面，如图 5－23 所示，实现最大拉应力与最大压应力同时达到材料的许用应力。为此，中性轴的位置应满足下列条件：

$$\frac{y_1}{y_2}=\frac{[\sigma_t]}{[\sigma_c]}$$

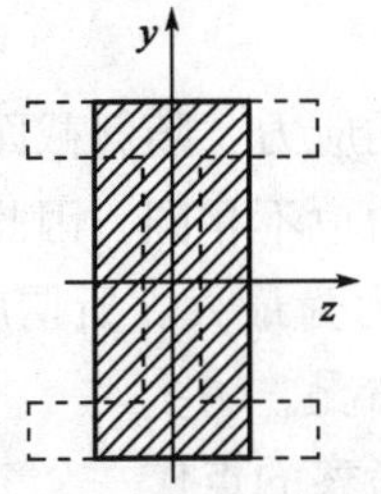

图 5－22　截面形状

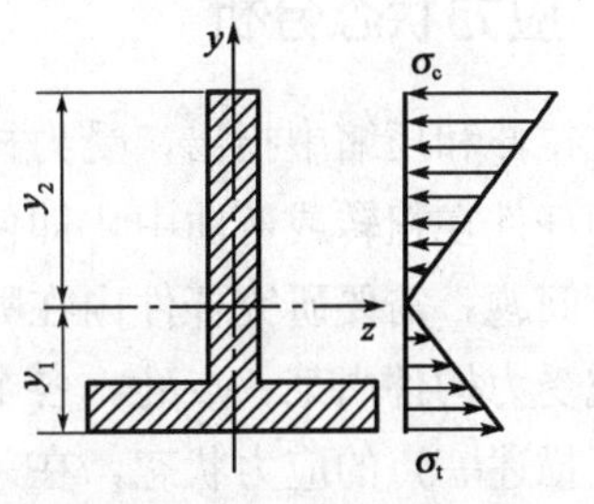

图 5－23　T 字形截面

（3）采用等强度梁。

一般情况下，梁横截面上的弯矩是随截面位置坐标 x 而变化的。从强度观点看，如果在弯矩较大处采用较大的截面，在弯矩较小处采用较小的截面，就比较合理。为此，使梁的截面沿轴线变化，以达到各截面上的最大正应力，均等于材料的许用应力，这种梁称为等强度梁。显然，这种梁既满足了强度条件，又减小了材料的消耗量。

设任一 x 截面上的弯矩为 $M(x)$，该截面的抗弯截面系数为 $W(x)$，根据等强度条件：

$$\sigma_{\max} = \frac{M(x)}{W(x)} \leqslant [\sigma_{w}]$$

求得：

$$W(x) = \frac{M(x)}{[\sigma_{w}]} \tag{5-24}$$

从而确定了等强度梁的横截面沿轴线的变化规律。

【例 5-10】 图 5-24（a）所示一悬臂梁的长度为 l，自由端受力为 $\boldsymbol{F}$，截面为圆形，材料的许用应力为 $[\sigma_{w}]$。试设计等强度截面尺寸。

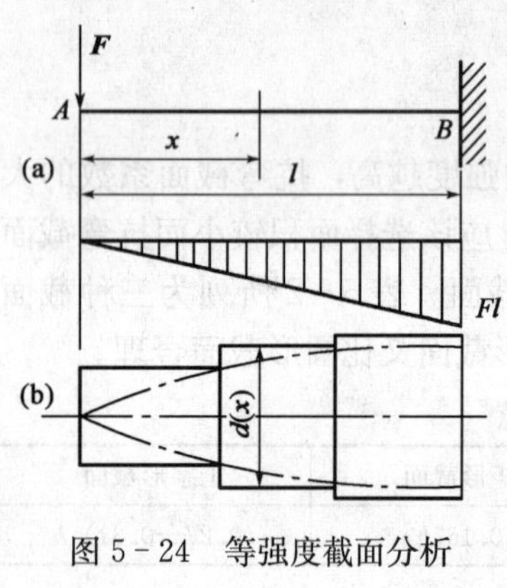

图 5-24 等强度截面分析

解：x 截面上的弯矩为：

$$M(x) = Fx$$

抗弯截面系数为：

$$W(x) = \frac{\pi d^{3}(x)}{32}$$

由等强度条件式（5-24）可知：

$$W(x) = \frac{M(x)}{[\sigma]_{w}} = \frac{Fx}{[\sigma_{w}]}$$

所以：

$$d(x) = \sqrt[3]{\frac{32Fx}{\pi[\sigma_{w}]}}$$

即梁的横截面直径 $d(x)$ 沿轴线按抛物线规律而变化，如图 5-24（b）所示。为了加工方便与结构的需要，常制成包含该抛物线的阶梯形状的梁。这样，既符合结构及工艺上的要求，同时，从强度考虑也是较为合理的。

*第六节 应力状态分析

一、应力状态分析

曾在拉伸和压缩中指出，受力杆件内某一点在斜截面上的应力，随斜截面的方位角 α 而变化。而杆件在扭转或弯曲中，即使在同一截面上各点的应力也不相同。因此，为了解决杆件的强度问题，需要研究杆件内在哪一截面上的哪一点的应力为最大。所谓应力状态分析，就是研究受力构件内某一点处，各个不同截面上的应力变化情况。

为了描述一点的应力状态，在一般情况下，总是围绕所考察的点作一个三面互相垂直的六面体，当各边边长充分小时，六面体便趋于宏观上的点，这种六面体称为微元体。当微元体三对面上的应力已知时，就可以应用截面法和平衡条件，求得过该点的任意方位面上的应力。因此，通过微元体及其三对互相垂直的面上的应力，可以描述一点的应力状态。在取微元体时，应尽量使其三对面上的应力容易确定。例如，一矩形截面梁发生弯曲变形，如图5－25（a）所示。为了分析梁上某一点 K 的应力状态，可以围绕 K 点取一对面为梁的横截面，另外两对面为平行于梁轴线的纵截面，截取微元体时应注意相对面之间的距离应为无限小，各截面上的应力可以认为是均匀分布的。

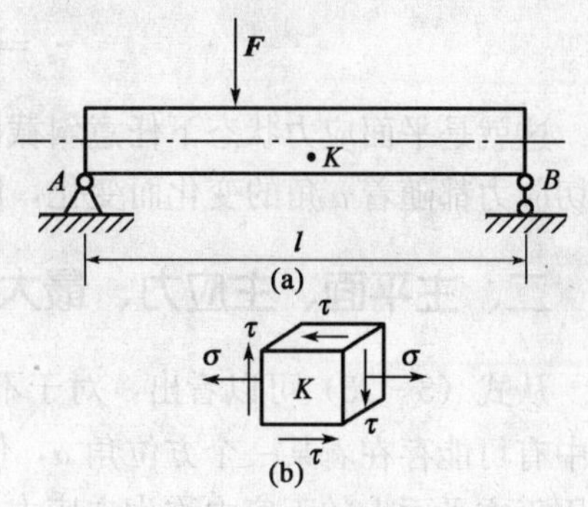

图 5－25　应力状态

在微元体一对横截面上有弯曲正应力 σ 与切应力 τ，根据切应力互等定理可知，在上下一对纵截面上应有切应力，而在微元体前后一对纵截面上没有应力作用，如图 5－25（b）所示。这种应力状态称为平面应力状态。

当微元体三对面上的应力已经确定时，为求某一斜截面上的应力，可用一假想截面将微元体从所考察的斜截面处截为两部分，如图 5－26（a）所示。考察其中任意部分的平衡，即可由平衡条件求得该斜截面上的正应力 σ_α 与切应力 τ_α［图 5－26（b）］。注意到应力只是内力的集度，只有乘以其作用面积才能参与平衡。设 α 斜截面之面积为 dA。

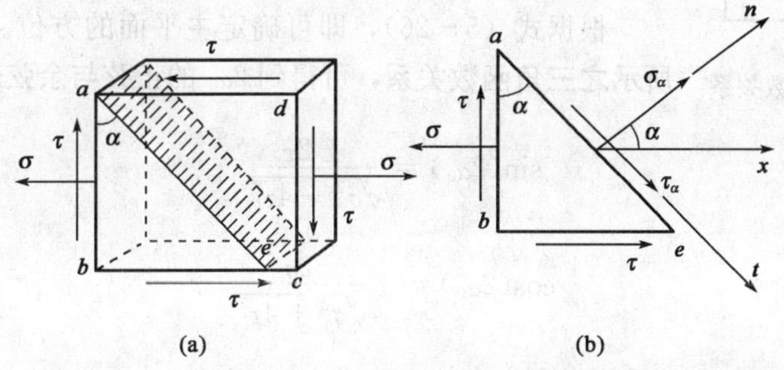

图 5－26　应力状态分析

现在分析当微元体上正应力 σ 与切应力 τ 已知时，任意斜截面上的正应力和切应力与已知应力之间的关系。首先，对方位角、正应力和切应力的正负号作如下规定：自 x 轴正方向逆时针转到斜截面法线的正方向时 α 角为正，反之为负；正应力 σ 以拉应力为正，压应力为负；切应力 τ 使微元体顺时针转动为正，反之为负。按以上规定，图 5－26（a）中所示正应力 σ 为正，左右截面上的切应力 τ 为正，上下截面上的切应力 τ 为负。

根据图 5－26（b）所示各个面上的受力，可以列出在斜截面的法线与切线方向上力的平衡方程：

$$\sum F_n = 0$$

$$\sigma_\alpha dA - (\sigma dA\cos\alpha)\cos\alpha + (\tau dA\cos\alpha)\sin\alpha + (\tau dA\sin\alpha)\cos\alpha = 0$$

$$\sum F_t = 0$$

$$\tau_\alpha dA - (\sigma dA\cos\alpha)\sin\alpha - (\tau dA\cos\alpha)\cos\alpha + (\tau dA\sin\alpha)\sin\alpha = 0$$

利用三角公式，整理后得：

$$\sigma_\alpha = \frac{\sigma}{2} + \frac{\sigma}{2}\cos(2\alpha) - \tau\sin(2\alpha) \tag{5－25a}$$

$$\tau_{\alpha}=\frac{\sigma}{2}\sin(2\alpha)+\tau\cos(2\alpha) \quad (5-25b)$$

这就是平面应力状态下任意斜截面上的应力表达式。此二式表明：斜截面上的正应力点与切应力都随着 α 角的变化而变化，即 σ_{α} 与 τ_{α} 均是 α 的函数。

二、主平面、主应力、最大切应力

从式（5－25）可以看出，对于不同的 α 角，将有不同的 σ_{α} 与 τ_{α} 数值。因此，在应力状态中有可能存在着某一个方位角 α，使这个面上的切应力等于零，这样的截面称为主平面。作用于主平面上的正应力称为主应力，而且主应力具有极值的性质。

将式（5－25a）对 α 求导数并令其等于零，即：

$$\frac{d\sigma_{\alpha}}{d\alpha}=-\sigma\sin(2\alpha_0)-2\tau\cos(2\alpha_0)=0$$

由此解得：

$$\tan(2\alpha_0)=-\frac{2\tau}{\sigma} \quad (5-26)$$

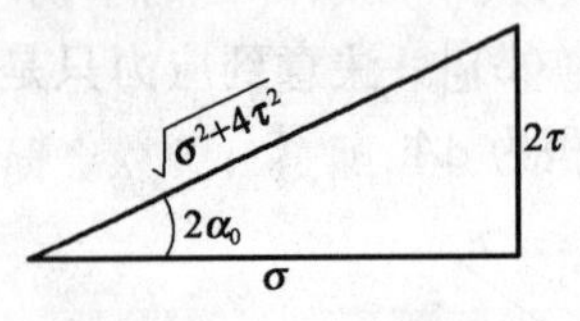

图 5－27　三角函数关系

若令式（5－25b）等于零，同样可以得到式（5－26）。由此可见，主平面既是切应力为零的平面，又是正应力取极值的平面，并且主应力为一点应力状态中正应力的极大值或极小值。

根据式（5－26），即可确定主平面的方位。再利用图 5－27 所示之三角函数关系，可得到 $2\alpha_0$ 的正弦与余弦表达式：

$$\sin(2\alpha_0)=\frac{\pm 2\tau}{\sqrt{\sigma^2+4\tau^2}}$$

$$\cos(2\alpha_0)=\pm\frac{2\sigma}{\sqrt{\sigma^2+4\tau^2}}$$

将其代入式（5－25a）后便得主应力的表达式：

$$\sigma_1=\frac{\sigma}{2}+\frac{1}{2}\sqrt{\sigma^2+4\tau^2} \quad (5-27a)$$

$$\sigma_3=\frac{\sigma}{2}-\frac{1}{2}\sqrt{\sigma^2+4\tau^2} \quad (5-27b)$$

式（5－27）中一个为极大值，另一个为极小值。在一般平面应力状态中，有一个主应力等于零，即 $\sigma_2=0$，按照其代数值由大到小的顺序，用 σ_1、σ_2、σ_3 表示。此外，除了 $2\alpha_0$ 外，$2(\alpha_0+\pi/2)$ 也满足正应力为极值的条件，因此，α_0 与 $\alpha_0+\pi/2$ 均为主平面的方位角，所以主应力 σ_1 与 σ_3 分别作用在两个互相垂直的主平面上。

同样，将式（5－25b）对 α 求导数并令其等于零，则有：

$$\frac{d\tau_{\alpha}}{d\alpha}=\sigma\cos(2\alpha_1)-2\tau\sin(2\alpha_1)=0$$

由此得：

$$\tan(2\alpha_1)=\frac{\sigma}{2\tau} \quad (5-28a)$$

将其代入式（5－25b），可得到：

$$\tau_{\min}^{\max} = \pm \frac{1}{2}\sqrt{\sigma^2 + 4\tau^2} \tag{5-28b}$$

最大切应力与最小切应力的绝对值相等，只是方向不同，它们也作用在互相垂直的平面上。

由式（5－26）和式（5－28a）二式相比较可知：

$$\tan(2\alpha_0) = -\frac{1}{\tan(2\alpha_1)}$$

则有：

$$2\alpha_1 = 2\alpha_0 + \frac{\pi}{2}, \alpha_1 = \alpha_0 + \frac{\pi}{4}$$

这说明最大切应力所在平面与主平面成45°夹角。

将式（5－27）等号两边相减再除以2，然后与式（5－28b）相比较，则得：

$$\tau_{\max} = \frac{\sigma_1 - \sigma_3}{2} \tag{5-29}$$

即在平面应力状态下，最大切应力的数值是最大和最小主应力之差的一半。显然，当主应力和主平面确定后，最大切应力及其作用面也就随之确定。

三、强度理论简介

在强度问题中，失效包含两种不同的含义：一种是指构件在外力作用下，由于应力过大而产生裂缝并导致断裂，如铸铁拉伸和扭转时的破坏；另一种是指在构件上出现一定量的塑性变形，如低碳钢拉伸时的屈服。出现这两种情况时，构件都会丧失其正常功能。强度理论的基本思想就是阐明材料在各种受力形式下的失效判据，即何种原因引起失效，何时发生失效，怎样保证不发生失效，进而建立复杂应力状态下强度计算的准则，即强度条件。

我们知道，构件在单向应力状态下的强度条件，都是通过试验确定极限应力值，然后直接用试验结果建立起来的。但是，在复杂应力状态下，即使对于同一种材料，在不同的主应力比值下，材料到达失效状态时的极限应力值也是不相同的，所以要想通过试验来确定材料在不同主应力比值下失效的极限应力值是根本不可能的。人们在长期的生产实践中，根据经验与有限的试验资料，发现材料失效是有规律的，在引起失效的原因中有可能包含着共同的因素。所谓强度理论，就是关于材料在不同应力状态下失效的共同原因的各种假设。根据这些假设，就有可能利用单向拉伸的试验结果，建立材料在复杂应力状态下的失效判据以及强度计算准则。

目前，在工程设计中常用的强度理论较多，但应用较广泛的是最大切应力理论（第三强度理论）。这里只介绍这一理论。此理论认为：不管材料处于什么应力状态，只要发生屈服或剪断，其共同原因便是由于微元体内的最大切应力（$\tau_{\max}$）达到了某个共同的极限值（$\tau_{\lim}$）。

根据这一理论，可由拉伸试验结果建立复杂应力状态下的失效判据与强度条件。因为当单向拉伸材料屈服时，横截面上的正应力达到屈服极限σ_s，材料在发生屈服时的最大切应力的极限值$\tau_{\lim} = \sigma_s/2$。于是：

$$\tau_{\max} = \tau_{\lim} = \frac{\sigma_s}{2}$$

由式（5－29）可知，$\tau_{\max} = (\sigma_1 - \sigma_3)/2$，代入上式后则得：

$$\sigma_1 - \sigma_3 = \sigma_s$$

这就是根据最大切应力理论得到的失效判据。

考虑一定的安全储备，根据这一理论可得到的强度条件为：

$$\sigma_1 - \sigma_3 \leqslant \frac{\sigma_s}{S} = [\sigma] \tag{5-30}$$

这一强度理论与很多塑性材料在大多数受力形式下的试验结果相符合，它只适用于发生屈服和剪断的失效形式。

第七节　弯曲与扭转组合

弯曲与扭转组合变形是机械工程中常见的情况，如装有带轮的轴，如图 5-28（a）所示。设输入的力偶矩为 M_0，带轮两边的拉力分别为 $\boldsymbol{F}_1$、$\boldsymbol{F}_2$（设 $F_1>F_2$）。下面分析传动轴的受力情况。

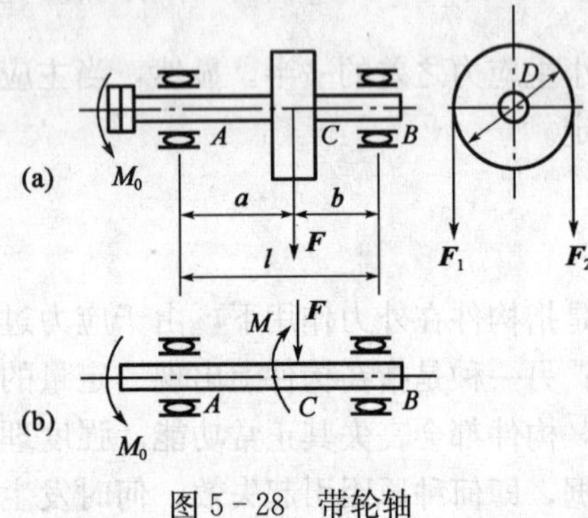

图 5-28　带轮轴

一、外力简化

将带拉力 $\boldsymbol{F}_1$ 与 $\boldsymbol{F}_2$ 均向作用面的圆心平移，结果得到一个与轴线垂直的力 $F=F_1+F_2$，还有一个绕轴线转动的力偶矩：

$$M=(F_1-F_2)D/2$$

显然，竖直力 $\boldsymbol{F}$ 使轴发生平面弯曲，力偶矩 M 使轴发生扭转。所以，此传动轴发生弯曲与扭转的组合变形，如图 5-28（b）所示。

二、内力分析

由于力偶矩 M 作用，使 AC 段轴发生扭转，各横截面上的扭矩是相同的；竖直力 $\boldsymbol{F}$ 使轴发生弯曲时，各横截面上的弯矩是变化的，最大弯矩发生在 C 截面上，该截面是轴的危险截面。则 C 截面上的弯矩与扭矩分别为：

$$M=\frac{Fab}{l}$$

$$M_T=\frac{D}{2}(F_1-F_2)=M$$

式中　l——两轴承间的距离，mm；

D——带轮的直径，mm。

三、强度计算

由弯曲正应力与扭转切应力的分布规律可知，在危险截面的上、下边缘各点处，弯曲正应力与扭转切应力均为最大值，即：

$$\sigma=\frac{M}{W_z},\tau=\frac{W_T}{W_p}$$

弯曲与扭转组合变形时，横截面上危险点的应力状态是平面应力状态［图 5-25（b）］，应根据强度理论建立强度条件。将式（5-27）代入式（5-30），弯曲与扭转组合变形时的强度条件为：

$$\sigma_e=\sqrt{\sigma^2+4\tau^2}\leqslant[\sigma] \tag{5-31}$$

式中　σ_e——当量应力，MPa。

将弯曲应力 σ 与扭转切应力 τ 代入式（5-31），并考虑到圆截面的抗扭截面系数 W_p 与抗弯截面系数 W_z 的关系 $W_p=2W_z$，则得强度条件为：

$$\sigma_e=\frac{1}{W_z}\sqrt{M^2+M_T^2}\leqslant[\sigma] \tag{5-32}$$

若令 $M_e=\sqrt{M^2+M_T^2}$，称为当量弯矩，则强度条件为：

$$\sigma_e=\frac{M_e}{W_z}\leqslant[\sigma] \tag{5-33}$$

这里 M 与 M_T 是危险截面上的弯矩与扭矩。下面举例说明弯曲与扭转组合变形时的强度计算方法。

【例 5-11】 电动机的功率 $P=6$kW，转速 $n=750$r/min，轴的外伸端长度 $l=100$mm，轴的直径 $d=40$mm，在轴的外伸端安装一个带轮，它的直径 $D=125$mm，如图 5-29 所示。设两带拉力间的关系为 $\boldsymbol{F}_1=2\boldsymbol{F}_2$，材料的许用应力 $[\sigma]=60$MPa，试校核此轴的强度。

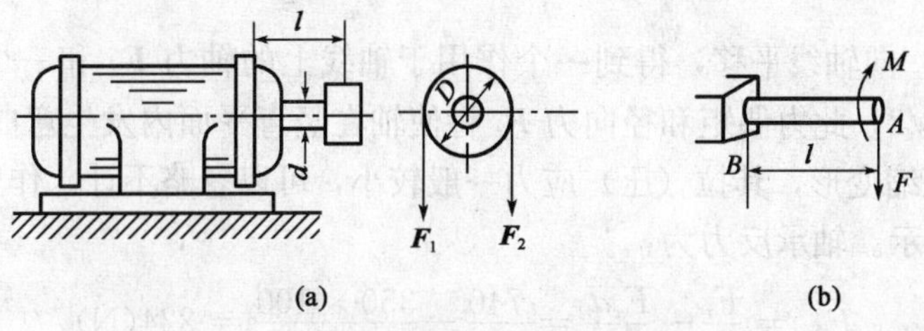

图 5-29　电动机轴

解：电动机轴的外伸端可视为悬臂梁，如图 5-28 所示。轴传递扭矩为：

$$M_T=9550\times10^3\frac{P}{n}=9550\times10^3\times\frac{6}{750}=76400(\text{N}\cdot\text{mm})$$

当电动机匀速旋转时：

$$M_T=\frac{d_d}{2}(F_1-F_2)$$

则：

$$F_2=\frac{2M_T}{d_d}=\frac{2\times76400}{125}=1222.4(\text{N})$$

$$F_1=2F_2=2\times1222.4=2444.8(\text{N})$$

将带拉力 $\boldsymbol{F}_1$ 与 $\boldsymbol{F}_2$ 分别向轮心平移后，得到垂直于轴线的竖向力：

$$F=F_1+F_2=3667.2(\text{N})$$

还有一个力偶矩 $M=M_T$。轴的外伸端在 $\boldsymbol{F}$ 力作用下，发生弯曲变形。最大弯矩在轴承 B 处。B 截面是危险截面，其最大弯矩为：

$$M=Fl=3667.2\times100=366720(\text{N}\cdot\text{mm})$$

轴的当量弯矩为：

$$M_e=\sqrt{M^2+M_T^2}=\sqrt{366720^2+76400^2}=374593.8(\text{N}\cdot\text{mm})$$

故相当应力为：

$$\sigma_e=\frac{M_e}{W_z}=\frac{32M_e}{\pi d^3}=\frac{32\times374593.8}{3.14\times40^3}=59.65(\text{MPa})$$

因为$\sigma_e<[\sigma]$，安全。

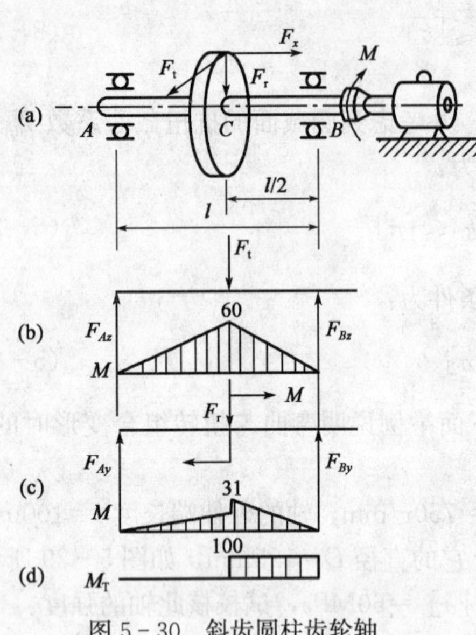

图 5-30　斜齿圆柱齿轮轴

【例 5-12】　斜齿圆柱齿轮轴如图 5-30 (a) 所示，由电动机通过联轴器输入转矩。作用于齿轮上的切向力 $F_t=2000N$，径向力 $F_r=740N$，轴向力 $F_x=350N$。已知齿轮的分度圆直径 $d=100mm$，轴承间的距离 $l=120mm$。轴的许用应力 $[\sigma]=45MPa$。试设计此轴的直径。

解：将齿轮上的圆周力 $\boldsymbol{F}_t$ 向轴线平移，得到一水平力 $\boldsymbol{F}_t$ 和一力偶矩 $M=\boldsymbol{F}_t d/2$。此力偶矩使轴发生扭转变形，其扭矩为：

$$M_T=M=F_t\cdot d/2=100(N\cdot m)$$

同时，作用于轴上的水平力 $\boldsymbol{F}_t$ 使轴在水平面发生弯曲变形，其弯矩如图 5-30 (b) 所示。最大水平弯矩为：

$$M_{HC}=\frac{F_t l}{4}=\frac{2000\times0.12}{4}=60(N\cdot m)$$

再将轴向力 $\boldsymbol{F}_x$ 向轴线平移，得到一个作用于轴线上的轴力 $\boldsymbol{F}_x$ 和一个位于竖直平面内的力偶矩 $M=F_x d/2$，此力偶矩和径向力 $\boldsymbol{F}_r$ 将使轴在竖直平面内发生弯曲变形。而轴力 $\boldsymbol{F}_x$ 使轴发生拉伸或压缩变形，其拉（压）应力一般较小，可以忽略不计。作竖直平面的弯矩图如图5-30 (c) 所示。轴承反力为：

$$F_{Ay}=\frac{F_r}{2}-\frac{F_x d}{2l}=\frac{740}{2}-\frac{350\times100}{2\times120}=224(N)$$

$$F_{By}=F_r-F_{Ay}=740-224=516(N)$$

C 截面上的最大竖直弯矩为：

$$M_{VC}=\frac{1}{2}F_{By}l=\frac{1}{2}\times516\times0.12=31(N\cdot m)$$

得合成弯矩为：

$$M=\sqrt{M_{HC}^2+M_{VC}^2}=\sqrt{60^2+31^2}=67.5(N\cdot m)$$

轴的当量弯矩为：

$$M_e=\sqrt{M^2+M_T^2}=\sqrt{67.5^2+100^2}=120.6(N\cdot m)$$

设计轴的直径：

$$d\geqslant\sqrt[3]{\frac{32M_e}{\pi[\sigma]}}=30.1(mm)$$

故轴的直径可选取 $d=32mm$。

习　　题

1. 解释剪力与弯矩。

2. 在分析剪力与弯矩时，若取左段梁为研究对象，横截面上的 $\boldsymbol{F}_Q$、M 与左段梁上的外力有什么关系？而它与右段梁上的外力是否有关？为什么？

3. 在推导弯曲正应力公式过程中，平面假设有何作用？

4. 若矩形截面的高度或宽度分别增加一倍，则截面的抗弯截面系数将各增加几倍？

5. 一矩形截面梁，它的高、宽之比 $h/b=2$，在相同的受力条件下，截面竖放与平放时，它们的最大正应力相差几倍？

6. 试作图 5－31 所示各梁的剪力图与弯矩图，并确定 $|F|_{max}$ 与 $|M|_{max}$ 的值。

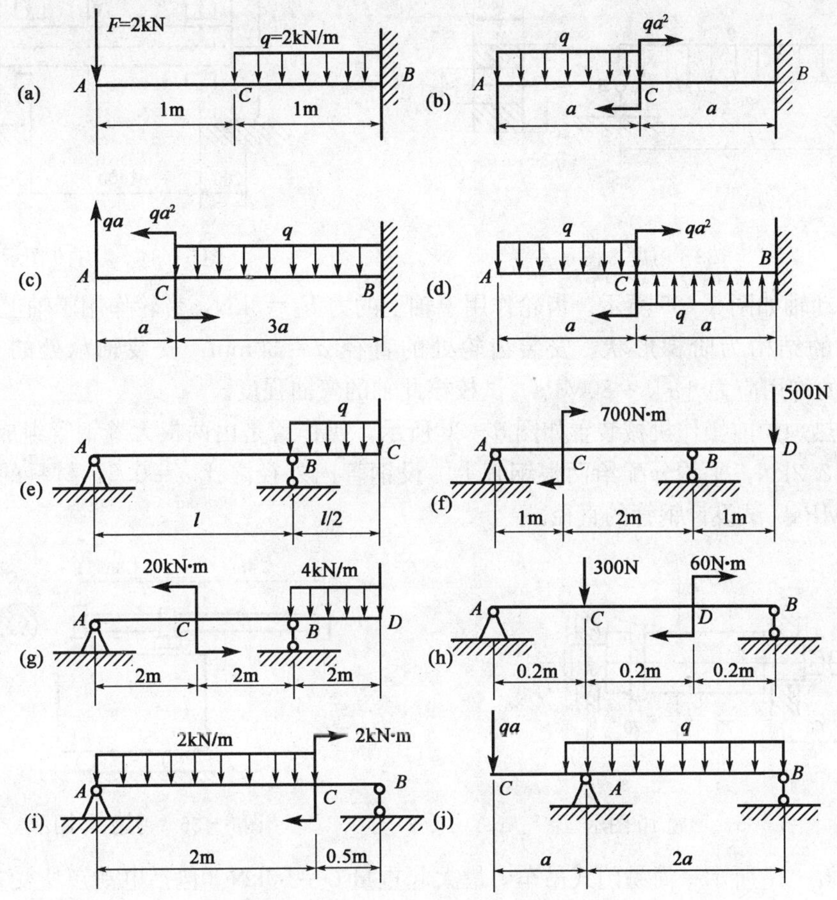

图 5－31　习题 6 图示

7. 一锅炉安装在 A、B 平面支座上，如图 5－32 所示。欲使中点截面上的弯矩 M_C 与支座处的弯矩 M_A（或 M_B）数值相等。试问两支座应安放在什么位置？

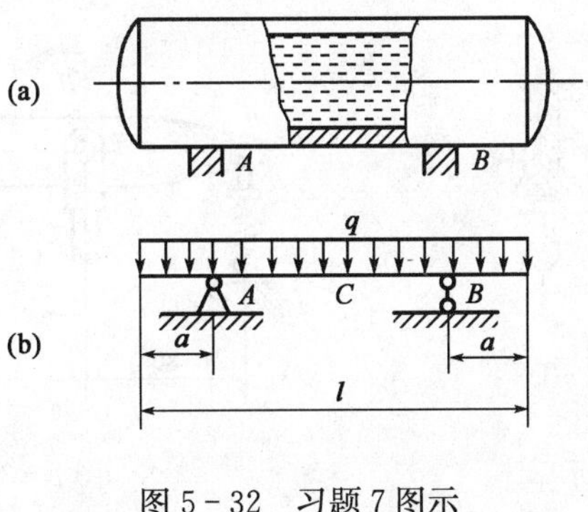

图 5－32　习题 7 图示

8. 简支梁受均布载荷 $q=2.8\text{kN/m}$，跨度 $l=1\text{m}$，横截面尺寸 $b=20\text{mm}$，$h=30\text{mm}$，$d=14\text{mm}$，如图 5-33 所示。试求此梁的最大弯曲正应力，并画出正应力分布图。

9. 四轮货车的载荷为 40kN，每一车轮上所承受的重量均相等，如图 5-34 所示。材料的许用应力 $[\sigma]=60\text{MPa}$，车轴的直径 $d=75\text{mm}$。试校核此车轴的强度。

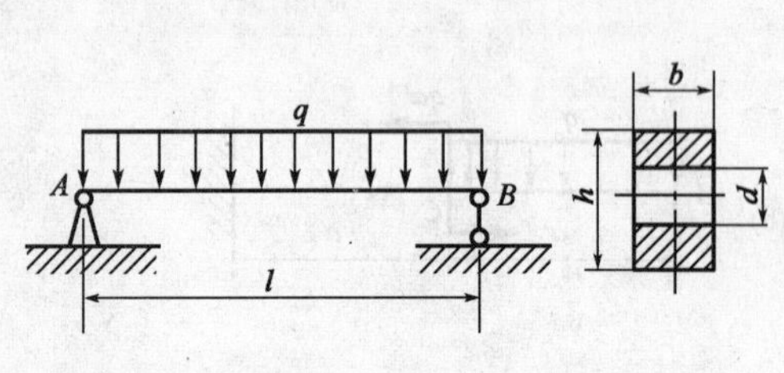

图 5-33　习题 8 图示

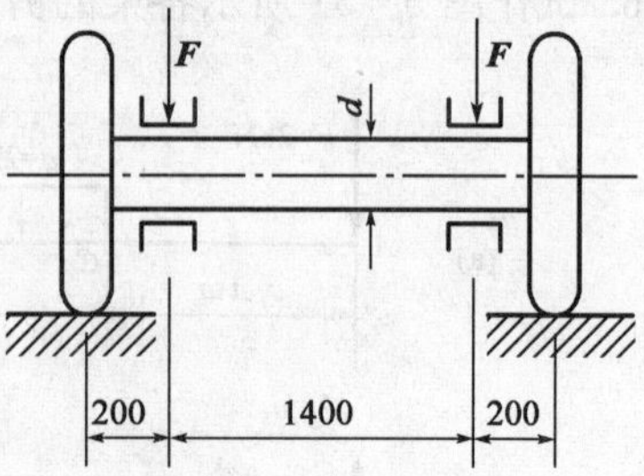

图 5-34　习题 9 图示

10. 传动轴如图 5-35 所示。齿轮作用于轴上的力 $F_2=5\text{kN}$，带轮作用于轴上的力 $F_1=1.5\text{kN}$。轴的结构为阶梯形状，安装齿轮处的直径 $d=30\text{mm}$，安装轴承处的直径 $d_0=25\text{mm}$，轴的许用应力 $[\sigma]=80\text{MPa}$。试校核此轴的弯曲强度。

11. 加热炉炉前操作机械装置如图 5-36 所示。操作臂是由两根无缝钢管组成，外伸端总载荷 $F=2.2\text{kN}$，平均分配给两根钢管上。设钢管内外径之比 $\alpha=0.6$，材料的许用应力 $[\sigma_w]=40\text{MPa}$。试设计钢管的直径。

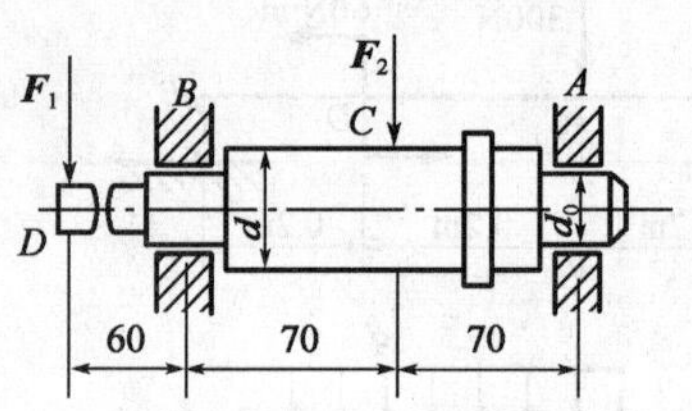

图 5-35　习题 10 图示

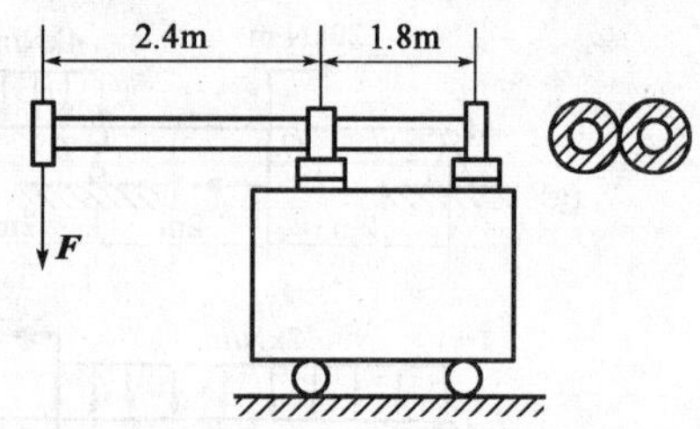

图 5-36　习题 11 图示

12. 图 5-37 所示一简易门式吊车，最大起重量 $G=50\text{kN}$（包括电葫芦所受重力），跨度 $l=12\text{m}$，材料的许用弯曲应力 $[\sigma_w]=160\text{MPa}$。若吊车主梁 AB 采用工字形钢。试选择工字钢型号。若改用矩形截面梁（设 $b/h=2/3$），则材料用量比工字形增加多少倍？

13. 图 5-38 所示一安全阀杠杆，横截面 B—B 各个尺寸关系为：$b=h/4$，$d=2h/5$。已知凸轮对杠杆的作用力 $F=800\text{N}$，杠杆的许用应力 $[\sigma_w]=160\text{MPa}$。试设计 B—B 截面的尺寸。

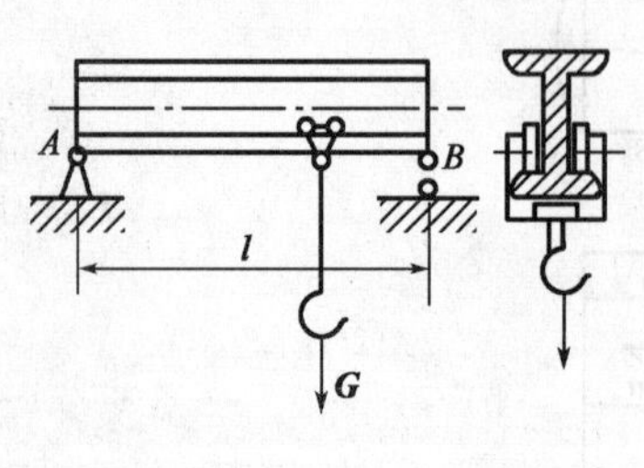

图 5-37　习题 12 图示

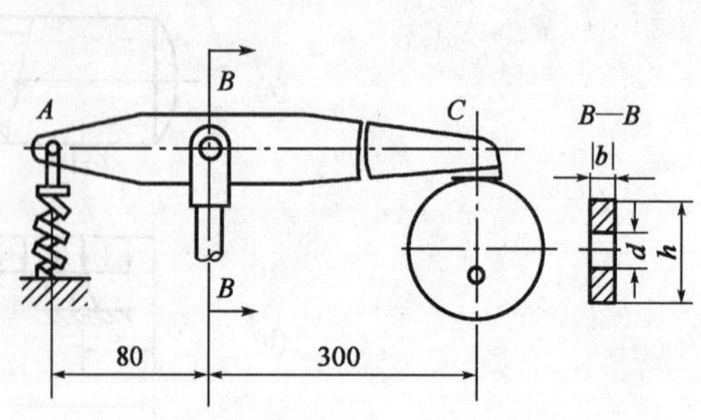

图 5-38　习题 13 图示

14. 图 5-39 所示为一单梁吊车，主梁由 40b 工字钢制成，其跨度 $l=8\text{m}$，梁的材料 Q235 钢，屈服极限 $\sigma_s=240\text{MPa}$，安全系数规定为 $S=1.6$。试按弯曲强度条件求此梁所许可的最大起重量。

15. 矩形截面梁 AB，以铰链支座 A 和拉杆 CD 支承，有关尺寸如图 5-40 所示。梁与拉杆的许用应力 $[\sigma_w]=140\text{MPa}$。试求作用于 B 端的许可载荷。

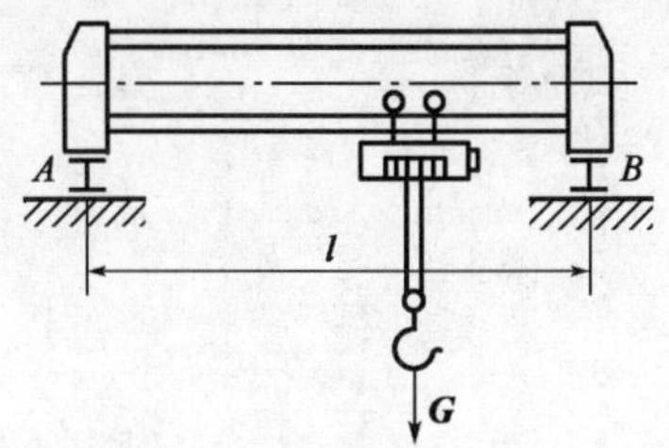

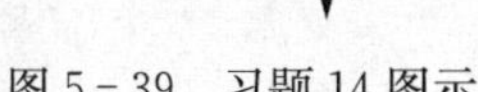
图 5-39　习题 14 图示

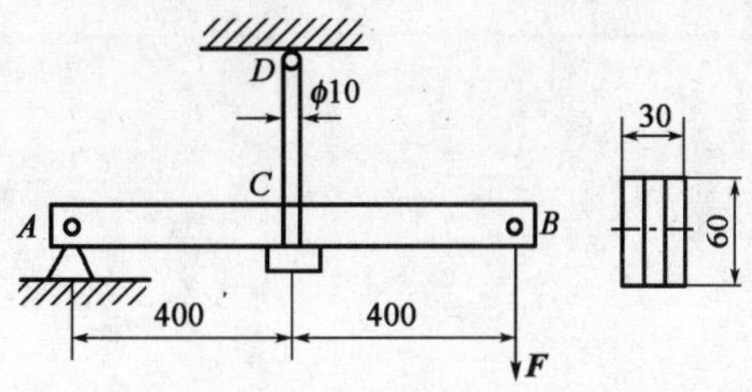

图 5-40　习题 15 图示

16. 图 5-41 所示由电动机驱动的传动轴。轴的直径 $d=40\text{mm}$，带轮的直径 $d_d=300\text{mm}$，带轮重力 $G=600\text{N}$，带张力 $F_1=2F_2$。若电动机的功率 $P=14\text{kW}$，转速 $n=950\text{r/min}$。轴的许用应力 $[\sigma_w]=120\text{MPa}$。试按最大切应力理论校核轴的强度。

17. 圆柱直齿轮装置的传动轴如图 5-42 所示。由电动机输入转矩 $M_0=500\text{N}\cdot\text{m}$。齿轮分度圆直径 $d=200\text{mm}$，压力角 $\alpha=20°$。轴的许用应力 $[\sigma_w]=80\text{MPa}$。轴承间的距离 $l=600\text{mm}$。试按最大切应力理论设计轴的直径。

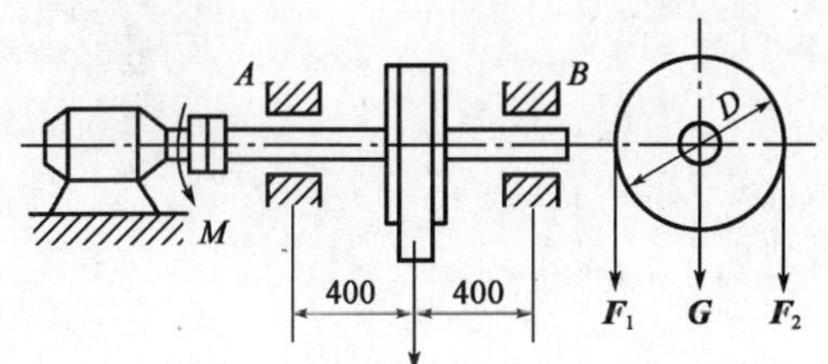

图 5-41　习题 16 图示

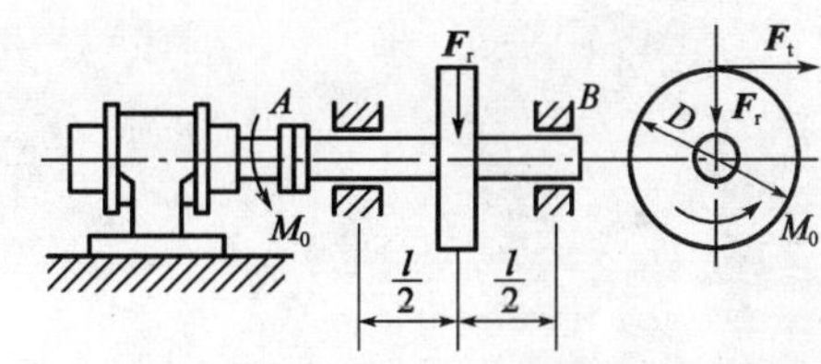

图 5-42　习题 17 图示

18. 如图 5-43 所示，作为某精密磨床的砂轮轴，已知其电动机的功率 $P=4\text{kW}$，转子的转速 $n=850\text{r/min}$，转子的重力 $G_1=200\text{N}$。最小砂轮直径 $D=250\text{mm}$，砂轮的重力 $G_2=240\text{N}$。磨削力 $F_t:F_r=3:1$。砂轮轴的许用应力 $[\sigma_w]=40\text{MPa}$，轴的直径 $d=40\text{mm}$。试校核此轴的强度。

19. 卷扬机轴如图 5-44 所示。已知轴的直径 $d=30\text{mm}$，材料的许用应力 $[\sigma_w]=80\text{MPa}$。试按最大切应力理论求许可载荷。

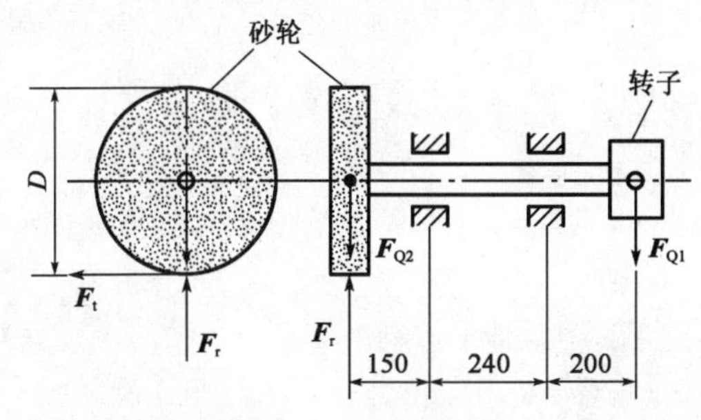

图 5-43　习题 18 图示

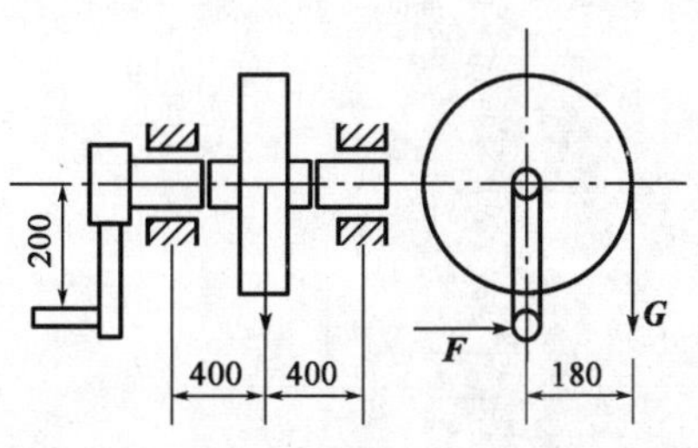

图 5-44　习题 19 图示

第二篇 机 械 综 合

在绪论中对有关机器、机构的定义已有明确的阐述。本篇所涉及的主要内容是研究讨论常用机构和通用零件，并按照组成、构造、工作原理、特点、适用场合、标准、失效、设计、安装、使用及维护的思路展开的。通过本篇章节的学习，读者最终应熟悉常用机构及机械传动、通用零部件的工作原理、特点、应用、结构和标准；掌握常用机构、常用机械传动和通用零部件的选用和基本设计方法；具备正确分析、使用和维护机械的能力；初步具有设计简单机械传动装置的能力；具有与本课程有关的解题、运算、绘图能力和应用标准、手册、图册等有关技术资料的能力；最终对机械的含义会有更深的理解。

第六章　常 用 机 构

第一节　平面连杆机构

连杆机构是由若干构件用转动副或移动副连接而成的机构。在连杆机构中，所有的构件都在同一平面或相互平行的平面内运动，这样的机构称为平面连杆机构。

平面连杆机构的优点：能够实现多种运动形式的转换；构件之间的连接处是面接触，单位面积上的压力较低；两构件接触表面是圆柱面或平面，制造容易，所以获得广泛应用。它的缺点是连接处的间隙造成的积累误差较大，不易准确地实现复杂运动。

平面连杆机构中，最常见的是由四构件组成的四杆机构。本节讨论四杆机构的类型、工作原理、运动转换及其特性。

一、铰链四杆机构的基本类型及应用

当平面四杆机构中的运动副都是转动副时，称为铰链四杆机构，如图 6-1 所示。机构中固定不动的构件 4 称为机架，与机架相连的构件 1 和 3 称为连架杆，不与机架相连的构件 2 称为连杆。相对于机架能作整周旋转的连架杆称为曲柄，若只能绕机架摆动的连架杆称为摇杆。

铰链四杆机构按有无曲柄、摇杆，分为以下三种基本型式。

1. 曲柄摇杆机构

两连架杆分别为曲柄和摇杆的铰链四杆机构，称为曲柄摇杆机构。

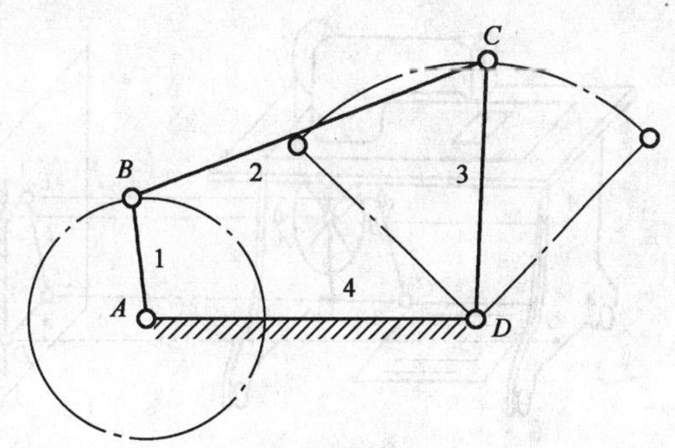

图 6-1　铰链四杆机构

1，3—连架杆；2—连杆；4—机架

在曲柄摇杆机构中，当曲柄为主动件时，可将曲柄的连续旋转运动经连杆转换为摇杆的往复摆动。图 6-2（a）所示为牛头刨床，它的横向自动进给就是利用曲柄摇杆机构传动的，当齿轮 1（相当于曲柄）转动时，通过连杆 2 带动摇杆 3 往复摆动，并通过棘轮 5 带动送给丝杠 6 作单向间歇运动。图 6-2（b）是曲柄摇杆机构的工作示意图。

在曲柄摇杆机构中，当摇杆为主动件时，可将摇杆的往复摆动经连杆转换为曲柄的连续旋转运动。如图 6-3 所示，当脚踏动踏板 3（相当于摇杆）使其做往复摆动时，通过连杆 2 带动曲轴（相当于曲柄）作连续回转运动，使缝纫机进行缝纫工作。

2. 双曲柄机构

两连架杆均为曲柄的铰链四杆机构，称为双曲柄机构（图 6-4）。在双曲柄机构中，两

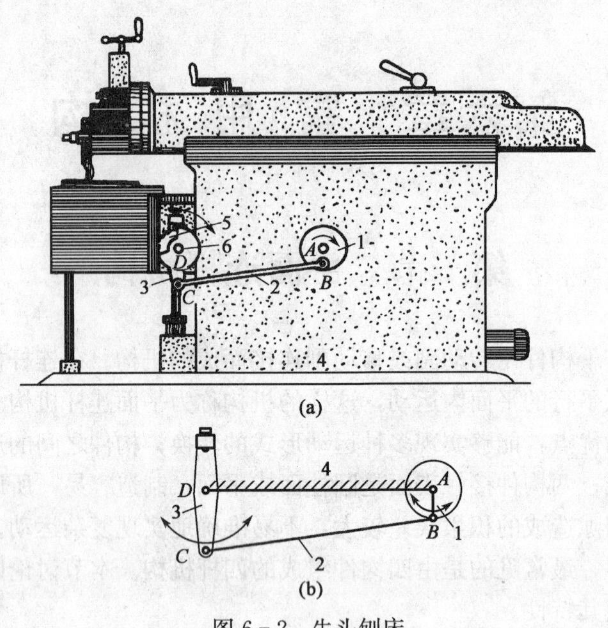

图 6-2　牛头刨床

1—齿轮；2—连杆；3—摇杆；4—机架；5—棘轮；6—丝杠

曲柄可分别为主动件。主动曲柄 1 等速转动，从动曲柄 3 一般为变速转动。工作中会引起冲击、振动。图 6-5 所示的振动筛中，*ABCD* 为双曲柄机构。振动筛就是利用从动曲柄 3 的变速转动（角加速度变化），使筛子具有适当的加速度，引起冲击、振动。筛面上的物料由于惯性而来回抖动，达到筛分物料的目的。石油钻机中的振动筛即用此原理。

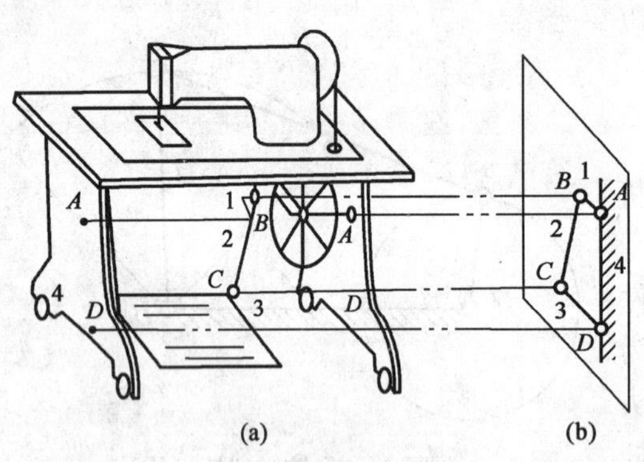

图 6-3　缝纫机踏板机构

1—曲柄；2—连杆；3—踏板（摇杆）；4—机架

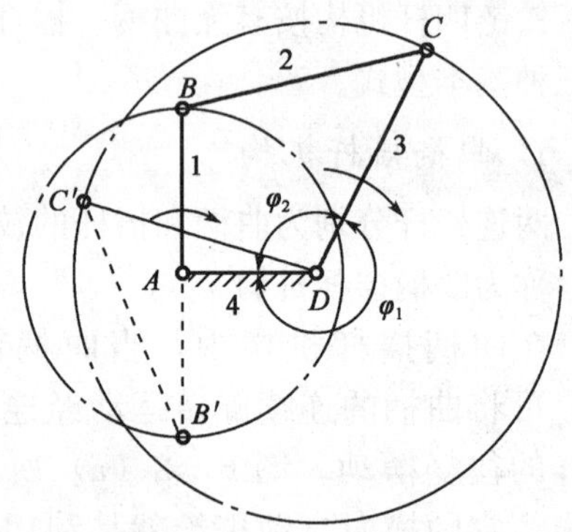

图 6-4　双曲柄机构

1—主动曲柄；2—连杆；3—从动曲柄；4—机架

在双曲柄机构中，如果两曲柄的长度相等，且连杆与机架的长度也相等，称为平行双曲柄机构（图 6-6）。这种机构的运动特点是：两曲柄的角速度始终保持相等且不变（角加速度为零），传动平稳。在机器中应用也很广泛，如图 6-7 所示的机车车轮联动机构。但这种机构在四杆共线的位置时，从动曲柄的运动不确定，可采用增加从动曲柄的惯性、加装辅助曲柄、多组相同机构错位排列（初相角不同）的方法来克服从动曲柄运动不确定的现象。

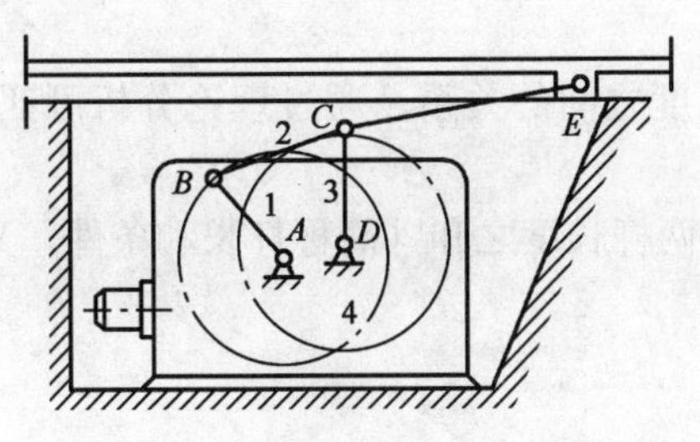

图 6-5　振动筛
1，3—曲柄；2—连杆；4—机架

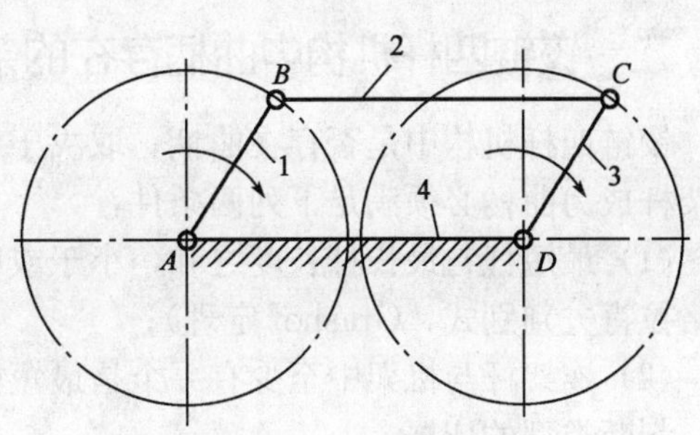

图 6-6　平行双曲柄机构
1，3—曲柄；2—连杆；4—机架

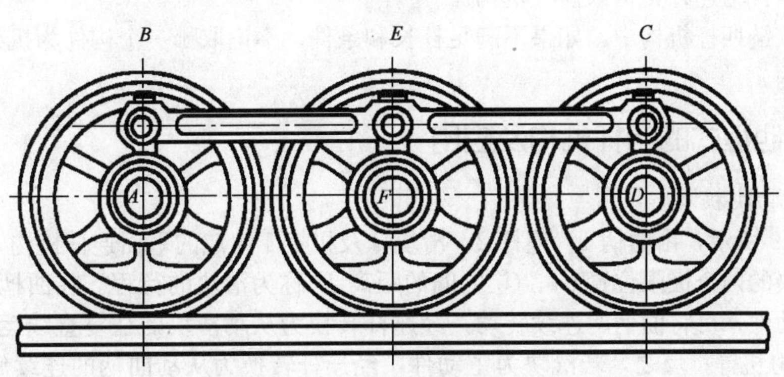

图 6-7　机车车轮联动机构

3．双摇杆机构

两连架杆均为摇杆的铰链四杆机构，称为双摇杆机构（图 6-8）。在双摇杆机构中，两摇杆均可作为主动件。主动摇杆 1 往复摆动时，通过连杆 2 带动从动摇杆 3 往复摆动。鹤式起重机的变幅机构即为双摇杆机构。当主动摇杆 1 摆动时，从动摇杆 3 随之摆动，使连杆 2 延长部分上的 E 点（吊重物处）在近似水平的直线上移动，避免因不必要的升降而消耗能量。

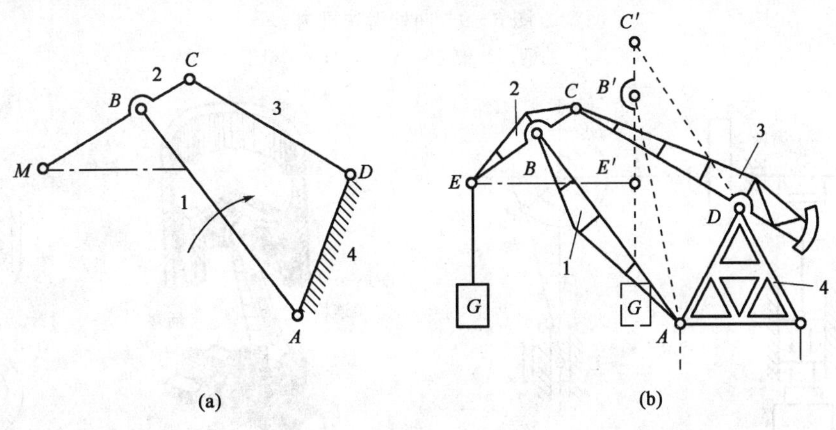

图 6-8　双摇杆机构
1—主动摇杆；2—连杆；3—从动摇杆；4—机架

二、铰链四杆机构中曲柄存在的条件

铰链四杆机构中是否存在曲柄，取决于各构件长度之间的关系。通过理论分析可证明，连架杆成为曲柄必须满足下列两条件：

(1) 最短杆与最长杆长度之和，小于或等于其余两杆长度之和（简称杆长和条件，又称为格拉肖夫判别式、Grashof 定理）；

(2) 连架杆与机架中至少有一个是最短杆。

判断类型的依据：

(1) 在铰链四杆机构中，如果满足杆长和条件：

①取最短杆为连架杆，得曲柄摇杆机构；

②取最短杆为机架，得双曲柄机构；

③取最短杆为连杆，得双摇杆机构。

(2) 在铰链四杆机构中，如果不满足杆长和条件，不论取哪一个构件为机架，都只能得到双摇杆机构。

三、其他型式的四杆机构及应用

1. 曲柄滑块机构

如图 6-9 所示，由曲柄 1、连杆 2、滑块 3 及机架 4 组成的平面连杆机构，称为曲柄滑块机构。滑块的两个极限位置 C_1、C_2 之间的距离 H 称为滑块的行程。在曲柄滑块机构中，若曲柄为主动件，可将曲柄的连续转动，经连杆转换为从动滑块的往复直线运动，如图 6-10 所示的压力机等；反之，若滑块为主动件，经连杆转换为从动曲柄的连续旋转运动，如图 6-11 所示的内燃机等。

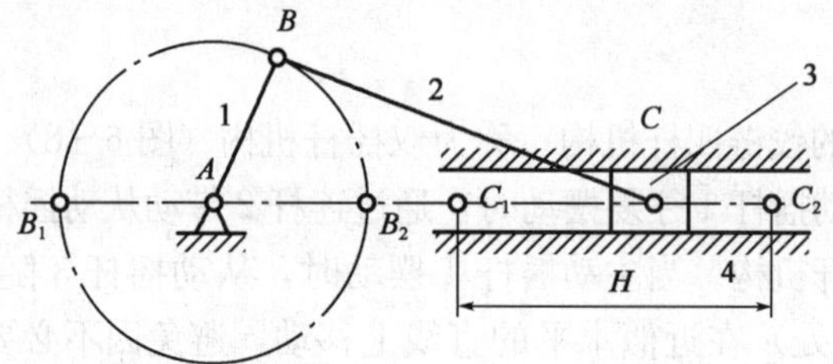

图 6-9 曲柄滑块机构

1—曲柄；2—连杆；3—滑块；4—机架

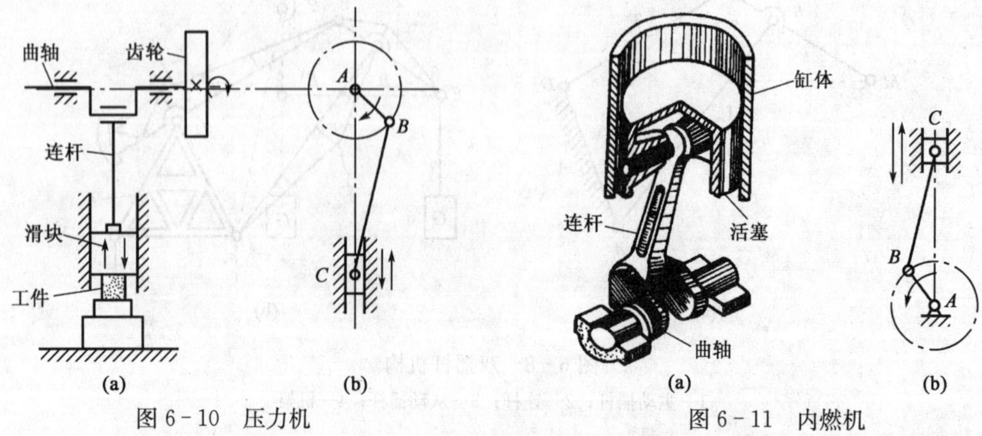

图 6-10 压力机

图 6-11 内燃机

当传递力较大，滑块行程又较小，曲柄也就很短，曲柄两端很难安装铰销时，可用一个回转中心与几何中心不相重合的偏心轮代替曲柄，连杆的一端有大圆环套在偏心轮上，如图6－12所示，这种机构称为偏心轮机构。

偏心轮机构本质上还是曲柄滑块机构，偏心轮的回转中心 A 到几何中心 B 之间的距离叫偏心距，即曲柄长度。这种机构常用于冲床、剪床等机器中。

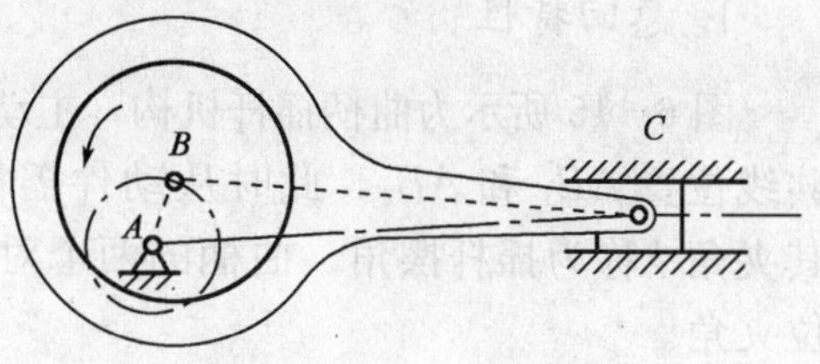

图6－12　偏心轮机构

2. 摆动导杆机构

如图6－13（a）所示，由曲柄1、滑块2、摆动导杆3和机架4组成的机构，称为摆动导杆机构。在摆动导杆机构中，曲柄连续旋转，滑块一方面沿着导杆滑动，另一方面带动导杆绕铰链 A 往复摆动，即将曲柄的连续旋转运动转换为摆动。图6－13（b）所示牛头刨床的主运动机构 $ABCD$ 即应用了摆动导杆机构。

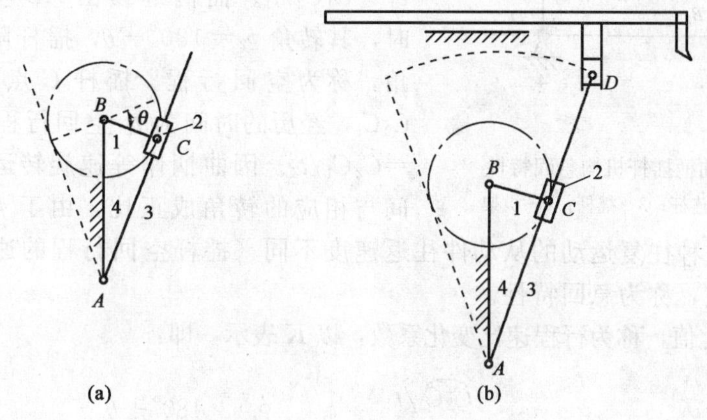

图6－13　摆动导杆机构

1—曲柄；2—滑块；3—摆动导杆；4—机架

3. 摇块机构

如图6－14（a）所示，由曲柄1、连杆2、摇块3（只能绕铰链 C 摆动）和机架4组成的机构，称为曲柄摇块机构。该机构可将连杆相对摇块的移动转换为曲柄的旋转运动。图6－14（b）所示卡车自动卸料机构就是应用了摇块机构。车厢1相当于曲柄可绕车架上的 A 点转动，活塞杆2相当于连杆，液压油缸3相当于摇块可绕车架上的 C 点摆动。当液压油缸中的压力油推动活塞杆运动时，迫使车厢绕 A 点转动，就可自动卸下物料。摇块机构还应用于其他液压装置中。

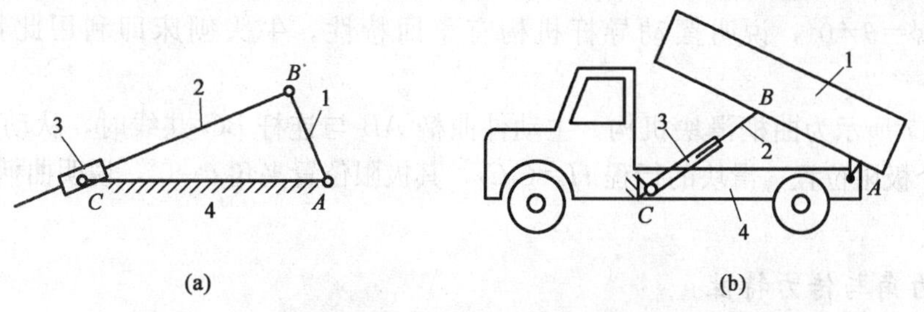

图6－14　摇块机构

1—曲柄；2—连杆；3—摇块；4—机架

四、平面四杆机构的传动特性

1. 急回特性

图 6-15 所示为曲柄摇杆机构，主动件曲柄 1 旋转一周过程中，曲柄与连杆 2 有两次共线位置 AB_1 和 AB_2，此时从动件摇杆 3 分别位于左、右两个极限位置 C_1D 和 C_2D，其夹角 ϕ 称为摇杆摆角。曲柄的两个对应位置 AB_1 和 AB_2 所夹的锐角 θ，称为曲柄的极位夹角。

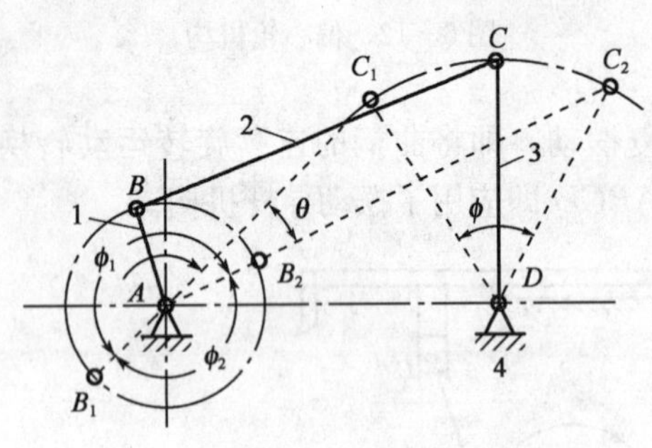

图 6-15 曲柄摇杆机构急回特性

1—曲柄；2—连杆；3—摇杆；4—机架

当曲柄以等速、顺时针方向由 AB_1 转到 AB_2 时，其转角 $\phi_1=180°+\theta$，摇杆随着向右摆过 ϕ 角，称为工作行程。摇杆 C 点走过弧长为 C_1C_2，经历的时间为 t_1，工作行程的平均速度 $v_1=C_1C_2/t_1$。曲柄继续由 AB_2 转到 AB_1 位置时，其转角 $\phi_2=180°-\theta$，摇杆随着向左摆回 ϕ 角，称为空回行程。摇杆 C 点走过的弧长为 C_2C_1，经历的时间为 t_2，空回行程的平均速度 $v_2=C_2C_1/t_2$。因曲柄作等速旋转运动，经历的时间与相应的转角成正比，由于 $\phi_1>\phi_2$，$t_1>t_2$，所以 $v_2>v_1$。这种往复运动的从动件往返速度不同（摇杆空回行程的速度比工作行程速度快）的性质，称为急回特性。

v_2 与 v_1 的比值，称为行程速比变化系数，以 K 表示，即：

$$K=\frac{v_2}{v_1}=\frac{\widehat{C_2C_1}/t_2}{\widehat{C_1C_2}/t_1}=\frac{t_1}{t_2}=\frac{\phi_1}{\phi_2}=\frac{180°+\theta}{180°-\theta} \tag{6-1}$$

K 的大小表示急回的程度。由式（6-1）可知，机构有无急回特性取决于该机构有无极位夹角 θ（几何因素）。θ 角越大，K 值越大，急回运动特性也越显著。在实际生产中，常利用急回特性压缩非生产时间，提高工作质量，提高工效。

对于主动件作等速旋转运动、从动件做往复摆动（或移动）的四杆机构，都可以根据从动件的极限位置作出极位夹角，判断机构是否具有急回特性。

图 6-16 所示为摆动导杆机构，从动件导杆 3 的极限位置是其与主动件曲柄上 C 点轨迹圆相切的位置 AC_1、AC_2。由图可知，导杆摆角 ϕ 等于极位夹角 θ（BC_1 与 BC_2 所夹锐角），即 $\phi=\theta\neq0°$，说明摆动导杆机构有急回特性。牛头刨床即利用此特性提高生产率。

图 6-17 所示为曲柄滑块机构，主动件曲柄 AB 与连杆 BC 共线时，从动件滑块位于 C_1、C_2 两个极限位置，滑块的行程 $H=C_1C_2$，其极限位置夹角 $\theta=0°$，说明曲柄滑块机构无急回特性。

2. 压力角与传力特性

平面连杆机构不仅要保证实现预定的运动要求，而且应当运转效率高，具有良好的传力特性。通常以压力角或传动角表明连杆机构的传力特性。

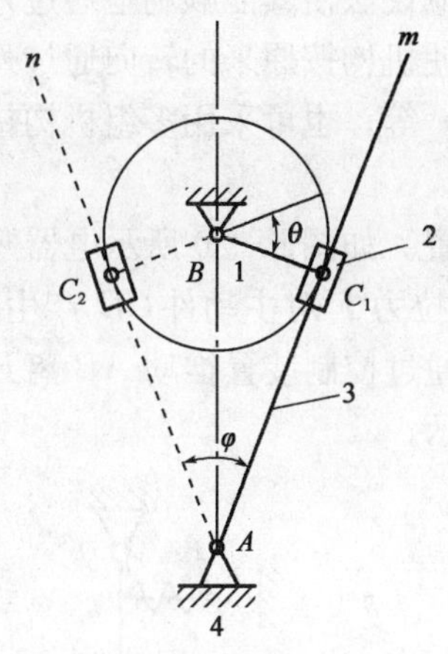

图 6-16　摆动导杆机构急回特性

1—曲柄；2—连杆；3—导杆；4—机架

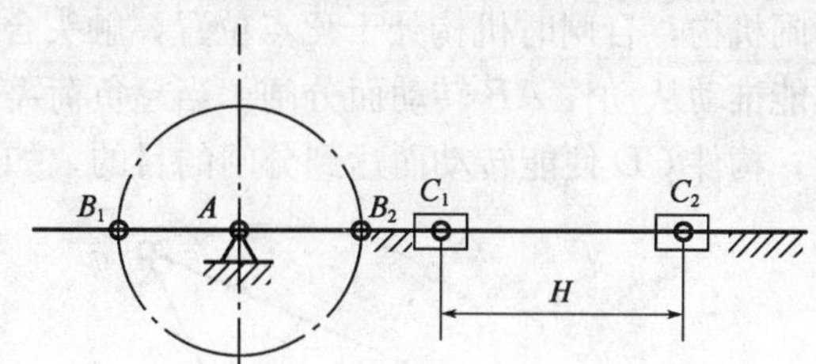

图 6-17　曲柄滑块机构急回特性

在图 6-18 所示的曲柄摇杆机构中，若忽略各杆的质量和转动副中摩擦力影响，则连杆 2 为二力构件，主动件曲柄 1 通过连杆 2 对从动件摇杆 3 的作用力 $\boldsymbol{F}$ 沿 BC 方向，作用在从动件上。C 点上力 $\boldsymbol{F}$ 的方向与 C 点的速度 v_c 方向（与 CD 垂直）间所夹的锐角 α，称为压力角。将力 $\boldsymbol{F}$ 分解为沿速度 v_c 方向的分力 $\boldsymbol{F}_t$ 和垂直于 v_c 的分力 $\boldsymbol{F}_r$。$F_t = F\cos\alpha$ 是推动摇杆绕 D 点转动做功的有效分力；$F_r = F\sin\alpha$ 不但对摇杆无推动作用，反而在转动副中引起摩擦消耗动力，它是有害分力。压力角越小，有效分力越大，有害分力越小，机构越省力，效率也高；当 $\alpha = 90°$ 时，无论 $\boldsymbol{F}$ 有多大，从动件摇杆 3 都不能转动，这种现象称为自锁。所以可用压力角的大小来判断机构的传力特性。

为了度量方便，常用压力角 α 的余角 γ 判断机构传力性能的优劣，γ 角称为传动角。由图 6-18 可知，传动角 γ 是连杆与摇杆所夹的锐角。

机构运行中，压力角 α 和传动角 γ 随从动件的位置变化而变化。对曲柄摇杆机构（图 6-18），在 $ABCD$ 中，因边长 BC 和 CD 为定值，故当边长 BD 为最短，即曲柄与机架共线，且 B 点位于 A、D 之间时，传动角为最小值 γ_{min}，如图中虚线所示。为保证机构有良好的传力性能，要限制工作行程的最大压力角 α_{max} 或最小传动角 γ_{min}，规定 $\alpha_{max} \leqslant 50° \sim 40°$ 或 $\gamma_{min} \geqslant 40° \sim 50°$。

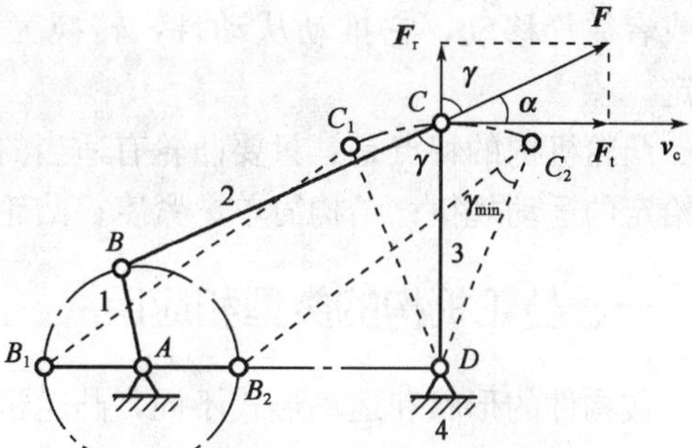

图 6-18　压力角与传力特性

1—曲柄；2—连杆；3—摇杆；4—机架

3. 死点位置

在图 6-19 所示的曲柄摇杆机构中，若以往复运动的摇杆 CD 为主动件，连续转动的曲柄 AB 为从动件。当摇杆处于两个极限位置 C_1D 和 C_2D 时，连杆 BC 与曲柄 AB 共线，摇杆经连杆传给曲柄的力 $\boldsymbol{F}$ 通过曲柄的旋转中心 A，压力角 $\alpha = 90°$，$F_t = 0$，即 $\boldsymbol{F}$ 对 A 点的力矩为零，不能推动曲柄旋转，出现“卡死”现象。机构的这种位置称为死点位置。

平面四杆机构是否存在死点，取决于从动件是否与连杆共线。只有当往复运动的件为主动件时才有可能出现死点位置，凡是从动件与连杆共线的位置都是死点位置。

在机构传动中，死点位置附近从动曲柄的运动不确定。应设法使其能顺利地通过死点位置。可在从动件轴上安装质量较大的飞轮，利用飞轮的惯性使机构按原来的转向通过死点位置，如单缸内燃机、缝纫踏板机构（它的带轮起飞轮的作用）等；也可采用多组机构错位排列的方法，使机构的死点位置错开，保证机器的正常运转。

在生产和生活中，也常利用死点位置作为夹紧或卡死装置。如图 6-20 所示电器开关的分合闸机构，合闸时机构处于死点位置，触头合力 $\boldsymbol{F}'$ 和弹簧拉力 $\boldsymbol{F}$ 对主动件 CD 产生转矩，但不能推动从动件 AB 转动而分闸。当超负荷需要分闸时，通过控制装置推动 AB 离开死点位置，构件 CD 便能转动而达到分闸的目的，如图中虚线所示。

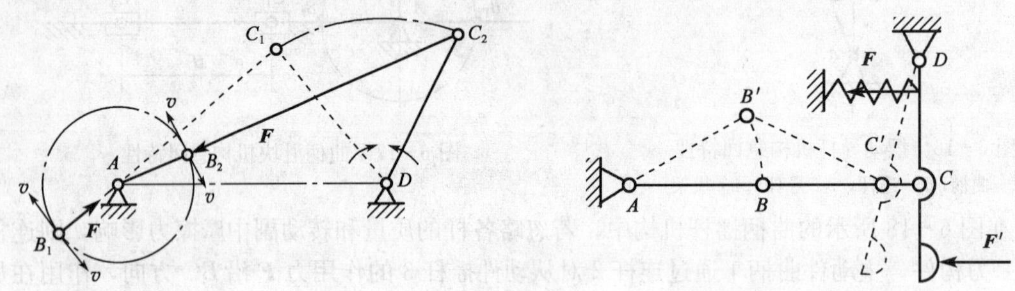

图 6-19　死点位置　　　图 6-20　电器开关的分合闸机构

从以上可看出：机构的特性（征）仅与机构自身的几何因素（几何长度、几何角度）有关，而与其他任何因素（如速度、加速度、力的大小）无关。这一结论适用于任何种类的平面机构，它给我们提供了一条分析研究机构特性的线索。

第二节　凸轮机构

凸轮机构由凸轮 1、从动件 2 和机架 3 组成（图 6-21）。凸轮是主动件，作等速旋转运动或者往复移动，它推动从动件，转换为从动件的移动或摆动，其运动规律由凸轮轮廓决定。

凸轮机构的特点是：只要凸轮有适当的轮廓曲线，从动件便可实现任意的、复杂的、预先给定的运动规律；结构简单、紧凑；凸轮与从动件为点或线接触，容易磨损。

一、凸轮机构的类型和应用

按构件的形状和运动形式不同，凸轮机构分为不同类型。

1. 按凸轮形状分

1）盘形凸轮

凸轮是一个具有变化半径的盘形构件，绕固定轴线转动，推动从动件运动（图 6-21）。图 6-22 所示为内燃机的配气机构，当凸轮 1 转动时，其轮廓推动阀杆 2（从动件）往复移动，按预定时间打开或关闭气门，完成配气动作。

2）移动凸轮

凸轮 1 外形呈平板状，往复移动时，推动从动件 2 往复运动（图 6-23）。图 6-24 所示为自动车床靠模机构，移动凸轮 1 作为靠模固定，当托板 3 水平移动时，凸轮的曲线轮廓迫使从动件 2 带动刀架进退，切削出手柄外形。

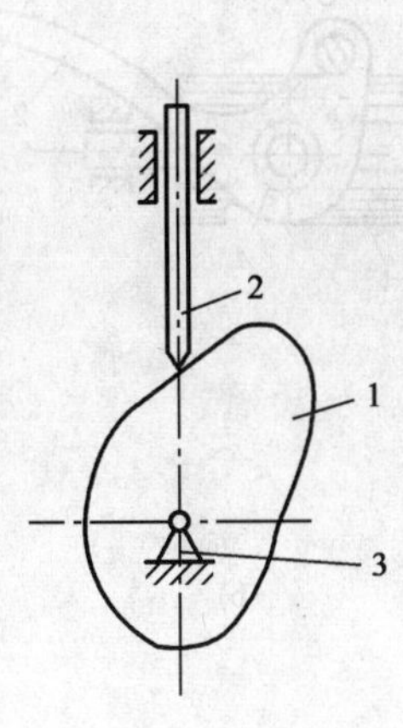

图 6－21 盘形凸轮
1—凸轮；2—从动件；3—机架

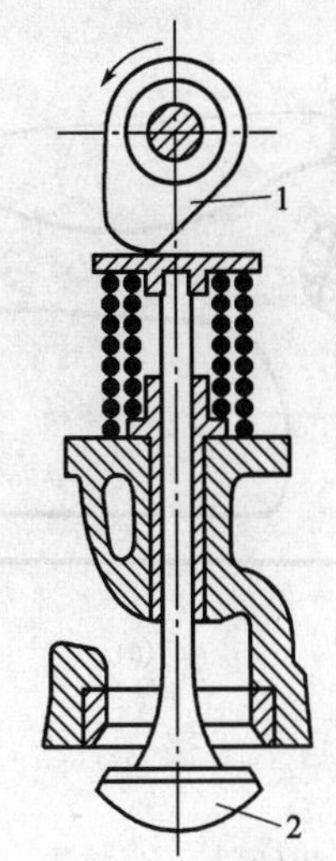

图 6－22 内燃机的配气机构
1—凸轮；2—阀杆

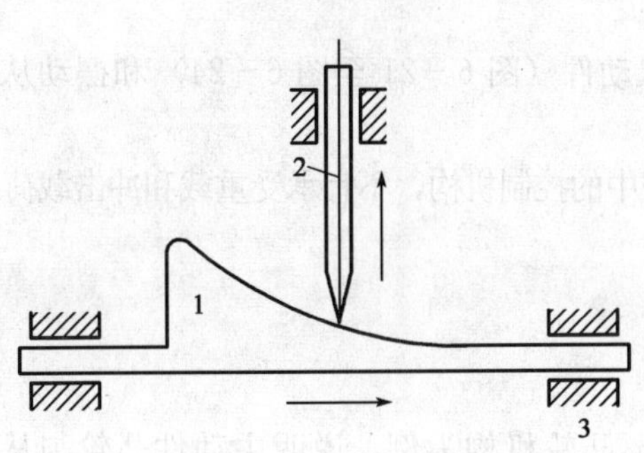

图 6－23 移动凸轮
1—凸轮；2—从动件；3—机架

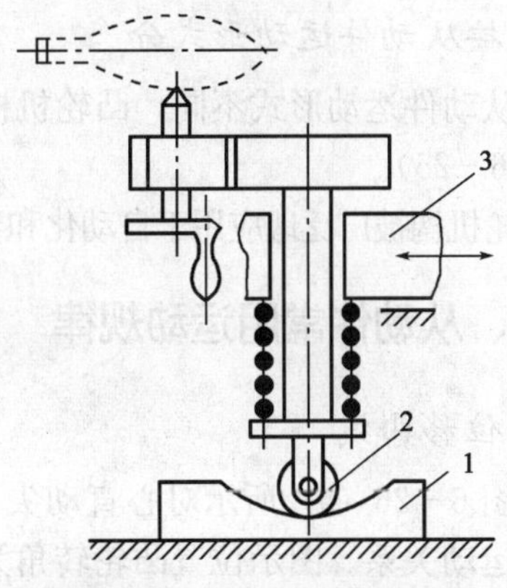

图 6－24 自动车床靠模机构
1—凸轮；2—从动件；3—托板

3）圆柱凸轮

图 6－25（a）所示的缝纫机挑线机构是圆柱凸轮机构的应用实例。在圆柱体 1 表面上加工出一定轮廓的曲线槽，从动件 2 的一端嵌入槽内，当圆柱凸轮旋转时，圆柱上凹槽的侧面迫使从动件往复移动或绕定点摆动［图 6－25（b）］。

2. 按从动件端部形状分

1）尖顶从动件

如图 6－21 所示，从动件 2 的端部为尖顶。这种从动件结构简单，其尖顶能与外凸或内凹轮廓接触，实现预期的运动规律。但由于是点接触，又是滑动摩擦，尖顶容易磨损，适用于低速轻载的凸轮机构。

2）滚子从动件

如图 6－24 所示，从动件 2 的端部装有可自由转动的滚子，滚子与凸轮接触。由于是线接触，又是滚动摩擦，所以磨损较小，能承受较大的载荷，应用较广。

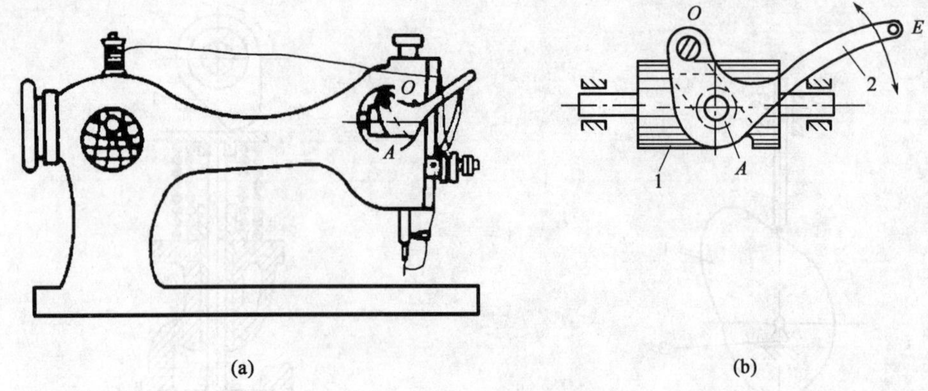

图 6－25　缝纫机挑线机构

1—圆柱体；2—从动件

3）平底从动件

如图 6－22 所示，从动件 2 的端部为平底。这种从动件平底与凸轮接触，平面与凸轮轮廓间有楔形空隙，高速时便于形成油膜，能减少摩擦、降低磨损，常用于高速凸轮机构中。

3. 按从动件运动形式分

按从动件运动形式不同，凸轮机构分为直动从动件（图 6－21 至图 6－24）和摆动从动件（图 6－25）。

凸轮机构被广泛地应用于自动化和半自动化机械中的控制机构，不宜承受重载和冲击载荷。

二、从动件常用运动规律

1. 位移曲线

以图 6－26（a）所示对心直动尖顶从动件盘形凸轮机构为例，说明主动件凸轮与从动件间的运动关系。图示位置凸轮转角为零，从动件位移也为零，从动件尖顶位于离凸轮轴心 O 最近位置 A。以凸轮轮廓最小向径 OA 为半径作的圆，称为基圆，基圆半径用 r_b 表示。当凸轮以等角速度 ω 逆时针方向旋转 φ_0 角时，从动件尖顶被凸轮推动到最远位置，它所移动的距离 h 称为行程。这一行程称为推程，凸轮相应转角 φ_0 称为推程运动角。凸轮继续转过 φ_1 角，从动件尖顶与凸轮的 BC 圆弧段接触，从动件在最远位置停止不动，凸轮相应转角 φ_1 称为远休止角。凸轮再转过 φ_2 角，从动件尖顶沿凸轮 CD 段回到初始位置 A，这一行程称为回程，凸轮相应的转角 φ_2 称为回程运动角。凸轮继续转过 φ_3 角，从动件尖顶与凸轮的 DA 圆弧段接触，停留在离凸轮旋转中心最近位置不动，凸轮相应转角 φ_3 称为近休止角。凸轮继续旋转，从动件重复上述运动。行程 h 及各阶段的转角 φ_0、φ_1、φ_2、φ_3 是表明凸轮机构运动的重要参数。

从动件的位移 s 随凸轮转角 φ 或时间 t 变化而变化。以 s 为纵坐标，φ 或 t 为横坐标，将变化规律以曲线的形式表达，此曲线称为位移曲线。图 6－26（b）是图 6－26（a）所示凸轮机构的位移曲线。

2. 运动规律

从动件不同的运动规律对应于不同的凸轮轮廓。在设计凸轮机构时，首先选定从动件的运动规律，再根据运动规律设计出凸轮轮廓。

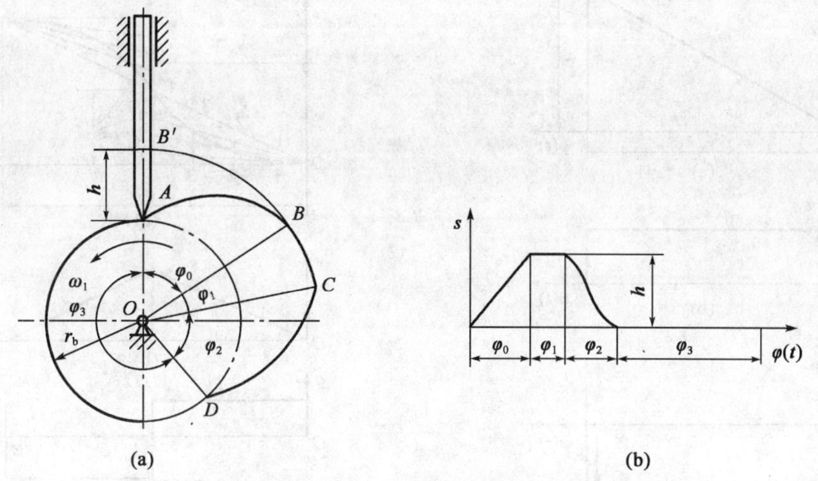

图 6-26　凸轮机构的工作过程与从动件的位移曲线

下面介绍两种最常用的从动件运动规律。

1）等速运动规律

等速运动规律的特点是从动件的位移与凸轮的转角成正比。

设从动件完成一个行程 h 经历的时间为 t_0，则从动件在推程中的运动方程为：

$$\left.\begin{aligned} s &= vt \\ v &= \frac{h}{t_0} \\ a &= 0 \end{aligned}\right\} \tag{6-2}$$

分别以从动件的位移 s、速度 v 和加速度 a 为纵坐标，以凸轮的转角 φ（或 t）为横坐标，作出位移曲线、速度曲线和加速度曲线（图 6-27）。由图 6-27 可知，在行程的开始和终止两位置，由于速度突然改变，其瞬时加速度趋于无穷大，因而产生“无穷大”的惯性力，致使机构产生强烈的冲击、剧烈的振动、刺耳的噪声——刚性冲击。所以，等速运动规律只适用于低速、轻载的凸轮机构。

2）等加速等减速运动规律

这种运动规律的特点是在推程中，从动件在前半行程作等加速运动，后半行程作等减速运动，其加速度的绝对值相等，所用的时间各为 $t_0/2$，对应的凸轮转角各为 $\varphi_0/2$。

从动件等加速段的运动方程为：

$$\left.\begin{aligned} s &= \frac{1}{2}a_0t^2 \\ v &= a_0t \\ a &= a_0 \end{aligned}\right\} \tag{6-3}$$

图 6-28 (a)、(b)、(c) 为从动件的位移曲线、速度曲线和加速度曲线。位移曲线图 6-28 (a)为两段在 $h/2$ 处光滑相连的抛物线，作图方法是：在横坐标轴上找出 $\varphi_0/2$ 的点，将 $\varphi_0/2$ 分成若干等分（图中为四等分）得 1、2、3、4 各点，过这些点作横坐标的垂线。将 $h/2$ 分成相同的等分（四等分）得 1′、2′、3′、4′各点。连 $O1'$、$O2'$、$O3'$、$O4'$与相应的垂线分别相交于 1″、2″、3″、4″点，将这些点连成光滑曲线，便得推程等加速运动的位移曲线。等减速运动的位移曲线，可用同样方法求得。

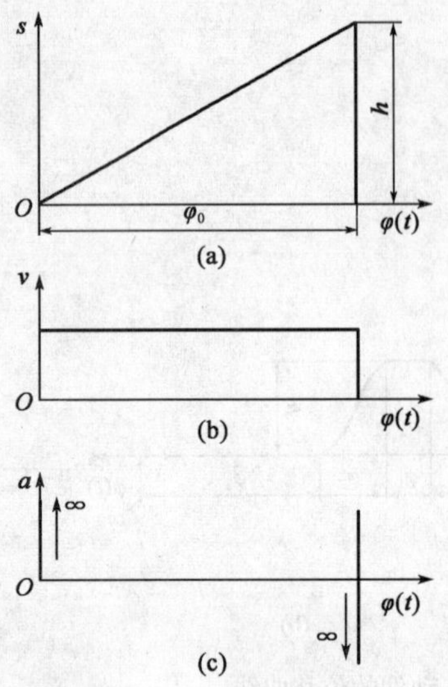

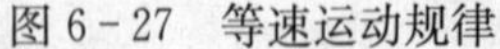

图 6-27　等速运动规律

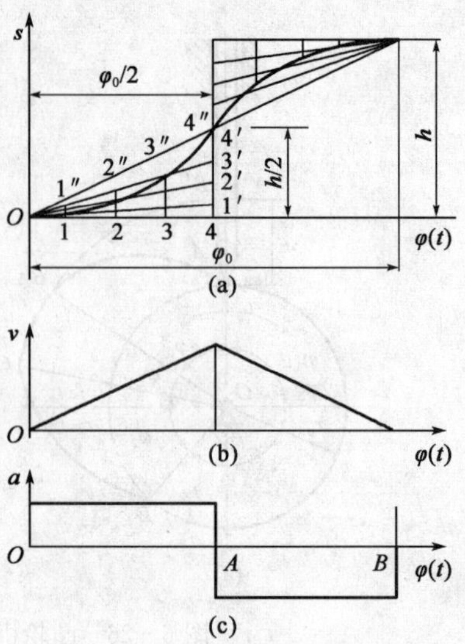

图 6-28　等加速等减速运动规律

由图 6-28（c）可知，在 O、A、B 三点的加速度产生有限值的突变，所引起的惯性力也是有限值，由此产生的冲击称柔性冲击。这种运动规律适用于中低速的凸轮机构。

三、盘形凸轮轮廓的绘制

绘制凸轮轮廓的方法有两种：作图法和解析法。本书只介绍作图法。

系统绝对运动的变化并不影响系统内部各构件之间的相对运动关系，即所谓的相对运动原理。根据相对运动原理，在整个机构上加一个绕凸轮轴心 O 转动的公共角速度（$-\omega_1$），各构件间的相对运动不变，但凸轮相对静止不动，而从动件一方面随机架以（$-\omega_1$）角速度绕 O 点转动，另一方面又在导路中往复移动。由于从动件尖顶始终与凸轮轮廓接触，由图 6-29（b）知，尖顶的运动轨迹就是凸轮轮廓曲线。

这种绘制凸轮轮廓曲线的方法称为反转法，其核心是变换参照物、利用极坐标。

当直动从动件的导路中心线通过凸轮轴心时，称为对心直动从动件盘形凸轮机构，如图 6-29（b）所示。下面就以这种凸轮机构为例，说明盘形凸轮轮廓的作图方法。

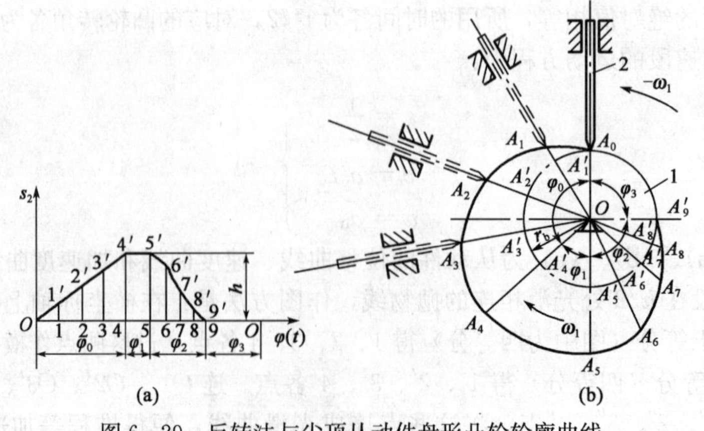

图 6-29　反转法与尖顶从动件盘形凸轮轮廓曲线

1—凸轮；2—从动件

已知从动件的运动规律、凸轮的基圆半径 r_b，凸轮以等角速顺时针旋转，试绘出凸轮轮廓。作图步骤如下（以图 6－29 为例）：

（1）选取适当的比例尺，按给定的从动件运动规律绘出位移曲线，如图 6－29（a）所示。将 φ_0、φ_2 分成若干等分（图中为 4 等分），得分点 1、2、3、4 和 6、7、8、9；由各分点作垂线，与位移曲线相交，得从动件在各对应位置的位移量 11′、22′、33′等。

（2）取与位移曲线图相同的比例尺，以任一点 O 为圆心，r_b 为半径画基圆［图 6－29（b）］。自初始位置 OA_0 开始，沿（$-\omega$）方向，依次取角度 φ_0、φ_1、φ_2、φ_3，按位移曲线图中相同等分，对 φ_0、φ_2 作等分，在基圆上得分点 A_1'、A_2'、A_3'、…、A_9'；连接 OA_1'、OA_2'、OA_3'、…、OA_9'并作其延长线，它们就是反转后从动件导路的各个位置。

（3）在基圆上，沿从动件导路的各位置线 OA_1'、OA_2'、OA_3'等分别向外量取从动件的位移量 $A_1A_1'=11'$、$A_2A_2'=22'$、$A_3A_3'=33'$等，得点 A_1、A_2、A_3 等，这些点就是从动件尖顶的轨迹［图 6－29（b）］。

（4）在 φ_0、φ_2 范围，用光滑曲线连接 A_0、…、A_4、A_6、…、A_9 各点；在 φ_1 范围，以 O 为圆心，OA_4 为半径作圆弧；在 φ_3 范围作基圆弧。四段曲线围成的封闭曲线，即是凸轮廓［图 6－29（b）］。

如果采用滚子从动件时，按上述方法所求得的曲线称为凸轮的理论轮廓 β_0，如图 6－30 所示。以理论轮廓上各点为圆心，以滚子半径为半径作一系列滚子圆，再作这些圆的包络线，就是滚子从动件凸轮的工作轮廓 β。

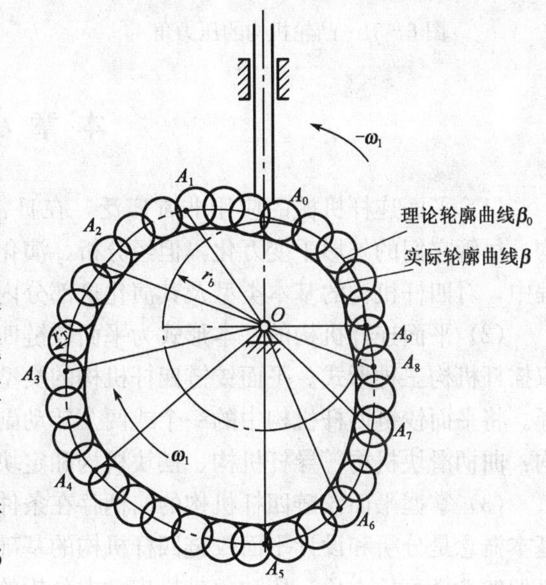

图 6－30　滚子从动件盘形凸轮轮廓曲线

四、凸轮机构的压力角及其校核

图 6－31 所示的凸轮机构工作时，凸轮给从动件的作用力为 $\boldsymbol{F}_n$，如不计摩擦力影响，$\boldsymbol{F}_n$ 将沿接触点 K 的法线方向。从动件受力方向与受力点的速度方向间所夹的锐角称为压力角，以 α 表示。将力 $\boldsymbol{F}_n$ 分解为 $F_1=F_n\cos\alpha$ 和 $F_2=F_n\sin\alpha$，$\boldsymbol{F}_1$ 是推动件的有效分力，$\boldsymbol{F}_2$ 是使从动件压紧导路的有害分力。α 越大，$\boldsymbol{F}_2$ 也越大，从动件与导路中的摩擦阻力增大，当 α 增大到某一数值时，无论凸轮给从动件的作用力有多大，从动件都不能运动，称自锁现象。为了保证凸轮机构正常工作，并具有较高的传动效率，必须限制凸轮各处的压力角不得超过许用值［α］。推荐的许用压力角［α］值：对于直动从动件，在推程中，［α］$=30°$；在回程中，［α］$=70°\sim80°$。

凸轮轮廓绘成之后，必须校核凸轮的压力角。检验的方法如图 6－32 所示，在轮廓曲线坡度较陡的地方选取几点，过这些点作法线和从动件的运动方向线，用量角器量出它们之间所夹的锐角（量角器的底边与凸轮廓线相切于 K 点，90°刻线与法线重合），应该不超过许用值。若超过许用值，可适当增大基圆半径，重新绘制凸轮轮廓。

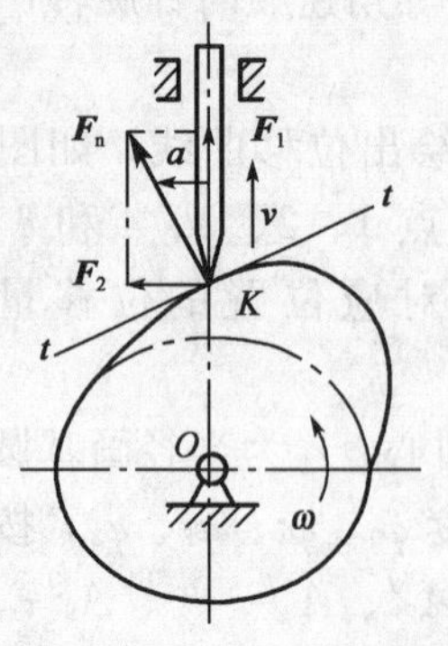

图 6－31　凸轮机构的压力角

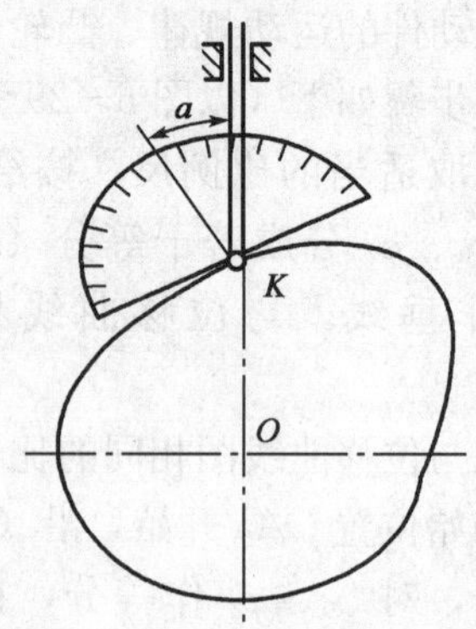

图 6－32　压力角校核

本章小结

（1）平面连杆机械的应用非常广泛，在日常生活和生产中经常遇到各种类型的连杆机构，尽管它们的外形千变万化，但经分析、演化都可归为少数几种基本类型，所以在学习过程中，对四杆机构的基本类型及其演化这部分内容要特别注意。

（2）平面连杆机构的基本形式为平面铰链四杆机构，它有曲柄摇杆机构、双曲柄机构和双摇杆机构三种形式。平面铰链四杆机构的类型取决于组成机构的各杆长关系和对机架的选择。将平面铰链四杆机构中的一个或两个转动副演化为移动副，就演变出新型的平面连杆机构：曲柄滑块机构、导杆机构、摆块机构和定块机构等。

（3）掌握平面铰链四杆机构的曲柄存在条件、压力角、传动角、死点、行程速比系数等基本概念是分析和设计平面铰链四杆机构的基础。曲柄存在条件取决于各杆长的相对关系和机架的选择；压力角、传动角是机构动力分析的基础，影响机构的动力学性能；了解死点的特性，克服其缺点，利用其优点；行程速比系数反映了机构的急回运动性质。

（4）平面四杆机构的设计是本章的一个难点。不同的设计任务和设计要求，应采用不同的设计方法。图解法直观，易理解，常用于解决给定位置的设计任务。

（5）凸轮机构的组成、分类及特点。凸轮机构由凸轮、从动件和机架三个基本构件组成。凸轮一般作连续等速转动，从动件可作连续或间歇的往复运动或摆动。凸轮机构的种类很多，各具特色。凸轮机构的优点：只需设计出合适的凸轮轮廓，就可使从动件获得所需的运动规律；结构简单、紧凑、设计方便。它的缺点：凸轮与从动件之间易于磨损；凸轮轮廓较复杂，加工困难；从动件的行程不能过大。

（6）从动件常用的运动规律。凸轮的轮廓是由从动件运动规律决定的，因此了解从动件常用的运动规律及其特点是十分重要的。只有某种运动规律的加速度曲线是连续变化的，这种运动规律才能避免冲击。等速运动规律在某些点的加速度在理论上为无穷大，所以有刚性冲击；而等加速等减速运动规律在某些点的加速度会出现有限值的突然变化，所以有柔性冲击。

（7）图解法绘制凸轮轮廓的基本方法。图解法绘制凸轮轮廓是按照相对运动原理来绘制凸轮的轮廓曲线的，也就是“反转法”。用“反转法”绘制凸轮轮廓主要包含三个步骤：将凸轮的转角和从动件位移线图分成对应的若干等份；用“反转法”画出反转后从动件各导路的位置；根据所分的等分量得从动件相应的位移，从而得到凸轮的轮廓曲线。

（8）设计凸轮机构应注意的问题。为了确保凸轮机构的运动性能，应对凸轮轮廓各处的压力角进行校核，检查其最大压力角是否超过许用值。如果最大压力角超过了许用值，一般可以通过增加基圆半径或重新选择从动件运动规律，以获得新的凸轮轮廓曲线，来保证凸轮轮廓上的最大压力角不超过压力角的许用值。

习　题

1. 何谓平面连杆机构？它有哪些特点？

2. 什么是曲柄、摇杆和连杆？

3. 铰链四杆机构的基本类型有哪几种？每种类型能进行哪些运动转换？试举例说明它们在机器中或日常生活中的应用。

4. 试述铰链四杆机构的判定条件。

5. 试说明曲柄滑块机构的组成和运动转换关系。并举例说明它在机器中和日常生活中的应用。

6. 何谓平面四杆机构的急回特性？有何实用意义？

7. 何谓极位夹角？它的大小对急回特性有何影响？

8. 何谓平面连杆机构的压力角和传动角？为何要限制最小传动角？

9. 画出图 6-33 中各机构在图示位置时的压力角。

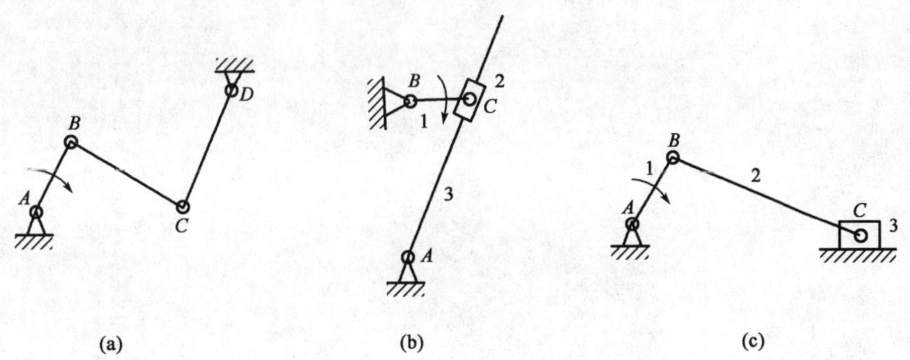

图 6-33　习题 9 图示

1—从动件；2—连杆；3—主动件

10. 已知 $L_1=15$mm，$L_2=40$mm，$L_3=30$mm，$L_4=35$mm。将其连成曲柄摇杆机构，以曲柄为主动件，量出：极位夹角 θ、摆角 φ、最小传动角 γ_{min}；计算行程速比变化系数 K 值？

11. 何谓四杆机构的死点位置？克服死点位置有哪些方法？

12. 图 6-33（b）和（c）所示机构中，构件 3 为主动件，构件 1 为从动件，试作各机构的死点位置。

13. 凸轮机构有哪些特点？

14. 凸轮机构有哪些类型？举例说明凸轮机构的应用。

15. 凸轮机构运动的重要参数有哪些？

16. 从动件常用的运动规律有哪几种？有何运动特性？各适用什么场合？

17. 已知：凸轮的推程运动角 $\varphi_0=180°$，从动件按等速运动规律上升 30mm；凸轮的回程运动角 $\varphi_1=180°$，从动件按等加速等减速运动规律下降 30mm。试画出其位移曲线。

18. 已知从动件升程 $h=30$mm，凸轮转角 φ 从 0°～180°时，从动件以等加速等减速运动规律上升到最高位置；在 180°～210°时，从动件在最高位置停留不动；从 210°～300°时，从动件以等速运动规律返回到最低位置；而在 300°～360°时，从动件在最低位置停留不动。试画出其位移曲线。

19. 一对心尖顶直动从动件盘形凸轮机构，凸轮按逆时针方向旋转，其运动规律为：

凸轮转角 φ	0°～90°	90°～150°	150°～240°	240°～360°
从动件位移 s	等速上升 40mm	停留不动	等加速等减速下降至原位	停留不动

要求：

(1) 作出位移线图。

(2) 基圆半径 $r_b=30$mm，画出凸轮轮廓。

第七章 螺纹连接

第一节 螺纹连接的基本知识

螺纹连接是利用螺纹连接件构成的可拆连接，其结构简单，装拆方便，广泛应用于各种机械设备中。

一、螺纹的类型和应用

1. 螺纹的形成和类型

如图 7-1 所示，将直角三角形绕到直径为 d_2 的圆柱体上，其斜边在圆柱体表面上形成螺旋线。螺纹是在该圆柱面上、沿螺旋线所形成的、具有相同剖面的凸起和沟槽（立体螺旋线），如图 7-2 所示。车间里形成的螺纹是通过车床车（挑扣）、丝锥攻丝、板牙套扣实现的。

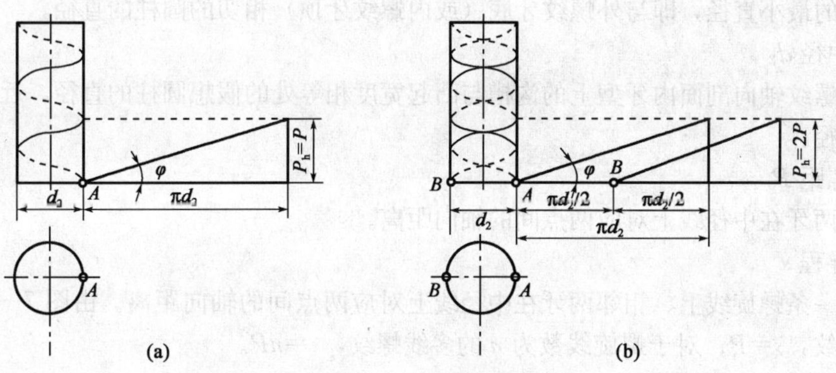

图 7-1 螺纹的形成

(1) 按螺旋线绕行方向不同，螺纹分为右旋和左旋，图 7-1 及图 7-2 (a)、(c) 为右旋，图 7-2 (b) 为左旋。连接用螺纹常用右旋。

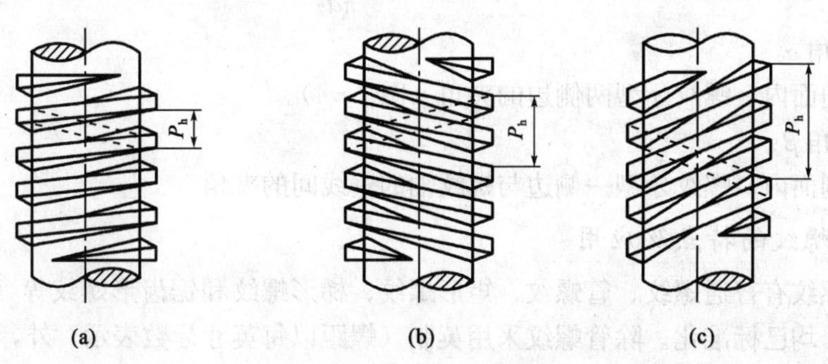

图 7-2 螺纹的螺旋与线数

（2）按螺纹线数不同，螺纹分为单线螺纹［图 7－2（a）］、双线螺纹［图 7－2（b）］和三线螺纹［图 7－2（c）］，最多四线螺纹。单线螺纹一般用于连接，其他螺纹多用于传动。

（3）按照螺纹牙型不同，螺纹分为普通螺纹［图 7－3（a）］、管螺纹［图 7－3（b）］、矩形螺纹［图 7－3（c）］。梯形螺纹［图 7－3（d）］和锯齿形螺纹［图 7－3（e）］等。

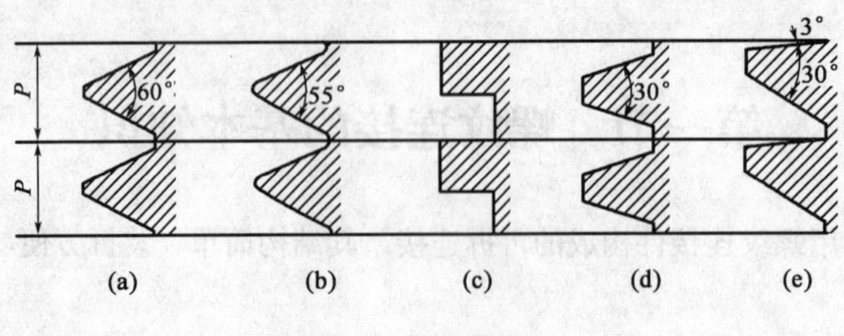

图 7－3　螺纹牙型

2. 螺纹的主要参数

以普通螺纹为例说明螺纹的主要参数（图 7－4）。

1）大径 d

螺纹的最大直径，即与外螺纹牙顶（或内螺纹牙底）相切的圆柱的直径，在标准中规定它为公称直径。

2）小径 d_1

螺纹的最小直径，即与外螺纹牙底（或内螺纹牙顶）相切的圆柱的直径。

3）中径 d_2

通过螺纹轴向剖面内牙型上的沟槽与凸起宽度相等处的假想圆柱的直径，近似等于螺纹的平均直径。

4）螺距 P

相邻两牙在中径线上对应两点间的轴向距离。

5）导程 s

在同一条螺旋线上、相邻两牙在中径线上对应两点间的轴向距离。由图 7－4 可知，对于单线螺纹，$s=P$；对于螺旋线数为 n 的多线螺纹，$s=nP$。

6）螺纹升角 φ

在中径圆柱上，螺旋线的切线与垂直于螺纹轴线的平面的夹角（图 7－1），计算公式为：

$$\varphi = \arctan \frac{nP}{\pi d_2} \tag{7-1}$$

7）牙型角 α

在轴线剖面内，螺纹牙型两侧边的夹角（图 7－4）。

8）牙边角 β

在轴线剖面内，螺纹牙型一侧边与螺纹轴的垂线间的夹角。

3. 常用螺纹的特点及应用

常用的螺纹有普通螺纹、管螺纹、矩形螺纹、梯形螺纹和锯齿形螺纹等（图 7－3）。除矩形螺纹外，均已标准化。除管螺纹采用英制（螺距以每英寸牙数表示）外，其他螺纹均采用公制。

1）普通螺纹［图 7 - 3（a）］

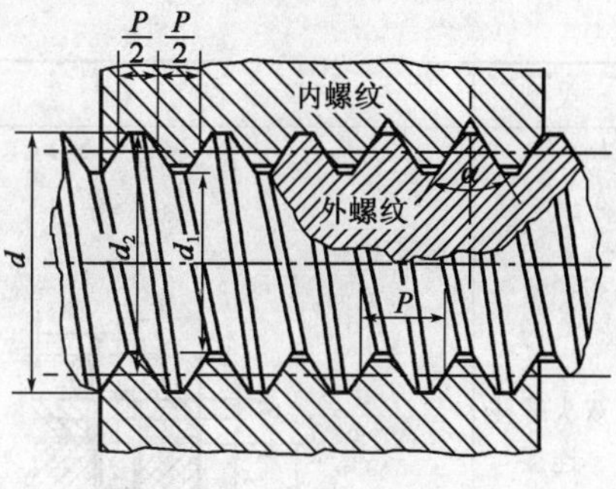

普通螺纹牙型为等边三角形，牙型角 $\alpha=60°$，螺纹牙的根部削弱较小，强度大；螺纹面间的摩擦力大，适用作连接螺纹。同一公称直径，按螺距大小分为粗牙螺纹和细牙螺纹。粗牙螺纹是常用的连接螺纹，细牙螺纹常用于细小、薄壁零件、要求自锁或承受变化载荷的零件上。

图 7 - 4　螺纹的主要参数

2）管螺纹［图 7 - 3（b）］

管螺纹牙型为等腰三角形，牙型角 $\alpha=55°$。管螺纹具有普通螺纹的特点，且内外螺纹旋合后无径向间隙，用于有紧密性要求的管件连接，以管子的内径为公称直径，常见于管线连接。

3）矩形螺纹［图 7 - 3（c）］

矩形螺纹牙型为正方形，牙型角 $\alpha=0°$。螺纹牙根部削弱大，强度小；传动效率高，适用作传动。螺旋副磨损后，间隙难以修复和补偿，使传动精度降低，无国家标准。

4）梯形螺纹［图 7 - 3（d）］

梯形螺纹牙型为等腰梯形，牙型角 $\alpha=30°$。纹牙根强度较高，传动效率也较高，工艺性好，磨损后可以利用剖分螺母调整间隙。梯形螺纹是常用的传动螺纹，如机床丝杠等。

5）锯齿形螺纹［图 7 - 3（e）］

锯齿形螺纹牙型为不等腰梯形，工作面的牙边角 $\beta=3°$，非工作面的牙边角 $\beta=30°$。其牙根强度和传动效率都比梯形螺纹高，多用作单向传力的螺旋，如轧钢机的螺旋、压力机的螺旋和机车架修理台的螺旋等。

二、螺纹连接

螺纹连接由螺纹连接件和被连接件组成。连接采用普通螺纹。

1. 螺纹连接的基本型式

螺纹连接有螺栓连接、双头螺柱连接、螺钉连接和紧定螺钉连接四种基本型式。它们的结构、主要尺寸关系、特点和应用列于表 7 - 1。

表 7 - 1　螺纹连接的基本类型、特点和应用

类型	结　　构	主要尺寸关系	特点和应用
螺栓连接	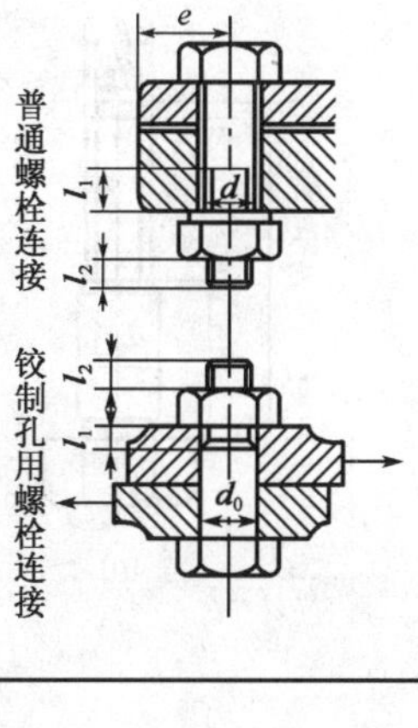 普通螺栓连接 铰制孔用螺栓连接	螺纹余留长度 l_1： (1) 普通螺栓连接： 静载荷 $l_1 \geqslant (0.3\sim0.5)\,d$； 变载荷 $l_1 \geqslant 0.75d$； 冲击、弯曲载荷 $l_1 \geqslant d$。 (2) 铰制孔用螺栓连接：l_1 尽可能小。 螺纹伸出长度 $l_2 \approx (0.2\sim0.3)\,d$。 螺栓轴线到被连接件边缘的距离 $e=d+(3\sim6)$ mm	无需在被连接件上切制螺纹，结构简单，装拆方便，应用最广。用于通孔并能从连接件两边进行装配的场合

续表

类型	结　　构	主要尺寸关系	特点和应用
双头螺柱连接		螺纹旋入深度 l_3，当螺纹孔零件为： 钢或青铜，$l_3 \approx d$； 铸铁，$l_3 \approx$（1.25～1.5）d； 铝合金，$l_3 \approx$（1.25～2.5）d。 螺纹孔深度 $l_4 \approx l_3 +$（2～2.5）P。 钻孔深度 $l_5 \approx l_4 +$（0.2～0.3）d。 l_1、l_2、e 同螺栓连接	座端旋入并紧定在被连接件之一的螺纹孔中，用于受结构限制而不能用螺栓或希望连接结构较紧凑且时常装拆的场合
螺钉连接		l_1、l_3、l_4、l_5、e 同双头螺柱连接	不用螺母，而且能有光整的外露表面，应用与双头螺柱连接相似，但不宜用于经常装拆的连接，以免损坏被连接件的螺纹孔
紧定螺钉连接		$d \approx$（0.2～0.3）d_s，转矩大时取大值	旋入被连接件之一的螺纹孔中，其末端顶住另一被连接件的表面或顶入相应的坑中，以固定两个零件的相互位置，并可传递不大的力或转矩

2. 螺纹连接件

螺纹连接件包括螺栓、双头螺柱、螺钉、螺母和垫圈等。按加工精度分 A、B、C 三级，A 级精度最高，C 级精度最低。螺栓、螺柱与相同等级的螺母和垫圈相配，机械上常用 A 级和 B 级。常用的螺纹连接件都已标准化，其形状和尺寸在国家标准中都有规定，使用时可按标准选择。

1）螺栓

螺栓由螺栓头和螺杆构成（图 7-5）。螺栓头一般为六角形；杆部可制成全螺纹［图 7-5（a）］或部分螺纹［图 7-5（b）］。

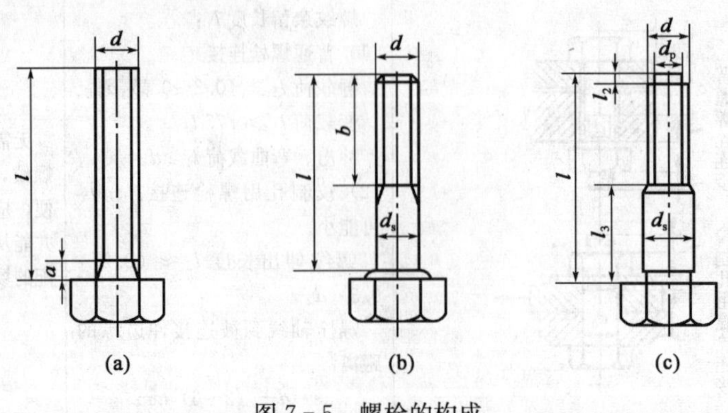

图 7-5　螺栓的构成

图 7-5（c）所示为铰制孔用螺栓，其光杆部分直径较大，精度也较高，它主要用来承受横向载荷，并能精确固定被连接件的相对位置。

2）双头螺柱

双头螺柱的两端均有螺纹，中部为光杆，分为 A 型［图 7-6（a）］和 B 型［图 7-6（b）］两种。A 型的两端有倒角，B 型的螺纹是辗制而成的，两端为平端。

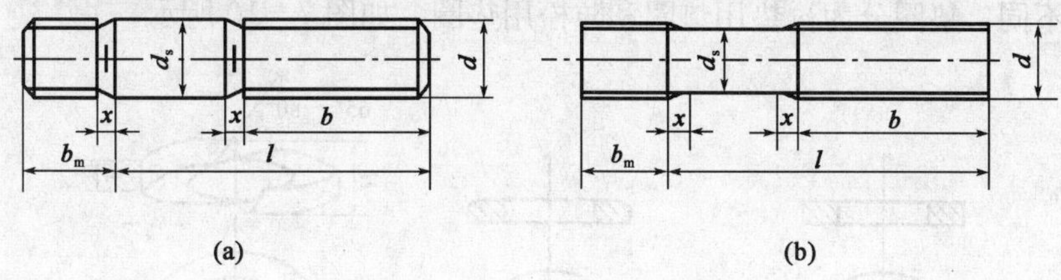

图 7-6　双头螺柱

3）螺钉

根据用途不同，螺钉分为连接螺钉和紧定螺钉。

连接螺钉的螺杆部分与螺栓相同，其头部形状较多（图 7-7），以适应不同的需要。

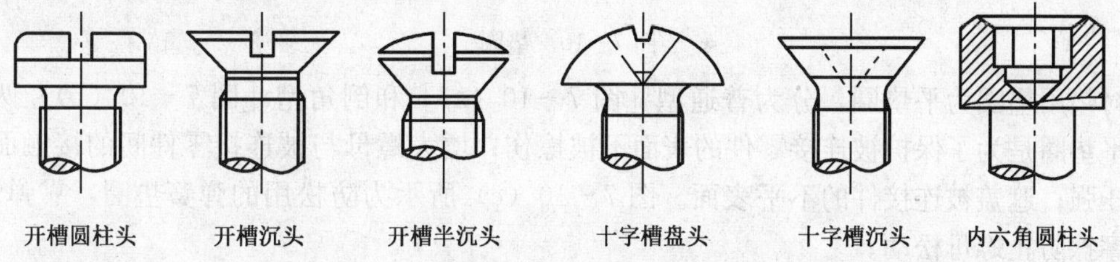

图 7-7　螺钉

紧定螺钉的头部和尾部结构形式也较多，如图 7-8 所示。一般情况下沿螺杆全长都切有螺纹。

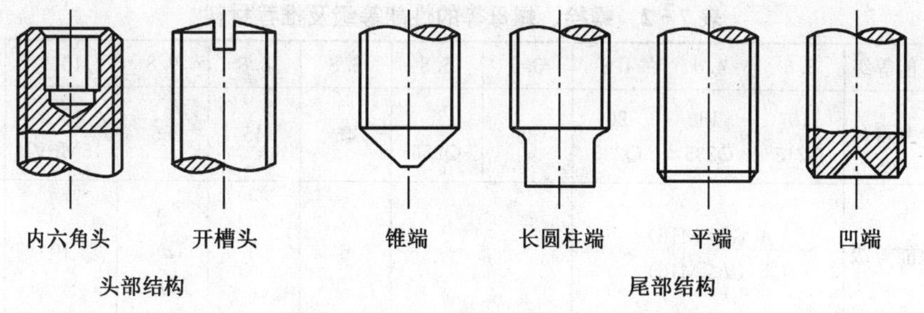

图 7-8　紧定螺钉

4）螺母

螺母的形状很多，常用的为六角形螺母和圆螺母，如图 7-9 所示。

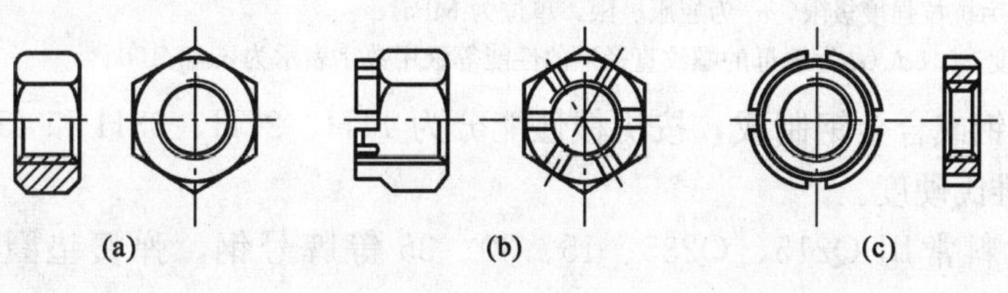

图 7-9　螺母

图 7-9（a）所示为六角螺母，按厚度可分为标准螺母和薄螺母。标准螺母又分为Ⅰ型和Ⅱ型，Ⅱ型较Ⅰ型略厚。薄螺母用于轴向尺寸受到限制或载荷较小场合。

图 7-9（b）所示为开槽六角螺母，与防松零件配合使用可防止螺母松动。

图 7-9（c）所示为圆螺母，沿圆周的四个缺口供止动垫圈使用。

5）垫圈

按用途不同，垫圈分为衬垫用垫圈和防松用垫圈，如图 7-10 所示。

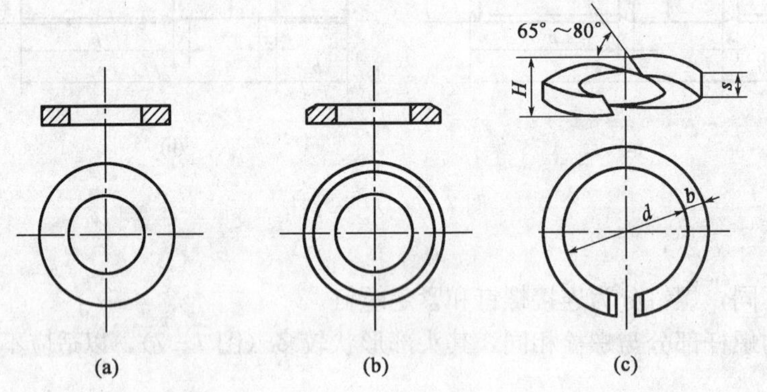

图 7-10　垫圈

衬垫用垫圈为平垫圈，分为普通型［图 7-10（a）］和倒角型［图 7-10（b）］两种。使用平垫圈是为了保护被连接零件的表面不被擦伤；增大螺母与被连接零件间的接触面积，降低压强；遮盖被连接件的不平表面。图 7-10（c）所示为防松用的弹簧垫圈，靠弹性及斜面摩擦防止螺母松动。

3. 螺纹连接件的性能等级及推荐材料

螺纹零件的材料按机械性能进行分级。螺栓、双头螺柱、连接螺钉和螺母的性能等级、推荐材料及它们相配的组合，列于表 7-2。

表 7-2　螺栓、螺母等的性能等级及推荐材料

<table>
<tr><td rowspan="2">螺栓、双头螺柱、连接螺钉</td><td>性能等级</td><td>3.6</td><td>4.6</td><td>4.8</td><td>5.6</td><td>5.8</td><td>6.8</td><td>8.8</td><td>9.8</td><td>10.9</td><td>12.9</td></tr>
<tr><td>推荐材料</td><td>10
Q215</td><td>15
Q235</td><td>20
Q235</td><td>35</td><td>35
Q255</td><td>45</td><td>45</td><td>55</td><td>40Cr
15MnVB</td><td>30CrMnSi
15MnVB</td></tr>
<tr><td rowspan="2">相配合螺母</td><td>性能等级</td><td colspan="3">4（d>M16）
5（d≤M16）</td><td colspan="2">5</td><td>6</td><td>8</td><td>9
（d≤M16）</td><td>10</td><td>12
（d≤M39）</td></tr>
<tr><td>推荐材料</td><td colspan="3">10
Q215</td><td colspan="2">25
Q235</td><td>Q255</td><td>35</td><td>45</td><td>40Cr
15MnVB</td><td>30CrMnSi
15MnVB</td></tr>
</table>

注：（1）螺栓、双头螺柱及连接螺钉的性能等级用数字表示，点前数字为 $\sigma_{bmin}/100$，点后数字为 $10\times(\sigma_{smin}/\sigma_{bmin})$。此处 σ_b 为抗拉强度极限，σ_s 为屈服极限，单位为 MPa。

（2）螺母高度≥0.8d（d 为螺母的螺纹直径）的性能等级用数字表示为 $\sigma_{bmin}/100$。

紧定螺钉用钢或合金钢制成，按机械性能分为 14H、22H、33H 和 45H 四级，数字乘以 10 即为最低维氏硬度。

平垫圈的材料常用 Q215、Q235、15、30、35 等牌号钢，弹簧垫圈用 65Mn 弹簧钢制造。

第二节　螺旋副的受力分析、效率和自锁

一、矩形螺纹（牙型角 $\alpha=0°$）

螺旋千斤顶（图 7-11）顶重物（汽车），施加多大的力（力矩）才能将重物顶起？顶起重物后，撤除力（力矩），重物是否会下降？在整个过程中，效率怎样评定？

1. 受力分析

螺纹副中，螺母所受到的轴向载荷 $\boldsymbol{F}_Q$ 是沿螺纹各圈分布的，为便于分析，用集中载荷 $\boldsymbol{F}_Q$ 代替，并设 $\boldsymbol{F}_Q$ 作用于中径 d_2 圆周的一点上。这样，当螺母相对于螺杆等速旋转时，可看作为一滑块（螺母）沿着以螺纹中径 d_2 展开，斜度为螺纹升角 ψ 的斜面上等速滑动。匀速拧紧螺母时，相当于以水平推力 $\boldsymbol{F}_t$ 推动滑块沿斜面等速向上滑动，如图 7-12 所示。设法向反力为 $\boldsymbol{F}_N$，则摩擦力 $\boldsymbol{F}_f$ 为 $f\boldsymbol{F}_N$，f 为摩擦系数，ρ 为摩擦角，$\rho=\arctan f$。由于滑块沿斜面上升时，摩擦力向下，故总反力 $\boldsymbol{F}_R$ 与 $\boldsymbol{F}_Q$ 的夹角为 $\psi+\rho$。由力的平衡条件可知，$\boldsymbol{F}_R$、$\boldsymbol{F}_t$ 和 $\boldsymbol{F}_Q$ 三力平衡，力三角形自然封闭。

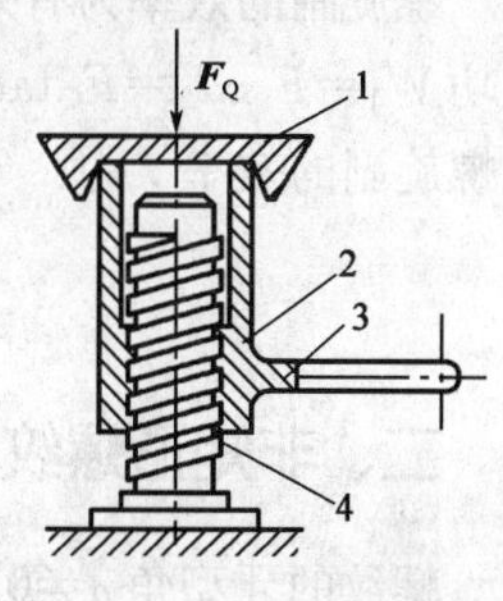

图 7-11　螺旋千斤顶

1—托盘；2—螺母；3—手柄；4—螺杆

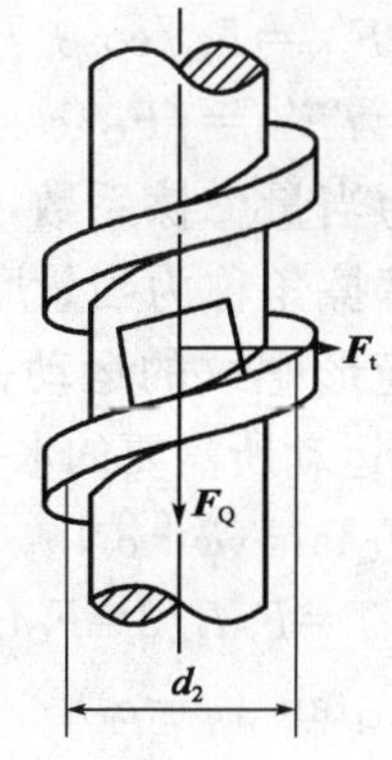

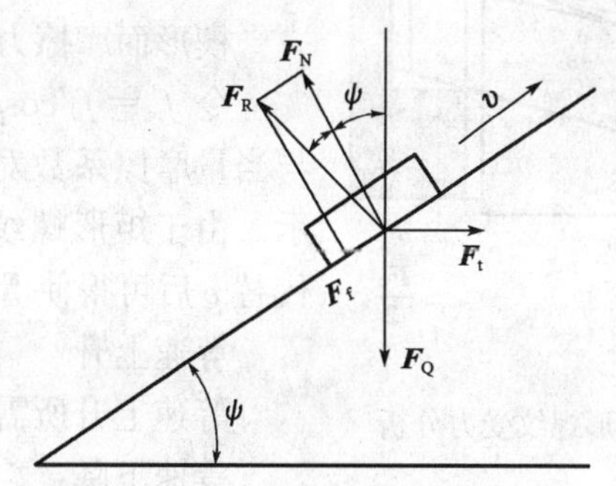

图 7-12　螺旋千斤顶受力分析

使滑块等速运动所需要的水平力：

等速上升：　$F_t=F_Q\tan(\psi+\rho)$

等速上升所需力矩：　$T=F_t d_2/2=F_Q\tan(\psi+\rho)\ d_2/2$

等速下降：　$F_t=F_Q\tan(\psi-\rho)$

等速下降所需力矩：　$T'=F_t d_2/2=F_Q\tan(\psi-\rho)\ d_2/2$

结论：

(1) 斜度（ψ）、摩擦角（ρ）越大，所需力、力矩越大。

(2) 只要保证力矩 T 的值不变（$T=F_{女}\downarrow l\uparrow$），男同学能办得到的事，女同学也一定能办得到。

2. 螺纹的自锁

螺母等速松退时，相当于滑块沿斜面等速下滑，由 $F_t=F_Q\tan(\psi-\rho)$ 得：若 $\psi\leqslant\rho$，则

$F_t \leqslant 0$，这时必须加一反向作用力 F_t 才会使滑块下滑，若不加外力，则不论 F_Q 有多大，滑块也不会下滑，这种现象叫“自锁”。

自锁条件：

$$\psi \leqslant \rho$$

机构的特性（征）仅与机构自身的几何因素（几何角度）有关，而与其他任何因素（如速度、加速度、力的大小）无关。

3. 螺旋副的效率

螺旋副的效率为有效功 W_2 与输入功 W_1 之比。螺母在水平力 $\boldsymbol{F}_t$ 作用下转动一周时，输入功 $W_1 = F_t \pi d_2 = F_Q \tan(\psi+\rho)\ \pi d_2$，此时升举重物所作的有效功 $W_2 = F_Q S = F_Q \tan\psi \pi d_2$，故螺旋副的效率 η 为：

$$\eta = \frac{W_2}{W_1} = \frac{F_Q S}{F_t \pi d_2} = \frac{\tan\psi}{\tan(\psi+\rho)}$$

二、非矩形螺纹（牙型角 $\alpha \neq 0°$）

螺纹的牙型角 $\alpha \neq 0°$ 时的螺纹为非矩形螺纹，如图 7－13 所示。非矩形螺纹的螺杆和螺母相对转动时，可看成楔形滑块沿楔形斜面移动；

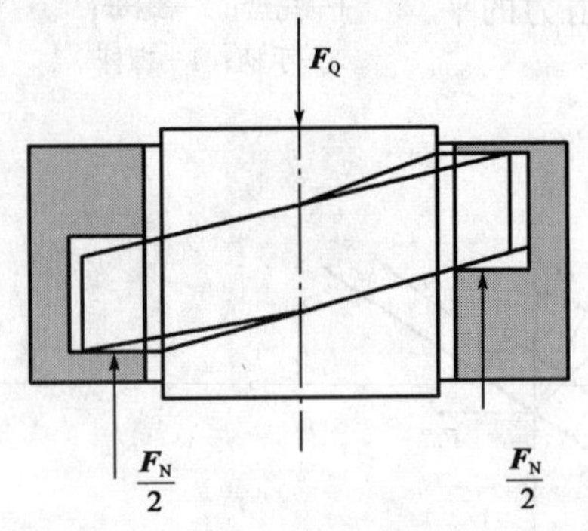

图 7－13 非矩形螺纹受力分析

平面时法向反力：$F_N = F_Q$

平面时摩擦力：$F_f = fF_N = fF_Q$

楔形面时法向反力：$F'_N = F_Q / \cos\beta$

楔形面摩擦力：$F'_f = fF'_N = fF_Q / \cos\beta$

令 $f_v = f/\cos\beta$，称为当量摩擦系数，则 $F'_f = f_v F_Q$。与当量摩擦系数对应的摩擦角称为当量摩擦角，用 ρ_v 表示。由于矩形螺纹与非矩形螺纹的运动关系相同，将 ρ_v 代替 ρ 后可得使滑块等速运动所需要的水平力：

等速上升：　$F_t = F_Q \tan(\psi+\rho_v)$

等速上升所需力矩：$T = F_t d_2/2 = F_Q \tan(\psi+\rho_v)\ d_2/2$

等速下降：　$F_t = F_Q \tan(\psi-\rho_v)$

等速下降所需力矩：　$T = F_t d_2/2 = F_Q \tan(\psi-\rho_v)\ d_2/2$

自锁条件：

$$\psi \leqslant \rho_v$$

效率为：

$$\eta = \frac{\tan\psi}{\tan(\psi+\rho_v)}$$

对于满足自锁条件的螺旋副，其效率不大于 50%，也就是说一多半的输入功被摩擦损失掉了。

由于三角形螺纹的 $\beta = \alpha/2 = 30°$，梯形螺纹 $\beta = \alpha/2 = 15°$，锯齿形螺纹 $\beta = 3°$，矩形螺纹 $\beta = 0°$，所以各种螺纹的当量摩擦系数之间有如下关系：

（1）三角 f_v > 梯形 f_v > 锯齿 f_v > 矩形 f_v；

（2）三角形螺纹、梯形螺纹、锯齿形螺纹、矩形螺纹：自锁性能依次降低、效率依次增高。

可见，三角形螺纹的 f_v 大，自锁性能好，且牙根强度高，故常用于连接；梯形、锯齿形及矩形螺纹，多用于传动。

第三节　螺纹连接的防松措施

一、螺母松脱的原因

用于连接的螺纹常为单线螺纹，螺纹的升角φ非常小。一般情况下，螺母拧紧后螺旋副不会自动松脱，即满足自锁要求。但是在变载荷、冲击或振动载荷作用下，螺旋副间的正压力可能会瞬时消失，致使连接瞬间失去自锁作用而发生螺母松脱现象，其后果危害很大，必须采取防松措施。

二、防松方法

螺纹连接的防松原理，就是阻止内、外螺纹间产生相对转动，常用的防松方法见表 7-3。

表 7-3　常用的防松方法

摩擦力防松	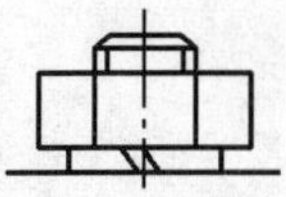 弹簧垫圈	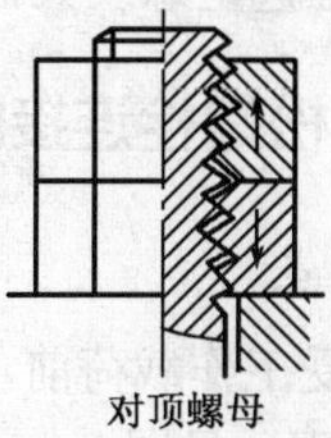 对顶螺母	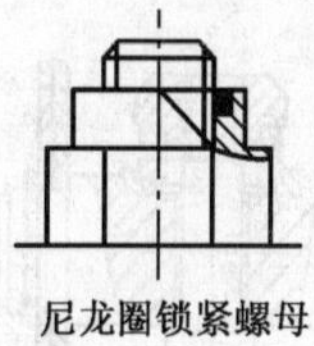 尼龙圈锁紧螺母
	弹簧垫圈材料为弹簧钢，装配后垫圈被压平，其反弹力能使螺纹间保持压紧力和摩擦力	利用两螺母的对顶作用使螺栓始终受到附加的拉力和附加的摩擦力	螺母中嵌有尼龙圈，拧上后尼龙圈内孔被胀大，箍紧螺栓
机械防松	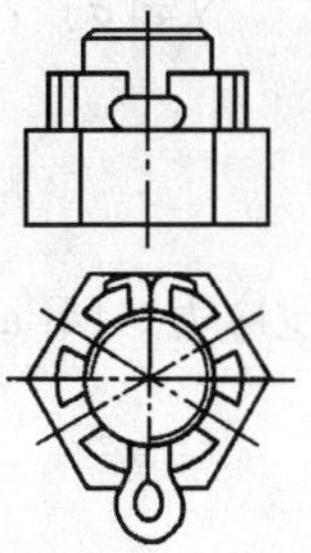 六角开槽螺母和开口销	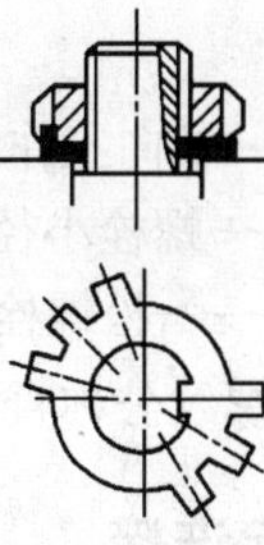 圆螺母用止动垫圈	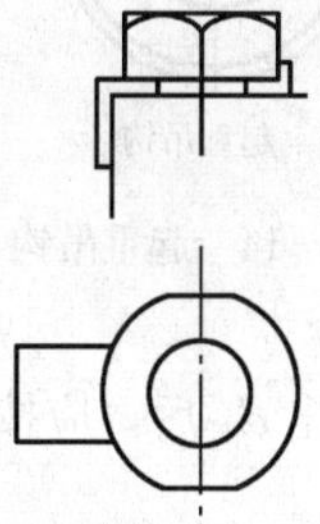 带舌止动垫圈
	六角开槽螺母拧紧后，用开口销穿过螺栓尾部小孔和螺母的槽	使垫圈内翅嵌入螺栓（轴）的槽内，拧紧螺母后将垫圈外翅之一褶嵌于螺母的一个槽内	将垫圈褶边以固定螺母和被连接件的相对位置
其他方法防松	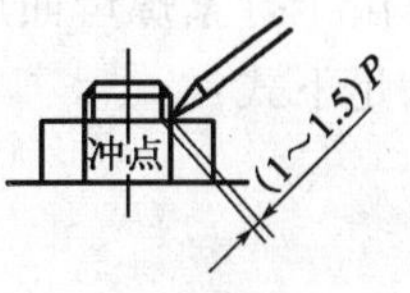 冲点；(1～1.5)P；冲点法防松：用冲头冲2～3点	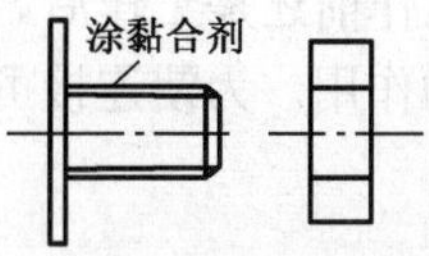 涂黏合剂；黏合法防松：用黏合剂涂于螺纹旋合表面，拧紧螺母后黏合剂能自行固化，防松效果良好	

第四节　螺栓连接的强度计算

一、螺栓连接的主要失效形式

螺栓连接的受载形式很多，它所传递的载荷可归纳为两类：一类为外载荷沿螺栓轴线方向，称轴向载荷；一类为外载荷垂直于螺栓轴线方向，称横向载荷。

对于普通螺栓连接，栓杆与孔壁间有间隙，这种螺栓主要受轴向载荷。最常发生的失效形式是：螺杆切有螺纹的部分被拉断；对于铰制孔用螺栓连接，栓杆与孔壁间是过渡配合，一般这种螺栓是受横向载荷，栓杆可能被剪断，螺栓杆表面与孔壁被压溃；对于经常拆卸的螺栓连接，螺纹牙间相互磨损而发生滑扣；高压容器的螺栓连接常因连接失去紧密性发生泄漏而失效。

由于螺栓各部尺寸基本上是根据等强度原则确定的。所以，螺栓连接的强度计算主要是确定螺纹小径 d_1，再根据 d_1 查标准选定螺纹大径（公称直径）d 及螺距 P。

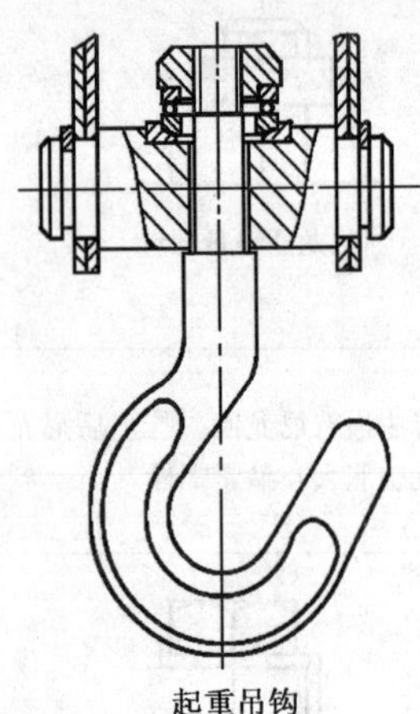

图 7－14　起重吊钩

二、松螺栓连接的强度计算

1. 特点

在承受工作载荷前，螺栓不受力，在工作时则只承受轴向工作载荷 $\boldsymbol{F}$ 作用，见图 7－14。此连接可能发生的失效形式为螺栓杆的抗断。

2. 强度条件

$$\sigma=\frac{F}{\frac{\pi}{4}d_1^2}\leqslant[\sigma],d_1\geqslant\sqrt{\frac{4F}{\pi[\sigma]}}$$

式中　F——轴向工作载荷，N；

d_1——螺栓小径，mm；

$[\sigma]$——松螺栓连接时的许用拉应力，MPa。

求出 d_1 后，应按螺纹标准选取螺纹公称直径 d。

三、受横向外载荷的紧螺栓连接

1. 采用普通螺栓

如图 7－15 所示，工作时连接受到与螺栓轴线相垂直的外载荷 $\boldsymbol{F}_{\mathrm{R}}$ 的作用。被连接件在预紧力 $\boldsymbol{F}'$ 的作用下相互压紧，依靠接合面产生的摩擦力来抗衡外载荷，从而避免产生相对移动。

显然，无论工作前还是工作后，螺栓本身仅受装配时由于拧紧螺母而产生的预紧力和螺纹副摩擦阻力矩的作用。为使连接可靠，总摩擦力必须满足下式：

$$F'fzm\geqslant KF_{\mathrm{R}}$$

$$F'\geqslant\frac{KF_{\mathrm{R}}}{fzm}$$

式中 z——连接螺栓的数目；

m——接合面数目；

f——接合面间摩擦系数，钢或铸铁的干燥加工表面，可取 $f=0.1\sim0.15$；

K——可靠性系数，亦称防滑系数，通常取 $K=1.1\sim1.3$。

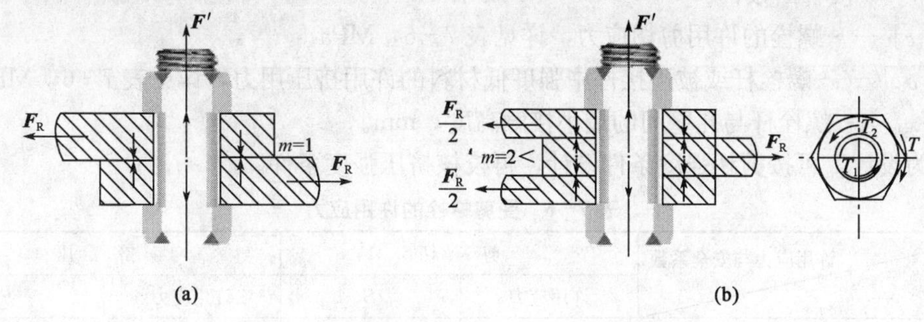

图 7-15 受横向外载荷的紧螺栓连接

若计入扭转切应力的影响，强度条件为：

$$\sigma=\frac{1.3F'}{\frac{\pi}{4}d_1^2}\leqslant[\sigma]$$

设计公式为：

$$d_1\geqslant\sqrt{\frac{4\times1.3F'}{\pi[\sigma]}}$$

式中 $[\sigma]$——许用拉应力，详见表 7-5，N/mm² (MPa)。

螺栓的常用材料及机械性能见表 7-4。普通螺栓连接许用应力与安全系数见表 7-5。

表 7-4 螺栓的常用材料及机械性能

钢 号	强度极限 σ_B，MPa	屈服极限 σ_S，MPa	钢 号	强度极限 σ_B，MPa	屈服极限 σ_S，MPa
10	340～420	210	35	540	320
Q215	340～420	220	45	650	360
Q235	410～470	240	40Cr	340～420	650～900

表 7-5 普通螺栓连接许用应力与安全系数

螺栓受载情况	静 载	变 载
许用应力	$[\sigma]=\sigma_S/S$	按最大应力 $[\sigma]_t=\sigma_S/S$
控制预紧力时的安全系数 S	1.2～1.5	1.2～1.5

2. 采用铰制孔用螺栓（受剪螺栓）

铰制孔用螺栓连接一般均不需拧得太紧，故由预紧力产生的拉应力对连接强度的影响可以不计。螺栓杆受横向工作载荷 F 时，产生剪切和挤压变形，见图 7-16。

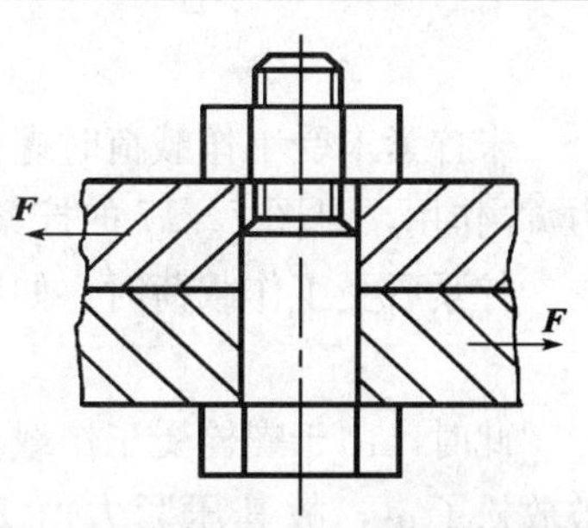

图 7-16 铰制孔用螺栓连接

剪切强度条件为：

$$\tau=\frac{F}{m\frac{\pi}{4}d_s^2}\leqslant[\tau]$$

挤压强度条件为：

$$\sigma_p = \frac{F}{d_s L_{min}} \leqslant [\sigma_p]$$

式中 F——单个螺栓所受的横向载荷，N；

d_s——螺栓杆剪切面直径，mm；

m——接合面数；

$[\tau]$——螺栓的许用剪切应力，详见表 7－6，MPa；

$[\sigma_p]$——螺栓杆或被连接件中强度低材料的许用挤压用力，详见表 7－6，MPa；

L_{min}——螺栓杆与孔壁间的最小接触高度，mm。

若为设计，可按剪切强度条件设计，再校核挤压强度条件。

表 7－6　受剪螺栓的许用应力

材料 \ 许用应力与安全系数		剪切		挤压	
		许用应力	S	许用应力	S
静载	钢	$[\tau]=\sigma_S/S$	2.5	$[\sigma]_S=\sigma_S/S$	1.25
	铸铁	—	—	$[\sigma]_S=\sigma_B/S$	2～2.5
变载	钢	$[\tau]=\sigma_S/S$	3.5～5	按静载降低 20%～30%	
	铸铁	—	—		

四、受轴向外载荷的紧螺栓连接

这种承载形式在紧螺栓连接中比较常见，图 7－17 所示的气缸与气缸盖螺栓组连接就是这种连接的典型例子。在这种连接中，螺栓实际承受的总拉力 $\boldsymbol{F}_\Sigma$ 并不等于预紧力 $\boldsymbol{F}_0$ 和轴向工作载荷 $\boldsymbol{F}$ 之和。

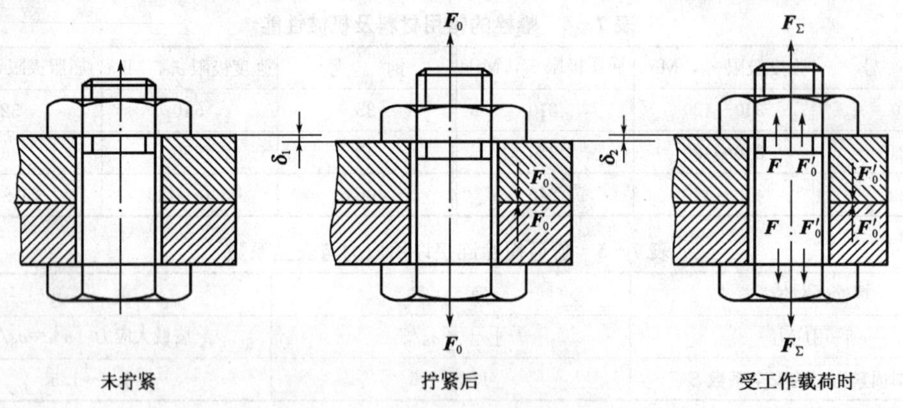

图 7－17　受轴向外载荷的紧螺栓连接

未拧紧未受工作载荷时螺栓情况见图 7－17 未拧紧；拧紧后未受工作载荷时螺栓受预紧力 $\boldsymbol{F}_0$ 作用，见图 7－17 的拧紧后螺栓受拉，被连接件受压，压缩量为 δ_1。

拧紧后受工作载荷时，如图 7－17 所示的受工作载荷时，螺栓受到总拉力 F_Σ 作用：

$$F_\Sigma = F + F'$$

此时，由于螺栓受工作载荷 $\boldsymbol{F}$ 的作用，伸长量又增加了 δ_2，被连接件间随螺栓伸长而被放松了 δ_2，故其压紧力由 $\boldsymbol{F}_0$ 减小到 $\boldsymbol{F}'_0$，被连接件间的力也应为 $\boldsymbol{F}'_0$，$\boldsymbol{F}'_0$ 称为剩余预紧力。

剩余预紧力 F_0' 值可参照表 7－7 选取。

表 7－7　残余预紧力 F_0' 的推荐值

连接性质		残余预紧力 F_0' 的推荐值	连接性质	残余预紧力 F_0' 的推荐值
紧固连接	F 无变化	(0.2～0.6) F	紧密连接	(1.5～1.8) F
	F 有变化	(0.6～1.0) F	地脚螺栓连接	$\geqslant F$

选取了 F_0' 后，用 $F_\Sigma = F + F'_0$ 计算出螺栓的总拉力 F_Σ 的值。然后代入下式：

强度校核公式：

$$\sigma' = \frac{1.3F_\Sigma}{\frac{\pi}{4}d_1^2} \leqslant [\sigma]$$

设计计算公式：

$$d_1 \geqslant \sqrt{\frac{4 \times 1.3F_\Sigma}{\pi[\sigma]}}$$

五、螺纹零件尺寸的确定

常用的螺纹元件都已经标准化了，在确定螺纹元件的尺寸时，可根据连接的受力情况、结构要求和工作条件，进行受力分析，求出螺栓受力的大小；根据失效的可能性对螺栓连接进行强度计算。根据工作要求先选出螺栓的大径 d，从螺栓标准中查出螺栓的全部尺寸；再从螺母和垫圈的标准中查出螺母和垫圈的全部尺寸。

螺栓的许用应力及安全系数见表 7－4 和表 7－5。

* 由表 7－5 可知，不控制预紧力的紧螺栓连接中，安全系数 S 的选择与螺栓直径 d 有关，d 越小，S 越大，许用应力 $[\sigma]$ 也就越低。这是因为，如果不控制预紧力，螺栓直径越小，拧紧时螺杆因过载而损坏的可能性就越大。在设计时，因 d 未知，而 S 的选择与 d 有关，因此要用试算法，即根据经验，先假定一个螺栓直径，再根据这个直径查取 S，然后根据强度计算公式计算出 d_1 值，若 d_1 的计算值与所假定的直径相对应，则可将假定值作为设计结果，否则必须重算。

六、提高螺栓连接强度的措施

螺栓连接的强度主要取决于螺栓的强度。影响螺栓强度的因素很多，有结构、尺寸参数、装配工艺、材料、制造精度等级等。以下就几个主要方面作介绍。

1. 提高螺栓的疲劳强度

理论和实践证明，变载荷工作时，在工作载荷和残余预紧力不变的情况下，减小螺栓刚度或增大被连接件刚度都能达到提高螺栓疲劳强度的目的，但应适当增大预紧力，以保证连接的密封性。

减小螺栓刚度的常用措施有：适当增加螺栓的长度、减小螺栓杆直径或做成中空的结构——柔性螺栓。柔性螺栓受力时变形大，吸收能量作用强，也适于承受冲击和振动。在螺母下面安装弹性元件，当工作载荷由被连接件传来时，由于弹性元件的较大变形，也能起到柔性螺栓的效果。为了增大被连接件的刚度，不宜采用刚度小的垫片。

2. 改善螺纹牙间的载荷分布

采用普通螺母时，轴向载荷在旋合螺纹各圈之间的分布是不均匀的，从螺母支承面算起，第一圈受载最大，以后各圈递减。理论分析和试验证明，旋合圈数越多，载荷分布不均的程度就越显著，第 8～10 圈以后的螺纹几乎不受载荷。所以，采用圈数多的厚螺母，并不能提高连接强度。

3. 减轻应力集中

螺纹的牙根和收尾、螺栓头部与栓杆交接处，都有应力集中，是产生断裂的危险部位；特别是在旋合螺纹的牙根处，由于栓杆拉伸，牙受弯剪，而且受力不均，情况更为严重。适当加大牙根圆角半径以减轻应力集中，可提高螺栓疲劳强度达 20%～40%；在螺纹收尾处用退刀槽、在螺母承压面以内的栓杆有余留螺纹等，都有良好效果。

高强度钢螺栓对应力集中敏感，但由于可用更大的预紧力拧紧和更高的极限强度，结果还是有利的。

4. 采用合理的制造工艺

制造工艺对螺栓疲劳强度有很大影响。采用碾制螺纹时，由于冷作硬化的作用，表层有残余压应力，金属流线合理，螺栓疲劳强度可比车制螺纹高 30%～40%；热处理后再滚压的效果更好。另外，碳氮共渗、渗氮、喷丸处理都能提高螺栓疲劳强度。

本章小结

（1）常见的连接可分为可拆卸连接和不可拆卸连接两种。螺纹连接是一种可拆卸连接。

（2）连接螺纹采用三角形螺纹，传动螺纹主要采用梯形螺纹和锯齿形螺纹。这三种螺纹均已标准化。

（3）螺纹连接有螺栓连接、螺钉连接、双头螺柱连接和紧定螺钉连接四种基本类型。螺纹连接件品种很多，大都已标准化，常用的有螺栓、螺钉、双头螺柱、紧定螺钉、螺母和垫圈。

（4）大多数螺纹连接在装配时都需要预紧，主要目的是增加连接的刚性、紧密性和防松能力，在冲击、振动、变载荷及温度变化较大的情况下，则必须采取防松措施。防松方法有摩擦防松、机械防松和破坏螺纹副防松三类。

（5）螺栓连接强度计算时，应首先分析螺栓连接情况，然后选用相应公式计算，最后根据计算结果按标准选取螺栓直径。螺栓其余部分尺寸及螺母、垫圈等，一般可根据螺栓公称直径直接从标准中选定。

习　题

1. 螺纹的主要参数有哪些？试画图说明。
2. 常用的螺纹有哪些特点？传动用什么螺纹？连接用什么螺纹？
3. 试说明普通连接螺纹、管螺纹、传动螺纹的特点及其螺纹的基本参数。
4. 如何判断螺纹的旋向？螺纹的导程和螺距是什么关系？
5. 为什么绝大多数螺纹连接都要预紧？主要有哪些防松措施？

6. 为避免螺纹连接承受过大的轴向载荷或横向载荷，可分别采用哪些措施？

7. 普通紧螺栓连接时受预紧力 $\boldsymbol{F}'$ 和扭矩 M 的共同作用，试写出螺栓的刚度准则和设计方程。

8. 为什么说螺栓的受力与被连接件承受的载荷既有联系又有区别？被连接件受横向载荷时螺栓是否就一定受剪？

9. 试确定图 7-18（a）所示的铸铁凸缘联轴器的紧连接螺栓的公称直径 d。已知条件：联轴器接合面外径 $D=300$mm，内径 $D_1=150$mm，接合面对数 $m=1$，其摩擦系数 $f=0.14$，螺栓数目 $z=6$，所应传递的计算扭矩 $T=1600$N·m。

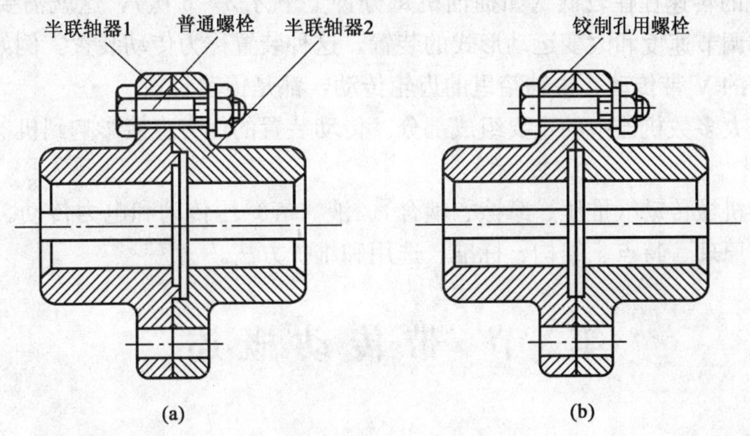

图 7-18　习题 9 图示

10. 通常采用凸台或沉头座来支承螺母，理由何在？

11. 有一内燃机连杆螺栓连接，承受的最大工作载荷 $F=25000$N，螺栓数目 $z=2$，材料为 35 钢，装配时控制预紧力，按规范单个螺栓预紧力 $F''=(2\sim3)\ F/z$。试按强度条件确定螺栓的直径。（提示：螺栓所承受的最大轴向拉力为 $F_{\Sigma}=F+F''$，考虑在此状态下拧紧螺栓时的复合应力。）

第八章　带传动和链传动

任何一部工作机都要靠原动机（电动机或内燃机等）供给能量才能工作。但工作机与原动机直接连接的情况是很少的，因为原动机的转速较高（如电动机最大转速 $n_{max}=3000r/min$），而工作机的转速往往较低（如抽油机每分钟上下才 3～6 次），这就需要在二者之间添加传递能量或调节速度和改变运动形式的装置，这种装置称为传动装置。例如，车床的电动机与主轴之间的 V 带传动、主轴箱里的齿轮传动，都是传动装置。

传动装置是大多数机器中的重要组成部分。传动装置的优劣直接影响到机器的工作性能和运行成本。

传动分为：机械传动（推压、摩擦、啮合）、液（气）压传动和电力传动。本书仅研究机械传动的工作原理、特点、结构、标准、选用和维护方法。

第一节　带传动概述

一、带传动的类型及特点

1. 带传动的类型

带传动由主动轮 1、从动轮 2 和传动带 3 组成（图 8－1），分为摩擦带传动和啮合带传动两大类。图 8－1（a）所示为摩擦带传动，带紧紧地套在两个带轮上，利用带与带轮间的摩擦力来传递运动和动力。由于传递动力的原因，使带绕入主动轮的一边被拉紧，称为紧边，离开主动轮的一边被放松，称为松边。图 8－1（b）所示为啮合带传动，利用带的齿与带轮的齿相啮合传递运动和动力。因为是啮合传动，带与带轮间没有相对滑动，又称同步带传动。

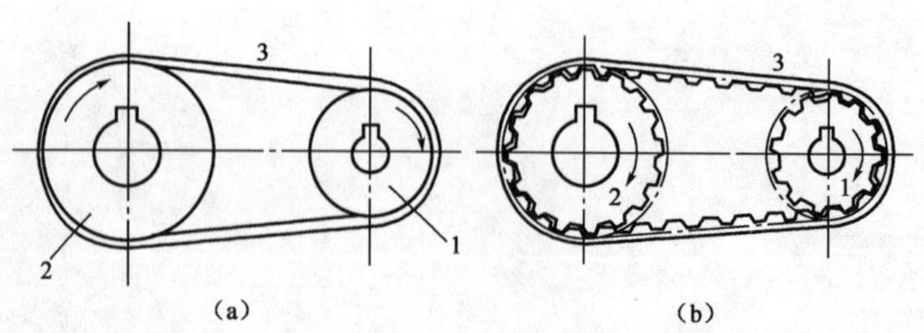

图 8－1　带传动

1—主动轮；2—从动轮；3—传动带

在摩擦带传动中，按带的横截面形状（图 8－2）不同可分为：平带传动、V 带传动、多楔带传动和圆带传动。矩形截面的平带传动［图 8－2（a)］，内表面为工作面；梯形截面的 V 带传动［图 8－2（b)］，两侧面为工作表面；多楔带传动［图 8－2（c)］是在平带基体上由多根 V 带组成的传动带，可传递较大的功率；圆带传动［图 8－2（d)］横截面为圆形，只用于小功率传动，可应用于家用缝纫机。

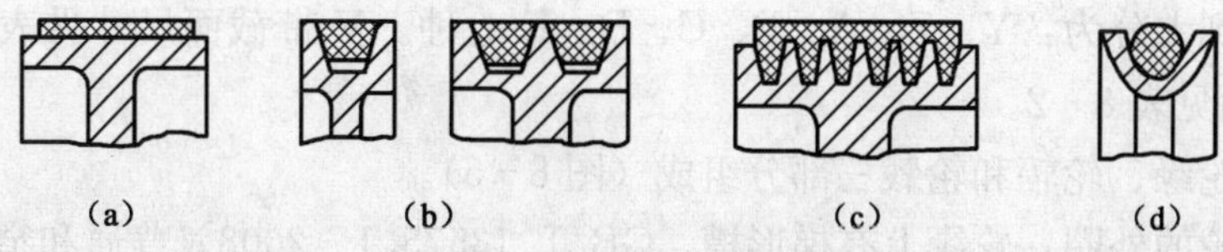

图 8-2　摩擦带传动的类型

2. 带传动的特点和应用

由于带具有弹性，能缓和冲击吸收振动，因此传动平稳、噪声低；可起过载保护作用，过载时带在带轮上打滑，可防止其他零件损坏；允许中心距较大；结构简单，装拆方便，制造成本低。

传动过程中带在带轮上总有一些滑动、不能保证准确的传动比，丢转数；带紧套在轮上，对轴的压力大；传动效率较低（V 带传动效率为 0.9～0.94）等，啮合带传动可消除摩擦带传动的缺点，但制造和安装的精度要求较高。

带传动常用于中小功率传动，摩擦带传动的工作速度一般在 5～25m/s 之间，传动比不超过 5，工业上用得最多的是普通 V 带传动，本章只介绍普通 V 带传动的基本知识。

二、普通 V 带及 V 带轮

1. 普通 V 带

普通 V 带都制成无接头的环形。带两侧工作面间的夹角 θ 称为带的楔角，$\theta=40°$（表 8-1）。V 带由顶胶层 1、抗拉层 2、底胶层 3 和包布层 4 组成，如图 8-3 所示。抗拉层承受基本拉力，它由几层帘布或一层粗线绳组成，分别称为帘布芯结构和线绳芯结构。帘布芯结构的 V 带抗拉强度较高，制造方便；绳芯结构的 V 带柔韧性好，适用于转速较高、带轮直径较小的场合。顶胶层和底胶层均为橡胶。包布层由几层橡胶布组成，是带的保护层。

V 带绕在带轮上产生弯曲，顶胶层受拉伸长，底胶层受压缩短，其中必有一处既不受拉也不受压，周长不变。在 V 带中这种保持原长不变的任一条周线，称为节线［图 8-4 (a)］，由全部节线构成的面称为节面，节面的宽度称为节宽［图 8-4 (b)］。

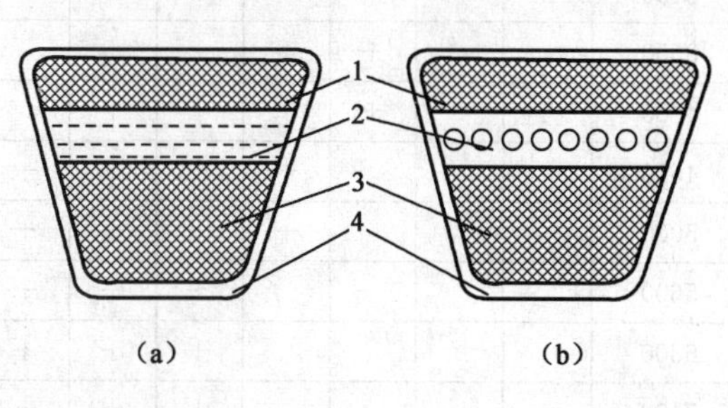

图 8-3　普通 V 带的结构

1—顶胶层；2—抗拉层；3—底胶层；4—包布层

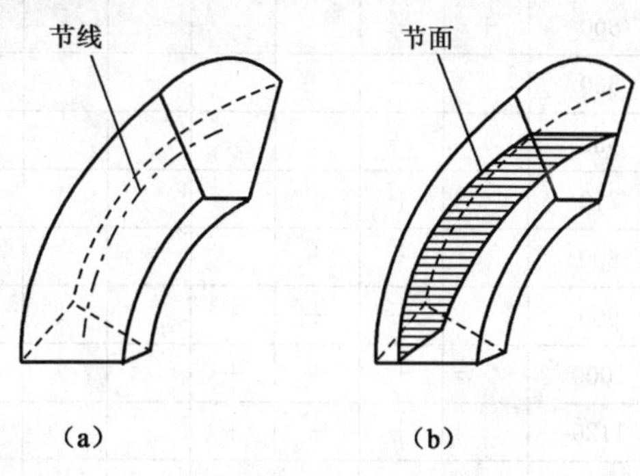

图 8-4　节线与节面

在 V 带轮上，与所配用 V 带节面处于同一位置的槽形轮廓宽度称为基准宽度 b_d。基准宽度处的带轮直径称为基准直径 d_d（表 8-3 图）。在规定的张紧力下，V 带位于带轮基准直径上的周线长度称为基准长度 L_d。

V 带已标准化，其标准为 GB/T 11544—1997《普通 V 带和窄 V 带尺寸》，普通 V 带按截面尺寸由小到大分为：Y、Z、A、B、C、D、E 七种。V 带截面尺寸见表 8-1，基准长度 L_d 标准系列见表 8-2。

V 带轮由轮缘、轮辐和轮毂三部分组成（图 8-5）。

轮缘是带轮的外圈，轮缘上有梯形槽。GB/T 13575.1—2008《普通和窄 V 带传动　第 1 部分：基准宽度制》规定的轮槽截面尺寸及轮缘宽度见表 8-3，基准直径 d_d 系列及轮缘外径 d_a 见表 8-4。

表 8-1　普通 V 带截面尺寸

型号	Y	Z	A	B	C	D	E
顶宽 b，mm	6.0	10.0	13.0	17.0	22.0	32.0	38.0
节宽 b_p，mm	5.3	8.5	11.0	14.0	19.0	27.0	32.0
高度 h，mm	4.0	6.0	8.0	11.0	14.0	19.0	25.0
每米长质量 m，kg/m	0.04	0.06	0.10	0.17	0.30	0.60	0.87

$\theta=40°$

表 8-2　普通 V 带基准长度系列

L_d，mm	带型							L_d，mm	带型						
	Y	Z	A	B	C	D	E		Y	Z	A	B	C	D	E
315	+							2000			+	+	+		
355	+							2240			+	+	+		
400	+	+						2500			+	+	+		
450	+	+						2800			+	+	+	+	
500	+	+						3150			+	+	+	+	
560		+						3550			+	+	+	+	
630		+	+					4000			+	+	+	+	
710		+	+					4500				+	+	+	+
800		+	+					5000				+	+	+	+
900		+	+	+				5600					+	+	+
1000		+	+	+				6300					+	+	+
1120		+	+	+				7100					+	+	+
1250		+	+	+				8000					+	+	+
1400		+	+	+				9000					+	+	+
1600		+	+	+				10000					+	+	+
1800		+	+	+	+										

注：带型为 A 型、基准长度 L_d=1400mm 的 V 带标记为 A1 400 GB/T 11544—1997。

表 8-3 普通 V 带轮轮槽尺寸 mm

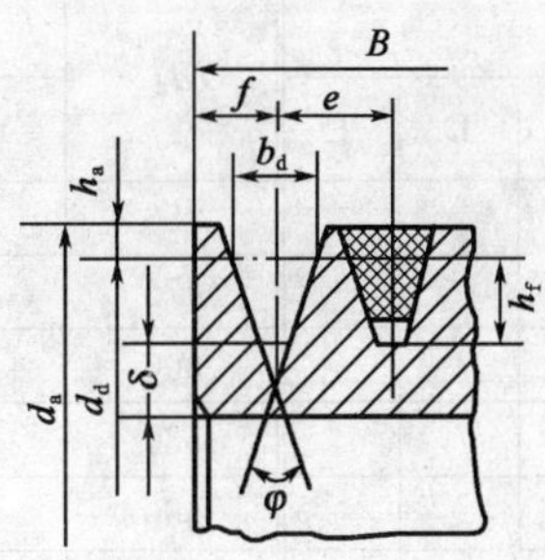

槽型			Y	Z	A	B	C	D	E
基准宽度 b_d			5.3	8.5	11.0	14.0	19.0	27.0	32.0
顶宽 $b\approx$			6.3	10.1	13.2	17.2	23	32.7	38.7
基准线上槽深 h_{amin}			1.6	2.0	2.75	3.5	4.8	8.1	9.6
槽间距 e			8±0.3	12±0.3	15±0.3	19±0.4	25.5±0.5	37±0.6	44.5±0.7
槽中心至轮端面间距 f_{min}			6	7	9	11.5	16	23	28
基准线下槽深 h_{fmin}			4.7	7.0	8.7	10.8	14.3	19.9	23.4
轮缘厚度 δ_{min}			5	5.5	6	7.5	10	12	15
带轮宽 B			$B=(z-1)e+2f$（z 为轮槽数）						
外径 d_a			$d_a=d_d+2h_a$						
轮槽角 φ	32°	对应基准直径 d_d	≤60	—	—	—	—	—	—
	34°		—	≤80	≤118	≤190	≤315	—	—
	36°		>60	—	—	—	—	<475	≤600
	38°		—	>80	>118	>190	>315	>475	>600

注：(1) 槽角 φ 的极限偏差，Y、Z、A、B 型为±1°，C、D、E 型为±30′；

(2) 槽间距 e 的极限偏差适用于任何两个轮槽对称中心面的距离，不论相邻还是不相邻。

表 8-4 基准直径 d_d 系列及其外径 d_a mm

d_d	d_a							d_d	d_a						
	Y	Z	A	B	C	D	E		Y	Z	A	B	C	D	E
20	23.2							71	74.2	75					
22.4	25.6							75	—	79	80.5				
25	28.2							80	83.2	84	85.5				
28	31.2							85	—	—	90.5				
31.5	34.7							90	93.2	94	95.5				
35.5	38.7							95	—	—	100.5				
40	43.2							100	103.2	104	105.5				
45	48.2							106	—	—	111.5				
50	53.2	54						112	115.2	116	117.5				
56	59.2	60						118	—	—	123.5				
63	66.2	67						125	128.2	129	130.5	132			

续表

d_d	d_a							d_d	d_a						
	Y	Z	A	B	C	D	E		Y	Z	A	B	C	D	E
132		136	137.5	139				450		—	455.5	457	459.6	466.2	
140		144	145.5	147				475		—	—	—	—	491.2	
150		154	155.5	157				500		504	505.5	507	509.6	516.2	519.2
160		164	165.5	167				530		—	—	—	—	—	549.2
170		—	—	177				560		—	565.5	567	569.6	576.2	579.2
180		184	185.5	187				600		—	—	607	609.6	616.2	619.2
200		204	205.5	207	209.6			630		634	635.5	637	639.6	646.2	649.2
212		—	—	—	221.6			670			—	—	—	—	689.2
224		228	229.5	231	233.6			710			715.5	717	719.6	726.2	729.2
236		—	—	—	245.6			750			—	757	759.6	766.2	
250		254	255.5	257	259.6			800			805.5	807	809.6	816.2	819.2
265		—	—	—	274.6			900				907	909.6	916.2	919.2
280		284	285.5	287	289.6			1000				1007	1009.6	1016.2	1019.2
300		—	—	—	309.6			1060				—	—	1076.2	—
315		319	320.5	322	324.6			1120				1127	1129.6	1136.2	1139.2
335		—	—	—	344.6			1125					1295.6	1266.2	1269.2
355		359	360.5	362	364.6	371.2		1400					1409.6	1416.2	1419.2
375		—	—	—	—	391.2		1500					—	1516.2	1519.2
400		404	405.5	407	409.6	416.2		1600					1609.6	1616.2	1619.2
425		—	—	—	—	441.2		1800					—	1816.2	1819.2

2. 普通V带轮

制造V带轮的材料，当带轮的圆周速度 $v<25\mathrm{m/s}$ 时，采用铸铁 HT150，HT200；速度高时，可用铸钢或钢板焊接而成；小功率低速传动可采用铸铝或工程塑料。

轮毂是带轮与轴配合的部分。轮辐是连接轮缘和轮毂的部分，有实心式［图 8-5 (a)］、腹板式［图 8-5 (b)、(c)］和轮辐式［图 8-5 (d)］三种类型。轮毂和轮辐的结构尺寸见表 8-5。

表 8-5 普通V带轮的结构尺寸 mm

<table>
<tr><th>结构尺寸</th><th colspan="8">计算公式</th></tr>
<tr><td>d_1</td><td colspan="8">$d_1=(1.8\sim2)\ d_h$（d_h 为轴的直径）</td></tr>
<tr><td>L</td><td colspan="8">$L=(1.5\sim2)\ d_h$，当 $B<1.5d_h$ 时，$L=B$</td></tr>
<tr><td>d_k</td><td colspan="8">$d_k=0.5\ (d_d-2h_f-2\delta+d_1)$</td></tr>
<tr><td>d_2</td><td colspan="8">$d_2=(0.2\sim0.3)\ (d_d-2h_f-2\delta-d_1)$</td></tr>
<tr><td rowspan="2">S</td><td>型号</td><td>Y</td><td>Z</td><td>A</td><td>B</td><td>C</td><td>D</td><td>E</td></tr>
<tr><td>S_{min}</td><td>6</td><td>8</td><td>10</td><td>14</td><td>18</td><td>22</td><td>28</td></tr>
<tr><td>S_1</td><td colspan="8">$S_1\geqslant1.5S$</td></tr>
<tr><td>S_2</td><td colspan="8">$S_2\geqslant0.5S$</td></tr>
</table>

续表

结构尺寸	计算公式	
h_1	$h_1=290\sqrt[3]{\frac{P}{nz_A}}$	P—传递的功率，kW； n—带轮的转速，r/min； z_A—轮辐数
h_2	$h_2=0.8h_1$	
a_1	$a_1=0.4h_1$	
a_2	$a_2=0.8a_1$	
f_1	$f_1=0.2h_1$	
f_2	$f_2=0.2h_2$	

注：表内符号与图 8－3 和图 8－5 对应。

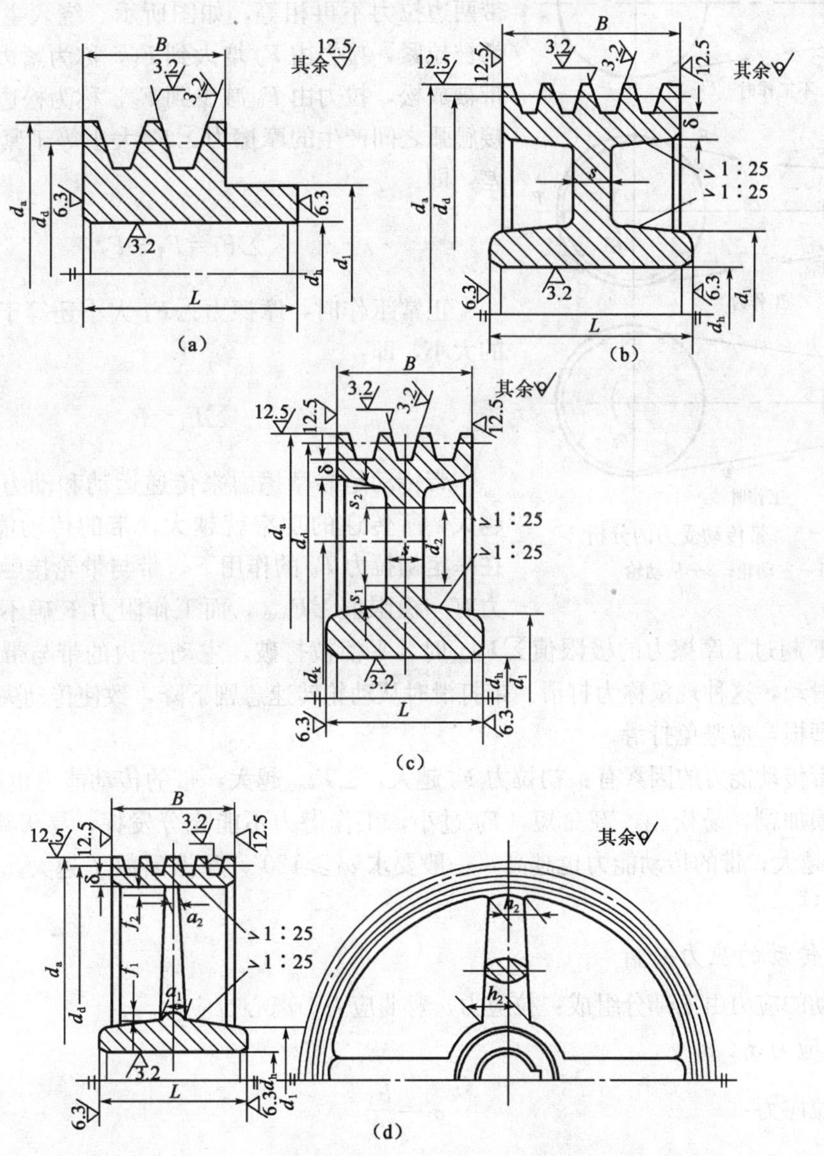

图 8－5　普通 V 带轮的结构

根据 V 带轮的基准直径 d_d 选择带轮的结构型式。一般当 $d_d \leqslant (2.5\sim3)\ d_h$（$d_h$ 为轴的直径）时，采用实心式［图 8-5（a）］；250mm $\leqslant d_d \leqslant$ 400mm 时，可采用腹板式［图 8-5（b）、（c）］；$d_d >$ 400mm 时，可采用轮辐式［图 8-5（d）］。

三、带传动的工作能力分析

1. 带传动受力分析

将环形 V 带紧紧地套装主动轮 1 和从动轮 2 上，使挠性带与带轮接触面间产生压力。当传动带静止时，带两边承受相等拉力，称为初拉力 $\boldsymbol{F}_0$，如图 8-6 所示。工作时，带与带轮接触弧之间产生摩擦力 $\sum \boldsymbol{F}_f$，靠带与带轮间的摩擦力来传递运动和动力。传动时，由于摩擦力的作用，带两边拉力不再相等，如图所示。绕入主动轮一边的带被拉紧，拉力由 $\boldsymbol{F}_0$ 增大到 $\boldsymbol{F}_1$，称为紧边；另一边的带被放松，拉力由 $\boldsymbol{F}_0$ 减少到 $\boldsymbol{F}_2$，称为松边。由平衡知接触弧之间产生的摩擦力 $\sum \boldsymbol{F}_f$ 大小等于紧松边的拉力差，即：

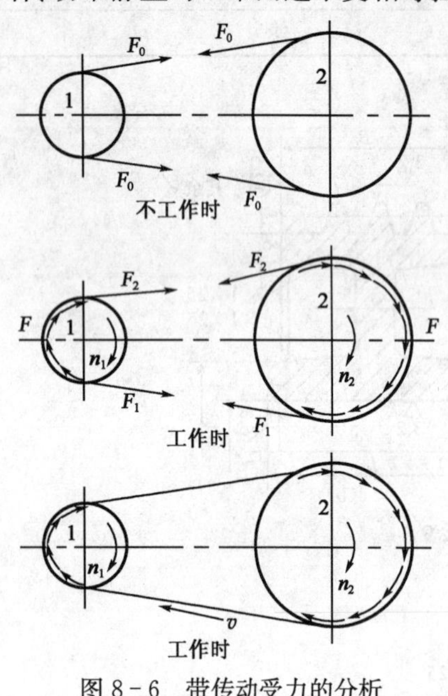

图 8-6 带传动受力的分析

1—主动轮；2—从动轮

$$\sum F_f = F_1 - F_2$$

正常工作时，摩擦力 $\sum \boldsymbol{F}_f$ 大小还等于工作阻力 $\boldsymbol{F}$ 的大小，即：

$$\sum F_f = F$$

带传动是靠摩擦力来传递运动和动力的。摩擦力越大，所传递的功率就越大，带的传动能力也越高。在一定初拉力 $\boldsymbol{F}_0$ 的作用下，带与带轮接触弧间的摩擦力有一极限值 $\sum \boldsymbol{F}_{fmax}$，而工作阻力 $\boldsymbol{F}$ 确不受限制。当工作阻力 $\boldsymbol{F}$ 超过了摩擦力的极限值 $\sum \boldsymbol{F}_{fmax}$ 时，平衡被打破，主动一边的带与带轮将发生明显的相对滑动，这种现象称为打滑。带打滑时从动轮转速急剧下降，致使传动失效，同时也加剧了带磨损，应避免打滑。

影响带传动能力的因素有：初拉力 $\boldsymbol{F}_0$ 越大，$\sum \boldsymbol{F}_{fmax}$ 越大，带的传动能力也越高，但 $\boldsymbol{F}_0$ 过大，磨损加剧，易松驰，寿命短，$\boldsymbol{F}_0$ 过小，工作潜力不能充分发挥，易于跳动与打滑；接触角 α_1 越大，带的传动能力也越高，一般要求 $a_1 \geqslant 120°$；摩擦因数 f 越大，带的传动能力也越高。

2. 带传动的应力分析

带传动的应力由三部分组成：拉应力、弯曲应力、离心拉应力。

1）拉应力 σ_1、σ_2

紧边拉应力：

$$\sigma_1 = \frac{F_1}{A}$$

松边拉应力：

$$\sigma_2 = \frac{F_2}{A}$$

式中　F_1，F_2——紧、松边拉力，N；

　　A——带的横截面积，mm^2。

带在绕过主动轮时，拉应力由 σ_1 逐渐降至 σ_2；带在绕过从动轮时，拉应力由 σ_2 逐渐增加到 σ_1。

2）弯曲应力 σ_b

$$\sigma_b = \frac{M}{W} = E \cdot \frac{h}{d_d}$$

式中　E——带的弹性模量，MPa；

　　h——带的高度，mm；

　　d_d——带轮的基准直径，mm。

由以上知，带轮直径越小，带越厚，带的弯曲应力越大。因此，小轮上带的弯曲应力比大轮上的弯曲应力大。为防止产生过大的弯曲应力，对各种型号的V带都规定了最小直径，详见表8-10。

3）离心拉应力 σ_c

$$\sigma_c = \frac{mv^2}{A}$$

式中　m——每米带长的质量见表8-1，kg/m；

　　v——带的线速度，m/s；

　　A——带的横截面积，mm^2。

由以上知，高速时采用轻质带，可以减小离心应力，离心拉应力作用于带的全长。

带传动在工作时，传动带某一截面的应力随运行位置变化而不断变化。随着位置的不同，应力大小在不断地变化，最终导致传动带产生疲劳破坏。

最大应力发生在紧边刚绕上主动轮处（图8-7中b点），其值为：

$$\sigma_{max} = \sigma_1 + \sigma_{b1} + \sigma_c$$

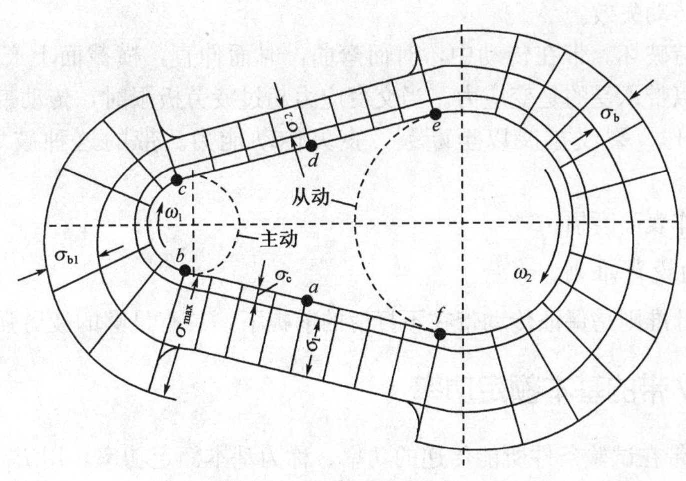

图8-7　带传动的应力分析

3. 传动带的弹性滑动分析

传动带是弹性体，受到拉力后会产生弹性伸长，伸长量随拉力大小的变化而改变。带由紧边绕过主动轮进入松边时，带的拉力由 F_1 减小为 F_2，其弹性伸长量也由 δ_1 减小为 δ_2。

这说明带在绕过带轮的过程中，相对于轮面向后收缩了（$\delta_1-\delta_2$），带与带轮轮面间出现局部相对滑动，导致带的速度逐步小于主动轮的圆周速度。同样，当带由松边绕过从动轮进入紧边时，拉力增加，带逐渐被拉长，沿轮面产生向前的弹性滑动，使带的速度逐渐大于从动轮的圆周速度。这种由于带的弹性变形而产生的带与带轮间的滑动称为弹性滑动。

弹性滑动和打滑是两个截然不同的概念。打滑是指过载引起的全面滑动，是可以避免的。而弹性滑动是由于拉力差引起的，只要传递圆周力，就必然会发生弹性滑动，所以弹性滑动是不可以避免的。弹性滑动的影响，使从动轮的圆周速度 v_2 低于主动轮的圆周速度 v_1，其圆周速度的相对降低程度可用滑差率 ε 来表示。

$$\varepsilon=\frac{v_1-v_2}{v_1}$$

带传动的理论传动比： $i=\frac{n_1}{n_2}=\frac{d_{d2}}{d_{d1}}$

带传动的实际传动比： $i=\frac{n_1}{n_2}=\frac{d_{d2}}{d_{d1}\ (1-\varepsilon)}$

在一般传动中 $\varepsilon=0.01\sim0.02$，其值不大，可不予考虑。

第二节　普通 V 带传动的设计

一、带传动的失效形式和设计准则

1. 带传动的主要失效形式

（1）打滑。靠摩擦工作的带传动，当传递的载荷超过带与带轮之间的最大摩擦力时，主动轮继续回转，从动轮和带停止转动，带在小带轮上剧烈滑动，称为打滑。打滑使带传动不能继续工作，即传动失效。

（2）带的疲劳破坏。带在传动中，时而弯曲，时而伸直，横截面上产生的正压力时而大，时而小，所以带承受的是变应力。当交变应力超过疲劳极限时，传动带的表层局部将出现裂纹。继续工作，裂纹扩展以至断裂，丧失传动能力。带的这种破坏现象称为疲劳破坏。

（3）带的工作表面磨损。

2. 带传动的设计准则

带传动的设计准则是保证传动带在不打滑的前提下，具有足够的疲劳强度或寿命。

二、单根 V 带的基本额定功率

单根普通 V 带在试验条件所能传递的功率，称为基本额定功率，用 P_1 表示。

单根普通 V 带在设计所给定的实际条件下允许传递的功率，称为额定功率，用 P' 表示。

$$P'=(P_1+\Delta P_1)\ K_\alpha K_L$$

式中 P_1——单根 V 带的基本额定功率，查表 8－6，kW；

ΔP_1——功率增量，查表 8－6，kW；

K_α——包角修正系数，见表 8－7；

K_L——带长修正系数，见表 8－8。

单根普通 V 带基本额定功率 P_1 是在特定试验条件（特定的带基准长度 L_d，特定使用寿命，传动比 $i=1$，包角 $\alpha=180°$，载荷平稳）下测得的带所能传递的功率。一般设计给定的实际条件与上述试验条件不同，须引入相应的系数进行修正。当传动比 $i\neq1$ 时，带在大轮上的弯曲应力较小，传递的功率可以增大些。

这样，在实际工况下，单根 V 带所能传递的额定功率为：

$$[P_1]=(P_1+\Delta P_1)K_\alpha K_L$$

表 8－6　单根普通 V 带的基本额定功率 P_1 和功率增量 ΔP_1

型号	小带轮转速 n r/min	P_1，kW 小带轮基准直径 d_{d1}，mm					ΔP_1，kW 传动比 i									
							1.00～1.01	1.02～1.04	1.05～1.08	1.09～1.12	1.13～1.18	1.19～1.24	1.25～1.34	1.35～1.50	1.51～1.99	≥2.00
Z		50	56	63	71	80										
	950	0.12	0.14	0.18	0.23	0.26	0.00	0.00	0.00	0.01	0.01	0.01	0.01	0.02	0.02	0.02
	1200	0.14	0.17	0.22	0.27	0.30	0.00	0.00	0.01	0.01	0.01	0.01	0.02	0.02	0.02	0.03
	1450	0.16	0.19	0.25	0.30	0.35	0.00	0.00	0.01	0.01	0.01	0.02	0.02	0.02	0.02	0.03
	1600	0.17	0.20	0.27	0.33	0.39	0.00	0.01	0.01	0.01	0.01	0.02	0.02	0.03	0.03	0.04
	2000	0.20	0.25	0.32	0.39	0.44	0.00	0.01	0.01	0.02	0.02	0.03	0.03	0.03	0.04	0.04
A		75	90	100	112	125										
	950	0.51	0.77	0.95	1.15	1.37	0.00	0.01	0.03	0.04	0.05	0.06	0.07	0.08	0.10	0.11
	1200	0.60	0.93	1.14	1.39	1.66	0.00	0.02	0.03	0.05	0.07	0.08	0.10	0.11	0.13	0.15
	1450	0.68	1.07	1.32	1.61	1.92	0.00	0.02	0.04	0.06	0.08	0.09	0.11	0.13	0.15	0.17
	1600	0.73	1.15	1.42	1.74	2.07	0.00	0.02	0.04	0.06	0.09	0.11	0.13	0.15	0.17	0.19
	2000	0.84	1.34	1.66	2.04	2.44	0.00	0.03	0.06	0.08	0.11	0.13	0.16	0.19	0.22	0.24
B		125	140	160	180	200										
	950	1.64	2.08	2.66	3.22	3.77	0.00	0.03	0.07	0.10	0.13	0.17	0.20	0.23	0.26	0.30
	1200	1.93	2.47	3.17	3.85	4.50	0.00	0.04	0.08	0.13	0.17	0.21	0.25	0.30	0.34	0.38
	1450	2.19	2.82	3.62	4.39	5.13	0.00	0.05	0.10	0.15	0.20	0.25	0.31	0.35	0.40	0.46
	1600	2.33	3.00	3.86	4.68	5.46	0.00	0.06	0.11	0.17	0.23	0.28	0.34	0.39	0.45	0.51
	1800	2.50	3.23	4.15	5.02	5.83	0.00	0.06	0.13	0.19	0.25	0.32	0.38	0.44	0.51	0.57
C		200	224	250	280	315										
	950	4.58	5.78	7.04	8.49	10.05	0.00	0.09	0.19	0.27	0.37	0.47	0.56	0.65	0.74	0.83
	1200	5.29	6.71	8.21	9.81	11.53	0.00	0.12	0.24	0.35	0.47	0.59	0.70	0.82	0.94	1.06
	1450	5.84	7.45	9.04	10.72	12.46	0.00	0.14	0.28	0.42	0.58	0.71	0.85	0.99	1.14	1.27
	1600	6.07	7.75	9.38	11.06	12.72	0.00	0.16	0.31	0.47	0.63	0.78	0.94	1.10	1.25	1.41
	1800	6.28	8.00	9.63	11.22	12.67	0.00	0.18	0.35	0.53	0.71	0.88	1.06	1.23	1.41	1.59

续表

型号	小带轮转速 n r/min	P_1，kW 小带轮基准直径 d_{d1}，mm					ΔP_1，kW 传动比 i									
							1.00～1.01	1.02～1.04	1.05～1.08	1.09～1.12	1.13～1.18	1.19～1.24	1.25～1.34	1.35～1.50	1.51～1.99	≥2.00
D		355	400	450	500	560										
	950	16.15	20.06	24.01	27.50	31.04	0.00	0.33	0.66	0.99	1.32	1.60	1.92	2.31	2.64	2.97
	1100	16.98	20.99	24.84	28.02	30.85	0.00	0.38	0.77	1.15	1.53	1.91	2.29	2.68	3.06	3.44
	1200	17.25	21.20	24.84	26.71	29.67	0.00	0.42	0.84	1.25	1.67	2.09	2.50	2.92	3.34	3.75
	1300	17.26	21.06	24.35	26.54	27.58	0.00	0.45	0.91	1.35	1.81	2.26	2.71	3.16	3.61	4.06
	1450	16.77	20.15	22.02	23.59	22.58	0.00	0.51	1.01	1.51	2.02	2.52	3.02	3.52	4.03	4.53
E		500	560	630	710	800										
	400	18.55	22.49	26.95	31.83	37.05	0.00	0.28	0.55	0.83	1.00	1.38	1.65	1.93	2.20	2.48
	500	21.65	26.25	31.36	36.85	42.53	0.00	0.34	0.64	1.03	1.38	1.72	2.07	2.41	2.75	3.10
	600	24.21	29.30	34.83	40.58	46.26	0.00	0.41	0.83	1.24	1.65	2.07	2.48	2.89	3.31	3.72
	700	26.21	31.59	37.26	42.87	47.96	0.00	0.48	0.97	1.45	1.93	2.41	2.89	3.38	3.86	4.34
	800	27.57	33.03	38.52	43.52	47.38	0.00	0.55	1.10	1.65	2.21	2.76	3.31	3.86	4.41	4.96

表 8-7 包角系数 K_α

包角 α,°	70	80	90	100	110	120	130	140
K_α	0.56	0.62	0.68	0.73	0.78	0.82	0.86	0.89
包角 α,°	150	160	170	180	190	200	210	220
K_α	0.92	0.95	0.96	1.00	1.05	1.10	1.15	1.20

表 8-8 普通 V 带长度修正系数 K_L

基准长度 L_d，mm	K_L Z	A	B	基准长度 L_d，mm	K_L Z	A	B	C	基准长度 L_d，mm	K_L A	B	C	D
400	0.87			900	1.03	0.87	0.82		2000	1.03	0.98	0.88	
450	0.89			1000	1.05	0.89	0.84		2240	1.06	1.00	0.91	
500	0.91			1120	1.08	0.91	0.86		2500	1.09	1.03	0.93	
560	0.94			1250	1.11	0.93	0.88		2800	1.11	1.05	0.95	0.83
630	0.95	0.81		1400	1.14	0.96	0.90		3150	1.13	1.07	0.97	0.86
710	0.99	0.83		1600	1.16	0.99	0.92	0.83	3550	1.17	1.09	0.99	0.89
800	1.00	0.85		1800	1.18	1.01	0.95	0.86	4000	1.19	1.13	1.02	0.91

三、V 带截面型号和根数的确定

V 带截面型号可由计算功率 P_C 和小带轮转速 n_1 查图 8-8 得到。

$$P_C = K_A P$$

式中 P——传动的额定功率，kW；

K_A——工作情况系数，查表 8-9。

表 8-9　工作情况系数 K_A

工作机		原动机					
		Ⅰ类			Ⅱ类		
		一天工作时间，h					
		<10	10～16	>16	<10	10～16	>16
载荷平稳	液体搅拌机；离心式水泵；通风机和鼓风机(≤5kW)；离心式压缩机；轻型运输机	1.0	1.1	1.2	1.1	1.2	1.3
载荷变动较小	带式运输机（运送砂石、谷物）通风机(>7.5kW)；发电机；旋转式水泵；金属切削机床；剪床；压力机；印刷机；振动筛	1.1	1.2	1.3	1.2	1.3	1.4
载荷变动较大	螺旋式运输机；斗式提升机；往复式水泵和压缩机；锻锤；磨粉机；锯木机和木工机械；纺织机械	1.2	1.3	1.4	1.4	1.5	1.6
载荷变动很大	破碎机（旋转式、颚式等）；球磨机，棒磨机；起重机；挖掘机；橡胶辊压机	1.3	1.4	1.5	1.5	1.6	1.8

V 带的根数 z 可按下式确定：

$$z=\frac{P_C}{[P]}=\frac{P_C}{(P_1+\Delta P_1)K_\alpha K_L}$$

一般 $z=3\sim6$，$z_{max}\leqslant10$ 根，以保证各带受力均匀。

四、主要参数的确定

1. 带轮的基准直径和带速

（1）选取小带轮基准直径 d_{d1}。如前所述，带轮直径越小，则传动结构紧凑，但带的弯曲应力越大，易于疲劳破坏。$d_{d1}\geqslant d_{d1min}$，V 带轮的最小直径 d_{d1min} 见表 8-10。选择较小直径的带轮，传动装置外廓尺寸小、重量轻；而带轮直径增大，则可提高带速、减小带的拉力，从而可能减少 V 带的根数，但这样将增大传动尺寸。设计时可参考图 8-8 中给出的带轮直径范围按标准取值。

表 8-10　V 带轮的最小直径　　mm

槽型	Y	Z	A	B	C	D	E
d_{d1min}	20	50	75	125	200	355	500

（2）验算带的速度。由式 $P=\frac{Fv}{1000}$ 可知：传递功率 P 一定时，带速 v 越高，圆周力 F 越小，所需带的根数越少，但带速过大，带在单位时间内绕过带轮的次数增加，使疲劳寿命降低。同时，增加带速会显著地增大带的离心力，减小带与带轮间接触压力。当带速达到某一数值后，不利因素将超过有利因素，致使 P_1 降低，设计时应使 $v\leqslant v_{max}$。一般在 $v=5\sim25$m/s 内选取，以 $v=20\sim25$m/s 最有利。对 Y、Z、A、B、C 型带，$v_{max}=25$m/s；对 D、E 型带，$v_{max}=30$m/s。如 $v>v_{max}$，应减小 d_{d1}。

$$v_1=\frac{\pi d_{d1}n_1}{60\times1000}$$

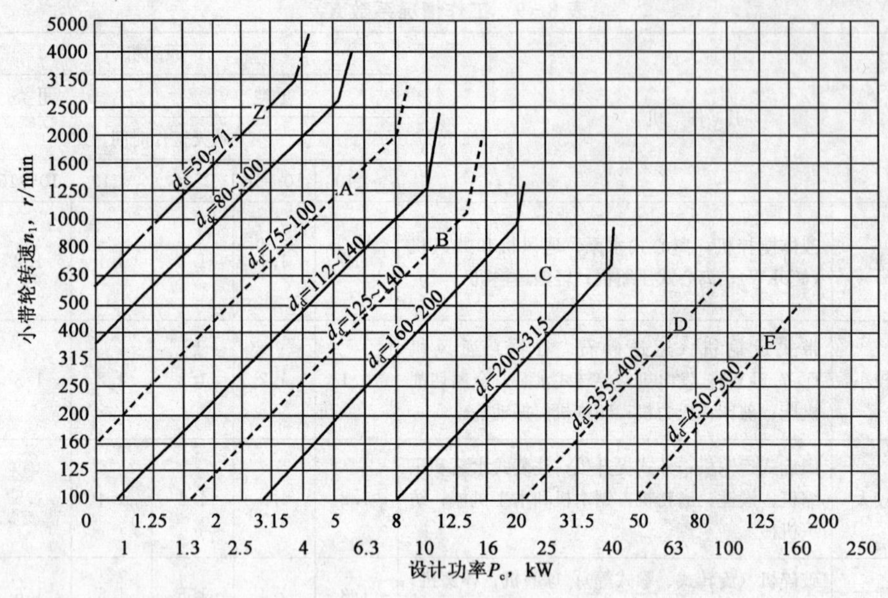

图 8-8　普通 V 带选型图

式中　v——带速，m/s；

d_{d1}——小带轮基准直径，mm；

n_1——小带轮转速，r/min。

(3) 确定大带轮的基准直径 d_{d2}。大带轮基准直径：

$$d_{d2}=\frac{n_1}{n_2}d_{d1}$$

计算后也应按表 8-4 直径系列值圆整。当要求传动比精确时，应考虑滑动系数 ε 来计算轮径，此时 d_{d2} 可不圆整。

2. 中心距和带长

如结构布置的要求已定，则中心距 a 按结构确定。

若求中心距 a 时，初选 a_0 的取值范围为：

$$0.7(d_{d1}+d_{d2})\leqslant a_0\leqslant 2(d_{d1}+d_{d2})$$

带的长度可由几何条件求得：

$$L_0\approx 2a_0+\frac{\pi}{2}(d_{d1}+d_{d2})+\frac{(d_{d2}-d_{d1})^2}{4a_0}$$

根据中心距 a_0 计算出带长 L_0，由表 8-2 中取接近基准长度 L_d，再按下式计算实际中心距 a：

$$a=a_0+\frac{L_d-L_0}{2}$$

3. 小轮包角 α_1

$$\alpha_1=180°-\frac{d_{d2}-d_{d1}}{a}\times 57.3°$$

一般要求 $\alpha_1\geqslant 120°$，若不能满足此条件，可增大中心距或加装张紧轮。

4. 初拉力

适当的初拉力是保证带传动正常工作的重要因素，初拉力太小容易打滑，初拉力太大降低带的寿命，且对轴和轴承的压力增大。单根 V 带的初拉力 F_0 可按下式计算：

$$F_0 = 500 \cdot \frac{P_C}{vz}\left(\frac{2.5 - K_\alpha}{K_\alpha}\right) + mv^2$$

式中　m——V 带每米的质量，kg/m。

该式为单根带适合的 F_0 值，一般上下浮动 30%均可。

5. 传动带作用在轴上的压力

带传动对轴的压力 F_Q 即为传动带紧、松边拉力的向量和，一般按初拉力作近似计算，由图 8-9 可知：

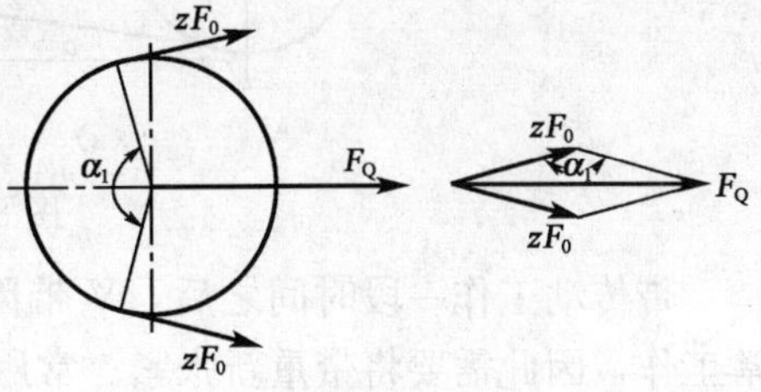

图 8-9　作用在带轮轴上的载荷

$$F_Q = 2zF_0 \sin\frac{\alpha_1}{2}$$

五、带传动的设计任务及步骤

1. V 带传动设计计算前应明确的设计条件

(1) 传动的用途、工作情况和原动机种类；

(2) 传递的功率；

(3) 主、从动轮转速 n_1、n_2（或 n_1 和传动比 i）；

(4) 其他要求，如中心距大小、安装位置限制等。

2. V 带传动设计计算应完成的主要内容

(1) V 带的型号、长度和根数；

(2) 带轮的尺寸、材料和结构；

(3) 传动中心距 a；

(4) 带作用在轴上的压轴力 F_Q 等。

第三节　V 带传动的张紧、安装与维护

一、V 带传动的张紧与调整

为了保证 V 带传动的正常工作，带紧套在带轮上后，要测量初拉力 $\boldsymbol{F}_0$，使 $\boldsymbol{F}_0$ 达到设计要求。测量方法是在 V 带与两带轮切点的跨度中点处，施加一规定的垂直于带边的力 $\boldsymbol{F}$，其值见表 8-11，再测量产生的挠度 f［图 8-10 (a)］，若挠度 f=1.6a/100mm，即合格。图 8-10b 所示为测量挠度的原理图，加力 $\boldsymbol{F}$ 后，刻度上部显示力 $\boldsymbol{F}$ 数值，下部显示挠度数值。

表 8-11　测试力的计算表　　N

新安装的 V 带：$F=\frac{1.5F_0+\Delta F_0}{16}$	带型	Y	Z	A	B	C	D	E
使用过的 V 带：$F=\frac{1.3F_0+\Delta F_0}{16}$	ΔF_0	6	10	15	20	29.4	58.8	108

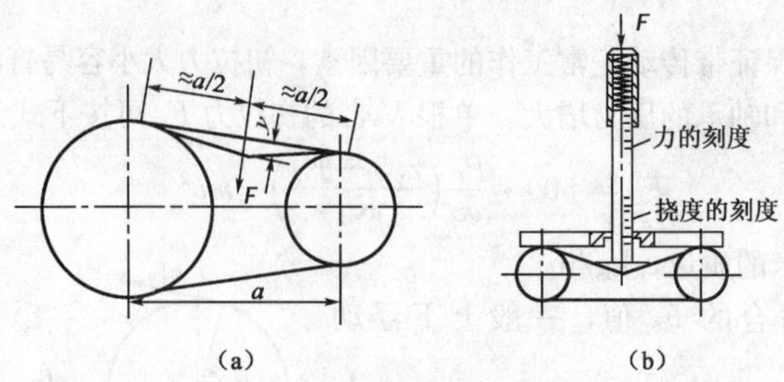

图 8-10　初拉力的控制

带传动工作一段时间之后，V 带因产生塑性伸长而松弛，使带的初拉力减少，影响正常工作，因此需要将带重新张紧。常用的张紧方法有：

(1) 定期改变中心距的张紧方法（图 8-11）。通过调节螺栓，使电动机水平移动[图 8-11（a）]或绕定轴转动[图 8-11（b）]，调整中心距，以定期调整带的初拉力。

(2) 利用质量自动张紧方法（图 8-12）。利用电动机和摆架的质量，使 V 带轮随同电动机一起绕固定支点 A 自动摆动，保持带所需的初拉力。

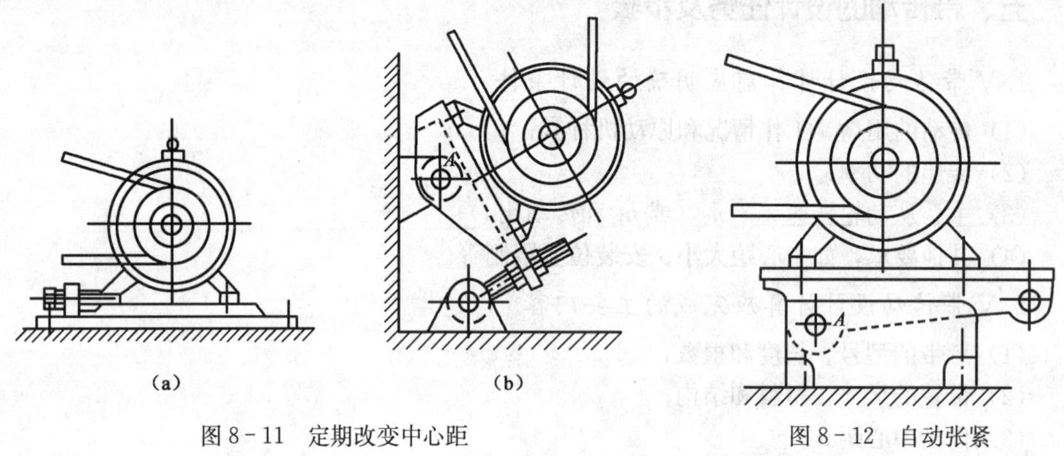

图 8-11　定期改变中心距　　图 8-12　自动张紧

(3) 利用张紧轮的张紧方法（图 8-13）。调整张紧轮的位置即可调整带的松紧程度，保持带中的初拉力。为避免带受双向弯曲，张紧轮应放在松边的内侧，以利延长带的使用寿命。

二、V 带传动的安装与维护

(1) 安装带轮时，两带轮轴线应相互平行，其 V 型槽对称平面应重合，误差不得超过 20′（图 8-14）。

(2) 普通 V 带基准长度的极限偏差值较大，对于多根 V 带传动，为使各带受力均匀，要选择公差值在同一档次的带配组使用，配组代号打印在带的顶面上。

(3) 安装 V 带时，先将中心距缩小，将带套在带轮上后，慢慢调大中心距张紧，直到所加的测试力 $\boldsymbol{F}$ 满足规定的挠度 $f=1.6a/100$。

(4) V 带在轮槽中露出的高度应符合表 8-12 的规定。

(5) 定期对 V 带进行检查有无松弛和断裂现象，以便及时调整中心距或更换 V 带。更换 V 带时，要成组更换，新旧带不得同组混装。

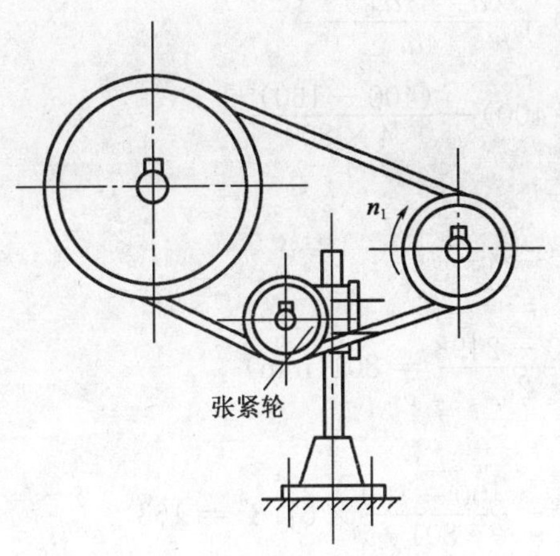

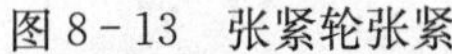
图 8－13　张紧轮张紧

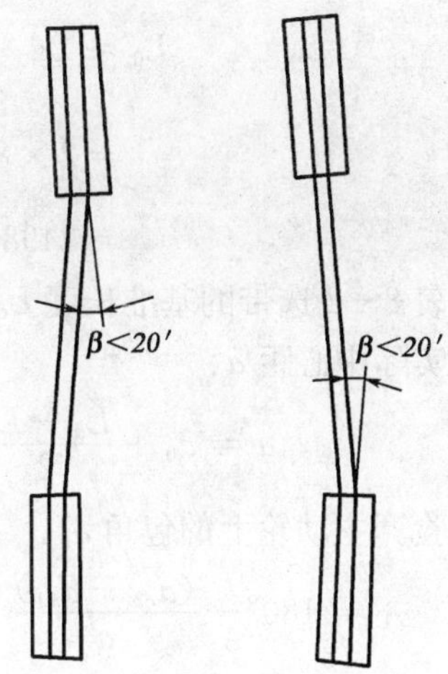

图 8－14　带轮安装要求

（6）要采用安全防护罩，以保障操作人员安全，同时防止油、酸、碱对 V 带的腐蚀。

表 8－12　V 带露出高度　　mm

普通 V 带		型号						
		Y	Z	A	B	C	D	E
露出高度	最大	+0.8	+1.6					
	最小	−0.8	−1.6			−2.0	−3.2	

【例 8－1】　试设计带式输送机的 V 带传动，采用三相异步电动机 Y160L－6，其额定功率 $P=11\text{kW}$，转速 $n_1=970\text{r/min}$，传动比 $i=2.5$，两班制工作。

解：（1）确定计算功率 P_C，选取 V 带类型。

查表 8－9 得工作情况系数 $K_A=1.2$，有：

$$P_C=K_AP=1.2\times11=13.2\ (\text{kW})$$

根据 $P_C=13.2\text{kW}$、$n_1=970\text{r/min}$，从图 8－8 中选用 B 型普通 V 带。

（2）确定带轮基准直径。

由表 8－10 查得主动轮的最小基准直径 $d_{d1\min}=125\text{mm}$，根据带轮的基准直径系列，取 $d_{d1}=160\text{mm}$。计算从动轮基准直径：

$$d_{d2}=id_{d1}=2.5\times160=400\ (\text{mm})$$

根据基准直径系列，取 $d_{d2}=400\text{mm}$。

（3）验算带的速度。

$$v_1=\frac{\pi d_{d1}n_1}{60\times1000}=\frac{\pi\times160\times970}{60\times1000}=8.13(\text{m/s})$$

速度在 5～25m/s 内，合适。

（4）确定普通 V 带的基准长度和传动中心距。

根据 $0.7(d_{d1}+d_{d2})<a_0<2(d_{d1}+d_{d2})$ 有：

$$a_0=(0.7\sim2)(160+400)=392\sim1120(\text{mm})$$

初步确定中心距 $a_0=800\text{mm}$。

计算带的初选长度：

$$L_0 \approx 2a_0 + \frac{\pi}{2}(d_{d1} + d_{d2}) + \frac{(d_{d2} - d_{d1})^2}{4a_0}$$

$$= 2 \times 800 + \frac{\pi}{2}(160 + 400) + \frac{(400 - 160)^2}{4 \times 800}$$

$$= 2498(\text{mm})$$

根据表 8－2 选带的基准长度 $L_d = 2500\text{mm}$。

带的实际中心距 a：

$$a = a_0 + \frac{L_d - L_0}{2} = 800 + \frac{2500 - 2498}{2} = 801(\text{mm})$$

(5) 验算主动轮上的包角 α_1。

$$\alpha_1 = 180° - \frac{(d_{d2} - d_{d1})}{a} \times 57.3° = 180° - \frac{400 - 160}{801} \times 57.3° = 163°$$

主动轮上的包角合适。

(6) 计算 V 带的根数 z。

$$z = \frac{P_C}{[P]} = \frac{P_C}{(P_0 + \Delta P_0)K_\alpha K_L}$$

由 B 型普通 V 带，$n_1 = 970\text{r/min}$，$d_{d1} = 160\text{mm}$，查表 8－6 得 $P_1 = 2.70\text{kW}$。

由 $i = 2.5$，查表 8－6 得 $\Delta P_1 = 0.3\text{kW}$。

由 $\alpha_1 = 163°$，查表 8－7 得 $K_\alpha = 0.953$。

由 $L_d = 2500\text{mm}$，查表 8－8 得 $K_L = 1.03$。则：

$$z = \frac{P_C}{(P_0 + \Delta P_0)K_\alpha K_L} = \frac{13.2}{(2.70 + 0.3) \times 0.953 \times 1.03} = 4.5$$

取 $z = 5$ 根。

(7) 计算初拉力 F_0。查表 8－1 得 $m = 0.17\text{kg/m}$，故：

$$F_0 = 500\frac{P_C}{vz}\left(\frac{2.5}{K_\alpha} - 1\right) + qv^2$$

$$= 500 \times \frac{13.2}{8.13 \times 5} \times \left(\frac{2.5}{0.953} - 1\right) + 0.17 \times 8.13^2$$

$$= 275(\text{N})$$

(8) 计算作用在轴上的压力 F_Q。

$$F_Q = 2zF_0 \sin\frac{\alpha_1}{2} = 2 \times 5 \times 275 \times \sin\frac{163°}{2} = 2719.8(\text{N})$$

第四节 链 传 动

一、链传动的类型和特点

链传动由主动链轮 1、从动链轮 2 和绕在链轮上的链条 3 组成（图 8－15），靠链条与链轮轮齿的啮合来传递运动和动力。

1. 链传动的主要类型

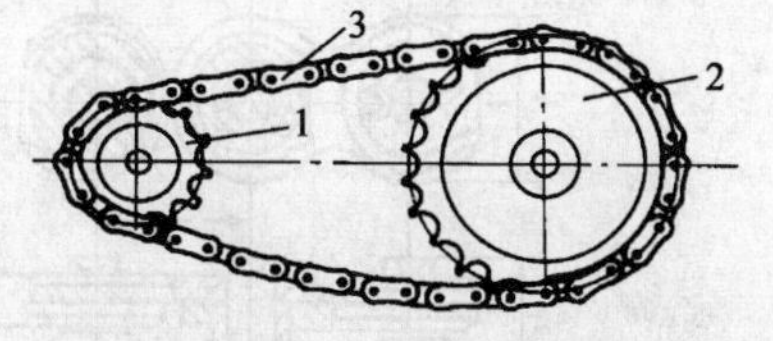

图 8-15 链传动

1—主动链轮；2—从动链轮；3—链条

按链用途不同，传动链分为三大类：

(1) 传动链：用于一般机械传动。

(2) 输送链：在各种输送装置中用以输送物品。

(3) 起重链：在起重机械中用以提升重物。

按结构不同，传动链又分为滚子链和齿形链。本节只介绍滚子链传动的基本知识。

2. 平均链速和平均传动比

滚子链结构特点是刚性链节通过销轴铰接而成，因此链传动相当于两多边形轮子间的链传动。链条节距 p 和链节数 z 分别为多边形的边长和边数。设 n_1、n_2 和 z_1、z_2 分别为主、从动链轮转速和链轮齿数，则链的平均速度和平均传动比为：

$$v=\frac{z_1 p n_1}{60\times 1000}=\frac{z_2 p n_2}{60\times 1000}$$

$$i=\frac{n_1}{n_2}=\frac{z_2}{z_1}$$

式中 v——链的平均速度，m/s；

i——平均传动比，无量纲。

上式说明，链传动的平均传动比与链轮的齿数成反比。

3. 链传动的主要特点和应用

与带传动相比，链传动能保证准确的平均传动比，效率高，作用在轴上的压力小，能在恶劣环境中工作；链是按折线绕在链轮上，当主动轮角速度恒定时，从动轮的角速度不速恒定、链速不恒定、瞬时传动比不恒定即所谓的运动不均匀性；传动平稳性差及价格较贵。

链传动的适用范围：传动比 $i\leqslant 8$；链速度 $v\leqslant 15$m/s；传递功率 $P\leqslant 100$kW。

链传动广泛应用在石油、化工、矿山、冶金、轻工、农业、机床、汽车、摩托车等机械传动中。

二、滚子链和链轮

滚子链的结构如图 8-16 所示，由内链板 1、套筒 2、销轴 3、外链板 4 和滚子 5 组成。内链板与套筒、销轴与外链板之间为过盈配合，销轴与套筒、套筒与滚子之间为间隙配合。由于套筒与销轴、滚子与套筒之间能够自由旋转，一方面链节间能自由相对转动，同时可以减轻链条与链轮啮合时的磨损。

当传递的功率较大时，可采用双排链（图 8-17）或多排链，排距用 p_t 表示。

链条的相邻两销轴中心之间的距离称为节距，用 p 表示，它是链条的基本参数。节距越大，链条各零件的尺寸及承载能力也越大。滚子链已有国家标准（GB/T 1243—2006《传动用短节距精密滚子链、套筒链、附件和链轮》），标准规定滚子链分为 A（美国）、B（英国）两个系列。部分滚子链的规格和尺寸见表 8-13。

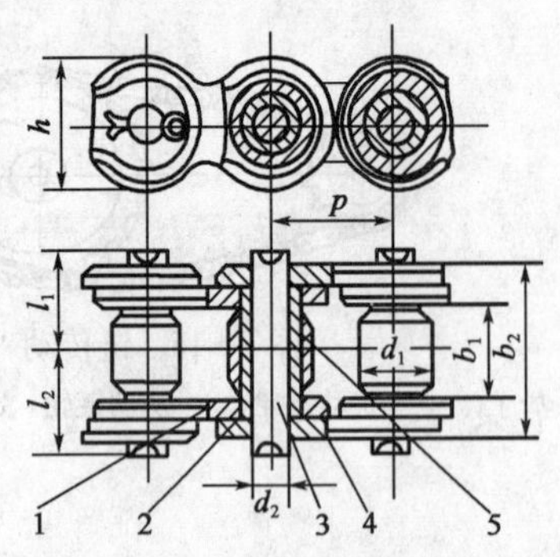

图 8-16　滚子链的结构

1—内链板；2—套筒；3—销轴；
4—外链板；5—滚子

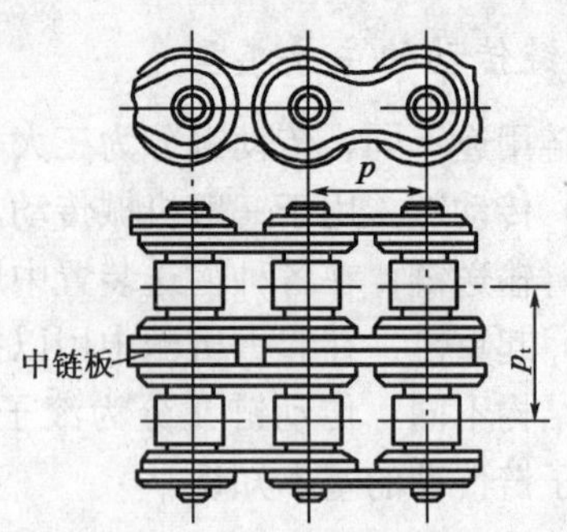

图 8-17　双排链

表 8-13　滚子链的规格和尺寸

链号	节距 p mm	排距 p_t mm	滚子外径 d_{1max} mm	内链节内宽 b_{1min}，mm	内链板高度 h_{2max}，mm	抗拉载荷，kN	
						单排 min	双排 min
08A	12.7	14.38	7.92	7.85	12.07	13.8	27.6
08B	12.7	13.92	8.51	7.75	11.81	17.8	31.1
10A	15.875	18.11	10.16	9.4	15.09	21.8	43.6
10B	15.875	16.59	10.16	9.65	14.73	22.2	44.5
12A	19.05	22.78	11.91	12.57	18.08	31.1	62.3
12B	19.05	19.46	12.07	11.68	16.13	28.9	57.8
16A	25.4	29.29	15.88	15.75	24.13	55.6	111.2
16B	25.4	31.88	15.88	17.02	21.08	60	106
20A	31.75	35.76	19.05	18.9	30.18	86.7	173.5
20B	31.75	36.45	19.05	19.56	26.42	95	170

滚子链标记规定为：链号-排数-整链链节数　标准编号。例如，链号为 24A、双排、60 节的滚子链标记为：24A-2-60　GB/T 1243—2006。

为将链条两端连接起来，当链节数为偶数时，可采用连接链节［图 8-18（a)］，其一侧的外链板与销轴为过盈配合，另一侧的外链板与销轴为间隙配合，用弹簧锁片将外链板锁紧在销轴上。当链节数为奇数时，应采用过渡链节［图 8-18（b)］。链条受拉时，过渡链节的弯链板受附加的弯曲应力，因此链条节数常采用偶数。

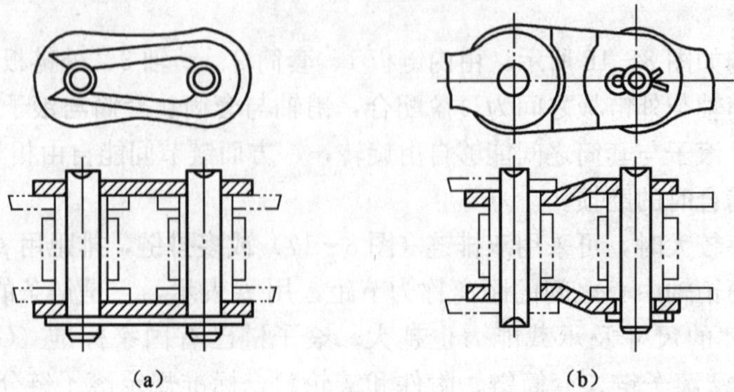

图 8-18　滚子链的接头形式

链轮的齿形已有标准GB/T 1243—2006规定，并用标准刀具加工。链轮通常采用优质碳素钢或合金钢制成，并经过热处理。链轮的结构如图8-19所示。当链轮尺寸较小时，制成实心式［图8-19（a）］；中等直径的链轮制成孔板式［图8-19（b）］；直径较大的链轮采用组合式［图8-19（c）］，轮齿磨损后可更换齿圈。

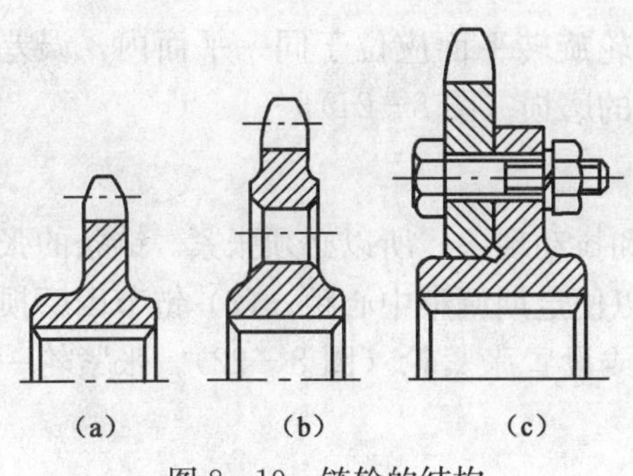

图8-19　链轮的结构

三、链传动的失效形式

常见的链传动失效形式有以下几种。

1. 链板的疲劳断裂

链条在工作时，紧边比松边受的拉力大，两边的应力也不一样，所以链板在绕链轮传动时承受的是变应力。当应力超过疲劳强度极限时，链板将因疲劳而断裂。

2. 滚子和套筒的疲劳点蚀

在链条与链轮啮合时，链节是以一定的角速度绕向轮齿的，链节与轮齿接触时产生冲击、振动、噪声（动力不均匀性）。速度越高，冲击力也越大。当冲击应力超过疲劳强度极限时，滚子或套筒产生细微的疲劳裂纹，裂纹逐渐发展，使表面金属微粒脱落，这种现象称为疲劳点蚀。滚子或套筒的表面发生点蚀后，工作面积减少，应力增加，加速点蚀的发展，直至报废。

采用小节距、多排链、多齿数、低转速，可提高链条的疲劳强度。

3. 链条脱落

链条的销轴与套筒间因相对转动产生磨损，磨损后链条的节距增大。当节距增大过多时，链条就容易从链轮上脱落下来，发生脱链现象。

4. 链条过载拉断

在低速重载或突然过载时，链条传递的圆周力超过了静强度，链条将被拉断。

5. 链轮齿面磨损

链传动长期运转，链轮齿廓会过度磨损变尖，严重降低传动质量，致使传动报废。

四、链传动的布置、安装、张紧和润滑

1. 链传动的布置

链传动的布置，按两链轮中心连线位置可分为：水平布置［图8-20（a）］、倾斜布置［图8-20（b）］、垂直布置［图8-20（c）］。水平布置最好，其次是倾斜布置，为便于链条进入和脱离链轮，链条的紧边要放在上方。垂直布置最差，因为链条下垂，会减少下链轮的有效啮合齿数，降低传递能力，所以尽量不要采用这种布置形式。因结构需要必须采用垂直布置时，上下两链轮要偏置，使两轮轴线不在同一垂直面内。

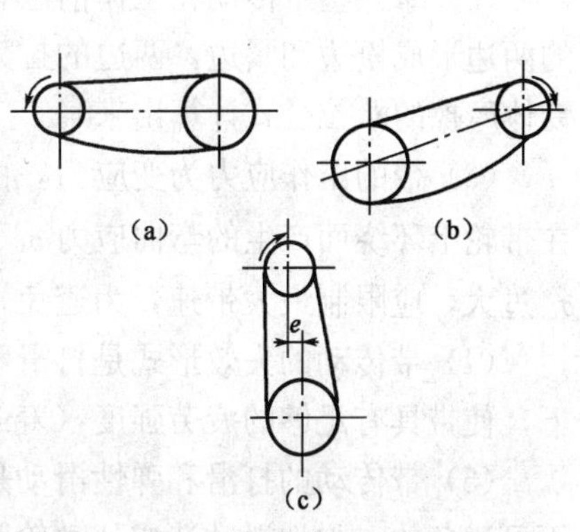

图8-20　链传动的布置

2. 链传动的安装

安装链传动时，两链轮轴线必须平行，并且两链轮旋转平面应位于同一平面内，误差 $\Delta e \leqslant 0.002a$（$a$ 为中心距），超过会引起脱链和不正常的磨损（图 8-21）。

3. 链传动的张紧

链传动的松边如果垂度过大，将会引起啮合不良和抖动现象，所以必须张紧。链条的张紧方法：(1) 把两链轮中的一个链轮安装在滑板上，以便定期调整中心距；(2) 链节因磨损节距增长，中心距又不可调整时，可去掉 2 个链节，或设置张紧轮（图 8-22）。张紧轮一般布置在链条的松边。

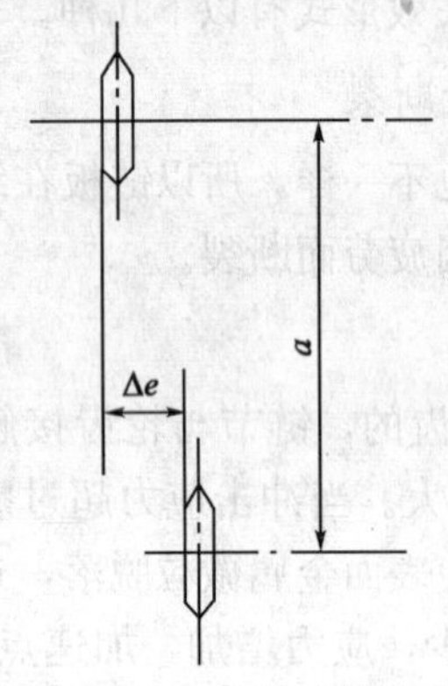

图 8-21 链传动的安装

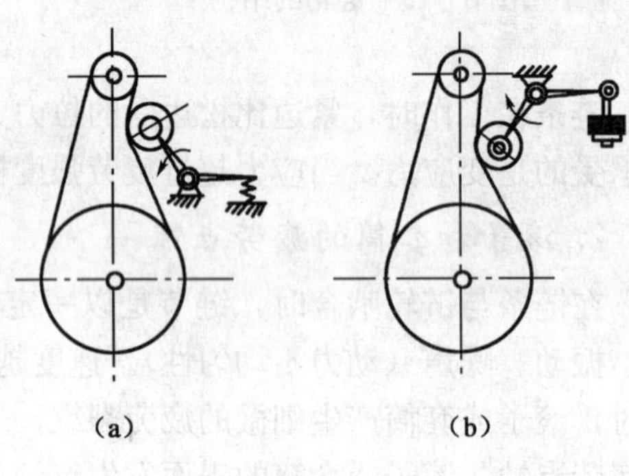

图 8-22 链传动的张紧

4. 链传动的润滑

链传动润滑的好坏是影响工作能力和使用时间的重要因素。良好的润滑可以减轻磨损、缓和冲击及振动。常用的润滑油牌号为 L-AN32、L-AN46、L-AN68 全损耗系统用油。

在链传动的使用过程中，应定期检查润滑情况及链条的磨损情况。

本章小结

带传动部分：

(1) 带传动根据工作原理可分为摩擦型带传动和啮合型带传动两种。摩擦型带传动应用最广，布置形式多为开口布置。

(2) 摩擦型带传动在工作前已有一定的初拉力，工作时靠带与带轮间的摩擦力工作，带的两边形成松边和紧边，两边的拉力差是带传递的有效圆周力（最大有效圆周力可以通过柔韧体摩擦的欧拉公式计算出来）。

(3) 带的工作应力为变应力，由带拉力产生的拉应力 σ_1、离心力产生的拉应力 σ_c 和带在带轮上环绕而产生的弯曲应力 σ_b 三部分组成。为避免 σ_1 过大，应限制最小带速，为避免 σ_c 过大，应限制最大带速，为避免 σ_b 过大，应限制小带轮的最小计算直径。

(4) 带传动的失效形式是打滑和带的疲劳损坏，设计准则是在保证带传动不打滑的条件下，使带具有足够的疲劳强度（寿命）。

(5) 带传动的打滑和弹性滑动是两个截然不同的概念。打滑是可以避免的，弹性滑动是不可避免的。弹性滑动造成从动轮圆周速度降低，降低率用滑动率表示。

（6）普通 V 带传动设计计算的主要内容是确定 V 带的型号、长度、根数、中心距、带轮直径、材料、结构以及对带轮轴的压力等。设计中应注意带轮最小直径、传动中心距、带根数的选取和小带轮包角与带速的验算。

链传动部分：

（1）链传动是具有中间绕性件的啮合传动，兼有带传动和齿轮传动的特点。根据工作性质，链传动可分为传动链、起重链和曳引链，一般机械传动中，常用的是滚子传动链。

（2）滚子链已标准化，其最重要的参数是链节距，链节距越大，链的各部分尺寸也越大，承载能力也越高。链条的长度用链节数表示，为避免使用过渡链节，链节数一般取偶数。链轮的基本参数是配用链条的参数，常用齿廓为“三圆弧一直线”齿廓。

（3）多边形效应是链传动的固有特性，链节距越大，链轮齿数越少，链轮转速越高，多边形效应就越严重。由于多边形效应，链传动不宜用于有运动平稳性要求和转速高的场合。

（4）链传动的失效主要是链条的失效，其承载能力受到多种失效形式的限制。

（5）链传动张紧的主要目的是避免链条垂度过大时产生啮合不良和链条的振动现象，同时可增加链条和链轮的啮合包角，常用的张紧方法有调整中心距和用张紧装置两种。

（6）链传动的润滑方式应根据链速和链节距按推荐的润滑方式选择。

习　题

1. 摩擦带传动按带的截面形状分为哪几种类型？工业上常用的是什么传动？
2. 试述带传动的特点和应用。
3. 国标规定，普通 V 带按截面尺寸大小分为几种？何谓 V 带的基准长度？
4. 带型为 B 型，基准长度 $L_d=1600$mm，试写出此 V 带的标记？
5. 试述 V 带轮的结构型式。如何选择 V 带轮的结构型式？
6. 何谓包角？其大小对带传动有何影响？
7. 为什么要限制带的运动速度？
8. 试述摩擦带传动的失效形式及原因。
9. V 带传动常用的张紧方法有哪几种？
10. 如何将 V 带安装在 V 带轮上？安装前应注意哪些事项？
11. 如何对 V 带传动进行维护？
12. 试述链传动的特点和应用范围。
13. 滚子链由哪些零件组成？说明滚子链的标记方法。
14. 何谓节距？单位是什么？节距的大小对传递载荷有何影响？
15. 试述链传动的失效形式及原因。
16. 链传动按两链轮中心连线位置分为几种布置形式？
17. 常用的链传动张紧方法有哪几种？
18. 试设计一液体搅拌机用的 V 带传动。小带轮装在电动机轴上，电动机功率 $P=10$kW，转速 $n_1=940$r/min，从动轮转速 $n_2=290$r/min，二班制工作，要求中心距不超过 500mm。

第九章　齿 轮 传 动

第一节　齿轮传动的特点和类型

齿轮传动由主动轮、从动轮和机架组成。它是依靠两齿轮轮齿之间的相互啮合来传递运动和动力的，是现代机械中应用最广泛的机械传动形式之一。

一、齿轮传动的特点

齿轮传动的特点有：能保证恒定的传动比；适用的功率和速度范围广；传动效率高；结构紧凑；工作可靠且使用寿命长；对制造和安装精度要求较高；不宜用于远距离两轴之间的传动。

二、齿轮传动的类型

齿轮传动的类型很多。按齿轮轴线间相对位置、齿向和啮合情况不同，齿轮传动可分为如图 9-1 所示的类型。

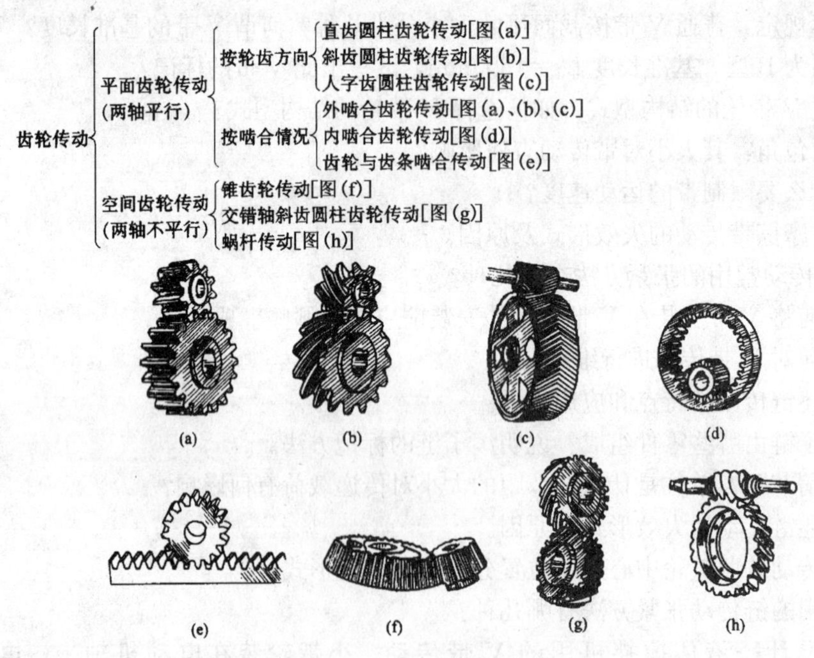

图 9-1　齿轮传动的类型

按照齿轮齿廓曲线，可分为渐开线齿轮传动、圆弧齿轮传动、摆线齿轮传动。

本章只研究渐开线齿轮传动的工作原理、设计方法和维护的基础知识。

第二节　渐开线直齿圆柱齿轮

以渐开线作为轮齿两侧齿廓的齿轮称为渐开线齿轮，如图 9－2 所示。

一、渐开线的形成及性质

如图 9－3 所示，当直线 AB 沿半径为 r_b 的圆作纯滚动，直线上任一点 K 的轨迹 DKE 称为该圆的渐开线。这个圆称为渐开线的基圆；直线 AB 称为发生线。齿轮的齿廓就是由两段对称渐开线组成的（图 9－2)。

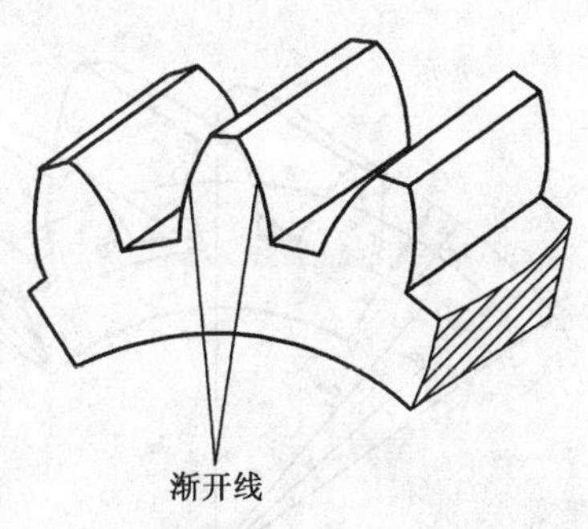

图 9－2　渐开线齿轮

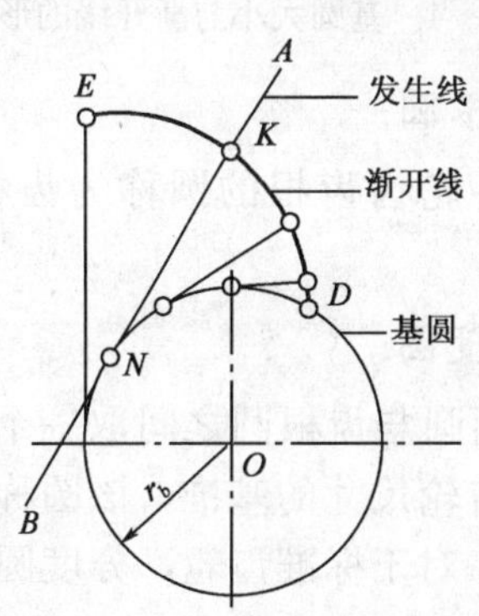

图 9－3　渐开线的形成

根据渐开线的形成过程可知，渐开线具有以下性质：

(1) 发生线沿基圆滚过的线段长度等于基圆上被滚过的弧长，即 $NK=ND$（弧长)。

(2) 在渐开线形成过程中的每一瞬时，发生线都绕它与基圆的切点 N 转动，所以 N 点为曲率中心，NK 为渐开线上 K 点的曲率半径，也是该点的法线。又因发生线始终切于基圆，故渐开线上各点的法线必与基圆相切。

(3) 渐开线的形状与基圆大小有关。同一基圆上的渐开线形状完全相同。基圆越大，渐开线越平直，当基圆半径为无穷大时，渐开线就成为直线（图 9－4)。

(4) 渐开线上各点的压力角不同，离基圆越远，压力角越大。

如图 9－5 所示，渐开线上任意一点 K 所受的法向力为 $\boldsymbol{F}_n$ 作用，K 点的圆周速度为 v_K，力 $\boldsymbol{F}_n$ 与速度 v_K 间所夹的锐角 α_K 称为渐开线上 K 点的压力角。由 ΔONK 知，$\cos\alpha_K=r_b/r_K$，式中 r_K 为 K 点到转动中心 O 的距离。因 r_b 为定值，r_K 随 K 点而变化，故 α_K 随 r_K 的变化而变化。离基圆越远，压力角越大；离基圆越近，压力角越小；基圆上的压力角等于零。

(5) 基圆内无渐开线。

二、渐开线齿轮各部分名称及符号

图 9－6 为渐开线直齿圆柱齿轮的一部分。

1. 齿顶圆

连接各轮齿齿顶的圆称为齿顶圆，其直径用 d_a 表示。

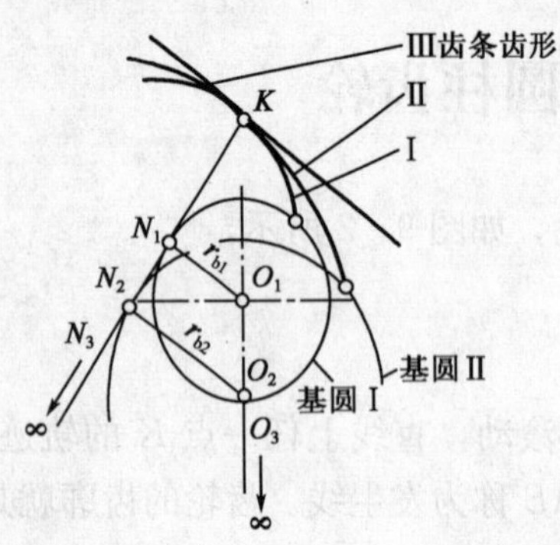

图 9-4　基圆大小与渐开线的形状

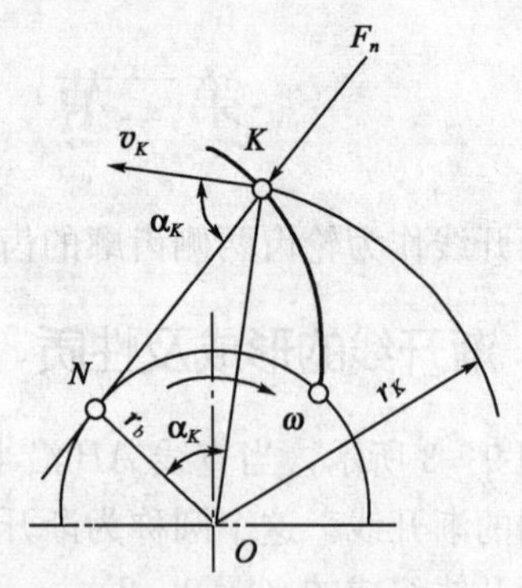

图 9-5　渐开线上各点的压力角

2. 齿根圆

连接各轮齿齿根的圆称为齿根圆，其直径用 d_f 表示。

3. 分度圆

在齿顶圆与齿根圆之间取一个圆，作为计算、制造和测量齿轮尺寸的基准，该圆称为分度圆，其直径用 d 表示。对于标准齿轮，分度圆上的齿厚与齿槽宽相等。

为了简便及便于区别，分度圆上的尺寸符号都不加角标。

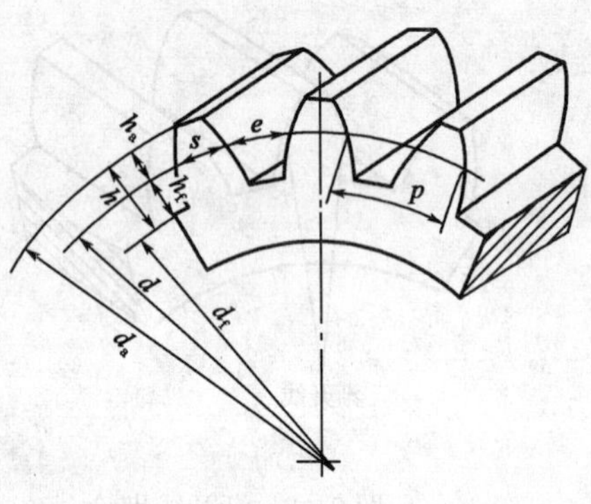

图 9-6　渐开线齿轮各部分名称及符号

4. 齿厚、齿槽宽和齿距

一个齿的两侧端面齿廓之间分度圆上的弧长度，称为分度圆上的齿厚，用 s 表示。

一个齿槽的两侧端面齿廓之间分度圆上的弧长度，称为分度圆上的齿槽宽，用 e 表示。

相邻两齿同侧的端面齿廓之间分度圆上的弧长度，称为分度圆上的齿距，用 p 表示。

$$p=s+e \tag{9-1}$$

5. 齿顶高、齿根高和齿高

齿顶圆与分度圆之间的径向距离，称为齿顶高，用 h_a 表示。

齿根圆与分度圆之间的径向距离，称为齿根高，用 h_f 表示。

齿顶圆与齿根圆之间的径向距离，称为齿高，用 h 表示，$h=h_a+h_f$。

三、渐开线直齿圆柱齿轮的基本参数

1. 模数 m

根据齿距定义，设齿轮的齿数为 z，分度圆的周长 $\pi d=zp$，由此可得：

$$d=\frac{p}{\pi}z$$

由于 π 为一无理数，为了便于设计、制造和检验，人为地把 p/π 的值规定为标准值，称为模数，用 m 表示，单位为 mm，即：

$$m=\frac{p}{\pi} \tag{9-2}$$

于是得分度圆直径的计算公式为：

$$d=mz \tag{9-3}$$

我国采用的标准模数值见表 9-1。

表 9-1　渐开线圆柱齿轮模数　mm

第一系列	1	1.25	1.5	2	2.5	3	4	5	6
	8	10	12	16	20	25	32	40	50
第二系列	1.75	2.25	2.75	(3.25)	3.5	(3.75)	4.5	5.5	(6.5)
	7	9	(11)	(14)	18	22	28	36	45

注：(1) 对斜齿圆柱齿轮是指法向模数。

(2) 优先选用第一系列，括号内的模数尽可能不用。

模数是齿轮几何尺寸计算的依据。m 越大，p 越大，轮齿也越大，轮齿的抗弯能力也越强。所以模数的大小又是表明齿轮工作能力的重要标志（m 就相当于放大镜的倍数）。

2. 压力角 α

渐开线上各点的压力角不同。国标规定分度圆上的压力角为标准值，且 $\alpha=20°$。

由图 9-5 和式（9-3）可推出基圆直径公式：

$$d_b=2r_b=2r_K\cos\alpha_K=2r\cos\alpha=d\cos\alpha=mz\cos\alpha \tag{9-4}$$

渐开线齿廓的形状由基圆决定，式（9-4）进一步说明，它是由模数 m、齿数 z 和压力角 α 三个基本参数决定。

至此，可将齿轮分度圆重新定义为：齿轮上具有标准模数和标准压力角的圆。

3. 齿数 z

齿数的多少影响齿轮的几何尺寸，也影响齿廓曲线的形状及齿轮传动的工作性能。

4. 齿顶高系数 h_a^*

为了用模数的倍数表示齿顶高的大小，引入了齿顶高系数 h_a^*，其标准值见表 9-2。齿顶高的计算公式为：

$$h_a=h_a^*m \tag{9-5}$$

表 9-2　齿顶高系数 h_a^* 及顶隙系数 c^*

	齿顶高系数 h_a^*	顶隙系数 c^*
正常齿	1	0.25
短齿	0.8	0.3

5. 顶隙系数 c^*

一个齿轮的齿根圆与配对齿轮的齿顶圆之间在连心线上量度的距离，称为顶隙（图 9-7），用 c 表示。顶隙可以避免齿顶与齿槽底部相抵触；防止热胀“卡死”；同时还能储存润滑油。顶隙计算公式为：

$$c=c^*m \tag{9-6}$$

式中　c^*——顶隙系数，其标准值见表 9-2。

由此可得齿根高的计算公式：

$$h_F = (h_a^* + c^*)\ m \qquad (9-7)$$

综上所述，m、α、z、h_a^* 和 c^* 是渐开线直齿圆柱齿轮尺寸计算的五个基本参数。

若齿轮的模数、压力角、齿顶高系数及顶隙系数均为标准值，且分度圆上的齿厚与齿槽宽相等，称为标准齿轮。

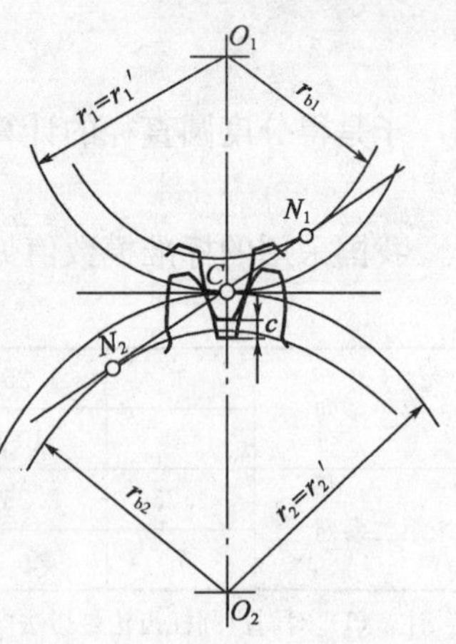

图 9-7 渐开线齿轮啮合

四、标准直齿圆柱齿轮几何尺寸计算

外啮合标准直齿圆柱齿轮主要几何尺寸计算公式列于表 9-3 中。内齿轮和齿条的尺寸计算，可查阅机械设计手册。

【例 9-1】 为修配一损坏的标准直齿圆柱齿轮，实测齿高为 8.98mm，齿顶圆直径为 135.98mm，试确定该齿轮的模数 m、分度圆直径 d、齿根圆直径 d_f，齿距 p、齿厚 s 与齿槽宽 e。

解：由表 9-3 可知：

$$h = h_a + h_f = (2h_a^* + c^*)\ m$$

表 9-3 渐开线标准直齿圆柱齿轮主要几何尺寸计算公式

名 称	符号	计 算 公 式	名 称	符号	计 算 公 式
分度圆直径	d	$d=mz$	齿根圆直径	d_f	$d_f=(z-2h_a^*-2c^*)\ m$
齿顶高	h_a	$h_a=h_a^* m$	基圆直径	d_b	$d_b=d\cos\alpha$
齿根高	h_f	$h_f=(h_a^*+c^*)\ m$	齿距	p	$p=\pi m$
齿高	h	$h=h_a+h_f=(2h_a^*+c^*)\ m$	齿厚	s	$s=\frac{\pi m}{2}$
齿顶圆直径	d_a	$d_a=(z+2h_a^*)\ m$	齿槽宽	e	$e=\frac{\pi m}{2}$

设 $h_a^*=1$、$c^*=0.25$，则：

$$m=\frac{h}{2h_a^*+c^*}=\frac{8.98}{2\times1+0.25}=3.991\ (\text{mm})$$

由表 9-1 查知 $m=4$mm，则：

$$z=\frac{d_a-2h_a^* m}{m}=\frac{135.98-2\times1\times4}{4}=31.995$$

齿数应为 $z=32$。

分度圆直径 $d=mz=4\times32=128$ (mm)。

齿根圆直径 $d_f=d-2\ (h_a^*+c^*)\ m=128-2\times(1+0.25)\times4=118$ (mm)。

齿顶圆直径 $d_a=d+2h_a^* m=128+2\times1\times4=136$ (mm)。

齿距 $p=\pi m=3.1416\times4=12.5664$ (mm)。

齿厚 $s=\frac{\pi m}{2}=\frac{3.1416\times4}{2}=6.2832$ (mm)。

齿槽宽 $e=\frac{\pi m}{2}=\frac{3.1416\times4}{2}=6.2832$ (mm)。

第三节　渐开线直齿圆柱齿轮的啮合传动

一、保证恒定的瞬时传动比

一对渐开线齿轮啮合传动时，能保证恒定的传动比，所以能平稳地传递运动和动力。图9-8所示为一对啮合的渐开线直齿圆柱齿轮，r_{b1}、r_{b2}为两齿轮的基圆半径，直线N_1N_2为两基圆的内公切线（唯一的）。某一瞬时，两齿廓在K点接触，过K点作两齿廓的公法线$n-n$，根据渐开线性质2知，公法线必与两基圆相切，即与两基圆的内公切线N_1N_2重合。当经过时间Δt后，主动轮转过$\Delta\varphi_1$角，从动转过$\Delta\varphi_2$角，两齿廓在K'点接触，同理知：K'点必落在N_1N_2线上。N_1N_2为啮合点的轨迹，故称N_1N_2为啮合线（三线合一）。

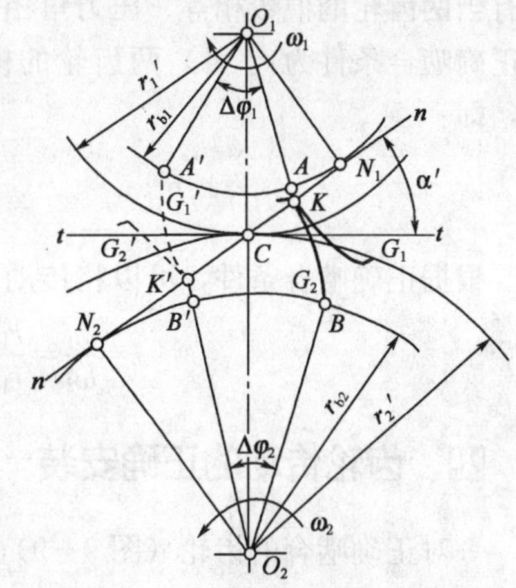

图9-8　渐开线齿轮啮合传动

由渐开线的性质1可知：$\widehat{AA'}=\overline{KK'}=\widehat{BB'}$。设$\omega_1$、$\omega_2$分别为主动齿轮和从动齿轮的角速度，则$\widehat{AA'}=r_{b1}\Delta\varphi_1=r_{b1}\omega_1\Delta t$，$\widehat{BB'}=r_{b2}\Delta\varphi_2=r_{b2}\omega_2\Delta t$。得：

$$r_{b1}\omega_1\Delta t=r_{b2}\omega_2\Delta t$$

故瞬时传动比：

$$i=\frac{\omega_1}{\omega_2}=\frac{r_{b2}}{r_{b1}} \tag{9-8}$$

式（9-8）表明，两渐开线齿轮的瞬时传动比，等于其基圆半径的反比。当一对渐开线齿轮制成后，其基圆半径是不变的，所以一对渐开线齿轮的瞬时传动比为常数，即能保证恒定的传动比。

啮合线N_1N_2与两齿轮的中心连线O_1O_2交于C点，由于啮合线是唯一的，所以C点是定点，称为节点。分别以O_1、O_2为圆心，以O_1C和O_2C为半径作圆，则两齿轮的传动相当于这一对圆作纯滚动。这对圆称为两齿轮的节圆，其半径用r_1'和r_2'表示。由图9-8可知，因$\Delta O_1N_1C\backsim\Delta O_2N_2C$，所以：

$$r_{b2}/r_{b1}=O_2C/O_1C=r_2'/r_1'$$

于是公式（9-8）可改写为：

$$i=\frac{\omega_1}{\omega_2}=\frac{r_{b2}}{r_{b1}}=\frac{r_2'}{r_1'} \tag{9-9}$$

式（9-9）说明两齿轮的传动比又等于节圆半径之比。

过节点C作两节圆的公切线$t-t$（图9-8），它与啮合线N_1N_2所夹的锐角α'称为啮合角。当两齿廓在节点啮合时，啮合角等于节圆上的压力角。

二、中心距可分性

式（9-9）说明传动比与中心距无关。因此，在安装过程中，中心距略有变化不会影响传动比的恒定性，渐开线齿轮传动的这种特性称为中心距可分性。可分性给齿轮传动的设计、制造、安装、使用和维护提供了方便，它是渐开线齿轮传动独特的性质。

三、正确啮合条件

若要使一对渐开线直齿圆柱齿轮正确啮合，那么两齿轮基圆上的齿距必须相等，即：$p_{b1}=p_{b2}$。否则不是无法安装，就是两轮齿间有较大的齿侧间隙，传动不连续。经分析知：只有当两齿轮的模数相等、压力角相等才能满足上述条件。因此，一对渐开线直齿圆柱齿轮的正确啮合条件为：（1）两齿轮的模数必须相等，（2）两齿轮分度圆上的压力角必须相等，即：

$$\left.\begin{aligned} m_1=m_2=m \\ \alpha_1=\alpha_2=\alpha \end{aligned}\right\} \tag{9-10}$$

根据正确啮合条件，可以将传动比的计算公式（9-9）改写成：

$$i=\frac{\omega_1}{\omega_2}=\frac{r_{b2}}{r_{b1}}=\frac{r_2\cos\alpha}{r_1\cos\alpha}=\frac{r_2}{r_1}=\frac{mz_2/2}{mz_1/2}=\frac{z_2}{z_2} \tag{9-11}$$

四、齿轮传动的正确安装

一对正确啮合的齿轮（图 9-9），其模数相等，在分度圆上的齿厚与齿槽宽相等，即：

$$s_1=e_1=\pi m/2=s_2=e_2$$

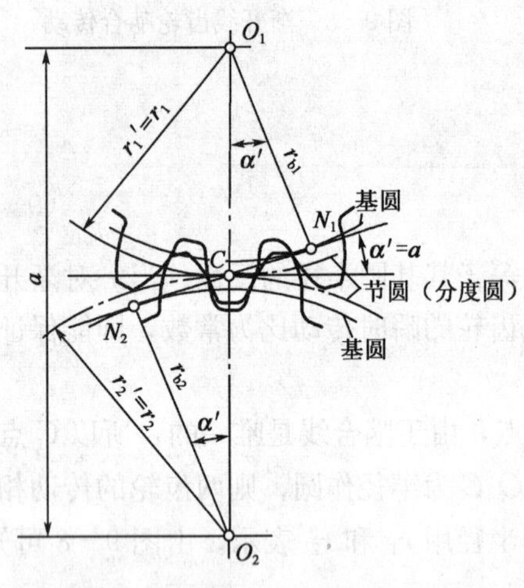

图 9-9　齿轮传动的正确安装

在安装时可使两齿轮的分度圆相切作纯滚动，即节圆与分度圆重合。这种安装称为标准安装，标准安装时的中心距称为标准中心距，以 a 表示。

$$a=r_1'+r_2'=r_1+r=\frac{m}{2}(z_1+z_2) \tag{9-12}$$

至此，可对分度圆与节圆及压力角与啮合角两对概念区别如下：分度圆和压力角是单个齿轮所具有的几何要素；节圆和啮合角是一对齿轮啮合时才出现的几何要素。标准齿轮只有标准安装时，分度圆与节圆才重合，压力角与啮合角才相等；否则，分度圆与节圆不重合，压力角与啮合角也不相等。

【例 9-2】　有一对正常齿制的渐开线标准直齿圆柱齿轮传动，其大齿轮丢失，需要配制。测得两齿轮轴的中心距 $a=225\text{mm}$，小齿轮齿顶圆直径 $d_{a1}=159.9\text{mm}$，齿数 $z_1=30$。试求大齿轮的齿数 z_2、分度圆直径 d_2、齿顶圆直径 d_{a2} 和齿根圆直径 d_{f2}。

解：由题意知是正常齿制，且一对齿轮的模数相等，可先求出齿轮的模数 m，便可求得大齿轮的齿数 z_2 和其他尺寸。

（1）求模数 m。

由表 9-3 得：

$$m=\frac{d_{a1}}{z_1+2h_a{}^*}=\frac{159.9}{30+2\times1}=4.9968\ (\text{mm})$$

由表 9-1 查知 $m=5\text{mm}$。

(2) 求齿数 z_2。

由式（9-14）得：

$$z_2=\frac{2a}{m}-z_1=\frac{2\times225}{5}-30=60$$

(3) 求大齿轮的尺寸。

由表 9-3 得：

$$d_2=mz_2=5\times60=300\ (\text{mm})$$

$$d_{a2}=m\ (z_2+2h_a^*)\ =5\times\ (60+2\times1)\ =310\ (\text{mm})$$

$$d_{f2}=m\ (z_2-2h_a^*-2c^*)\ =5\times\ (60-2\times1-2\times0.25)\ =287.5\ (\text{mm})$$

第四节　渐开线齿轮的切齿干涉及最少齿数的概念

当用范成法加工标准齿轮时，如果被加工齿轮的齿数太少，则其轮齿根部的渐开线齿廓会被刀具切去一部分，这种现象称为切齿干涉，又称根切（图 9-10）。图 9-10 中虚线表示未发生根切的齿根齿廓，实线表示根切后的齿廓。轮齿产生根切后，齿根的强度被削弱；由于齿根部的渐开线齿廓被切去，传动的平稳性较差，所以应尽量避免产生根切现象。

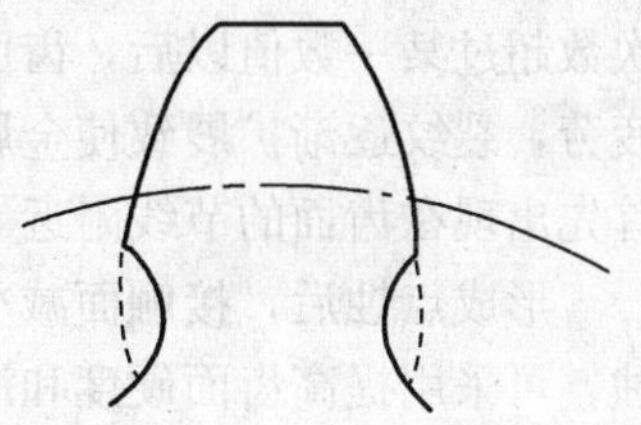

图 9-10　轮齿的根切

对于标准齿轮，主要控制齿数不能过少。将加工标准齿轮不产生根切时的临界齿数称为最少齿数，用 z_{min} 表示。对于渐开线标准直齿圆柱齿轮，正常齿制（$\alpha=20°$、$h_a^*=1$）$z_{min}=17$，短齿制（$\alpha=20°$、$h_a^*=0.8$）$z_{min}=14$。因此，为了避免产生根切，选取齿轮的齿数时必须不小于 z_{min}。

第五节　渐开线标准直齿圆柱齿轮传动的设计计算

一、齿轮的失效形式与设计准则

1. 齿轮的失效形式

齿轮传动的失效，主要是轮齿的失效。常见的齿轮失效形式有下列几种。

1）轮齿折断

齿轮工作时，轮齿似一悬臂梁图 9-11（a），在轮齿根部产生较大的弯曲应力；轮齿脱离啮合时，齿根的弯曲应力为零，即轮齿承受变化的弯曲应力。在载荷多次重复作用下，弯曲应力超过疲劳强度极限时，首先在弯曲应力最大而且有应力集中的齿根部产生疲劳裂纹。继续工作，裂纹逐渐扩展，导致轮齿折断，这种折断称为疲劳折断，如图 9-11（b）所示。另一种是由于短时间严重过载或有严重冲击载荷时，轮齿突然折断，这种折断称为过载折断。

提高轮齿抗折断能力的措施很多，有：增大齿根过渡圆角，消除该处的加工刀痕以降低应力集中；增大轴及支承的刚度，以减少齿面上局部受载的程度；使轮齿芯部具有足够的韧性；在齿根处施加适当的强化措施（如喷丸）等。

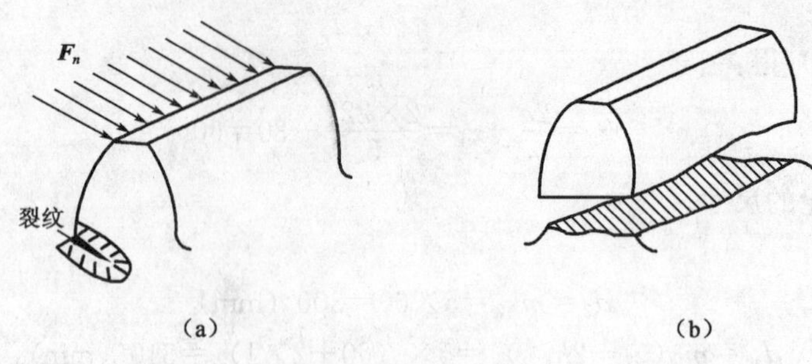

图 9-11　轮齿折断

2）齿面点蚀

齿轮工作时，两齿面理论上是线接触，由于材料的弹性变形，实际接触是微小的面接触，接触面上产生的应力称为接触应力，用 σ_H 表示。轮齿脱离啮合时，齿面接触应力为零；轮齿进入啮合时，接触点是由齿根移到齿顶部位（或由齿顶移到齿根部位），在不同的接触点处，接触应力是不同的，所以齿面工作时承受脉动循环变化的接触应力。当脉动应力循环次数超过某一数值以后，齿面表层就会产生细微的疲劳裂纹，加之润滑油的挤入，形成二次疲劳，裂纹逐渐扩展致使金属剥落，形成小麻点，这种现象称为疲劳点蚀。实践证明，点蚀首先出现在齿面的节线附近（图 9-12），因为节线附近的接触应力最大。

形成点蚀后，接触面减少，承载能力及传动平稳性降低。设计时，为防止过早出现点蚀，可采用提高齿面硬度和润滑油的黏度、降低齿面粗糙度值等措施，均可提高轮齿抗疲劳点蚀的能力。

3）齿面磨损

齿轮传动中的磨损有两种。一种是跑合性磨损，能起抛光作用，消除加工痕迹，改善传动啮合情况。另一种是由于灰砂、金属屑等进入齿面间引起的磨粒性磨损（图 9-13）。齿面磨损后，齿廓失去准确渐开线齿形，齿侧间隙增大，引起附加动载荷和噪声；磨损使齿厚变薄后会造成轮齿折断。磨粒性磨损是开式传动的主要失效形式。

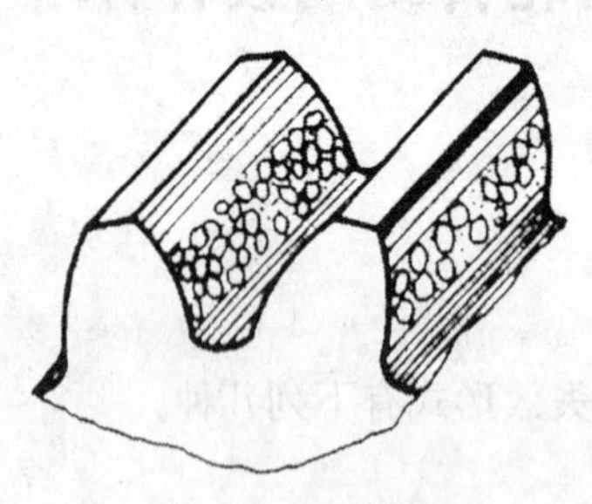

图 9-12　齿面点蚀

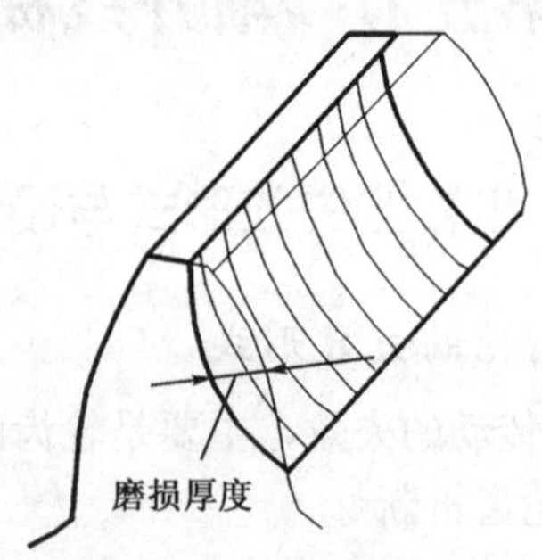

图 9-13　齿面磨损

防止齿面磨损的措施：对开式传动应适当增大模数；采用闭式传动；提高齿面硬度和降低表面粗糙度值，增加齿面的耐磨性；供给足够的润滑油，改善润滑条件等。

4）齿面胶合

在高速重载的闭式传动中，由于轮齿啮合区局部温度升高，油膜破裂，失去润滑作用，两齿面金属直接接触，继续工作产生瞬时高温，齿面金属相互熔焊在一起。齿轮继续运转，将较软金属表面沿滑动方向划伤、撕脱，形成沟纹，这种现象称为胶合，如图 9-14 所示。

在实际中采用提高齿面硬度、降低表面粗糙度、限制油温、增加油的黏度、选用加有抗胶合添加剂的合成润滑油等方法，将有利于提高轮齿齿面抗胶合的能力。

5）塑性变形

当轮齿材料较软且载荷较大时，轮齿表层材料在摩擦力作用下，因屈服将沿着滑动方向产生局部的齿面塑性变形，如图 9－15 所示。

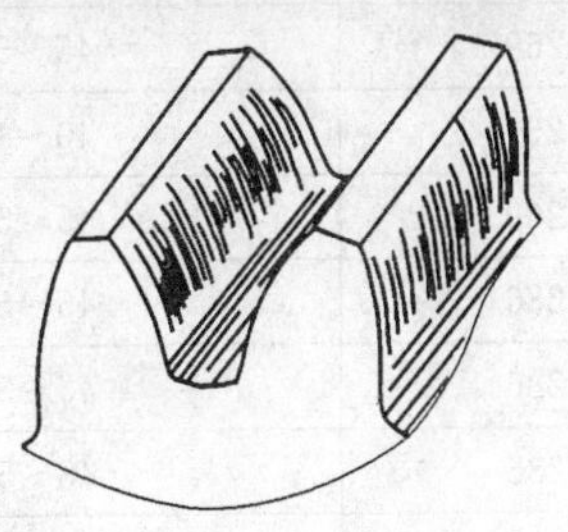

图 9－14　齿面胶合

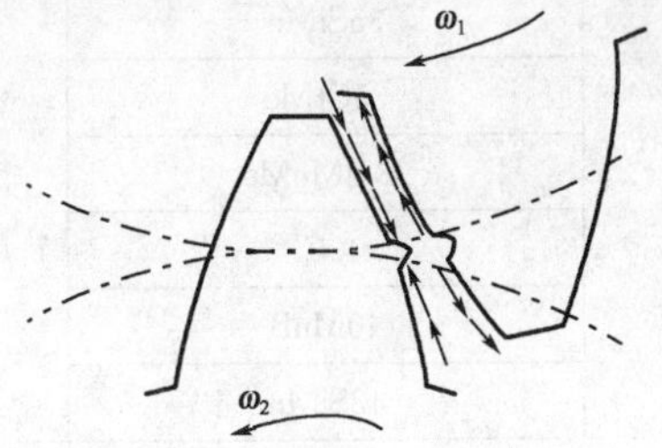

图 9－15　齿面的塑性变形

为防止齿面塑性变形，可采用提高齿面硬度、选用黏度较高的润滑油等方法，都有助于防止轮齿产生塑性变形。

2. 齿轮的设计准则

(1) 对于一般工作条件的闭式软齿面齿轮传动（齿面硬度≤350HBS)，主要失效形式为齿面点蚀。故设计准则为先按齿面接触疲劳强度进行设计，确定齿轮的主要参数和尺寸，再按齿根弯曲疲劳强度进行校核。

(2) 闭式硬齿面齿轮传动（齿面硬度＞350HBS)，主要失效形式是轮齿疲劳折断。故设计准则为先按齿根弯曲疲劳强度进行设计，确定模数和尺寸，然后再按齿面接触疲劳强度进行校核。

(3) 对于开式齿轮传动，主要失效形式是齿面磨损和因磨损导致的轮齿折断，只按齿根弯曲疲劳强度进行设计计算，确定齿轮的模数。考虑磨损因素的影响，再将模数增大10%～20%。

二、齿轮的常用材料及许用应力

1. 齿轮常用材料

最常用的齿轮材料是锻钢，如各种碳素结构钢和合金结构钢。只有当齿轮的尺寸较大（d_a＞400～600mm）或结构复杂不容易锻造时，才采用铸钢。在一些低速轻载的开式齿轮传动中，也常采用铸铁齿轮；在高速小功率、精度要求不高或需要低噪声的特殊齿轮传动中，也可采用非金属材料。齿轮常用的材料牌号、热处理方法及所能达到的硬度，见表 9－4。

选择材料时，应根据齿轮的工作条件和失效形式，选用适当机械性能的材料；还要考虑到材料的库存情况和制造工艺条件；因为小齿轮的齿数少，轮齿参加啮合的次数比大齿轮的轮齿多，且齿根厚度较薄，所以应使小齿轮材料的机械强度比大齿轮高，齿面硬度也要高，为 30～50HBS 或更多，以使大小齿轮的工作寿命相接近。

2. 许用应力

齿面接触疲劳许用应力为：

$$[\sigma_H] = \frac{\sigma_{H\lim} Z_N}{S_H} \tag{9-13}$$

表 9-4　齿轮常用的材料

材料		热处理方法	轮齿硬度	
名称	牌号		HBS	HRC（表面淬火）
调质钢	45	正火	162～217	40～50
		调质	217～255	
	35SiMn		217～269	45～55
	35CrMo		207～269	40～45
	38SiMnMo		217～269	45～55
	40Cr		241～286	45～55
	40MnB		241～286	45～55
	42SiMn		255～286	48～56
渗碳钢	20Cr	渗碳、淬火、回火		56～62
	20CrMnTi			47～63
铸钢	ZG310～570	正火	163～197	
	ZG340～640		179～207	
	ZC35SiMn		163～217	
		调质	197～248	45～53
球墨铸铁	QT500-7		170～230	
	QT600-3		190～270	
	QT700-2		225～305	
灰铸铁	HT250		164～247	
	HT350		182～273	

齿根弯曲疲劳许用应力为：

$$[\sigma_{F}]=\frac{\sigma_{Flim}Y_{N}}{S_{F}} \tag{9-14}$$

式中　$[\sigma_H]$——齿面接触疲劳强度的许用应力，MPa；

$[\sigma_F]$——齿根弯曲疲劳强度的许用应力，MPa；

σ_{Hlim}——试验齿轮接触疲劳极限，MPa；

σ_{Flim}——试验齿轮弯曲疲劳极限，MPa；

S_H，S_F——齿面接触疲劳强度安全系数和齿根弯曲疲劳强度安全系数，数值可查机械设计手册，无量纲；

Z_N，Y_N——接触疲劳寿命系数和弯曲疲劳寿命系数，数值可查机械设计手册，无量纲。

三、渐开线标准直齿圆柱齿轮传动的设计计算

1. 轮齿的受力分析

如图 9-16 所示为一对标准直齿圆柱齿轮啮合传动时的受力情况。为便于计算，将 $\boldsymbol{F}_{n1}$ 在节点 C 处分解为两个相互垂直的分力，即切于分度圆的圆周力 $\boldsymbol{F}_{t1}$ 和指向轮心的径向力 $\boldsymbol{F}_{r1}$。其计算公式为：

$$\left.\begin{aligned}&\text{圆周力}:F_{t1}=\frac{2T_1}{d_1}\\&\text{径向力}:F_{r1}=F_{t1}\tan\alpha\\&\text{法向力}:F_{n1}=\frac{F_{t1}}{\cos\alpha}\end{aligned}\right\}\qquad(9-15)$$

$$T_1=9.55\times10^6\frac{P}{n_1}$$

式中 T_1——主动轮上的转矩，N·mm；

P——传递的功率，kW；

n_1——小齿轮的转速，r/min；

d_1——小齿轮分度圆直径，mm；

α——压力角，$\alpha=20°$。

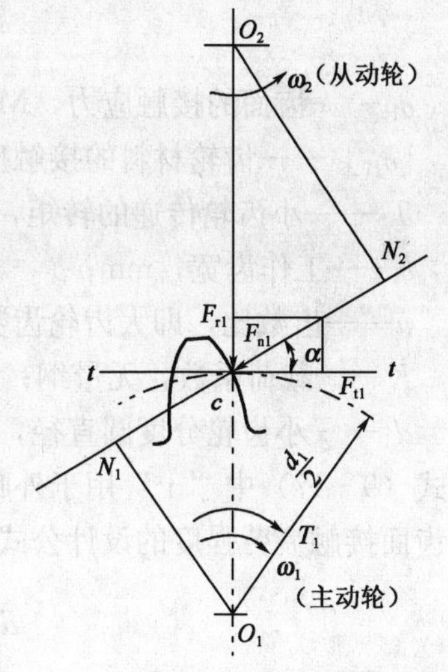

图 9-16　直齿圆柱齿轮传动的受力分析

根据作用力与反作用力的原则可求出作用在从动轮上的力：

$$F_{t1}=-F_{t2},F_{r1}=-F_{r2},F_{n1}=-F_{n2}$$

主动轮上的圆周力与转动方向相反，从动轮上的圆周力与转动方向相同。两个齿轮上的径向力分别指向各自的轮心。

2. 轮齿的计算载荷

齿轮传动在实际工作时，由于原动机和工作机的工作特性不同，会产生附加的动载荷。齿轮、轴、轴承的加工、安装误差及弹性变形会引起载荷集中，使实际载荷增加。法向力 $\boldsymbol{F}_n$ 为名义载荷，考虑各种实际情况，通常用计算载荷 $K\boldsymbol{F}_n$ 取代名义载荷 $\boldsymbol{F}_n$，K 为载荷系数，由表 9-5 查取。计算载荷用符号 $\boldsymbol{F}_{nc}$表示，即：

$$F_{nc}=KF_n\qquad(9-16)$$

表 9-5　载荷系数 K

工作机械	载荷特性	原动机		
		电动机	多缸内燃机	单缸内燃机
均匀加料的运输机和加料机、轻型卷扬机、发电机、机床辅助传动	均匀、轻微冲击	1～1.2	1.2～1.6	1.6～1.8
不均匀加料的运输机和加料机、重型卷扬机、球磨机、机床主传动	中等冲击	1.2～1.6	1.6～1.8	1.8～2.0
冲床、钻机、轧机、破碎机、挖掘机	大的冲击	1.6～1.8	1.9～2.1	2.2～2.4

3. 齿面接触疲劳强度计算

齿面点蚀是因为接触应力的反复作用而引起的。因此，为防止齿面过早产生疲劳点蚀，在强度计算时，应使齿面节线附近产生的最大接触应力小于或等于齿轮材料的接触疲劳许用应力，即：

$$\sigma_H\leqslant[\sigma_H]$$

可得标准直齿圆柱齿轮传动的齿面接触疲劳强度的校核公式：

$$\sigma_H=668\sqrt{\frac{KT_1\ (u\pm1)}{bd_1^2u}}\leqslant[\sigma_H]\qquad(9\text{-}17)$$

$$u=\frac{z_2}{z_1}$$

式中 σ_H——齿面的接触应力，MPa；

$[\sigma_H]$ ——齿轮材料的接触疲劳许用应力，MPa；

T_1——小齿轮传递的转矩，N·mm；

b——工作齿宽，mm；

u——齿数比，即大齿轮齿数与小齿轮齿数之比，无量纲；

K——载荷系数，无量纲；

d_1——小齿轮分度圆直径，mm。

式（9-17）中“+”用于外啮合齿轮传动，“-”用于内啮合齿轮传动。

齿面接触疲劳强度的设计公式：

$$d_1 \geqslant 76.43\sqrt[3]{\frac{KT_1(u\pm1)}{\varphi_d u[\sigma_H]^2}} \tag{9-18}$$

注意：

(1) 两齿轮的齿面接触应力大小相等。

(2) 若两齿轮的材料、齿面硬度不同，则两轮的接触疲劳许用应力不同，进行强度计算时应选用较小值。

(3) 齿轮的齿面接触疲劳强度与齿轮的直径或中心距的大小有关，即 m 与 z 的乘积有关，而与模数的大小无关。

4. 齿根弯曲疲劳强度计算

在计算弯曲应力时，轮齿可视为宽度为 b 的悬臂梁。经推导得齿根弯曲疲劳强度校核公式：

$$\sigma_F=\frac{2KT_1}{bm^2z_1}Y_FY_S\leqslant[\sigma_F] \tag{9-19}$$

式中 σ_F——齿根危险截面的最大弯曲应力，MPa；

$[\sigma_F]$ ——齿轮材料的弯曲疲劳许用应力，MPa；

Y_F——齿形系数，其值可查阅机械设计手册，无量纲；

Y_S——应力修正系数，其值可查阅机械设计手册，无量纲。

齿根弯曲疲劳强度的设计公式：

$$m\geqslant1.26\sqrt[3]{\frac{KT_1Y_FY_S}{\varphi_d z_1^2[\sigma_F]}} \tag{9-20}$$

在强度计算时，因两轮的齿数不同，故 Y_F、Y_S 就有所不同，且两轮材料的弯曲疲劳许用应力 $[\sigma_F]$ 也不一定相同。因此必须分别校核两齿轮的齿根弯曲疲劳强度。设计计算时，应将两轮的 $Y_FY_S/[\sigma_F]$ 值进行比较，取较大者代入式（9-20），并将计算得出的模数按表9-1选取标准值。

5. 齿轮主要参数的选择

1）齿数比

一般取 $i\leqslant6$。i 过大时，可采用多级传动。对开式传动或手动传动，必要时单级传动比 i 有时可以达 8～12。

2）齿数和模数

（1）一般设计中取 $z > z_{min}$，设计时，在保证弯曲强度的前提下，应取较多的齿数。

（2）在闭式软齿面齿轮传动中，通常 $z_1 = 20 \sim 40$。但对于传递动力的齿轮，应保证$m \geqslant 2$mm。

（3）在闭式硬齿面和开式齿轮传动中，通常 $z_1 = 17 \sim 20$。

（4）对于载荷不稳定的齿轮传动，z_1、z_2 应互为质数，以减少或避免周期性振动，有利于使所有轮齿磨损均匀，提高耐磨性。

3）齿宽系数 φ_d

φ_d 应选取适当，可以查阅机械设计手册标准选取。

【例 9-3】 试设计一单级直齿圆柱齿轮减速器中的齿轮传动。已知：$P = 10$kW，电动机驱动，$n_1 = 955$r/min，$i = 4$，单向运转，载荷平稳。使用寿命 10 年，单班制工作。

解：（1）选择齿轮材料及精度等级。

小齿轮选用 45 钢调质，硬度为 220～250HBS；大齿轮选用 45 钢正火，硬度为 170～210HBS。因为是普通减速器选 8 级精度，要求齿面粗糙度 $R_a \leqslant 3.2 \sim 6.3\mu$m。

（2）按齿面接触疲劳强度设计。

因两齿轮均为钢质齿轮，可用式（9-18）求出 d_1 值。确定有关参数与系数：

①转矩 T_1：

$$T_1 = 9.55 \times 10^6 \frac{P}{n_1} = 9.55 \times 10^6 \times \frac{10}{955} = 10^5 (\text{N} \cdot \text{m})$$

②载荷系数 K：

查表 9-5 取 $K = 1.1$。

③齿数 z_1 和齿宽系数 φ_d：

小齿轮的齿数 $z_1 = 25$，则大齿轮齿数 $z_2 = 100$。因单级齿轮传动对称布置，齿轮齿面又是软齿面，查阅机械设计手册取 $\varphi_d - 1$。

④许用接触应力 $[\sigma_H]$：

查阅机械设计手册确定 $\sigma_{Hlim1} = 560$MPa，$\sigma_{Hlim2} = 530$MPa，$S_H = 1$，$Z_{N1} = 1$，$Z_{N2} = 1.06$，因此：

$$[\sigma_H]_1 = \frac{Z_{N1}\sigma_{Hlim1}}{S_H} = \frac{1 \times 560}{1} = 560(\text{MPa})$$

$$[\sigma_H]_2 = \frac{Z_{N2}\sigma_{Hlim2}}{S_H} = \frac{1.06 \times 560}{1} = 562(\text{MPa})$$

故：

$$d_1 \geqslant 76.43\sqrt[3]{\frac{KT_1(u \pm 1)}{\varphi_d u[\sigma_H]^2}} = 76.43\sqrt[3]{\frac{1.1 \times 10^5 \times 5}{1 \times 4 \times 560^2}} = 58.3(\text{mm})$$

$$m = \frac{d_1}{z_1} = \frac{58.3}{25} = 2.33(\text{mm})$$

由表 9-1 取标准模数 $m = 2.5$mm。

（3）主要尺寸计算。

$$d_1 = mz_1 = 2.5 \times 25 = 62.5(\text{mm})$$

$$d_2 = mz_2 = 2.5 \times 100 = 250(\text{mm})$$

$$b = \varphi_d \cdot d_1 = 1 \times 62.5 = 62.5(\text{mm})$$

$$a = \frac{1}{2}m(z_1 + z_2) = 156.25(\text{mm})$$

(4) 按齿根弯曲疲劳强度校核。

由式（9-19）可得 σ_F，如 $\sigma_F \leqslant [\sigma_F]$ 则校核合格。

确定有关系数与参数：查阅机械设计手册可得，$Y_{F1}=2.65$，$Y_{F2}=2.18$，$Y_{S1}=1.59$，$Y_{S2}=1.80$，$\sigma_{Flim1}=210\text{MPa}$，$\sigma_{Flim1}=190\text{MPa}$，$S_F=1.3$，$Y_{N1}=Y_{N2}=1$，因此：

$$[\sigma_F]_1 = \frac{Y_{N1}\sigma_{Flim1}}{S_F} = \frac{210}{1.3} = 162(\text{MPa})$$

$$[\sigma_F]_2 = \frac{Y_{N2}\sigma_{Flim2}}{S_F} = \frac{190}{1.3} = 146(\text{MPa})$$

故：

$$\sigma_{F1} = \frac{2KT_1}{bm^2 z_1}Y_F Y_S = \frac{2\times1.1\times10^5}{65\times2.5^2\times25}\times2.65\times1.59 = 91(\text{MPa}) < [\sigma_F]_1 = 162(\text{MPa})$$

$$\sigma_{F2} = \sigma_{F1}\frac{Y_{F2}Y_{S2}}{Y_{F1}Y_{S1}} = 91\times\frac{2.18\times1.8}{2.65\times1.59} = 85(\text{MPa}) < [\sigma_F]_2 = 146(\text{MPa})$$

齿根弯曲强度校核合格。

(5) 验算齿轮的圆周速度 v。

$$v = \frac{\pi d_1 n_1}{60\times1000} = \frac{\pi\times62.5\times955}{60\times1000} = 3.13(\text{m/s})$$

查阅机械设计手册可知，选 8 级精度是合适的。

第六节　斜齿圆柱齿轮传动

一、斜齿圆柱齿轮的形成和传动特点

如图 9-17（a）所示，假想将直齿圆柱齿轮垂直轴线切成若干等宽的薄片，第一个轮片固定不动，其余各轮片依次沿同一个方向转过一个角度，便得到阶梯齿轮。若将阶梯齿轮的各片切成无限薄时，就形成了斜齿轮，如图 9-17（b）所示。斜齿圆柱齿轮端面的两侧齿廓是渐开线，所以能保证传动比恒定。

一对直齿圆柱齿轮啮合传动时，由于轮齿平行于齿轮的轴线，所以全齿宽是同时进入啮合，又同时退出啮合，在齿面上形成的接触线是平行于轴线的直线，如图 9-18（a）所示。当轮齿开始啮合时载荷突然加上，退出啮合时载荷突然卸去，瞬间会引起冲击、振动，产生噪声，因此传动平稳性差，且速度越高载荷越大越显著。

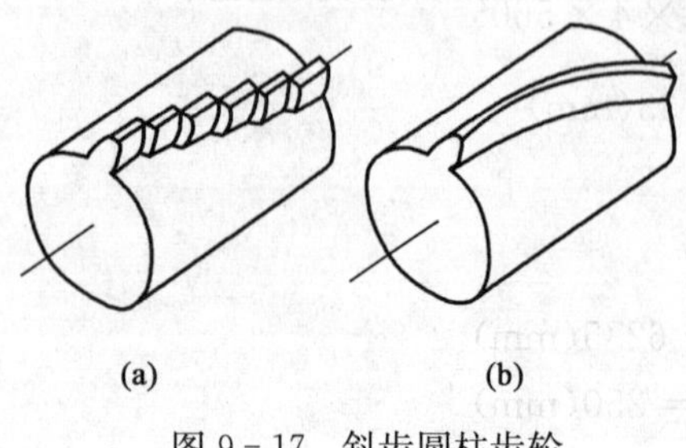

图 9-17　斜齿圆柱齿轮

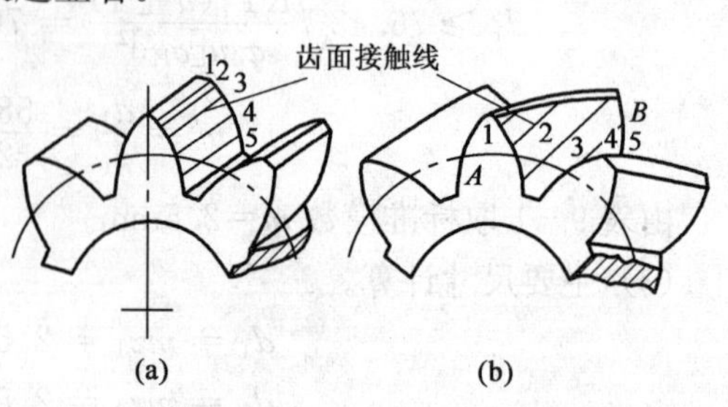

图 9-18　齿面上形成的接触线

一对斜齿圆柱齿轮啮合传动时，因为轮齿是倾斜的，开始啮合是轮齿的一点接触，逐渐进入啮合，又逐渐退出啮合，所以在齿面上形成的接触线是倾斜的，且接触线由零逐渐增长，以后又逐渐缩短至零，如图 9－18（b）所示。此外，当轮齿在 A 端开始啮合时，B 端尚未啮合，而当 A 端脱离啮合时，B 端还在啮合，后面的一对齿又进入啮合，所以同时参与啮合的轮齿对数较多。因此，斜齿圆柱齿轮传动有以下特点：

（1）传动平稳，适用于高速场合；

（2）承载能力较大，适用于重载机械；

（3）在传动时产生轴向分力 F_x［图 9－19（a）］，需要安装能承受轴向力的轴承，使支座结构复杂。

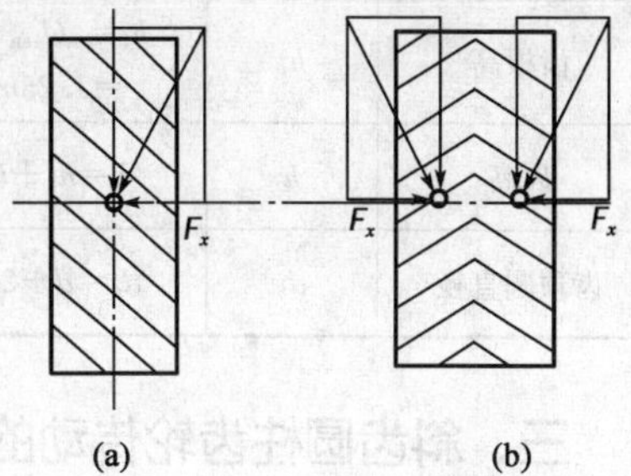

图 9－19　斜齿轮上的轴向力

因为斜齿轮传动承载能力大，传动平稳，故适用于高速大功率传动。

若采用人字齿轮，可以消除轴向分力 F_x 的影响［图 9－19（b）］。人字齿轮的左右两侧完全对称，其两侧所产生的轴向分力 F_x 互相平衡。人字齿轮适用于传递大功率的重型机械。

二、斜齿圆柱齿轮的基本参数及几何尺寸计算

由于斜齿轮的轮齿是倾斜的，所以斜齿轮几何参数有端面（垂直于齿轮轴线的平面，用下角标 t 表示）参数和法向（垂直于轮齿的平面，用下角标 n 表示）参数两组。为建立两组参数关系式，将斜齿轮沿分度圆柱面展成平面（图 9－20），图中阴影部分表示齿厚，空白部分表示齿槽。轮齿与齿轮轴线的夹角 β，称为分度圆螺旋角，一般取 $\beta=8°\sim20°$。

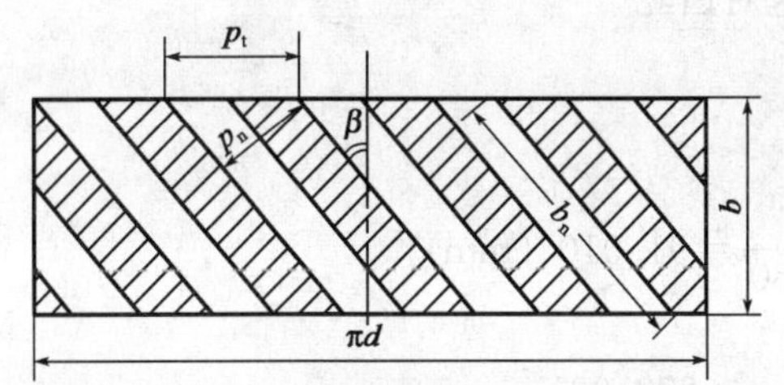

图 9－20　法向齿距与端面齿距

法向齿距 p_n 与端面齿距 p_t 有：

$$p_n = p_t \cos\beta \qquad (9-21)$$

将式（9－21）等号两边同除以 π，法向模数 m_n 与端面模数 m_t 有：

$$m_n = m_t \cos\beta \qquad (9-22)$$

法向压力角 α_n 与端面压力角 α_t（推导从略）有：

$$\tan\alpha_n = \tan\alpha_t \cos\beta \qquad (9-23)$$

由于加工斜齿轮时用的是加工直齿轮的刀具，加工时是沿着斜齿轮螺旋线方向进刀的，所以斜齿轮的法向参数与刀具参数相同，故规定法向模数 m_n、压力角 α_n、齿顶高系数 h_{an}^* 及顶隙系数 c_n^* 为标准值，并采用直齿轮的标准值和齿制。

斜齿轮的基本参数为 m、α、z、h_{an}^* 和 c_n^* 和 β。

标准斜齿圆柱齿轮几何尺寸计算公式见表 9－6。

表 9-6 标准斜齿圆柱齿轮主要几何尺寸计算公式

名 称	符 号	公 式	名 称	符 号	公 式
分度圆直径	d	$d=m_t z=\frac{m_n \cdot z}{\cos\beta}$	齿根圆直径	d_f	$d_f=d-2h_f=d-2.5m_n$
齿顶高	h_a	$h_a=h_{an}{}^{*}m_n=m_n$	法向齿距	p_n	$p_n=\pi m_n$
齿根高	h_f	$h_f=(h_{an}{}^{*}+c_n{}^{*})\ m_n =1.25m_n$	端面齿距	p_t	$p_t=\pi m_t=p_n/\cos\beta$
齿高	h	$h=h_a+h_f=2.25m_a$	中心距	a	$a=\frac{1}{2}(d_1+d_2) =\frac{m_n}{2\cos\beta}(z_1+z_2)$
齿顶圆直径	d_a	$d_a=d+2h_a=d+2m_n$			

三、斜齿圆柱齿轮传动的正确啮合条件

若要一对外啮合的斜齿圆柱齿轮正确啮合，除要求它们的模数和压力角分别相等外，还要使两轮的螺旋角大小相等、旋向相反（图 9-21），即：

$$m_{n1}=m_{n2}=m_n$$

$$\alpha_{n1}=\alpha_{n2}=\alpha_n$$

$$\beta_1=-\beta_2\ \text{（外啮合）}$$

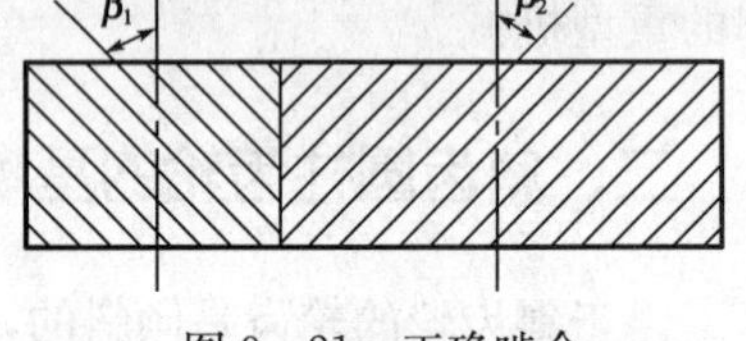

图 9-21 正确啮合

【例 9-4】 已知一对外啮合标准斜齿圆柱齿轮传动，$z_1=30$，$z_2=90$，$m_n=3\text{mm}$，$\beta=8°30'30''$。试求这对齿轮的主要尺寸。

解： 按表 9-6 进行计算：

$$d_1=m_t z_1=\frac{m_n z_1}{\cos\beta}=\frac{3\times30}{\cos8°30'30''}=91.010\ \text{(mm)}$$

$$d_2=m_t z_2=\frac{m_n z_2}{\cos\beta}=\frac{3\times90}{\cos8°30'30''}=273.031\ \text{(mm)}$$

$$h_a=m_n=3\ \text{(mm)}$$

$$h_f=1.25m_n=1.25\times3=3.75\ \text{(mm)}$$

$$h=2.25m_n=2.25\times3=6.75\ \text{(mm)}$$

$$d_{a1}=d_1+2m_n=91+2\times3=97\ \text{(mm)}$$

$$d_{a2}=d_2+2m_n=273+2\times3=279\ \text{(mm)}$$

$$d_{f1}=d_1-2.5m_n=91-2.5\times3=83.5\ \text{(mm)}$$

$$d_{f2}=d_2-2.5m_n=273-2.5\times3=265.5\ \text{(mm)}$$

$$p_n=\pi m_n=3.1416\times3=9.425\ \text{(mm)}$$

$$p_t=p_n/\cos\beta=9.425/\cos8°33'36''=9.529\ \text{(mm)}$$

$$a=\frac{1}{2}(d_1+d_2)=\frac{1}{2}(91+273)=182\ \text{(mm)}$$

第七节　直齿圆锥齿轮传动

直齿圆锥齿轮传动用于传递两相交轴之间的运动和动力。两轴的夹角可为任意值，但常用的轴交角为90°，如图9－22所示。锥齿轮的轮齿也有直齿、斜齿和曲齿三种，本节只介绍直齿锥齿轮传动。

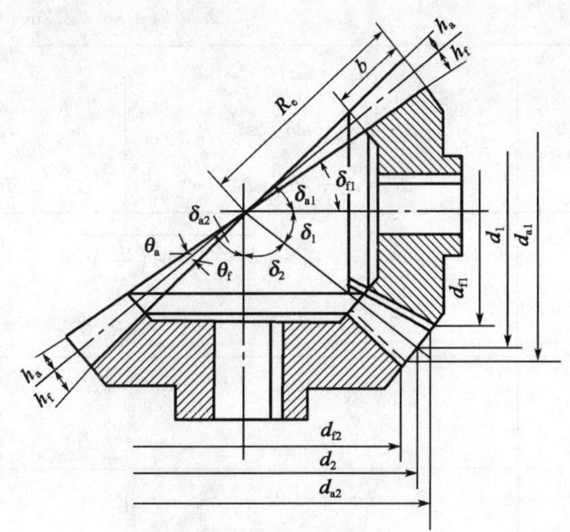

图9－22　直齿圆锥齿轮传动

一、圆锥齿轮各部分名称及符号

圆锥齿轮的轮齿分布在锥面上，其轮齿由大端到小端逐渐缩小。圆锥齿轮除了与圆柱齿轮各部名称相同以外，还有分度圆锥、齿顶圆锥、齿根圆锥和基圆锥。这些圆锥的顶锥之半称为锥角，有分锥角 δ、顶锥角 δ_a 和根锥角 δ_f。另外，还有齿顶角 θ_a、齿根角 θ_f 和外锥距 R_e（图9－22）。

二、直齿圆锥齿轮的基本参数和几何尺寸计算

直齿圆锥齿轮的各参数以大端为准，因为在测量时大端尺寸大，相对误差较小。

直齿圆锥齿轮的基本参数有：大端模数 m、压力角 $\alpha=20°$、分锥角 δ、齿顶高系数 $h_a^*=1$、顶隙系数 $c^*=0.2$、齿数 z。

直齿圆锥齿轮的标准模数系列见表9－7。锥齿轮各部分的几何尺寸标在图9－22中。直齿圆锥齿轮的几何尺寸计算公式见表9－8。

由图9－22可得直齿圆锥齿轮传动比为：

$$i=\frac{\omega_1}{\omega_2}=\frac{z_2}{z_1}=\frac{d_2}{d_1}=\cot\delta_1=\tan\delta_2 \tag{9-24}$$

表9－7　圆锥齿轮模数系列　　mm

圆锥齿轮模数										
1.5	1.72	2	2.25	2.5	2.75	3	3.25	3.5	3.75	4
4.5	5	5.5	6	6.5	7	8	9	10	11	12

表 9-8 标准直齿圆锥齿轮几何尺寸计算公式（轴交角 90°）

名 称	代 号	小齿轮	大齿轮
分锥角	δ	$\tan\delta_1 = z_1/z_2$	$\tan\delta_2 = z_2/z_1$
齿顶高	h_a	$h_a = h_a{}^* m = m$	
齿根高	h_f	$h_f = (h_a{}^* + c^*) = 1.2m$	
齿 高	h	$h = h_a + h_f = 2.2m$	
分度圆直径	d	$d_1 = mz_1$	$d_2 = mz_2$
齿顶圆直径	d_a	$d_{a1} = d_1 + 2h_a\cos\delta_1$	$d_{a2} = d_2 + 2h_a\cos\delta_2$
齿根圆直径	d_f	$d_f = d_1 - 2h_f\cos\delta_1$	$d_{f2} = d_2 - 2h_f\cos\delta_2$
外锥距	R_e	$R_e = \sqrt{\left(\frac{d_1}{2}\right)^2 + \left(\frac{d_2}{2}\right)^2} = \frac{m}{2}\sqrt{z_1^2 + z_2^2}$	
齿 宽	b	$b \leqslant R_e/3$	
齿顶角	θ_a	$\tan\theta_a = h_a/R_e$	
齿根角	θ_f	$\tan\theta_f = h_f/R_e$	
顶锥角	δ_a	$\delta_{a1} = \delta_1 + \theta_a$	$\delta_{a2} = \delta_2 + \theta_a$
根锥角	δ_f	$\delta_{f1} = \delta_1 - \theta_f$	$\delta_{f2} = \delta_2 - \theta_f$

三、直齿圆锥齿轮传动的正确啮合条件

一对直齿圆锥齿轮的正确啮合条件是：两齿轮的大端模数和压力角分别相等。

【例 9-5】 已知一对标准直齿圆锥齿轮传动，两轴交角 90°，$z_1 = 24$，$z_2 = 60$，大端模数$m = 5\text{mm}$。试计算这对齿轮的各部尺寸。

解：按表 9-8 公式进行计算：

$$\tan\delta_1 = z_1/z_2 = 24/60 = 0.4, \delta_1 = 21°48'$$

$$\delta_2 = 90° - \delta_1 = 90° - 21°48' = 68°12'$$

$$h_a = m = 5\text{mm}$$

$$h_f = 1.2m = 6(\text{mm})$$

$$h = h_a + h_f = 5 + 6 = 11(\text{mm})$$

$$d_1 = mz_1 = 5 \times 24 = 120(\text{mm})$$

$$d_2 = mz_2 = 5 \times 60 = 300(\text{mm})$$

$$d_{a1} = d_1 + 2h_a\cos\delta_1 = 120 + 2 \times 5 \times \cos21°48' = 129.285(\text{mm})$$

$$d_{a2} = d_2 + 2h_a\cos\delta_2 = 300 + 2 \times 5 \times \cos68°12' = 303.714(\text{mm})$$

$$d_{f1} = d_1 - 2h_f\cos\delta_1 = 120 - 2 \times 6 \times \cos21°48' = 108.858(\text{mm})$$

$$d_{f2} = d_2 - 2h_f\cos\delta_2 = 300 - 2 \times 6 \times \cos68°12' = 295.544(\text{mm})$$

$$R = \frac{m}{2}\sqrt{z_1^5 + z_2^2} = \frac{5}{2}\sqrt{24^2 + 60^2} = 161.555(\text{mm})$$

$$b \leqslant \frac{R}{3} = \frac{161.555}{3} = 53.8516(\text{mm}), 取\ b = 52\text{mm}$$

$$\tan\theta_a = h_a/R = 5/161.555 = 0.0309, \theta_a = 1°46'$$

$$\tan\theta_f = h_f/R = 6/161.555 = 0.0371, \theta_f = 2°7'36''$$

$$\delta_{a1} = \delta_1 + \theta_a = 21°48' + 1°46' = 23°34'$$

$$\delta_{a2} = \delta_2 + \theta_a = 68°12' + 1°46' = 69°58'$$

$$\delta_{f1} = \delta_1 - \theta_f = 21°48' - 2°7'36'' = 19°40'24''$$

$$\delta_{f2} = \delta_2 - \theta_f = 68°12' - 2°7'36'' = 66°4'24''$$

第八节　齿轮的结构

齿轮的结构和尺寸，既要考虑强度和刚度要求，又要满足工艺要求，通常是根据经验和规范确定。

一、圆柱齿轮的结构

1. 齿轮轴

对于直径较小的钢齿轮，其齿顶圆直径 $d_a<2d_h$（d_h 为轴径）或齿根圆与键槽底部的距离 $x<2\sim2.5m_t$（m_t 为模数）时，将齿轮与轴做成一体，称为齿轮轴，如图 9－23 所示。

2. 实体齿轮

当齿轮的齿顶圆直径 $d_a\leqslant200$mm 时，齿轮与轴分别制造，制成锻造实体齿轮，如图 9－24所示。

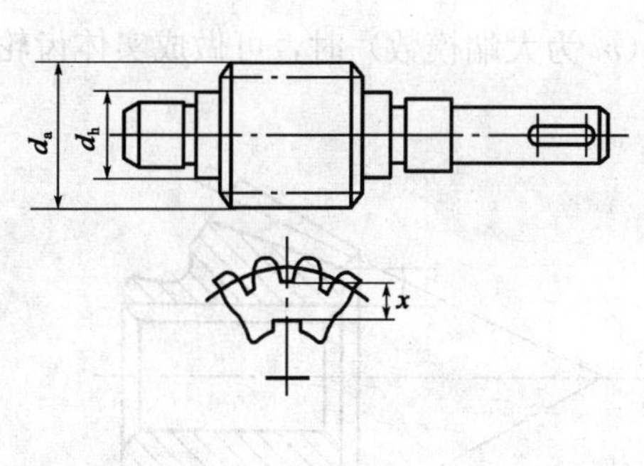

图 9－23　齿轮轴

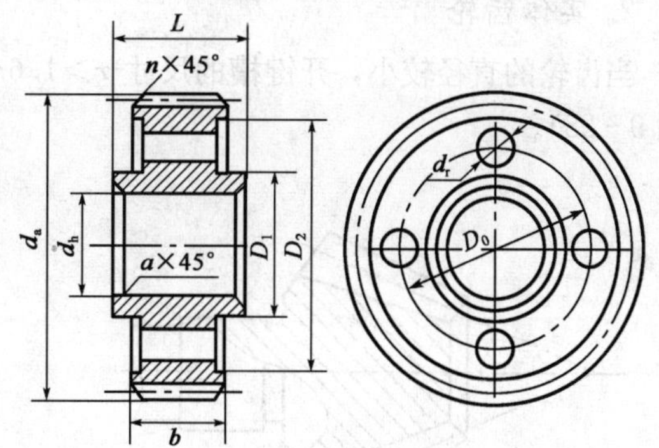

图 9－24　实体齿轮

d_h 为轴径（mm）；$D_1=1.6d_h$；$L=(1.2\sim1.5)\ d_h$，$L\geqslant b$；$D_2=d_a-10m_n$；$n=0.5m_n$；$D_0=0.5\ (D_1+D_2)$；$d_r=15\sim20$mm；当 d_a 较小时不钻孔

3. 腹板齿轮

当齿轮的齿顶圆直径 $d_a\leqslant500$mm 时，可制成锻造腹板齿轮，如图 9－25 所示。

4. 轮辐式齿轮

当齿轮的齿顶圆直径 $d_a>500$mm 时，可采用铸造轮辐式齿轮，如图 9－26 所示。

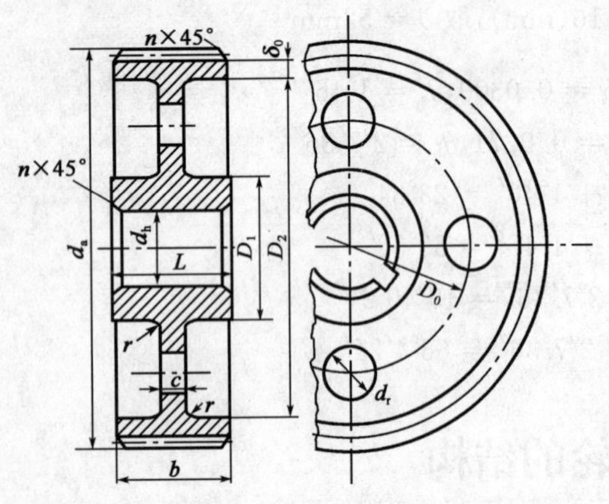

图 9-25　腹板式齿轮

d_h 为轴径（mm）；$D_1=1.6d_h$；$L=(1.2\sim1.5)\ d_h$，$L\geqslant b$；$\delta_0=(2.5\sim4)\ m_n$，但不小于 8mm；$n=0.5m_n$；$D_0=0.5\ (D_1+D_2)$；$d_r=15\sim25$mm；$c=0.3$b；$r=0.5m_n$

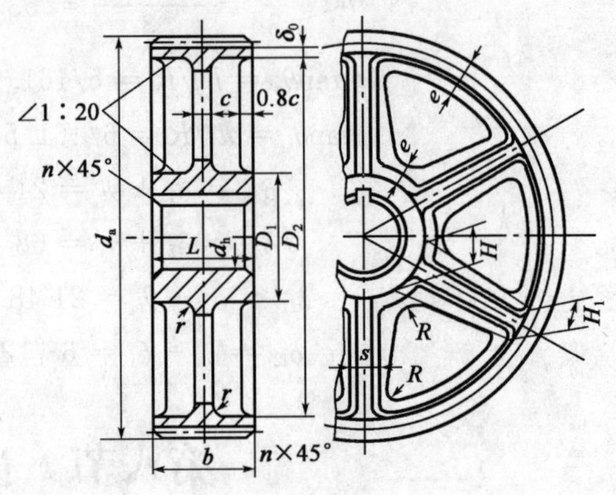

图 9-26　轮辐式齿轮

d_h 为轴径（mm）；$D_1=1.6d_h$（铸钢）；$D_1=1.8d_h$（铸铁）；$L=(1.2\sim1.5)\ d_h$，$L\geqslant b$；$\delta_0=(2.5\sim4)\ m_n$ 但不小于 8mm；$n=0.5m_n$；$H=0.8d_h$；$H_1=0.8H$；$c=H/5$，但不小于 10mm；$s=H/6$，但不小于 10mm；$e=0.8\delta_0$；$r=0.5m_n$；$R=10$mm

二、锥齿轮的结构

1. 锥齿轮轴

当齿轮直径很小时，可将锥齿轮与轴做成一体，称为齿轮轴（图 9-27）。

2. 实体齿轮

当齿轮的直径较小，开键槽的尺寸 $x>1.6\sim2m$（m 为大端模数）时，可做成实体齿轮（图 9-28）。

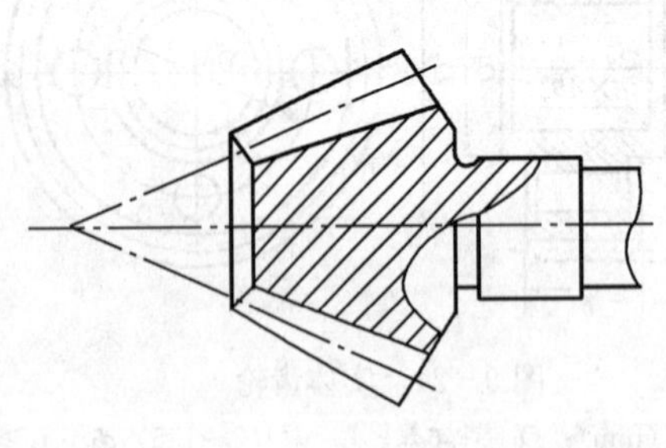

图 9-27　锥齿轮轴

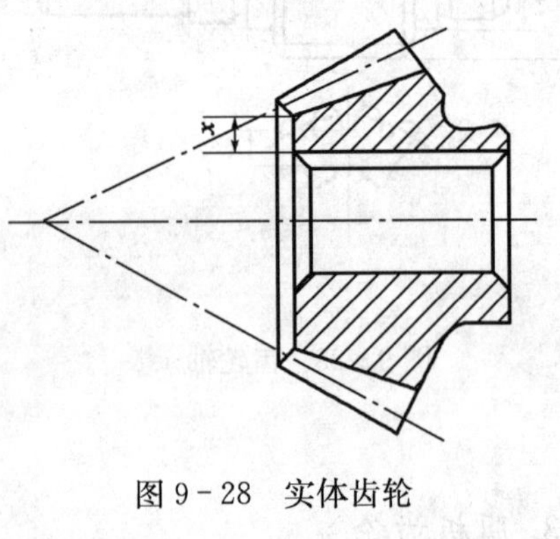

x

图 9-28　实体齿轮

3. 锻造腹板式锥齿轮

当齿顶圆直径 $d_a\leqslant300$mm 时，可做成腹板式锻造锥齿轮（图 9-29）。

4. 铸造腹板式锥齿轮

当齿顶圆直径 $d_a>300$mm 时，可采用铸造腹板式锥齿轮（图 9-30）。

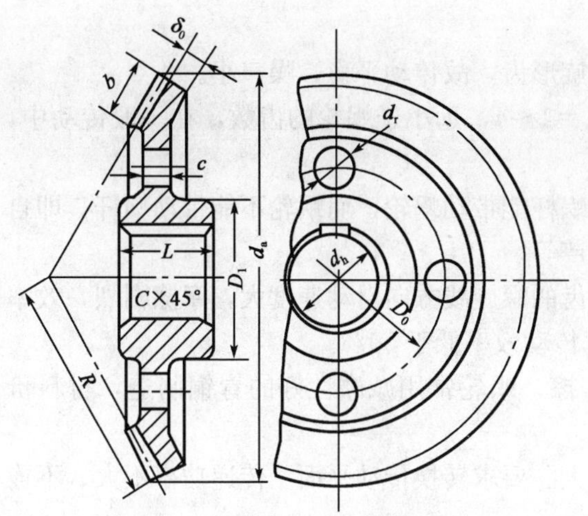

图 9-29　锻造腹板式锥齿轮

$D_1=1.6d_h$（d_h 为轴径）；$L=(1.1\sim1.2)\ d_h$；$\delta_0=(3\sim4)\ m$，但不小于 10mm，$C=(0.1\sim0.17)\ R_e$；D_0、d_r 按结构确定

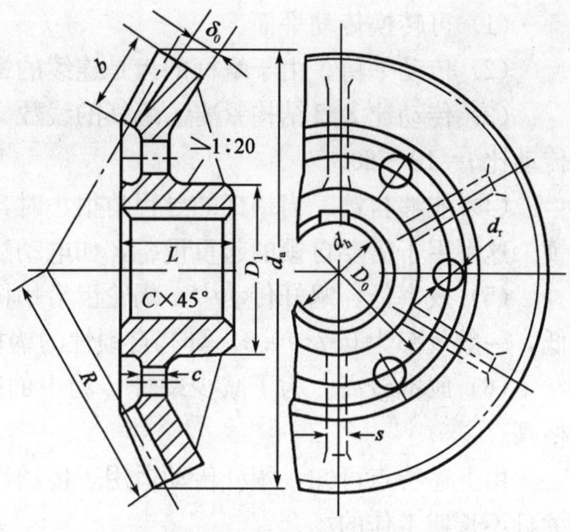

图 9-30　铸造腹板式锥齿轮

$D_1=1.6d_h$（铸钢）；$D_1=1.8d_h$（铸铁）；$L=(1\sim1.2)\ d_h$；$\delta_0=(3\sim4)\ m$，但不小于 10mm，$C=(0.1\sim0.17)\ R_e$，但不小于 10mm；$s=0.8c$，但不小于 10mm；D_0、d_r 按结构确定

第九节　蜗 杆 传 动

蜗杆传动由蜗杆、蜗轮和机架组成（图 9-31）。用于传递空间两交错轴间的运动和动力，一般轴交角为 90°，蜗杆主动，蜗轮从动。蜗杆传动常用作减速传动。

一、蜗杆传动的类型和特点

1. 蜗杆传动的类型

根据蜗杆的形状不同，蜗杆传动一般可分为圆柱蜗杆传动［图 9-31（a）］和环面蜗杆传动［图 9-31（b）］。在圆柱蜗杆传动中，按蜗杆螺旋面的形状分为阿基米德蜗杆传动、渐开线蜗杆传动、法向直廓圆柱蜗杆传动、锥面包络圆柱蜗杆传动和圆弧圆柱蜗杆传动，前四种属普通圆柱蜗杆传动。本节主要介绍普通圆柱蜗杆传动的基本知识。

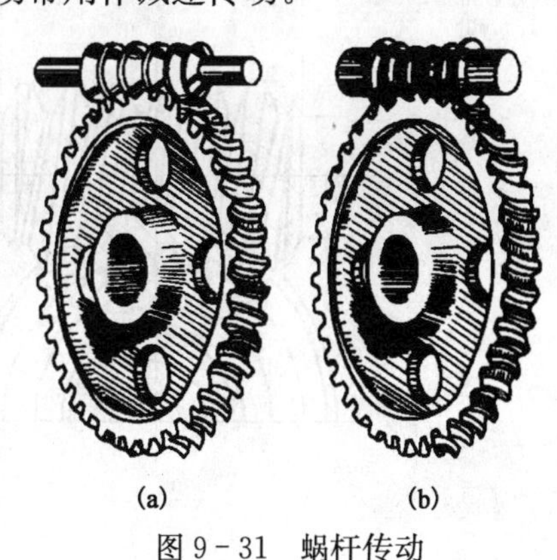

(a)　(b)

图 9-31　蜗杆传动

2. 蜗杆传动的传动比

蜗杆与普通螺旋一样，有单线和多线之分。设蜗杆的线数为 z_1，蜗轮的齿数为 z_2，蜗杆传动的传动比为：

$$i=\frac{n_1}{n_2}=\frac{z_2}{z_1} \tag{9-25}$$

3. 蜗杆传动的特点

(1) 可转换传动平面。

(2) 传动平稳。由于蜗杆的齿是连续的螺旋形齿，故传动平稳，噪声小。

(3) 传动比大且结构紧凑。蜗杆的线数 $z_1=1\sim4$，远小于蜗轮的齿数，在一般传动中，传动比 $i=10\sim80$。

(4) 能够自锁。当蜗杆的导程角很小时，蜗杆能带动蜗轮，而蜗轮不能带动蜗杆，即自锁。这可用于需要自锁的起重设备，如电动葫芦等。

(5) 效率低。蜗杆传动中，蜗轮齿沿蜗杆齿的螺旋线方向滑动速度大，摩擦剧烈，效率低，一般效率为 0.7～0.9，具有自锁性的蜗杆传动效率低于 50%。

(6) 成本较高。为了减少蜗杆传动中的摩擦，蜗轮常用减摩性好的青铜制造，材料价格高。

由上述特点可知，蜗杆传动适用于传动比大、要求转换传动平面、传递功率不大、不连续且不长期工作的场合。

二、蜗杆传动的基本参数和几何尺寸计算

在蜗杆传动中，规定通过蜗杆轴线并与蜗轮轴线垂直的平面，称为中间平面（图 9－32）。蜗杆传动的基本参数和主要几何尺寸在中间平面内确定。

阿基米德蜗杆传动在中间平面内，蜗杆为直线齿廓，蜗轮为渐开线齿廓（图 9－32），蜗杆与蜗轮的啮合如同齿条与齿轮的啮合。在垂直于蜗杆轴线的剖面内，蜗杆齿廓曲线为阿基米德螺线，故称阿基米德蜗杆。

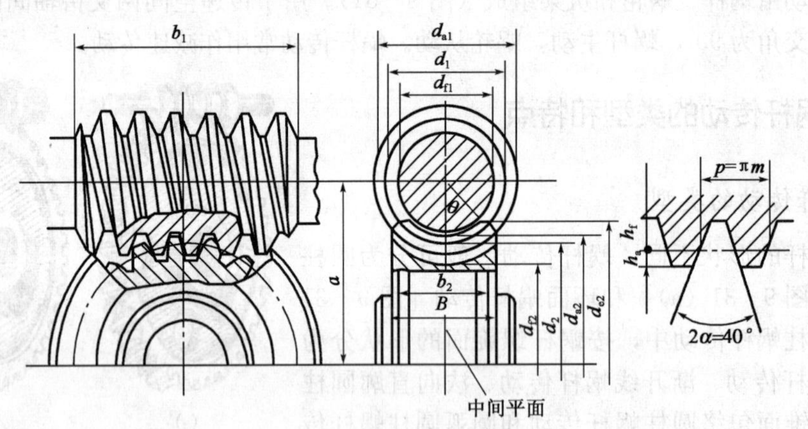

图 9－32　阿基米德蜗杆传动

1. 蜗杆传动的基本参数

(1) 模数 m 和压力角 α。如图 9－32 所示，为了保证蜗杆与蜗轮的正确啮合，蜗杆的轴向数 m_{x1} 和轴向压力角 α_{x1}，应分别等于蜗轮的端面模数 m_{t2} 和端面压力角 α_{t2}，且均等于标准值，即：

$$m_{x1}=m_{t2}=m$$

$$\alpha_{x1}=\alpha_{t2}=\alpha$$

模数的标准值列于表 9－9，压力角的标准值规定为 20°。

表 9－9　标准模数 m、直径 d_1 及蜗杆直径系数 q 值

（摘自 GB/T 10085—1988）《圆柱蜗杆传的基本参数》

m	2				2.5				3.15			
d_1	(18)	22.4	(28)	*35.5	(22.4)	28	(35.5)	*45	(28)	35.5	45	*56
q	9.000	11.200	14.000	17.750	8.960	11.200	14.200	18.000	8.889	11.270	14.286	17.778
m	4				5				6.3			
d_1	(31.5)	40	(50)	*71	(40)	50	(63)	*90	(50)	63	(80)	*112
q	7.875	10.000	12.500	17.750	8.000	10.000	12.600	18.000	7.936	10.000	12.698	17.778
m	8				10				12.5			
d_1	(63)	80	(100)	*140	(71)	90	(112)	160	(90)	112	(140)	200
q	7.875	10.000	12.500	17.500	7.100	9.000	11.200	16.000	7.200	8.960	11.200	16.000

注：(1) 括号内的 d_1 尽可能不用。

(2) 带 * 号的蜗杆自锁。

（2）蜗杆分度圆直径 d_1 和导程角 γ。蜗杆类似一螺杆，如图 9－33（a）所示，蜗杆有两条螺旋线，即 $z_1=2$，螺旋线的导程角为 γ，蜗杆的轴向齿距为 p_{x1}，导程 $p_h=z_1p_{x1}$。图 9－33（b）为蜗杆分度圆柱螺旋线展开图，由图可得蜗杆的导程角 γ 为：

$$\tan\gamma=\frac{z_1p_{x1}}{\pi d_1}=\frac{z_1m}{d_1} \tag{9-26}$$

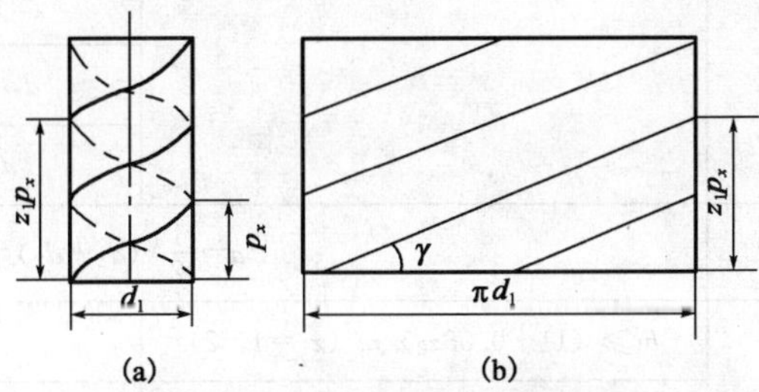

图 9－33　蜗杆分度圆直径和导程角

当传递动力时，应力求大的 γ 值，即应选用多线数的蜗杆。若要求蜗杆传动具有自锁性，则应采用 γ 角小于 3.5°的蜗杆传动。

对于轴交角为 90°的蜗杆传动，除模数和压力角应分别相等外，蜗杆导程角 γ 应等于蜗轮齿的螺旋角 β，且旋向相同（图 9－34）。

由式（9－26）可得：

$$d_1=\frac{mz_1}{\tan\gamma} \tag{9-27}$$

加工蜗轮时所用的蜗杆滚刀的尺寸应和与此蜗轮相啮合的蜗杆尺寸相同。分析式（9－27）可知，蜗杆分度圆直径 d_1 不仅与模数有关，而且还随 $z_1/\tan\gamma$ 的值而改变。这样，同一模数理论上就需要对应无数把刀具，很不经济。为了减少滚刀具的数目，国标规定了蜗杆直径系数 q，见表 9－9。

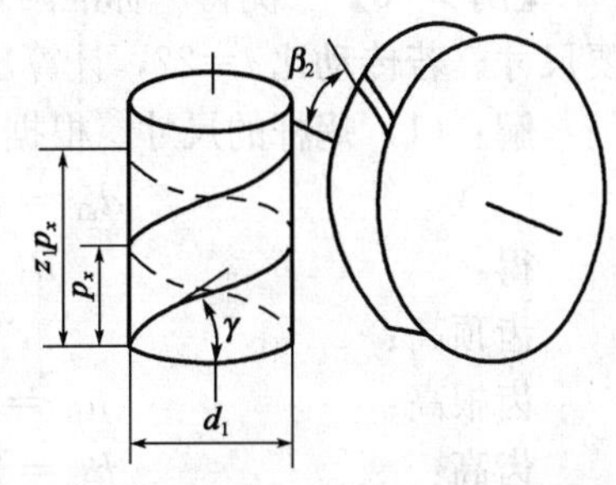

图 9－34　蜗杆导程角与蜗轮螺旋角

将 $q=z_1/\tan\gamma$ 称为蜗杆直径系数，由此得：

$$d_1=qm \tag{9-28}$$

因 m、d_1 均为标准值，导出的 q 值不一定为整数，其值见表 9-9。

(3) 蜗杆线数 z_1 和蜗轮齿数 z_2。蜗杆线数 z_1 常取为 1、2、4。要求传动效率高时，取 $z_1>2$；当传动比大时，取 $z_1=1$。蜗轮的齿数 $z_2=iz_1$，z_2 过少时产生根切，一般取 $z_2=29\sim80$。

综上所述，蜗杆传动的基本参数为：m、α、z、d_1 及 $h_a{}^*=1$、$c^*=0.2$。

2. 蜗杆传动的几何尺寸计算

标准普通圆柱蜗杆传动几何尺寸的计算公式列于表 9-10。

表 9-10　标准普通圆柱蜗杆传动几何尺寸计算公式（轴交角为 90°）

名　称	符　号	计 算 公 式	
		蜗　　杆	蜗　　轮
齿顶高	h_a	$h_{a1}=h_{a2}=m$	
齿根高	h_f	$h_{f1}=h_{f2}=1.2m$	
齿　高	h	$h_1=h_2=2.2m$	
分度圆直径	d	$d_1=mz_1/\tan\gamma$	$d_2=mz_2$
齿根圆直径	d_f	$d_{f1}=d_1-2h_{f1}$	$d_{f2}=d_2-2h_{f2}$
齿顶圆直径	d_a	$d_{a1}=d_1+2h_a$	喉圆直径 $d_{a2}=d_2+2h_a$
蜗轮外圆直径	d_{e2}		$d_{e2}\leqslant d_{a2}+2m$ （$z_1=1$）
			$d_{e2}\leqslant d_{a2}+1.5m$ （$z_1=2\sim3$）
			$d_{e2}\leqslant d_{a2}+m$ （$z_1=4\sim6$）
中心距	a	$a=\frac{1}{2}(d_1+d_2)$	
齿　宽	b	$b_1\geqslant(11+0.06z_2)m$ （$z_1=1，2$）	$b_2\leqslant0.75d_{a1}$ （$z_1\leqslant3$）
		$b_1\geqslant(12.5+0.09z_2)m$ （$z_1=3，4$）	$b_2\leqslant0.67d_{a1}$ （$z_1\leqslant4\sim6$）
			轮缘宽度 $B=b_2+(1\sim2)m$
蜗杆导程角	γ	$\gamma=\arctan\frac{mz_1}{d_1}$	蜗轮齿宽角 $\theta=90^\circ\sim130^\circ$

注：表中符号参看图 9-32。

【例 9-6】　测得一标准阿基米德蜗杆的齿顶圆直径为 75.6mm，双线。试求蜗杆的主要尺寸。若传动比 $i=22$，计算出相配的蜗轮尺寸。

解：(1) 蜗杆的尺寸。根据表 9-10 的计算公式有：

$$d_{a1}=d_1+2h_a=d_1+2m=75.6(\mathrm{mm})$$

得：
$$d_1=63\mathrm{mm},m=6.3\mathrm{mm},q=10$$

齿顶高：
$$h_{a1}=m=6.3(\mathrm{mm})$$

齿根高：
$$h_{f1}=1.2m=1.2\times6.3=7.56(\mathrm{mm})$$

齿高：
$$h_1=2.2m=2.2\times6.3=13.86(\mathrm{mm})$$

齿根圆直径：
$$d_{f1}=d_1-2h_{f1}=63-2\times7.56=47.88(\mathrm{mm})$$

蜗杆齿宽：$b_1=(11+0.06z_2)m=(11+0.06\times44)\times6.3=85.93(\mathrm{mm})$

取 $b_1=86\mathrm{mm}$，蜗杆导程角：

$$\gamma = \arctan \frac{mz_1}{d_1} = \arctan \frac{6.3 \times 2}{63} = 11°18'35''$$

(2) 蜗轮的尺寸。

蜗轮的齿数： $z_2 = iz_1 = 22 \times 2 = 44$

分度圆直径： $d_2 = mz_2 = 6.3 \times 44 = 277.2(\text{mm})$

喉圆直径： $d_{a2} = d_2 + 2h_a = 277.2 + 2 \times 6.3 = 289.8(\text{mm})$

外圆直径： $d_{e2} = d_{a2} + 1.5m = 289.8 + 1.5 \times 6.3 = 299.25(\text{mm})$

蜗轮齿宽： $b_2 \leqslant 0.75 d_{a1} = 0.75 \times 75.6 = 56.7(\text{mm})$

蜗轮轮缘宽： $B = b_2 + m = 56.7 + 6.3 = 63(\text{mm})$

蜗轮齿宽角： $\theta = 128°$

三、蜗杆传动的失效形式、材料和结构

1. 失效形式

蜗杆传动工作时，齿面间相对滑动速度大，摩擦和发热严重，所以主要失效形式为齿面胶合、磨损和齿面点蚀。

2. 蜗杆和蜗轮的材料

蜗杆多采用调质钢、渗碳钢和表面淬火钢制造，如 45、20Cr、42SiMn、40CrNi 等。常经热处理提高齿面硬度，增加耐磨性。

蜗轮常用减摩性、耐磨性好的铸锡青铜 ZCuSn10P1、ZCuSn6Zn6Pb3 和铸铝铁青铜 $ZCuAl10Fe_3$；低速和不重要的传动可采用铸铁材料。

3. 蜗杆和蜗轮的结构

蜗杆通常与轴做成一体，如图 9-35 所示，图 9-35（a）为车制蜗杆，图 9-35（b）为铣制蜗杆。蜗轮结构分整体式和组合式两种，如图 9-36 所示。铸铁蜗轮及直径小于 100mm 的青铜蜗轮做成整体式［图 9-36（a）］；对于尺寸较大的蜗轮，为了节省有色金属，做成组合式，齿圈用青铜，轮芯用铸铁或钢，可将青铜齿圈浇铸在铸铁轮芯上［图 9-36（b）］，也可用过盈配合［图 9-36（c）］或用铰制孔螺栓连接［图 9-36（d）］。

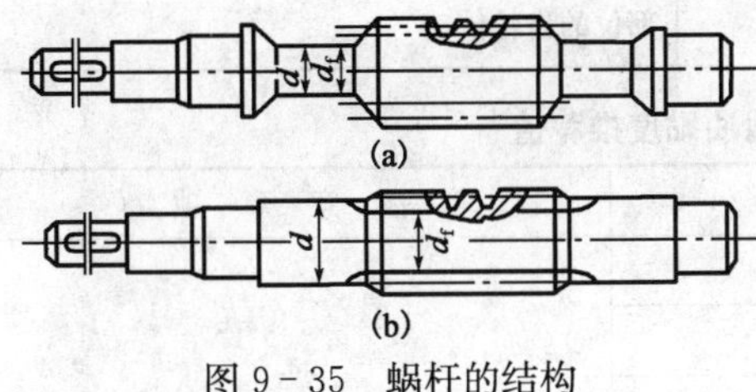

图 9-35　蜗杆的结构

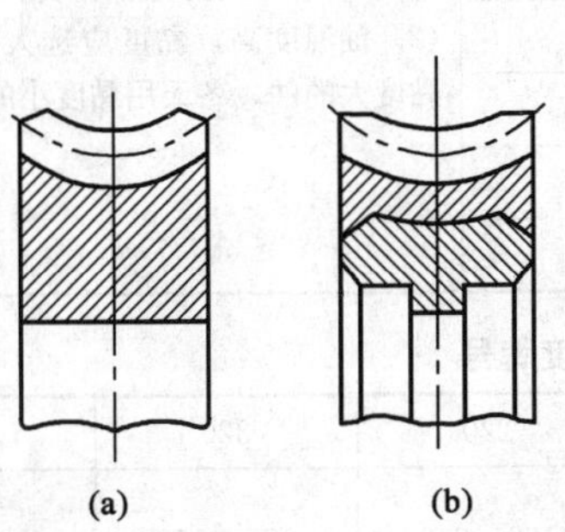

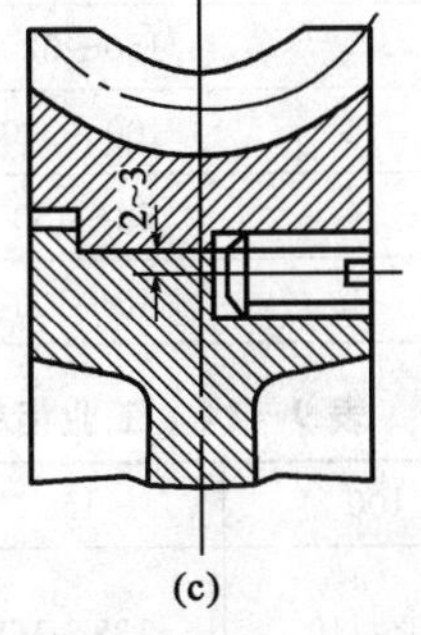

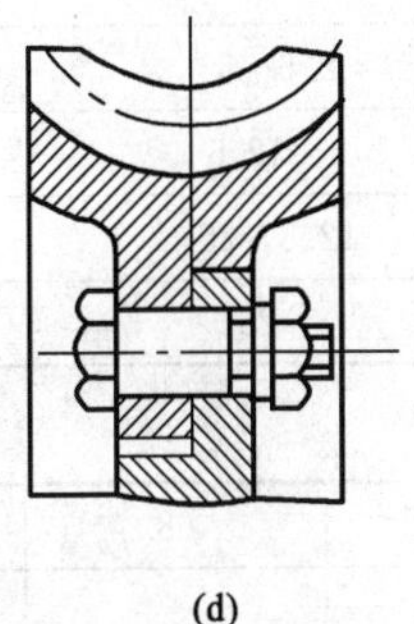

图 9-36　蜗轮的结构

第十节　齿轮传动的润滑和维护

一、齿轮传动的润滑

对齿轮传动进行良好的润滑，可以提高承载能力、延长寿命和提高传动效率。齿轮传动绝大部分使用润滑油润滑。润滑油的种类根据齿面接触应力 σ_H 和节圆圆周速度 v 的乘积由表 9－11 确定。当圆周速度 $v<2.5$m/s 时，可只按 σ_H 由表 9－12 选择润滑油的种类。

润滑油的牌号应根据齿轮的圆周速度 v 由表 9－13 选取润滑油的黏度值，再由表 9－14 选择润滑油的代号。

表 9－11　按 $\sigma_H \cdot v$ 值选择齿轮油种类

$\sigma_H \cdot v$，MPa・m/s	润滑油种类
<1200	普通工业齿轮油
1200～13000	中负荷工业齿轮油
>13000	硫磷型重负荷工业齿轮油

表 9－12　按 σ_H 选择齿轮油种类

齿面应力 σ_H，MPa	推荐使用润滑油	使用工况
<350	普通工业齿轮油	一般传动齿轮
350～500	普通工业齿轮油中负荷工业齿轮油	一般传动齿轮、有冲击的齿轮
7500～1500	中负荷工业齿轮油硫磷型重负荷工业齿轮油	矿井提升机，露天采掘机，水泥球磨机，化工、水力、电力、冶金等机械的齿轮
>1500	硫磷型重负荷工业齿轮油	冶炼、轧钢、井下采掘、高温有冲击、含水部位的齿轮传动

表 9－13　闭式齿轮传动润滑油黏度推荐值

圆周速度 v，m/s	运动黏度值 $\upsilon_{40℃}$，mm^2/s	注意事项
<0.5	460～1000	(1) 齿面接触应力高的用黏度大的油。 (2) 油温度高，黏度应选大些；夏天用黏度大的油，冬天用黏度小的油
0.5～1	320～680	
1～2.5	220～460	
2.5～5	150～320	
5～12.5	100～220	
12.5～25	68～150	
>25	46～100	

表 9－14　工业齿轮油黏度牌号

黏度牌号	68	100	150	220	320	460
运动黏度 $\upsilon_{40℃}$，mm^2/s	61.2～74.8	90～110	135～165	198～242	288～352	414～506

注：$\upsilon_{40℃}$代表 40℃时油的运动黏度。

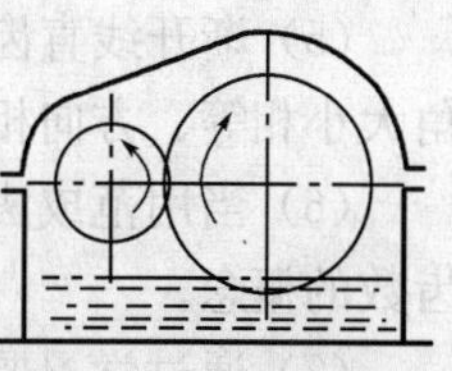
图 9-37　油浴润滑

润滑方式按齿轮圆周速度 v 确定，当 $v<12\text{m/s}$ 时，将大齿轮的轮齿浸入油池进行油浴润滑（图 9-37）。利用齿轮的转动，将油带到啮合齿面，同时也可将油甩到箱壁上，用以润滑轴承或散热。圆柱齿轮浸入油中的深度约为 1～2 个齿高，但不小于 10mm；锥齿轮应浸入整个齿宽。箱体中的油量，可按传动功率确定。单级齿轮传动，每千瓦的加油量为 350～700cm^3。当齿轮圆周速度 $v>12\text{m/s}$ 时，为避免搅油损失过大，常采用喷油润滑，即用油泵将润滑油经喷嘴射到啮合的齿面上。

二、蜗杆传动的润滑

蜗杆传动一般用油润滑。润滑方式有油浴润滑和喷油润滑两种，根据齿面滑动速度 v_s 选定。

$$v_s = \frac{v_1}{\cos\gamma} \tag{9-29}$$

式中　v_s——齿面滑动速度，m/s；

v_1——蜗杆的圆周速度，m/s；

γ——蜗杆导程角，(°)。

对于 $v_s<10\text{m/s}$ 的中、低速蜗杆传动，大多采用油浴润滑；$v_s>10\text{m/s}$ 的蜗杆传动，采用喷油润滑。对闭式蜗杆传动，常用润滑油黏度牌号及润滑方式见表 9-15。

表 9-15　蜗杆传动润滑油牌号和润滑方式

滑动速度 v_s，m/s	≤2	2～5	5～10	>10
润滑油牌号	680	460	320	220
润滑方式	油浴润滑		油浴或喷油润滑	喷油润滑

三、齿轮传动的维护

（1）使用齿轮传动和蜗杆传动时，在启动、加载、卸载及换挡过程中，应力求平稳（如低速、空载换挡），避免产生冲击载荷，不得超速、超载，以防止轮齿折断等故障。

（2）按润滑油的牌号、规定的油量，定期加油；油箱内的脏油要定期更换，以免尘土、金属屑形成磨粒磨损；使用过程中要经常检查润滑系统状况，发现问题及时处理。

（3）注意观察齿轮传动和蜗杆传动的工作状况，失效前都有一定的预兆，如不正常的噪声和冲击、箱体的过热等，要勤看、勤听、勤摸，及时发现故障，加以排除。

（4）按照规章定期检修，可防止传动突然损坏，影响正常生产。

本 章 小 结

（1）齿轮传动的最基本要求之一是其瞬时角速度比必须保持恒定。

（2）渐开线的形成决定了渐开线的性质，由于渐开线齿廓具有众多的优点，所以渐开线齿轮是目前使用最广的齿轮。

（3）渐开线齿轮的各部分的名称、符号和计算公式等由标准规定，不宜随意改动。

（4）标准齿轮采用标准压力角、标准模数、标准齿顶高系数和径向间隙系数。

（5）渐开线直齿圆柱齿轮正确啮合条件是模数相等、压力角相等，斜齿轮还应满足螺旋角大小相等、方向相反。由此可见，直齿轮的互换性较好，斜齿轮一般是成对设计的。

（6）当用范成法加工齿轮时，若被加工的齿轮齿数较少时会出现根切，由此引出了最少齿数的概念。

（7）通过学习要能根据齿轮传动的工作条件及失效情况，确定设计准则。掌握某一特定条件下的主要失效形式，分析产生的原因，选用相对应的设计准则，同时应掌握提高齿轮传动承载能力的方法和措施。

（8）齿轮传动中的受力分析是齿轮强度计算的基础，特别是斜齿轮、锥齿轮中的圆向力、径向力和轴向力三者的关系及相应的计算公式。

（9）斜齿轮的法面参数为标准的，端面参数与法面参数存在一定的关系。斜齿轮的端面仍为渐开线齿轮，所以渐开线直齿中的计算公式可以直接用于斜齿轮的端面齿轮。

（10）直齿圆柱齿轮传动设计是斜齿圆柱齿轮传动、直齿圆锥齿轮传动设计的基础，即斜齿轮、锥齿轮的强度计算最终将转为相应的等效的直齿圆柱齿轮的强度问题。所以，应着重掌握直齿圆柱齿轮传动的设计问题。

（11）了解蜗杆传动的特点。传动比大，结构紧凑，具有自锁性，工作平稳噪声低，冲击载荷小。但传动的效率低，发热大，易发生磨损和胶合等失效形式，蜗轮齿圈常需用比较贵重的青铜制造，因此蜗杆传动成本较高。

（12）合理选择蜗杆传动的参数。除模数外，蜗杆的分度圆直径也应取为标准值，目的是为了限制蜗轮滚刀的数目，并便于滚刀的标准化，并保证蜗杆与配对蜗轮的正确啮合。蜗轮齿数的选择应避免用滚刀切制蜗轮时产生根切现象，并满足传动比的要求。蜗杆头数的选择应考虑到效率和传动比。

习　题

1. 试述齿轮传动的特点。

2. 渐开线有哪些特性？

3. 何谓模数？它的大小说明了什么？

4. 何谓分度圆？

5. 渐开线齿轮上哪一点的压力角为标准值？哪一点的压力角最大？哪一点压力最小？

6. 直齿圆柱齿轮的基本参数有哪些？

7. 何谓标准齿轮？

8. 测得一标准直齿圆柱齿轮的齿顶圆直径 $d_a=120$mm，齿根圆直径 $d_f=97.5$mm，齿数 $z=22$，试求该齿轮的模数和齿顶高系数？

9. 试证明渐开线齿轮传动能保证恒定的传动比。

10. 何谓节圆？它与分度圆有何区别？

11. 何谓啮合线和啮合角？

12. 何谓中心可分性？

13. 渐开直齿圆柱齿轮的正确啮合条件是什么？

14. 一对标准直齿圆柱齿轮传动，已知 $z_1=20$，传动比 $i=96/24$，中心距 $a=150$mm，求 m。

15. 已知一对标准直齿圆柱齿轮传动的中心距为 a，传动比为 i，模数为 m，在标准安装情况下，两轮的分度圆直径 d_1、d_2 是多少？两轮的齿数 z_1、z_2 是多少？

16. 一对正常齿制的标准直齿圆柱齿轮传动。已知：模数 $m=5\text{mm}$，小齿轮的齿数 $z_1=30$，大齿轮的齿数 $z_2=60$。

试求：(1) 两齿轮的分度圆直径 d_1、d_2；齿顶圆直径 d_{a1}、d_{a2}；齿根圆直径 d_{f1}、d_{f2}；基圆直径 d_{b1}、d_{b2}；中心距 a。

(2) 根据计算的尺寸，按比例画出啮合图，标出啮合极限点 N_1、N_2 和实际啮合线 B_1B_2。

17. 已知一对外啮合标准直齿圆柱齿轮传动的中心距 $a=160\text{mm}$，其中一个齿轮的齿数 $z_1=30$，模数 $m=4\text{mm}$，压力角 $\alpha=20°$，齿顶高系数 $h_a^*=1$，顶隙系数 $c^*=0.25$。试求另一个齿轮的齿数、分度圆直径、齿顶圆直径、齿根圆直径和基圆直径。

18. 何谓切齿干涉？何谓最少齿数？

19. 斜齿圆柱齿轮传动有哪些特点？

20. 斜齿圆柱齿轮哪个面的参数为标准值？

21. 斜齿圆柱齿轮的基本参数有哪些？

22. 斜齿圆柱齿轮传动正确啮合条件是什么？

23. 一对标准斜齿圆柱齿轮传动。已知：齿数 $z_1=20$，$z_2=40$，法向模数 $m_n=4\text{mm}$，螺旋角 $\beta=15°$。试计算这对齿轮的主要尺寸。

24. 为什么规定锥齿轮大端的模数和压力角为标准值？

25. 锥齿轮的基本参数有哪些？

26. 锥齿轮传动的正确啮合条件是什么？

27. 一对标准直齿锥齿轮传动。已知：交角为 90°，齿数 $z_1=17$，$z_2=43$，大端模数 $m=3\text{mm}$。试计算这对齿轮各部尺寸。

28. 常用的圆柱齿轮结构和锥齿轮结构各有哪些类型？如何选用？

29. 常见的齿轮失效形式有几种？如何避免或减轻？

30. 如何选择齿轮的材料？

31. 蜗杆传动有哪些特点？适用于什么场合？

32. 为什么对每一个模数规定几个标准蜗杆分度圆直径？

33. 蜗杆传动的基本参数有哪些？

34. 轴交角为 90°的蜗杆传动，其正确啮合条件是什么？

35. 蜗杆传动中，已知：蜗杆线数 $z_1=2$，转速 $n_1=970\text{r/min}$，模数 $m=10\text{mm}$，分度圆直径 $d_1=90\text{mm}$，要求蜗轮的转速 $n_2=50\text{r/min}$。试计算蜗杆和蜗轮的主要尺寸及中心距。

36. 蜗杆传动的主要失效形式有哪些？蜗杆和蜗轮的常用材料有哪些？

37. 试述齿轮传动润滑油牌号的选择方法。

38. 试述蜗杆传动润滑油牌号的选择方法。

39. 简述齿轮传动的维护方法。

第十章 齿 轮 系

第一节 齿轮系及其类型

在许多机械中，为了获得大传动比、远距离传动及实现变速、换向、运动的合成与分解等，常采用一系列相互啮合的齿轮将主动轴和从动轴连接起来。这种由一系列相互啮合的齿轮传动所组成的传动系统，称为齿轮系（轮系）。

齿轮系有两种基本类型：

（1）定轴轮系。

轮系中，所有齿轮几何轴线的位置都固定不变的轮系，称为定轴轮系，如图 10－1 所示。

（2）行星轮系。

轮系中，至少有一个齿轮的几何轴线位置不固定，称为行星轮系，如图 10－2 所示。图中齿轮 2 既绕自身的轴线 O_2 转动，又绕齿轮 1 的固定轴线 O_1 转动，如同地球与太阳的关系一样，既有自转又有公转，所以称为行星轮系。

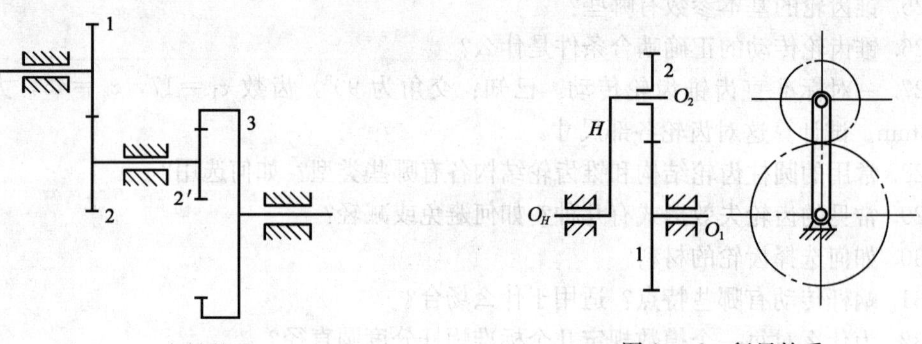

图 10－1　定轴轮系Ⅰ

注：图中数字均代表齿轮

图 10－2　行星轮系

第二节 定轴轮系传动比的计算

轮系中首末两轮角速度或转速之比，称为轮系传动比。

传动比的含义：反映了两轮转速相差的程度；反映了两轮尺寸相差的程度；反映了降速增矩的程度；反映了两轮转向的异同。本节主要讨论定轴轮系传动比的计算。

在计算轮系的传动比时，不仅要求出传动比的大小，而且要确定各轮的转向。对于主动轴与从动轴平行的轮系，引入正、负号表示首末轮转向的异同。图 10－3 所示为一对外啮合齿轮传动，设主动齿轮 1 的转速和齿数分别为 n_1、z_1，从动齿轮 2 的转速和齿数分别为 n_2、z_2，因两轮转向相反，规定传动比为负号，即：

$$i_{12}=\frac{n_1}{n_2}=-\frac{z_2}{z_1}$$

图 10-4 所示为一对内啮合齿轮传动，两轮的转向相同，规定传动比为正号，即：

$$i_{12}=\frac{n_1}{n_2}=\frac{z_2}{z_1}$$

将上述两种啮合传动的传动比计算公式合写，得：

$$i_{12}=\frac{n_1}{n_2}=\pm\frac{z_2}{z_1} \qquad (10-1)$$

应用式（10-1）时，外啮合传动比 i 取负号，内啮合传动比取正号。各轮的回转方向用箭头表示，如图 10-3 及图 10-4 所示。

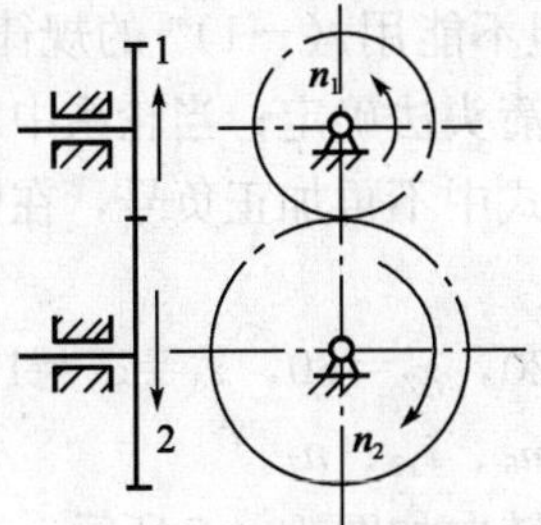

图 10-3　外啮合传动

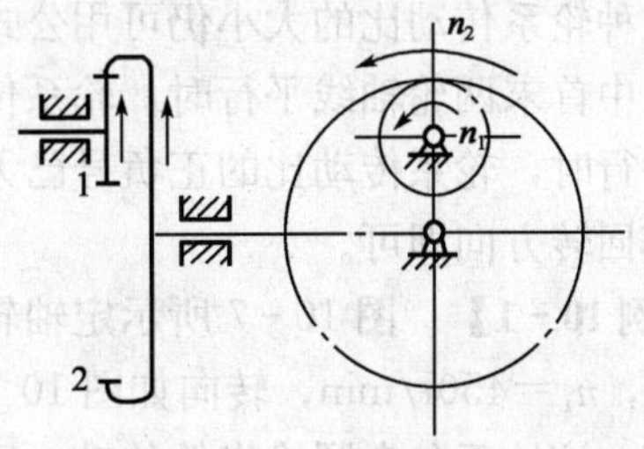

图 10-4　内啮合传动

现在讨论定轴轮系的传动比计算。图 10-5 所示的定轴轮系中，齿轮 1 为主动轮，齿轮 5 为输出轮。设各轮的齿数分别为 z_1、z_2、$z_{2'}$、z_3、$z_{3'}$、z_4 和 z_5，各轮的转速分别为 n_1、n_2、$n_{2'}$（$n_{2'}=n_2$）、n_3、$n_{3'}$（$n_{3'}=n_3$）、n_4 和 n_5。根据公式（10-1）可以求得轮系中各对啮合齿轮的传动比：

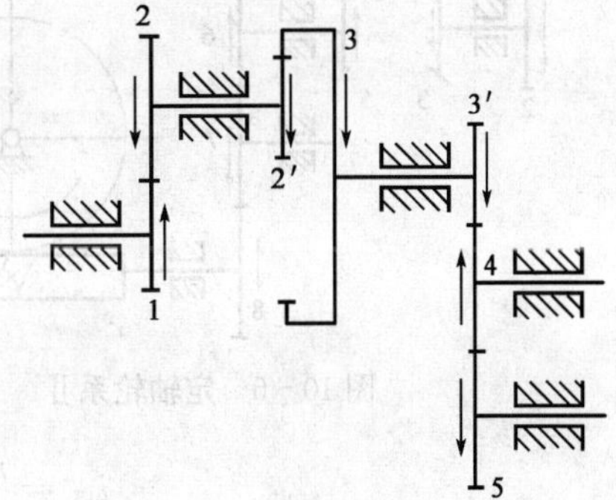

图 10-5　定轴轮系的传动比

$$i_{12}=\frac{n_1}{n_2}=-\frac{z_2}{z_1}$$

$$i_{2'3}=\frac{n_{2'}}{n_3}=\frac{n_2}{n_3}=\frac{z_3}{z_{2'}}$$

$$i_{3'4}=\frac{n_{3'}}{n_4}=\frac{n_3}{n_4}=-\frac{z_4}{z_{3'}}$$

$$i_{45}=\frac{n_4}{n_5}=-\frac{z_5}{z_4}$$

将以上四式连乘得：

$$i_{12}\cdot i_{2'3}\cdot i_{3'4}\cdot i_{45}=\frac{n_1}{n_2}\cdot\frac{n_2}{n_3}\cdot\frac{n_3}{n_4}\cdot\frac{n_4}{n_5}=\left(-\frac{z_2}{z_1}\right)\left(\frac{z_3}{z_{2'}}\right)\left(-\frac{z_4}{z_{3'}}\right)\left(-\frac{z_5}{z_4}\right)$$

于是：

$$i_{15}=\frac{n_1}{n_5}=i_{12}\cdot i_{2'3}\cdot i_{3'4}\cdot i_{45}=(-1)^3\frac{z_2z_3z_4z_5}{z_1z_{2'}z_{3'}z_4}=(-1)^3\frac{z_2z_3z_5}{z_1z_{2'}z_{3'}}$$

上式表明，定轴轮系的传动比等于轮系中各对啮合齿轮传动比的连乘积；其值等于所有从动轮齿数连乘积与所有主动轮齿数连乘积之比，其正负号取决于外啮合齿轮的对数，奇数对外啮合取负号，偶数对外啮合取正号。

以上分析可以推广到一般情形。设定轴轮系首轮转速为 n_1，末轮转速为 n_k，则轮系的传动比可由下式表示：

$$i_{1k}=\frac{n_1}{n_k}=(-1)^m\frac{\text{所有从动轮齿数的乘积}}{\text{所有主动轮齿数的乘积}} \tag{10-2}$$

式中　m——轮系中外啮合齿轮对数。

轮系传动比的正负号，也可用画箭头法确定，如图 10-5 所示。图中轮 5 与轮 1 箭头方向相反，应取负号，这与计算结果一致。

在分析图 10-5 所示轮系的传动比时，齿轮 4 在前一对啮合齿轮 3′、4 中是从动轮，在后一对啮合齿轮 4、5 中是主动轮，其齿数在公式的分子和分母中同时出现而互相消去。在轮系中，这种不影响传动比大小、仅起传递运动和改变转向作用的齿轮叫惰轮。

在图 10-6 所示的定轴轮系中，不但有圆柱齿轮传动，而且还有锥齿轮传动和蜗杆传动。这种轮系传动比的大小仍可用公式（10-2）计算，但不能用 $(-1)^m$ 的规律确定转向。当轮系中首末两轮轴线平行时，轮系传动比的正负号用画箭头法确定；当轮系中首末两轮轴线不平行时，轮系传动比的正负号已无意义，故在计算公式中不再加正负号，在图中用箭头标出其回转方向即可。

【例 10-1】　图 10-7 所示定轴轮系中，已知：$z_1=20$，$z_2=60$，$z_3=z_5=18$，$z_6=20$，$z_7=60$，$n_1=450\text{r/min}$，转向如图 10-7 所示。试求 i_{15}、n_5、i_{17}、n_7。

解： 该轮系包含圆锥齿轮传动，用画箭头法确定各轮转向如图 10-7 所示。

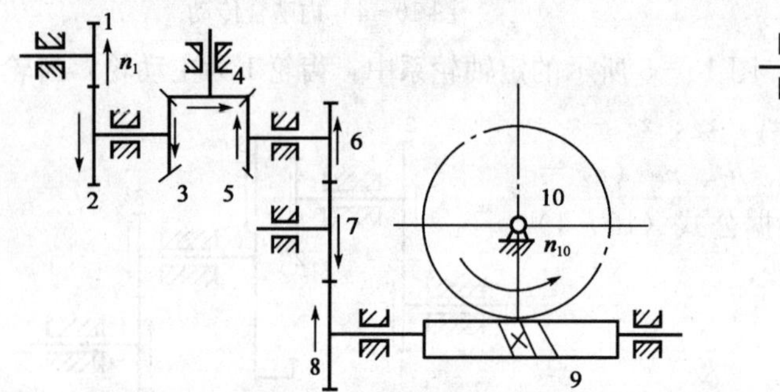

图 10-6　定轴轮系Ⅱ

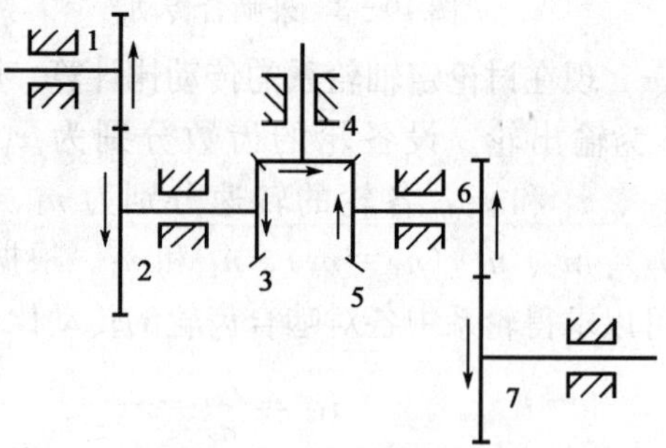

图 10-7　定轴轮系Ⅲ

$$i_{15}=\frac{n_1}{n_5}=\frac{z_2z_5}{z_1z_3}=\frac{60\times18}{20\times18}=3$$

$$n_5=\frac{n_1}{i_{15}}=\frac{450}{3}=150(\text{r/min})$$

$$i_{17}=\frac{n_1}{n_7}=-\frac{z_2z_5z_7}{z_1z_3z_6}=-\frac{60\times18\times60}{20\times18\times20}=-9$$

$$n_7=\frac{n_1}{i_{17}}=\frac{450}{-9}=-50(\text{r/min})$$

第三节　行星轮系传动比的计算

一、行星轮系的组成

图 10-8（a）所示的行星轮系中，齿轮 2 的轴线可转动，是行星轮；齿轮 1、3 与行星

轮啮合且轴线固定，称为中心轮；构件 H 支承行星轮并与中心轮共轴线，称为行星架。行星轮系由行星轮、中心轮、行星架和机架组成。

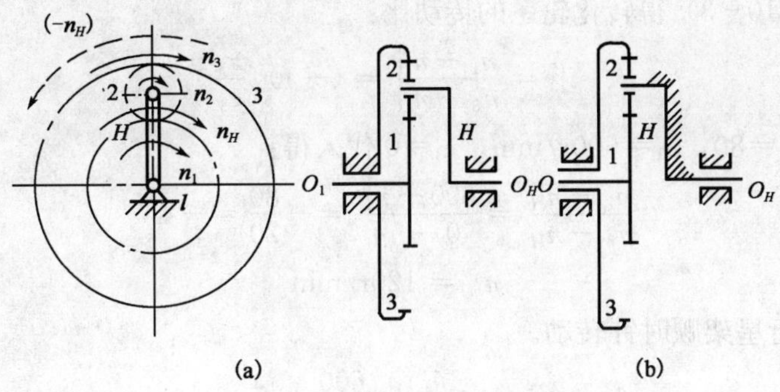

图 10-8　行星轮系的组成

二、行星轮系传动比的计算

因为行星轮系中的行星轮轴线位置不固定，所以不能直接利用定轴轮系的公式计算传动比。

根据相对运动原理，给图 10-8（a）所示行星轮系加上一个绕轴线 O_H 并与行星架 H 的转速 n_H 大小相等、方向相反的公共转速（$-n_H$）后，行星架 H 静止不动，而各构件的相对运动关系并不改变。这样一来，所有齿轮的回转轴线全部固定，得到一个假想的定轴轮系，如图 10-8（b）所示。该假想的定轴轮系称为原行星轮系的转化轮系。转化轮系中各构件对行星架 H 的相对转速分别用 n_1^H、n_2^H、n_3^H 及 n_H^H 表示，其大小见表 10-1。

表 10-1　轮系转速表

构　件	简单行星轮系中的转速	转化轮系中的转速
中心轮 1	n_1	$n_1^H=n_1-n_H$
行星轮 2	n_2	$n_2^H=n_2-n_H$
中心轮 3	n_3	$n_3^H=n_3-n_H$
行星架 H	n_H	$n_H^H=n_H-n_H=0$

既然简单行星轮系的转化轮系是定轴轮系，就可应用定轴轮系传动比公式（10-2）计算其传动比：

$$i_{13}^H=\frac{n_1^H}{n_3^H}=\frac{n_1-n_H}{n_3-n_H}=-\frac{z_2z_3}{z_1z_2}=-\frac{z_3}{z_1}$$

将上式推广到一般情形为：

$$i_{1k}^H=\frac{n_1-n_H}{n_k-n_H}=(-1)^m\frac{\text{所有从动轮齿数的乘积}}{\text{所有主动轮齿数的乘积}} \tag{10-3}$$

应用式（10-3）时必须注意以下几点：

（1）公式中 1 为主动轮，k 为从动轮。中间各轮的主从地位应从齿轮 1 起按顺序判定。

（2）公式是在假设所有构件转向相同的情况下导出的，因此在求解未知转速时，必须先假定某一转向的转速为正，相反方向的转速以负值代入公式。

（3）推导公式时对各构件所加的公共转速（$-n_H$）与各构件原来的转速是代数相加，所以公式只适用于齿轮 1、k 和行星架 H 的轴线互相平行的场合。

【例 10-2】 在图 10-8（a）所示的简单行星轮系中，已知：$z_1=20$，$z_3=80$，$n_1=600$r/min，顺时针转动。求 n_H、i_{1H}。

解： 由公式（10-3）得转化轮系的传动比：

$$i_{13}^H=\frac{n_1-n_H}{n_3-n_H}=(-1)^1\frac{z_3}{z_1}$$

将 $z_1=20$，$z_3=80$，$n_1=600$r/min，$n_3=0$ 代入得：

$$\frac{n_1-n_H}{n_3-n_H}=\frac{600-n_H}{0-n_H}=-\frac{80}{20}=-4$$

解得：

$$n_H=120\text{r/min}$$

n_H 为正值，表示行星架顺时针转动。

$$i_{1H}=\frac{n_1}{n_H}=\frac{600}{120}=5$$

【例 10-3】 图 10-9 所示为一大传动比的行星轮系减速器。已知：$z_1=100$，$z_2=101$，$z_{2'}=100$，$z_3=99$，求传动比 i_{H1}。

解： 由公式（10-3）得转化轮系的传动比：

$$i_{13}^H=\frac{n_1-n_H}{n_3-n_H}=(-1)^m\frac{z_2z_3}{z_1z_{2'}}$$

代入已知数据得：

$$\frac{n_1-n_H}{0-n_H}=(-1)^2\frac{101\times 99}{100\times 100}$$

所以：

$$i_{1H}=\frac{n_1}{n_H}=1-\frac{9999}{10000}=\frac{1}{10000}$$

$$i_{H1}=\frac{n_H}{n_1}=10000$$

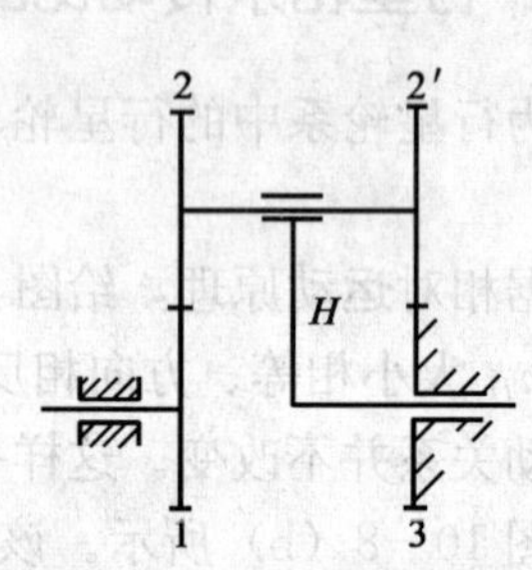

图 10-9 行星轮系减速器

本章小结

（1）本章介绍了轮系的分类和应用，通过学习要掌握定轴轮系、周转轮系传动比的计算方法和转向的确定方法。

（2）学习的重点是轮系的传动比计算和转向的判定。在运用反转法计算周转轮系的传动比时，应十分注意转化轮系传动比计算式中的转向正负号的确定，并区分行星轮系和差动轮系的传动比计算的特点。

习 题

1. 齿轮系分哪两种基本类型？它们的主要区别是什么？

2. 行星轮系由哪几个基本构件组成？它们各作何种运动？

3. 何谓行星轮系的转化轮系？

4. 图 10-10 所示轮系中，已知：$z_1=z_4=20$，$z_3=z_6=60$。试求传动比 i_{16}？

5. 图 10-11 所示轮系中，已知：$z_1=z_{2'}=15$，$z_2=45$，$z_3=30$，$z_{3'}=17$，$z_4=34$。试求传动比 i_{14}？

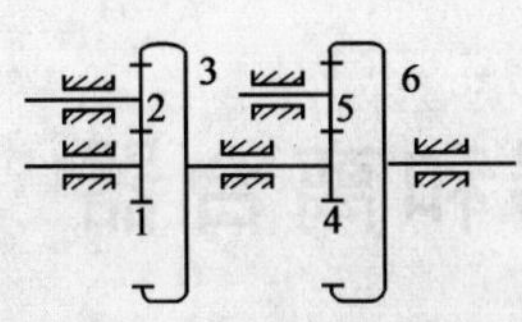

图 10－10　习题 4 图示

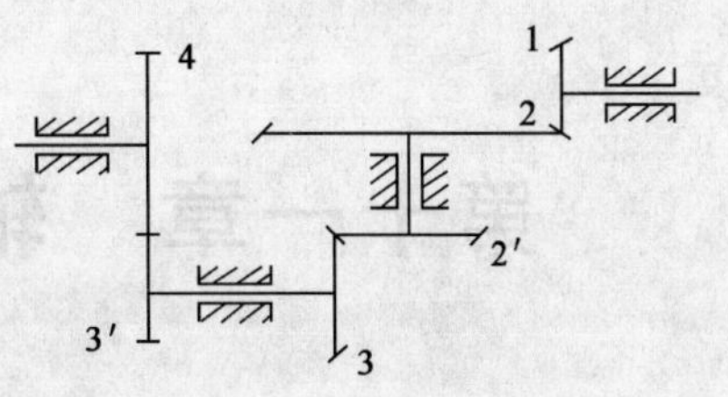

图 10－11　习题 5 图示

6. 图 10－12 所示锥齿轮行星轮系中，已知：$z_1=20$，$z_2=20$，$z_3=30$，$z_4=45$，$n_1=500$r/min。试求行星架 H 的转速 n_H？

7. 图 10－13 所示为手动葫芦简图，S 为手动链轮，H 为起重链轮。已知各齿轮的齿数：$z_1=12$，$z_2=28$，$z_{2'}=14$，$z_3=54$。试求传动比 i_{SH}？

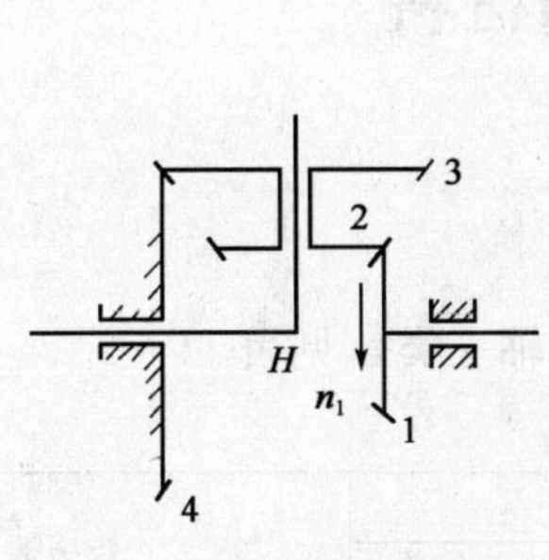

图 10－12　习题 6 图示

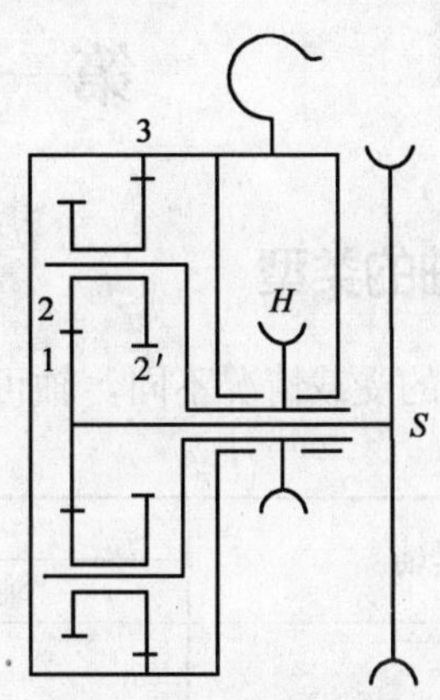

图 10－13　习题 7 图示

第十一章　轴、联轴器和离合器

轴是机械传动装置中一种常见的重要的零件。其功用是：支承回转零件（凸轮、带轮、齿轮等）；使回转零件在轴上具有正确的、确定的工作位置；并和回转零件一起传递运动和动力。

有时需要把机器中不同部位的几根轴连接起来，这种连接装置称为联轴器或离合器。

本章研究轴、联轴器和离合器的类型、结构、特点、选择和使用方面的基础知识。

第一节　轴的类型和材料

一、轴的类型

根据轴的受载情况不同，轴可分为转轴、心轴和传动轴三类，见表 11-1。

表 11-1　轴的类型

转轴	心轴		传动轴
	轴转动	轴不转	
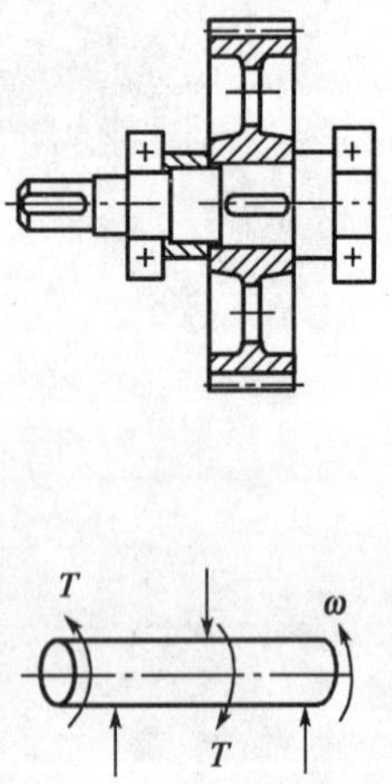	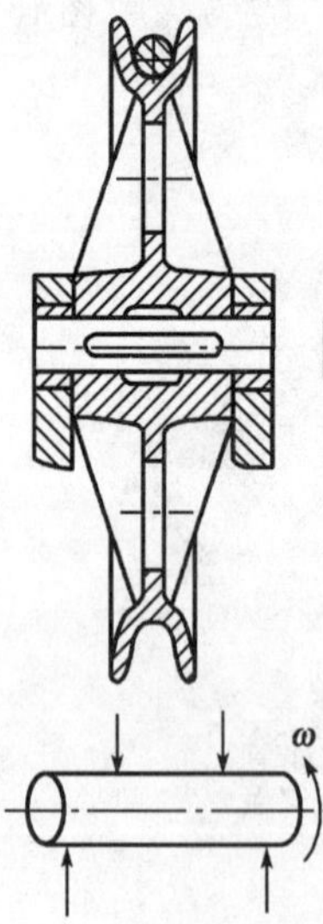	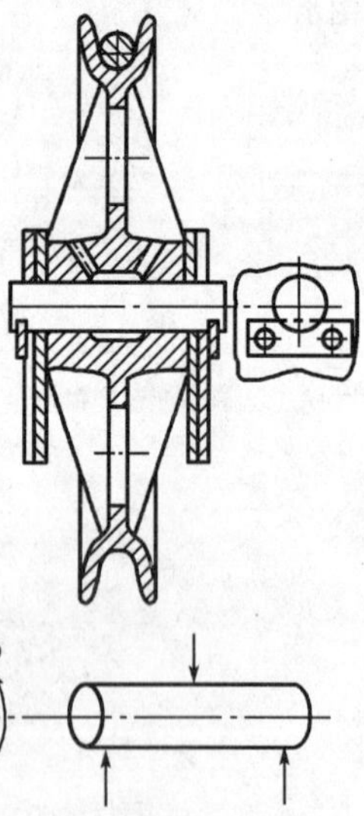	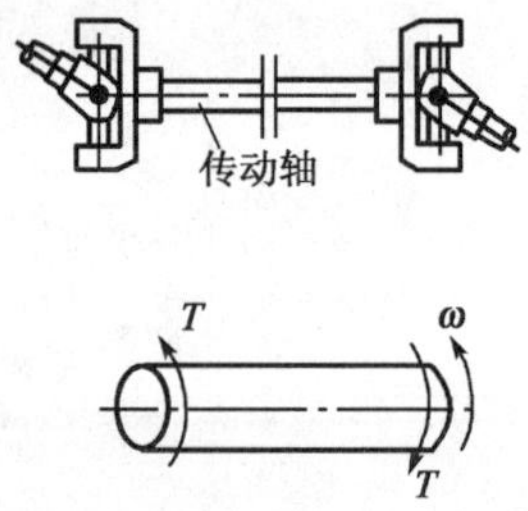
轴同时产生扭转和弯曲变形	轴只产生弯曲变形。转动的心轴承受变应力，不转的心轴承受静应力		轴主要产生扭转变形，弯曲变形很小

此外，按轴的结构形状不同，轴可分为直轴（表 11-1）和曲轴（图 11-1），还可分为实心轴和空心轴。

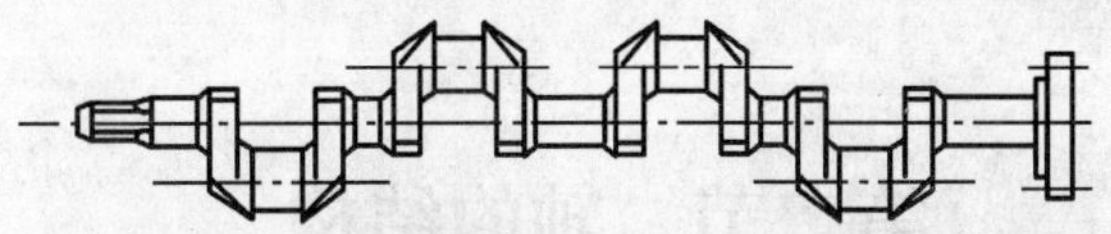

图 11－1　曲轴

二、轴的材料

轴的材料主要是碳素结构钢和合金结构钢。

碳素结构钢比合金结构钢价廉，对应力集中敏感性较小，应用较为广泛。常用的碳素结构钢有 35 钢、40 钢、45 钢和 50 钢，其中以 45 钢应用最广。为改善其机械性能，钢可进行正火或调质处理。对于载荷不大或不太重要的轴，可以采用 Q235、Q275 等普通碳素钢。

合金结构钢具有较高的力学性能和更好的淬火性能，但价格较贵，多用于要求减轻重量、提高轴颈耐磨性以及在高温或低温条件下工作的轴。对于合金钢一定要进行热处理，否则显示不出合金元素的优势。

球墨铸铁吸振性好，对应力集中不敏感，耐磨，价格低廉；但铸造品质不易控制，韧性差；可用于制造外形复杂的轴，如内燃机的曲轴等。

轴的常用材料及其力学性能见表 11－2。

表 11－2　轴的常用材料及力学性能

材料牌号	热处理	毛坯直径 mm	硬度 HBS	抗拉强度 σ_b，MPa	屈服极限 σ_b，MPa	弯曲疲劳极限 σ_{-1}，MPa	应用说明
Q235				440	240	180	用于不重要或载荷不大的轴
Q275				570	280	230	
35	正火	≤100	149～187	520	270	210	用于一般轴
		＞100～300	143～187	500	260	205	
	调质	≤100	156～207	560	300	20	
		＞100～300		540	280	220	
45	正火	≤100	170～217	600	300	240	用于较重要的轴，应用最广泛
		＞100～300	162～217	580	290	235	
	调质	≤200	217～255	650	360	270	
40Cr	调质	≤100	241～286	750	550	350	用于载荷较大，而无很大冲击的重要轴
		＞100～300		700	500	320	
40MnB	调质	25	≤207	1000	800	485	性能接近 40Cr，用于重要的轴
		≤200	241～286	750	500	335	
35CrMo	调质	≤100	207～269	750	550	350	用于重载荷的轴
		＞100～300		700	500	320	
20Cr	渗碳淬火回火	15	表面 56～62HRC	850	550	375	用于要求强度及韧性均较高的轴
		30		650	400	280	
		≤60		650	400	280	
QT600－3			190～270	600	370	215	用于制造复杂外形的轴
QT800－2			245～335	800	480	290	

第二节　轴的结构

一、轴头、轴颈、轴身

图 11－2 为圆柱齿轮减速器低速轴的结构图。

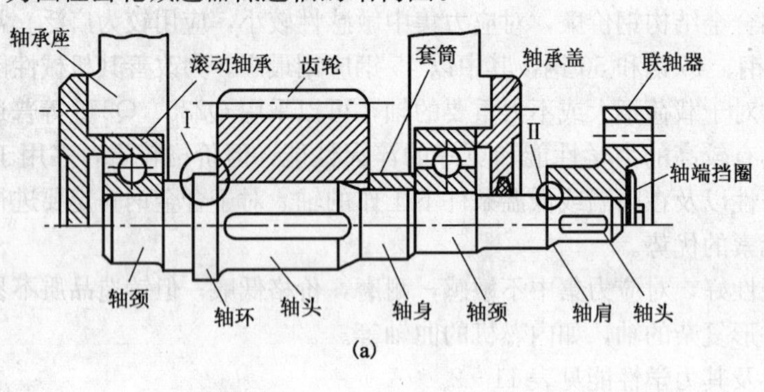

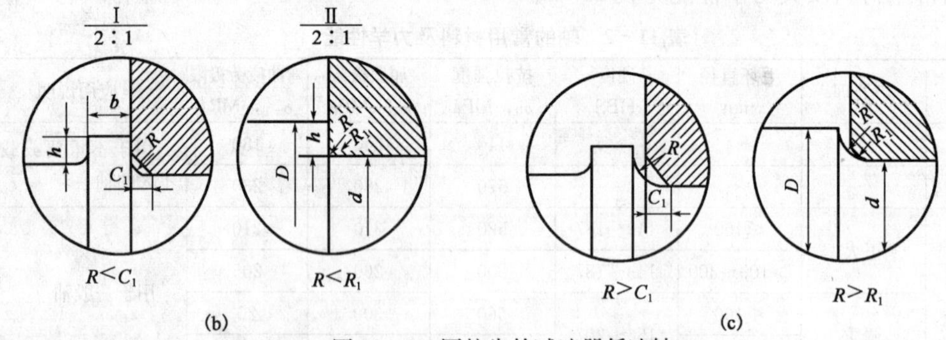

图 11－2　圆柱齿轮减速器低速轴

轴上与轴承配合的部分称为轴颈，与其他回转零件（如带轮、齿轮、联轴器等）配合的部分称为轴头，连接轴头与轴颈的部分称为轴身。

轴颈与滚动轴承配合时，其直径必须符合轴承的内径系列；轴头的直径应与配合零件的轮毂内径相等，并应符合标准直径系列（表 11－3）；轴身部分的直径可采用自由尺寸。

轴各段的长度，应根据轴上零件的宽度和零件的相互位置决定。

轴的合理结构，除了根据受力情况设计合理的尺寸以满足强度和刚度要求外，还必须满足下列诸方面的要求：轴和轴上的零件能保持准确的工作位置；轴应便于加工；轴上零件要易于装拆；尽量减少应力集中等。

表 11－3　标准直径系列　　单位：mm

标准直径系列										
10	11.2	12.5	13.2	14	15	16	17	18	19	20
21.2	22.4	23.6	25	26.5	28	30	31.5	33.5	35.5	37.5
40	42.5	45	47.5	50	53	56	60	63	67	71
75	80	85	90	95	100	106	112	118	125	132

注：摘自 GB/T 2822—2005《标准尺寸》。

二、轴上零件的定位和固定

1. 轴上零件的轴向定位和固定

阶梯轴上截面变化的部位称为轴肩或轴环（图 11－2），它对轴上的零件起轴向定位作用。联轴器和轴左端的轴承依靠轴肩作轴向定位，齿轮依靠轴环作轴向定位。右端轴承依靠套筒定位。两端轴承盖将轴在箱体上定位。

为了使轴上零件的轮毂端面能贴紧定位面，轴肩和轴环的圆角半径 R 必须小于零件轮毂孔端的圆角半径 R_1 或倒角 C_1［图 11－2（b）］，其大小要符合标准；否则，无法贴紧［图 11－2（c）］。轴肩和轴环的高度 h 必须大于 R_1 或 C_1，通常取 $h=(0.07d+5\text{mm})\sim(0.1d+5\text{mm})$。轴环的宽度 $b>1.4h$。安装滚动轴承处的定位轴肩或轴环高度必须低于轴承内圈端面高度。非定位轴肩高度无严格规定，一般可取 1.5～10mm。

轴上零件的轴向固定是为了防止零件沿轴线方向移动，并承受轴向力。常用的固定方法有轴肩（或轴环）、套筒、圆螺母、轴端挡圈等。

轴肩（或轴环）对轴上的零件起轴向定位作用，也是常用的轴向固定方法，结构简单，能承受较大的轴向力；当两个零件相隔距离不大时，采用套筒作轴向固定（图 11－3）；当无法采用套筒或套筒太长时，用圆螺母作轴向固定（图 11－4）；轴端零件的固定采用轴端挡圈（图 11－5）；当轴向力很小，或仅仅为了防止零件偶然沿轴向移动时，可采用弹性挡圈（图 11－6）或紧定螺钉（图 11－7）。

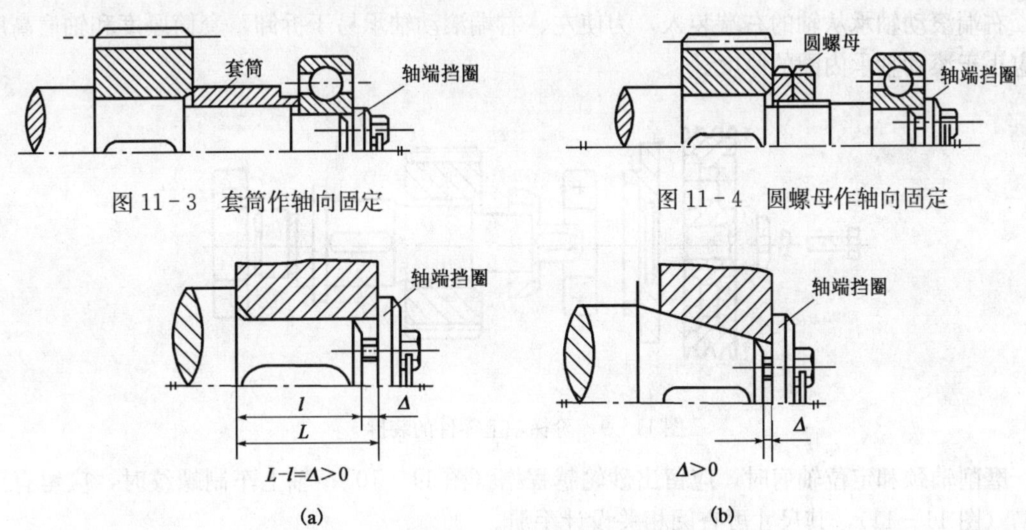

图 11－3 套筒作轴向固定

图 11－4 圆螺母作轴向固定

图 11－5 轴端挡圈轴向固定

为了使套筒、圆螺母、轴端挡圈等压紧轴上零件的端面，轴头长度应略小于零件的轮毂长度，一般约短 1～3mm。

2. 轴上零件的周向固定

轴上零件的周向固定是为了传递转矩，防止零件与轴产生相对转动。常用的固定方法有键连接、过盈配合和花键连接等。

当传递转矩很小时，可采用紧定螺钉（图 11－7）或销（图 11－8），以同时实现轴向和周向固定。

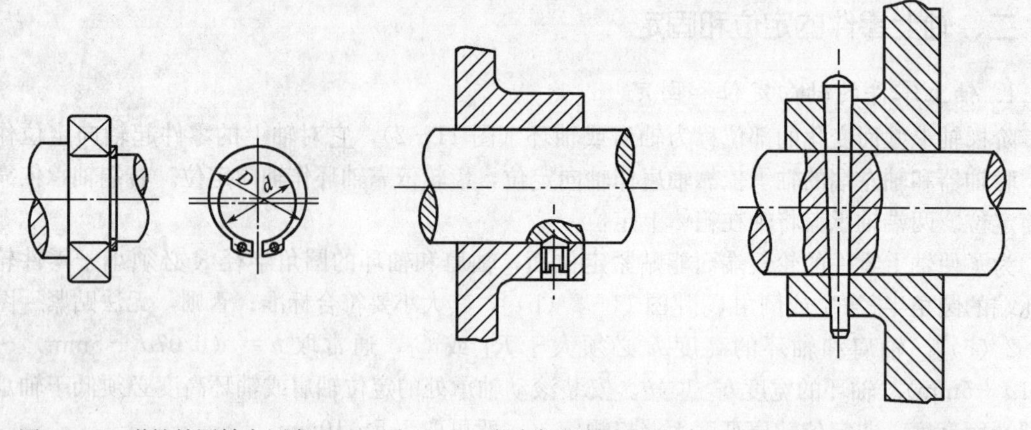

图 11-6　弹性挡圈轴向固定　　图 11-7　紧定螺钉轴向固定　　图 11-8　销钉固定

三、轴的结构工艺性

轴的结构应便于轴的加工和轴上零件的装拆。

为便于轴上零件的装拆和固定，常将轴设计成阶梯形。图 11-9 所示为阶梯轴上零件的装拆图。图中表明，可依次把齿轮、套筒、左端滚动轴承、轴承盖、带轮和轴端挡圈从轴的左端装入，由于轴的各段直径不同，当零件往轴上装配时，既不擦伤配合表面，又使装配方便；右端滚动轴承从轴的右端装入。为使左、右端滚动轴承易于拆卸，套筒厚度和轴肩高度均应小于滚动轴承内圈的厚度。

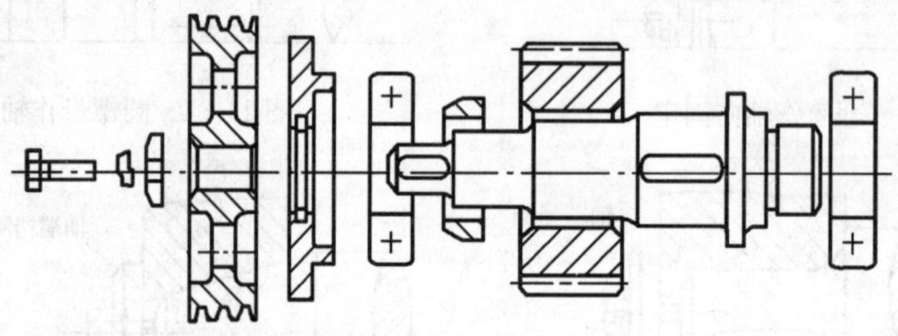

图 11-9　阶梯轴上零件的装拆

磨削轴颈和定位轴肩时，应留出砂轮越程槽（图 11-10）；轴上车制螺纹时，应留有退刀槽（图 11-11），其尺寸可查阅相关设计手册。

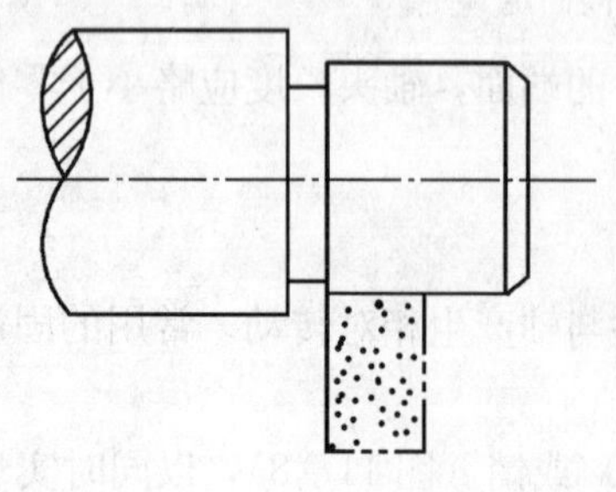

图 11-10　砂轮越程槽

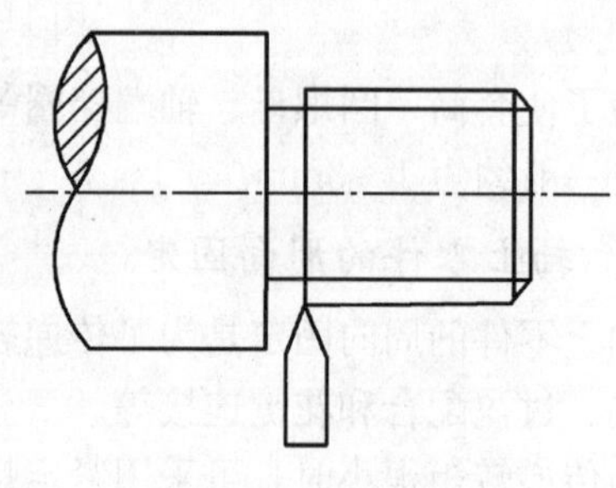

图 11-11　退刀槽

轴上的圆角尽可能取同样的半径，所有退刀槽取同样宽度，不同轴段上有几个键槽时，将各键槽布置在同一母线上，以便于加工。

四、提高轴的疲劳强度

轴一般是在交变应力下工作，因此轴的失效大多是由于疲劳强度不足引起的，减小应力集中和提高轴的表面质量是提高轴的疲劳强度的主要措施。

1. 减小应力集中

轴的疲劳失效多数是从有应力集中的部位开始，应尽量减少应力集中。为此，要避免轴截面的突然变化，阶梯轴相邻轴段的直径不宜相差太大，并应以较大的圆角半径过渡。

2. 提高轴的表面质量

轴的表面质量对疲劳强度有显著的影响。实践证明，疲劳裂纹常发生在表面粗糙的部位，设计时应使轴具有一定的表面粗糙度。

采用辊压、喷丸、渗碳淬火、高频淬火等表面强化方法，可显著提高轴的疲劳强度。

对于一般用途的轴，可以不必考虑提高轴的疲劳强度问题。

第三节　轴的失效形式

一、轴的常见失效形式

轴的常见失效形式有：

(1) 因疲劳强度不够产生疲劳断裂。大多数的轴工作时受变应力作用，当应力数值及变化次数超过极限应力时，产生疲劳裂纹，裂纹发展将产生疲劳断裂而失效。

(2) 因静强度不足断裂。轴在运转中受到严重冲击或过载，将产生脆性断裂而失效。

(3) 刚度不足变形过大。精密或较重要的机械，常因轴的变形过大而降低机械的精度或不能正常工作。

(4) 轴共振断裂。高速机械的轴可能因为发生共振而断裂。

(5) 其他失效。轴颈严重磨损，在腐蚀性介质中工作因腐蚀加速疲劳等。

二、设计轴的基本要求

设计轴时应考虑多方面的因素和要求，其中主要问题是轴的材料、结构、强度、刚度和振动。一般情况，轴的设计应满足如下两个基本要求：

(1) 具有足够的承载能力，即要求轴具有足够的强度、刚度和振动稳定性，以保证正常的工作能力。

(2) 具有合理的结构，使轴加工方便、成本低，轴上的零件定位和固定可靠，便于装拆。

第四节　键联结

键联结是轴上零件（如带轮、齿轮等）周向固定经常采用的一种连接方式。这种联结的结构简单、工作可靠、装拆方便，因此获得了广泛的应用。

一、键联结的类型和应用

键联结分为松键联结和紧键联结两大类。

1. 松键联结

松键联结由平键或半圆键与轴、轮毂组成。

1）平键联结

平键的上下表面和两侧面各互相平行，分为普通平键和导向平键。

图 11－12（a）为普通平键联结。这种键联结应用最广。键和键槽的标准为 GB/T 1095—2003《平键　键槽的剖面尺寸》，GB/T 1096—2003《普通型　平键》，见表 11－4。普通平键根据端部的形状分为圆头（A 型）、方头（B 型）和单圆头（C 型）三种形式，如图 11－12（b）所示。A 型键应用最广，C 型键用于轴端。

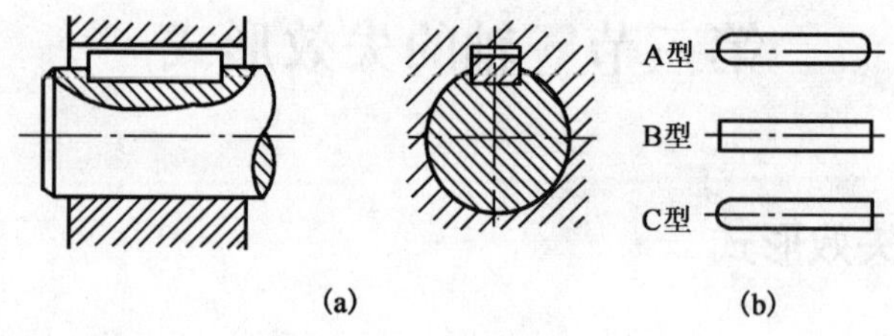

图 11－12　普通平键联结

图 11－13（a）为导向平键联结。这种键用螺钉固定在轴上，键和轮毂的键槽采用间隙配合，导向平键的长度比轮毂宽度大，以适应轴上零件的轴向移动，导向平键实际上就是加长了的普通平键。导向平键按端部形状分为 A 型和 B 形，如图 11－13（b）所示。导向平键的标准为 GB/T 1097—2003《导向型　平键》。

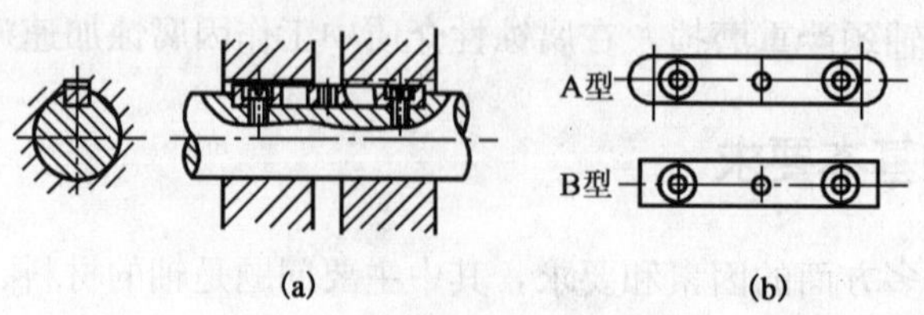

图 11－13　导向平键联结

平键联结依靠键的两侧面与轴及轮毂上键槽侧面的挤压传递运动和转矩。平键的上表面与轮毂键槽底面间有间隙，装配时不用打紧，不影响轴与轮毂的同心精度，装拆方便。平键联结适用于高速及精密机械上。它的缺点是不能承受轴向载荷。

表 11-4　普通平键和键槽的尺寸

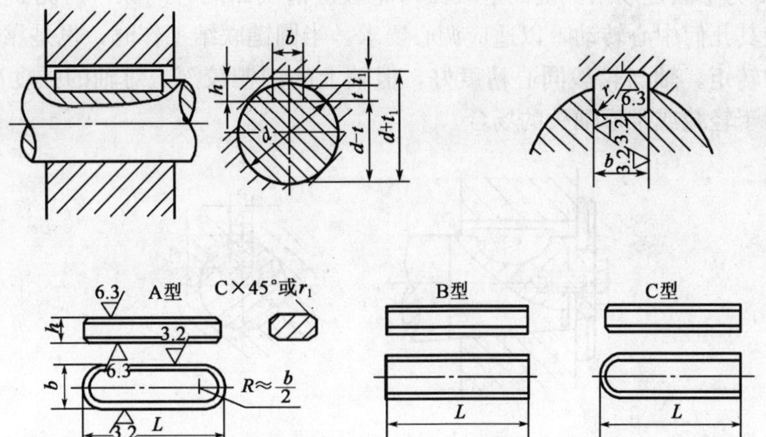

标记示例：

圆头普通平键（A 型），b=16mm，h=100mm，L=100mm：键 A16×100 GB/T 1096—1979；

方头普通平键（B 型），b=16mm，h=10mm，L=100mm：键 B16×100 GB/T 1096—1979；

单圆头普通平键（C 型），b=16mm，h=10mm，L=100mm：键 C16×100 GB/T 1096—1979

轴径 d	键			键槽									
	b (h9)	h (h11)	L (h14)	宽度 b 极限偏差					轴 t		毂 t_1		半径 r
				较松联结		一般联结		较紧联结	公称尺寸	极限偏差	公称尺寸	极限偏差	
				轴 H9	毂 D10	轴 N9	毂 Js9	轴毂 P9					
>12～17	5	5	10～56	+0.030	+0.078	0	±0.015	−0.012	3.0	+0.1	2.3	+0.1	
>17～22	6	6	14～70	0	+0.030	−0.030		−0.042	3.5	0	2.8	0	0.16～0.25
>22～30	8	7	18～90	+0.036	+0.048	0	±0.018	−0.015	4.0		3.3		
>30～38	10	8	22～110	0	+0.040	−0.036		−0.051	5.0		3.3		
>38～44	12	8	28～140	+0.043	+0.120	0	±0.0	−0.018	5.0		3.3		
>44～50	14	9	36～160	0	+0.050	−0.043	215	−0.061	5.5		3.8		0.25～0.4
>50～58	16	10	45～180						6.0		4.3		
>58～65	18	11	50～200						7.0	+0.2	4.4	+0.2	
>65～75	20	12	56～220	+0.052	+0.149	0	±0.026	−0.022	7.5	0	4.9	0	
>75～85	22	14	63～250	0	+0.065	−0.052		−0.074	9.0		5.4		
>85～95	25	14	70～280						9.0		5.4		0.4～0.6
>95～110	28	16	80～320						10.0		6.4		
>110～130	32	18	90～360	+0.062	+0.180	0		−0.026	11.0		7.4		
				0	+0.080	−0.062	±0.031	−0.080					
L 系列	6，8，10，12，14，16，18，20，22，25，28，32，36，40，45，50，56，63，70，80，90，100，110，125，140，160，180，200，220，250，280，320，360，400，450，500												

注：(1) 轴径小于 12mm 或大于 130mm 的关键尺寸可查有关手册。

(2) 在工作图中，轴槽深用 t 或（$d-t$）标注，毂深用 t_1 或（$d+t_1$）标注，但（$d-t$）的偏差应取负号。

2）半圆键联结

图 11 - 14 为半圆键联结。键的上表面与轮毂键槽底面间有间隙，两侧面为半圆形，键在轴槽中能绕其几何中心转动，以适应调心要求。半圆键联结工作时，也是靠键的侧面受挤压传递运动和转矩。轴与轮毂同心精度好，但轴上的键槽较深，对轴的强度削弱较大。所以，它主要用于轻载或锥形轴头的场合。

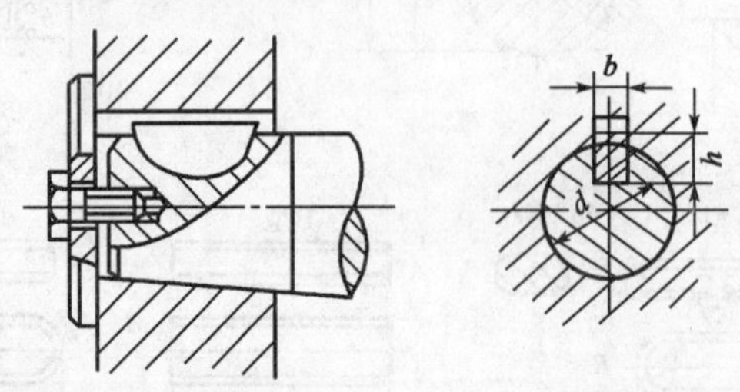

图 11 - 14　半圆键联结

2. 紧键联结

紧键联结由楔键或切向键与轴、轮毂组成。

1）楔键联结

楔键的上表面制成 1∶100 的斜度，分为普通楔键和钩头楔钩。

图 11 - 15（a）为普通楔键联结，图（b）为钩头楔键联结。将键打入键槽后，键的上下表面与轴、轮毂键槽的底面间产生很大预紧力构成紧联结。键与键槽的侧面有间隙。楔键联结依靠键与键槽之间和轴与轮毂孔之间的摩擦力传递运动和转矩，并能承受不大的轴向力。这种联结由于键楔紧的影响，使轴与轮毂产生偏心，同心精度差，多用于承受单向轴向力，对同心精度要求不高的低速重载机械设备中。

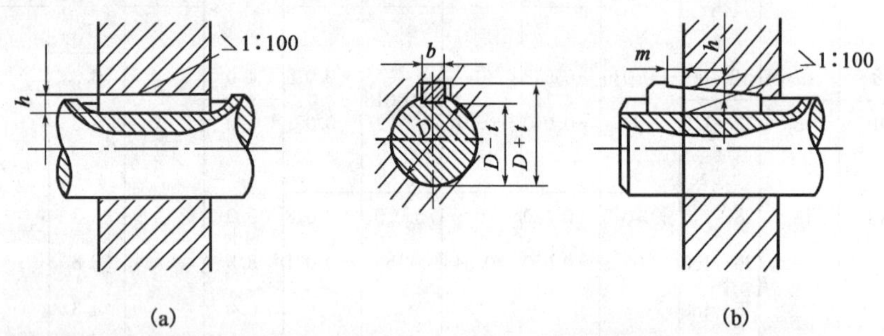

图 11 - 15　楔键联结

2）切向键联结

图 11 - 16 所示为切向键联结的结构。它由两个普通楔键组成。装配时两个键分别自轮毂两端打入。装配后两个相互平行的窄面是工作面，依靠工作面的挤压传递运动和转矩。单个切向键［图 11 - 16（a）］只能传递单向转矩。若需传递双向转矩，应装两个互成 120°～135°的切向键［图 11 - 16（b）］。切向键联结用于载荷较大、对同心精度要求不高的重型机械中。

二、普通平键联结的尺寸选择和强度验算

1. 尺寸选择

根据轴的直径 d 从表 11 - 4 选择平键的宽度 b 和高度 h，键的长度 L 略小于轮毂的长

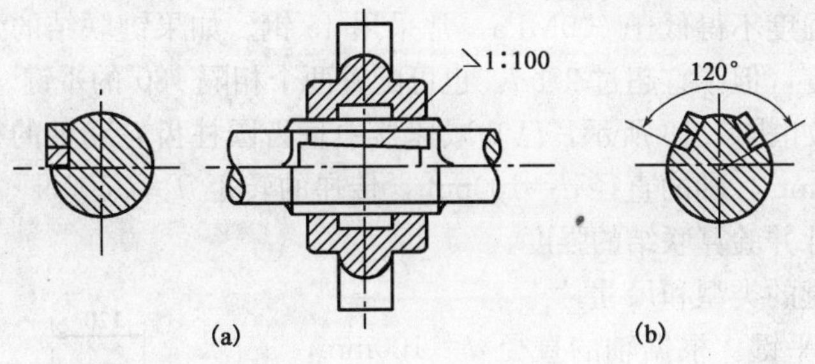

图 11-16　切向键联结

度，并且要符合键的长度系列。

2. 强度验算

普通平键工作时的受力情况如图 11-17 所示。键联结的主要失效形式是联结中较弱零件（通常为轮毂）的工作面被挤压坏，因此应进行挤压强度验算。

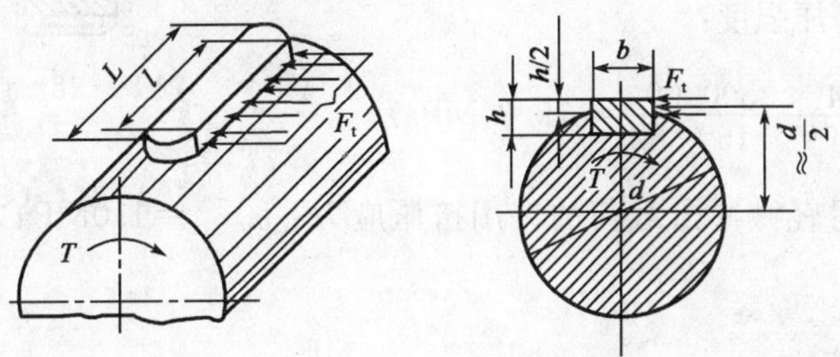

图 11-17　普通平键工作时的受力

若键联结传递的转矩为 T（单位为 N·mm），轴的直径为 d（单位为 mm），则键工作面所受的力 F_t（单位为 N）为：

$$F_t = \frac{2T}{d}$$

键侧面受挤压的面积 A（单位为 mm^2）为：

$$A = kl$$

挤压强度条件为：

$$\sigma_{pc} = \frac{F_t}{A} = \frac{2T}{dkl} = \frac{4T}{dhl} \leqslant [\sigma_{pc}]$$

$$k = h/2$$

式中　l——键的工作长度，对于圆头平键应扣除圆头部分长度，mm；

k——键与轮毂键槽的接触高度，mm；

h——键的高度，mm；

$[\sigma_{pc}]$——键联结的许用挤压应力见表 11-5，MPa。

表 11-5　键联结的许用挤压应力 $[\sigma_{pc}]$　　单位：MPa

联结中较弱零件的材料	载荷性质		
	静载荷	轻微冲击	冲击
钢	125～150	100～120	60～90
铸铁	70～80	50～60	30～45

键材料的抗拉强度不得低于 600MPa，常采用 45 钢。如果键联结的强度不够，可适当增加轮毂和键的长度，但不宜超过 2.5d，也可配置两个相隔 180°的平键。

【例 11-1】 如图 11.18 所示，已知减速器中直齿圆柱齿轮和轴的材料都为锻钢，齿轮轮毂长度 $B=120$mm，轴的直径 $d=100$mm，传递的转矩 $T=2500$N·m，载荷有轻微冲击。试选择键的尺寸并验算联结的强度。

解：(1) 选择键的类型和尺寸。

选择 A 型普通平键。根据轴的直径 $d=100$mm，轮毂长度 $B=120$mm，由表 11-4 选取键的宽度 $b=28$mm，高度 $h=16$mm，长度 $L=110$mm。

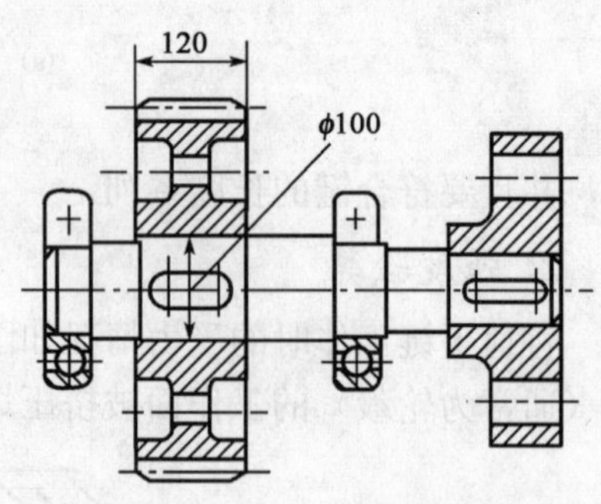

图 11-18 直齿圆柱齿轮和轴

(2) 强度验算。

键的工作长度：

$$l=L-b=110-28=82(\text{mm})$$

根据公式验算挤压强度：

$$\sigma_{pc}=\frac{4T}{dhl}=\frac{4\times2500000}{100\times16\times82}=76.2(\text{MPa})$$

由表 11-5 查得轻微冲击载荷的许用挤压应力 $[\sigma_{pc}]=110\text{MPa}>\sigma_{pc}$。键联结的强度足够。

三、花键联结

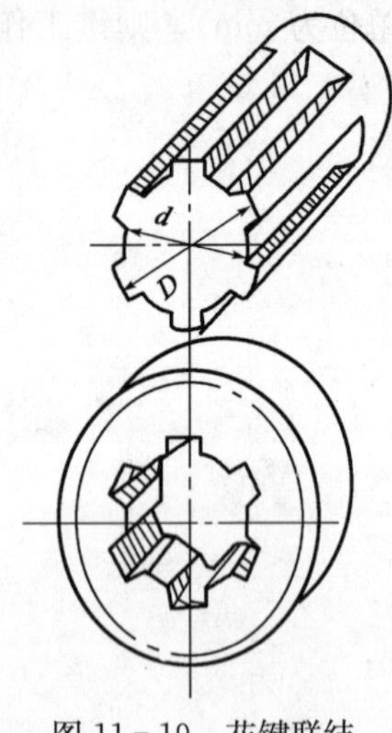

图 11-19 花键联结

花键联结如图 11-19 所示，它是具有多个凸齿的轴与相应凹槽的轮毂孔构成的联结，靠齿的侧面工作。它比平键联结的承载能力大，定心精度和导向性能好，对轴的削弱小，适用于载荷较大和对同心精度要求高又经常滑移的动联结，但加工需要专用设备，成本高。

花键按齿形的不同分为矩形花键和渐开线花键两种(图 11-20)。

1. 矩形花键

矩形花键如图 11-20 (a) 所示。它的齿侧面为两平行平面，加工较易，应用广泛。

2. 渐开线花键

渐开线花键的齿形为压力角 $\alpha=30°$ (或 45°) 的渐开线，如图 11-20 (b) 所示。

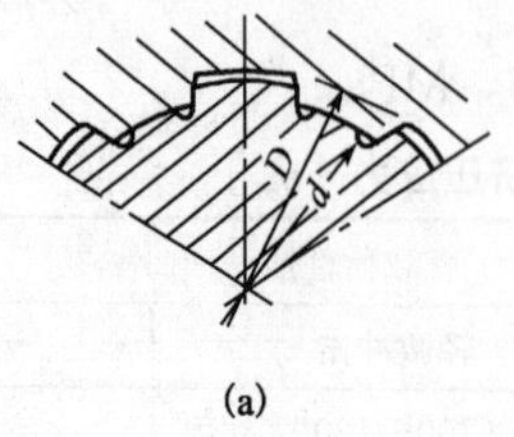

(a)

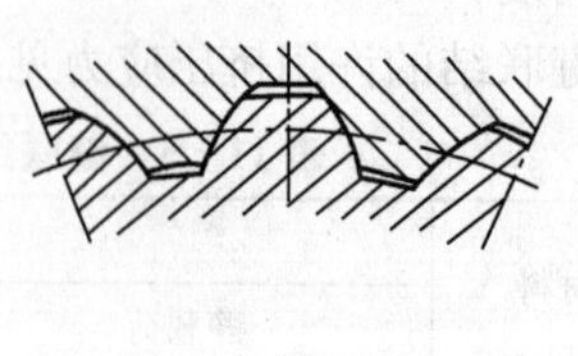
(b)

图 11-20 矩形花键与渐开线花键

齿形可用加工齿轮的方法获得，工艺性好，强度高，适用于重载及尺寸较大的联结。

第五节　联轴器和离合器

联轴器和离合器的功用是将两根轴连成一体，使其一同旋转，并传递转矩。有时它们也可以作为一种安全装置用来防止被连接件承受过大的载荷，起到过载保护的作用。不同的是，联轴器连接的两根轴只有在机器停车后，通过拆卸才能使两轴分离；而离合器连接的两根轴在机器运转中能随时方便地实现离、合。

常用的联轴器和离合器已经标准化，使用时可根据工作条件和要求选择合适的类型，然后按轴的直径、传递的转矩和转速由标准中选定具体尺寸。

一、联轴器

联轴器分为刚性联轴器和挠性联轴器两类。刚性联轴器在安装和运转时要求两轴轴线严格对中；挠性联轴器允许两轴轴线在安装及运转时有一定限度的轴向位移 x、径向位移 y、角度位移 α 和综合位移（图 11-21）。

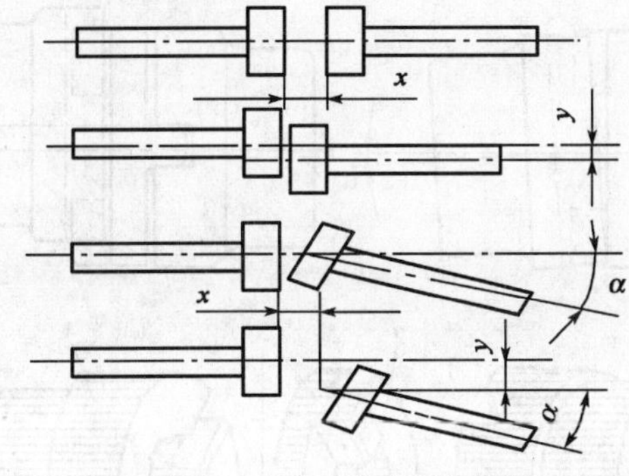

图 11-21　两轴的轴线位移

1. 刚性联轴器

凸缘联轴器是应用最广泛的刚性联轴器（图 11-22）。它是由两个半联轴器 1 和 2 分别用键与轴相联结，并用螺栓将两个半联轴器联结成一体。

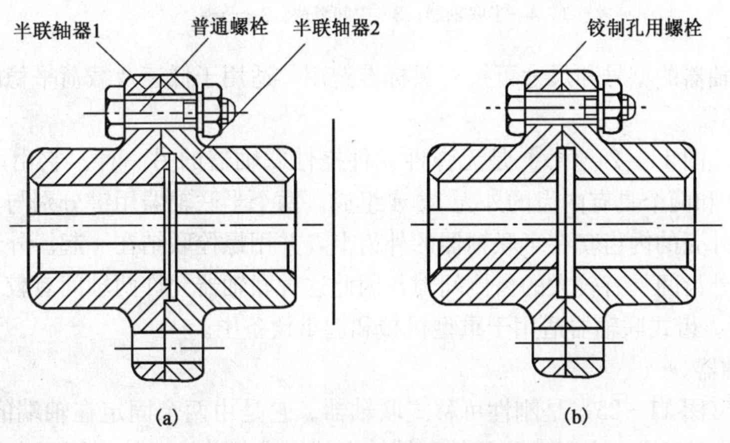

图 11-22　凸缘联轴器

凸缘联轴器的结构型式有两种：图 11－22（a）为 YLD 型凸缘联轴器，它是利用半联轴器 1 上的凸榫与半联结轴器 2 上的凹孔相配合实现两轴的对中；图 11－22（b）为 YL 型凸缘联轴器，它是靠铰制孔用螺栓联结实现两轴的对中。前者对中精度高，但在装拆时需将轴轴向移动；后者装拆方便，但两轴对中精度稍差。

凸缘联轴器的型号和尺寸可按 GB/T 5843—2003《凸缘联轴器》选用，适用于低速、大转矩、载荷平稳、两轴对中性较好的场合。

2. 挠性联轴器

挠性联轴器补偿两轴间位移的方法分为两种：（1）利用联轴器中工作零件间的相对滑移；（2）利用联轴器中弹性元件的变形。前者称为无弹性元件的挠性联轴器，后者称为有弹性元件的挠性联轴器。挠性联轴器常用类型如下。

1）十字滑块联轴器

十字滑块联轴器（图 11－23）是无弹性元件挠性联轴器的一种。它由两个端面开有凹槽的半联轴器 1、4 和一个两端有十字形凸榫的中间滑块 2 组成。滑块两端凸榫 3 的中线互相垂直，并分别嵌在两半联轴器的凹槽中采用间隙配合。运转时，若两轴线有相对偏移，可借助中间滑块两端面上的凸榫在其两侧半联轴器的凹槽中的滑动得到补偿。

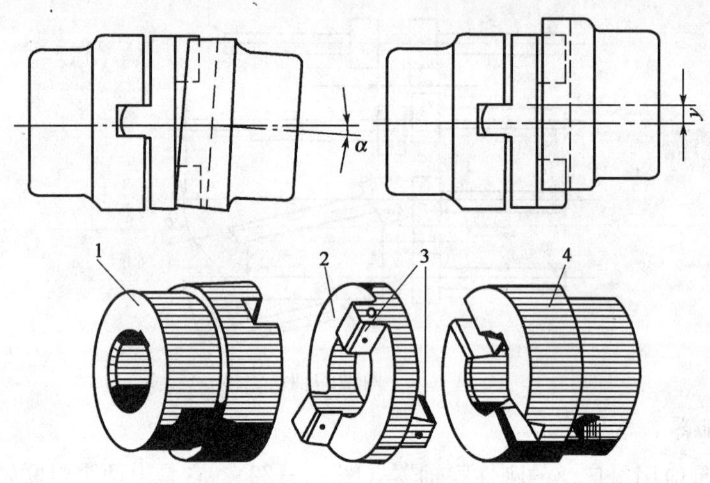

图 11－23　十字滑块联轴器

1，4—半联轴器；2—中间滑块；3—凸榫

十字滑块联轴器的型号和尺寸可按有关标准选用，适用于低速及载荷平稳的场合。

2）齿式联轴器

齿式联轴器［图 11－24（a）］是无弹性元件挠性联轴器的另一种。它由两个具有外齿的半联轴器 1、2 和两个具有内齿的外壳 3、4 组成。两个半联轴器用键分别与主动轴和从动轴相联结，两个外壳的内齿套在半联轴器的外齿上，并用螺栓联结在一起。外齿的齿顶制成球面，而且内、外齿间具有较大的齿侧间隙，因此这种联轴器允许两轴间有较大的综合位移［图 11－24（b）］。齿式联轴器适用于重型机械和起重设备中。

3）万向联轴器

万向联轴器（图 11－25）是刚性可移式联轴器。它是由两个固定在轴端的叉形零件 1、3 和一个十字销轴 2 组成。由于叉形零件和销轴之间构成可动铰连接，因而允许两轴间有较

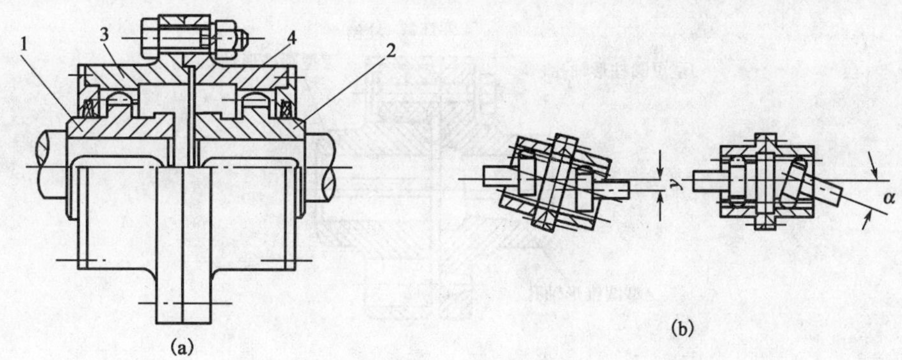

图 11-24　齿式联轴器

1，2—半联轴器；3，4—外壳

大的角位移，其角度可达 35°～45°。它的主要缺点是当主动轴匀速旋转时，从动轴角速度在一定范围内做周期性的变化，因而引起附加动载荷，使传动不平稳。为消除这一缺点，常将万向联轴器成对使用（图 11-26），并在安装时满足以下条件：(1) 主、从动轴与中间轴夹角相等，即 $\alpha_1=\alpha_2$，(2) 中间轴两端的叉形零件必须位于同一平面内。万向联轴器广泛用于汽车、拖拉机及金属切削机床中。

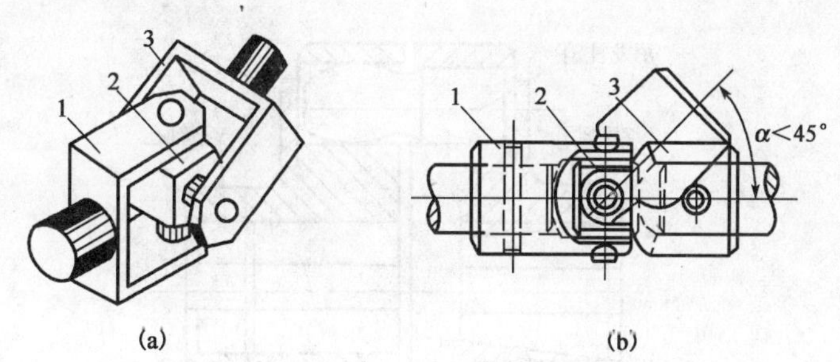

图 11-25　万向联轴器

1，3—叉形零件；2—十字销轴

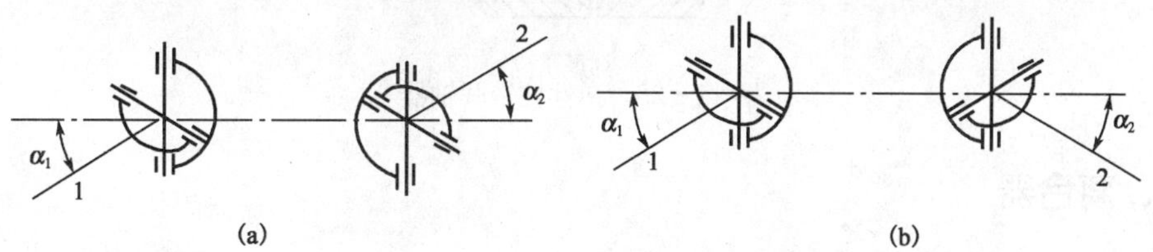

图 11-26　万向联轴器成对使用

1，2—万向联轴器

4) 弹性套柱销联轴器

弹性套柱销联轴器（图 11-27）是有弹性元件挠性联轴器的一种。它的构造与凸缘联轴器相似，所不同的是用套有弹性套的柱销代替了螺栓，工作时通过弹性套传递转矩。因此，它可利用弹性套的变形补偿两轴间的相对位移，缓和冲击和吸收振动。

弹性套的材料一般采用耐油橡胶，并做成梯形截面以提高变形能力。半联轴器的轴孔可以做成圆柱形（Y 型）、短圆柱形（J 型）和圆锥形（Z 型）。弹性套柱销联轴器的型号和尺

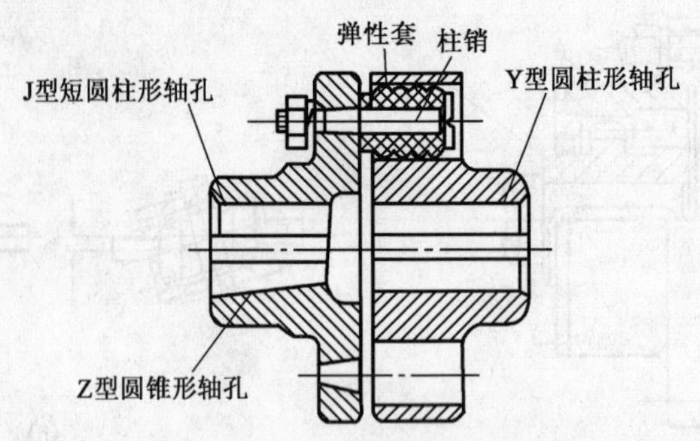

图 11－27　弹性套柱销联轴器

寸可按 GB/T 4323—2002《弹性套柱销联轴器》选用，适用于启动频繁、正反向运转、转速较高的场合。

5）弹性柱销联轴器

弹性柱销联轴器（图 11－28）也是有弹性元件挠性联轴器。它与弹性套柱销联轴器相类似，只是不用弹性套柱销而用 MC 尼龙 6 制成的柱销把两个半联轴器联结起来，工作时通过柱销传递转矩。为了防止柱销脱落，在两边装有挡板，挡板用螺钉固定在半联轴器上。

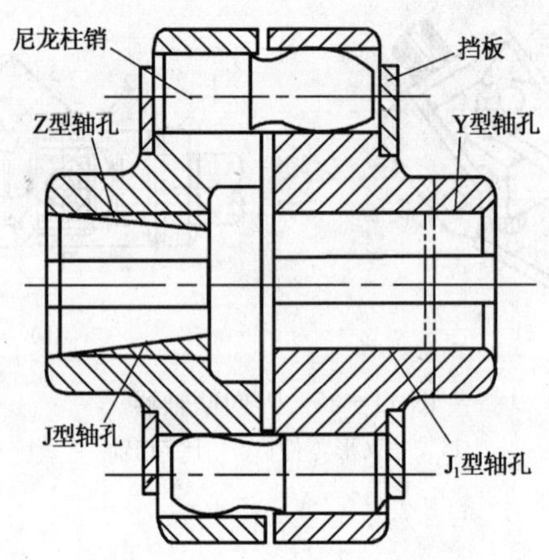

图 11－28　弹性柱销联轴器

二、离合器

离合器的类型很多，常用的有牙嵌离合器和摩擦式离合器两大类。

1. 牙嵌离合器

牙嵌离合器（图 11－29）是由两个端面上有牙的半离合器 1 和 3 组成。半离合器 1 用键和螺钉固定在主动轴上，半离合器 3 用导键或花键与从动轴连接，并通过操纵系统拨动滑环 4 使其做轴向移动，从而使离合器分离或结合。为保证两轴线的对中，在半离合器 1 上固定有对中环 2。

牙嵌离合器的牙形有三角形、矩形和梯形等（图 11－30）。三角形牙易结合，强度低，用于轻载；矩形牙嵌入和脱开难，牙磨损后无法补偿，用得较少；梯形牙强度高，牙磨损后

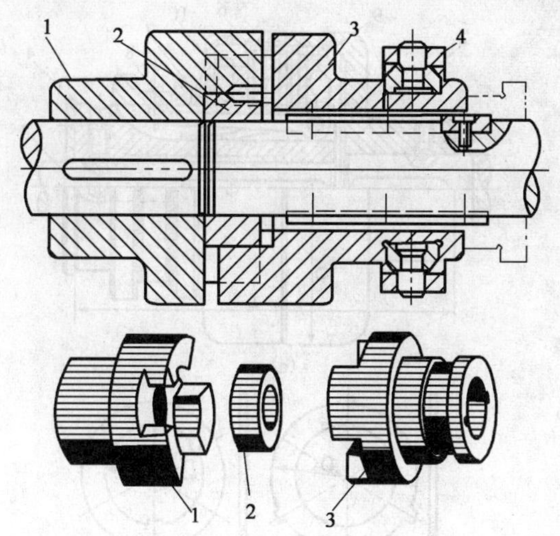

图 11－29　牙嵌离合器

1，3—半离合器；2—对中环；4—滑环

能自动补偿，冲击小，应用广。

嵌合式离合器结构简单，外廓尺寸小，能保证主动轴和从动轴同步旋转。但必须在低速或停车时进行接合，以免打牙。钻机上猫头轴的离合用的就是牙嵌离合器。

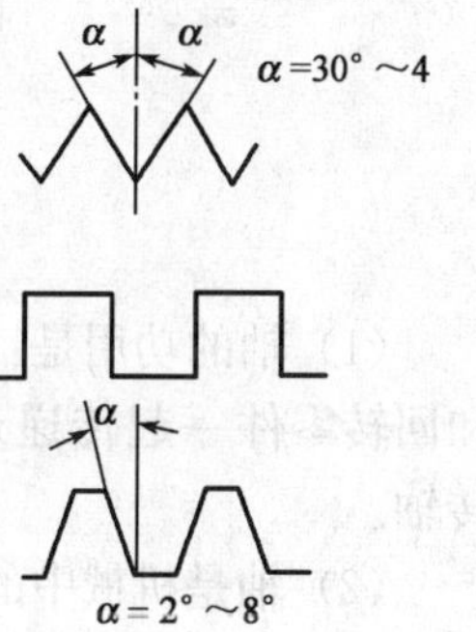

α　α　α=30°～4

α

α=2°～8°

图 11－30　牙嵌离合器的牙形

2. 摩擦式离合器

摩擦式离合器是利用接触面间的摩擦力传递转矩的。摩擦离合器可分单片式和多片式。

单片式摩擦离合器（图 11－31）由两个摩擦盘和滑环 4 组成。摩擦盘 2 装在主动轴 1 上，摩擦盘 3 可以沿导键在从动轴 5 上移动。操纵滑环 4，使从动摩擦盘 3 左移，以压力 $\boldsymbol{F}$ 将其压在主动摩擦盘 2 上，使两摩擦盘结合；反向操纵滑环 4，使从动摩擦盘右移，则两摩擦盘分离。

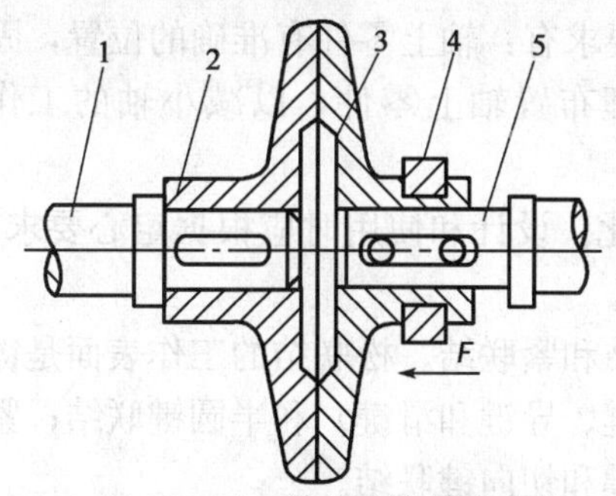

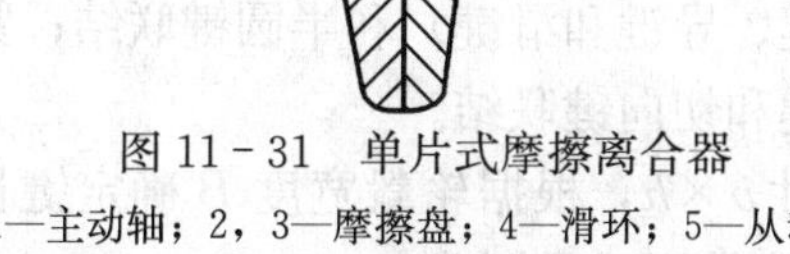

图 11－31　单片式摩擦离合器

1—主动轴；2，3—摩擦盘；4—滑环；5—从动轴

单片式摩擦离合器结构简单，径向尺寸大，只能传递不大的转矩，常用在轻型机械上。

多片式摩擦离合器如图 11－32 所示，主动轴 1、外壳 2 与一组摩擦片 5 组成主动部分，外摩擦片［图 11－32（b）］可沿外壳 2 的槽移动。从动轴 3、套筒 4 与一组内摩擦片 6 组成从动部分，内摩擦片［图 11－32（c）］可沿套筒 4 上的槽滑动。滑环 7 左移，使杠杆 8 绕支点顺时针旋转，通过压板 9 将两组摩擦片压紧［图 11－32（a）］，通过摩擦力主动轴带动从动轴转动。滑环 7 右移，杠杆 8 下面弹簧的弹力推动杠杆 8 绕支点反时针旋转，两组摩擦片松开，主动轴与从动轴脱离。双螺母 10 可调整摩擦片间的距离，借以调整摩擦片间的压力。

多片式摩擦离合器由于摩擦面的增多，传递的转矩大，径向尺寸小，但结构比较复杂。另外，实际使用中还有超越离合器、气胎离合器（石油钻机）、电磁离合器等。

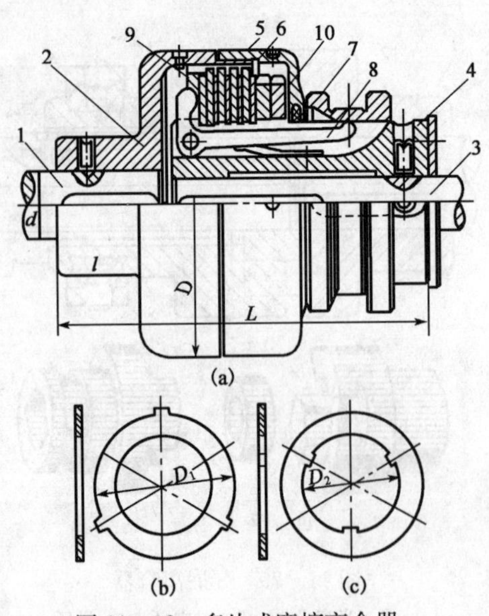

图 11－32　多片式摩擦离合器

1—主动轴；2—外壳；3—从动轴；4—套筒；5，6—摩擦片；7—滑环；8—杠杆；9—压板；10—双螺母

本 章 小 结

(1) 轴的功用是：支承回转零件；使回转零件在轴上具有正确的、确定的工作位置；并和回转零件一起传递运动和动力。按轴受载荷的性质不同，可将轴分为传动轴、心轴和转轴。

(2) 轴是机械中的重要零件，轴的设计直接影响整机的质量。轴的设计一般应解决轴的结构和承载能力两方面的问题。具体地说，轴的设计步骤有：①选择轴的材料；②初步估算轴的直径；③进行轴的结构设计；④精确校核（强度、刚度、振动等）；⑤绘制零件的工作图。

(3) 轴的结构设计应从多方面考虑，应满足的基本要求有：轴上零件有准确的位置，固定可靠，轴具有良好的工艺性，便于加工和装拆，合理布置轴上零件，以减小轴的工作应力。

(4) 键和花键是最常用的轴毂连接方式，均已标准化。设计和使用时应根据定心要求、载荷大小、使用要求和工作条件等合理选择。

(5) 根据工作前是否有预紧力，键联结可分为松联结和紧联结。松联结的工作表面是键的侧面，靠挤压工作，属于这类联结的有平键（普通平键、导键和滑键）和半圆键联结；紧联结的工作表面是上下面，靠摩擦力工作，常用的有楔键和切向键联结。

(6) 平键的选用方法是根据轴径 d 确定键的截面尺寸 $b\times h$，根据轮毂宽度 B 确定键长 L（$L<B$），必要时进行强度校核。普通平键联结的主要失效形式是压溃。

(7) 联轴器、离合器和制动器大多数型号已标准化或规格化，所以它们的设计主要是从标准化、规格化的类型中选择。选择时应根据设计要求对主要参数进行计算，再按设计准则选择满足设计要求的联轴器、离合器或制动器。

(8) 联轴器是用于联结两轴的。考虑两轴相对的位置主要是机器工作时的两轴相对位置，若机器的刚度不够，工作时受力变形就可能造成两轴相对位置的变化；高速运转的机器所产生的冲击、振动、动载荷、离心力等都会影响两轴的相对位置。刚性联轴器结构简单、成本低，可传递较大的转矩，但它补偿能力差，故对两轴对中性要求很高，一般用于速度低、无冲击、轴的刚性大、对中性较好的场合。

(9) 掌握常用类型的联轴器、离合器的结构特点、工作原理、应用场合，合理选择联轴器、离合器是本章学习的重点。

习　题

1. 轴有几种类型？自行车的前轴、中轴、后轴各属什么类型？
2. 轴的材料有哪几种？常用的有哪些钢材？
3. 轴上零件的轴向定位和固定方法有哪些？
4. 轴上零件的周向固定有哪些方法？
5. 为什么许多轴都设计成阶梯形？
6. 提高轴疲劳强度的结构措施有哪些？
7. 图 11-33 中 1、2、3、4 处的结构是否合理？应如何改进？
8. 常用的键联结有哪些类型？各用在什么场合？
9. 普通平键联结的特点有哪些？平键靠哪个面工作？其主要失效形式是什么？
10. 如何选择普通平键的尺寸？
11. 试选择齿轮与轴联结的普通平键。已知齿轮材料为 45 钢，轮毂长度为 50mm，轴的直径 $d=30$mm，材料为 45 钢，传递的功率 $P=4$kW，转速 $n=690$r/min，载荷平稳。

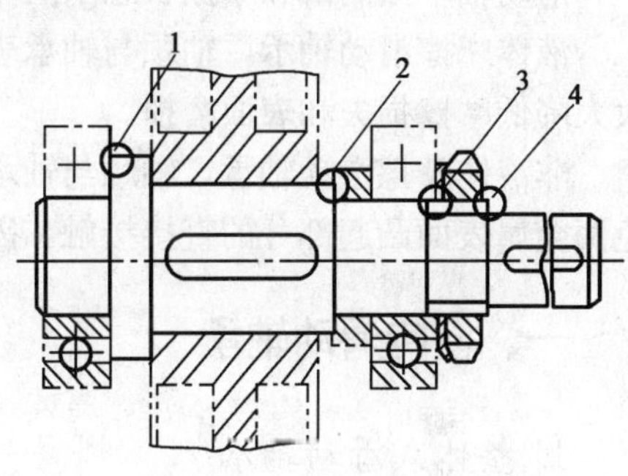

图 11-33　习题 7 图示

12. 联轴器和离合器的功用是什么？二者有何区别？
13. 常用的联轴器有哪些类型？各有何特点？
14. 常用的离合器有哪些类型？主要特点有哪些？

第十二章　轴　　承

轴承的功用是用来支承轴、保持轴的旋转精度、减少轴与支承间的摩擦和磨损。

根据轴与轴承间的摩擦性质，轴承可分为滑动轴承和滚动轴承两大类。滑动轴承适用于高速、重载、有较大冲击等场合及不重要的低速机器中。滚动轴承适用范围十分广泛，一般载荷和一般速度的场合都可采用。

本章介绍轴承的类型、结构、特点、选择和维护方面的基础知识。

第一节　滑动轴承的主要类型和结构

滑动轴承按其承受载荷不同分为承受径向载荷的径向滑动轴承和承受轴向载荷的止推滑动轴承两类。

滑动轴承按润滑和摩擦状态不同可分为液体摩擦滑动轴承和非液体摩擦滑动轴承两类。

液体摩擦滑动轴承，轴颈与轴承表面间有一层润滑油膜，两金属表面不直接接触，可以大大降低摩擦损失和表面磨损。

非液体摩擦滑动轴承，轴颈与轴承表面之间虽然有一层油膜，因油膜很薄，不能完全避免两金属表面凸起部分的直接接触，因此摩擦损失较大，轴承表面容易磨损。

一、径向滑动轴承

1. 整体式滑动轴承

整体式滑动轴承的结构如图 12－1 所示，由轴承座 1 和轴承瓦 2 组成，轴承座上部有油孔，轴承瓦内有油槽，分别用以加油和引油，进行润滑。

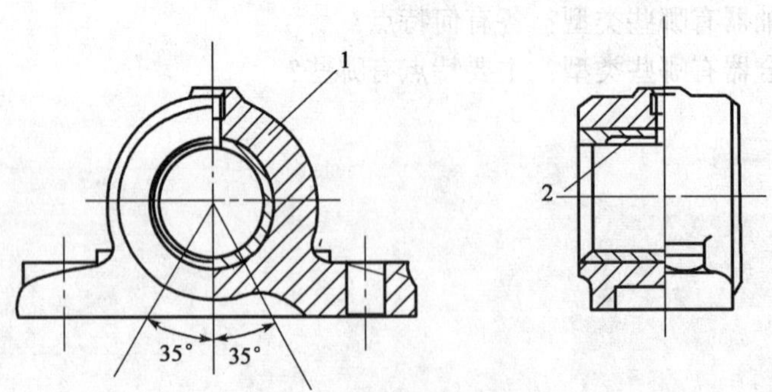

图 12－1　整体式滑动轴承

1—轴承座；2—轴承瓦

这种轴承结构简单，成本低廉，但装配时轴只能从轴承的一端装入，很不方便，且轴瓦磨损后，孔与轴的间隙无法调整。它适用于低速、轻载或间歇工作的机器上，且径向载荷的作用线应在轴承垂直中线左、右 35°范围内。

2. 对开式滑动轴承

对开式滑动轴承的结构如图 12 - 2 所示，由轴承盖 1、轴承座 2、螺柱 3 和轴瓦 4 组成。轴承盖与轴承座接合处作成阶梯形，是为了便于对中。轴承盖上部开有螺纹孔，可装配油杯或油管，轴瓦上有油孔和油槽。

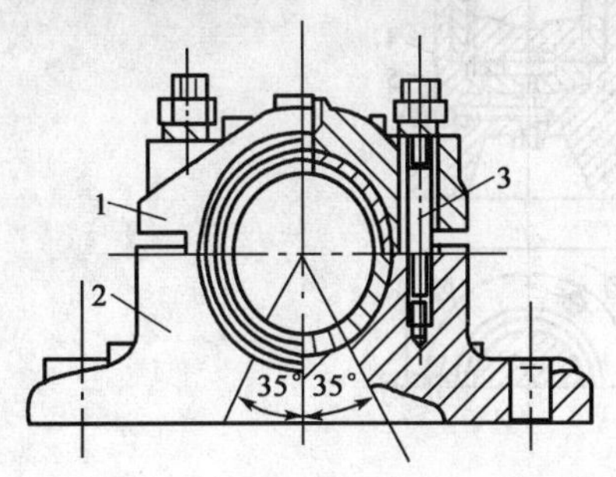

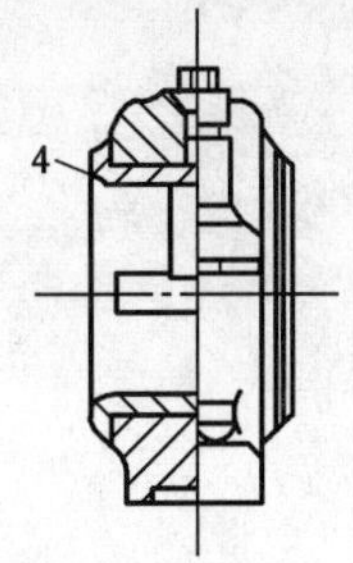

图 12 - 2　对开式滑动轴承

1—轴承盖；2—轴承座；3—螺柱；4—轴瓦

对开式滑动轴承按对开面位置，分为平行底面的正滑动轴承（图 12 - 2）和与底面成 45°的斜滑动轴承（图 12 - 3），以便承受不同方向的载荷。这种轴承装拆方便，易于调整间隙，应用广泛。

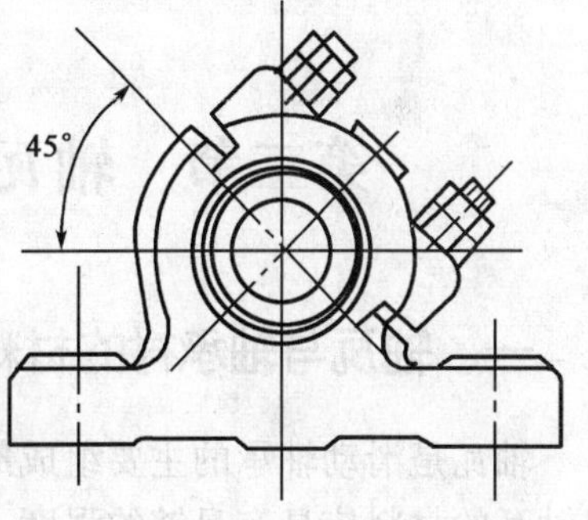

图 12 - 3　斜开式滑动轴承

3. 调心式滑动轴承

调心式滑动轴承的结构如图 12 - 4（a）所示，它的特点是轴瓦与轴承座以球面接触，能自动适应轴或机架的变形，以避免如图 12 - 4（b）所示的轴承边缘过度磨损。这种轴承适用于轴承宽度 B 与轴颈直径 d 之比大于 1.5 的场合。

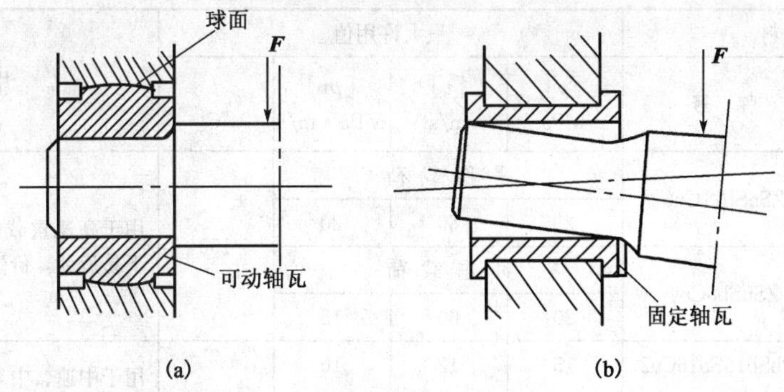

图 12 - 4　调心式滑动轴承

二、止推滑动轴承

图 12 - 5 为常见的立式止推滑动轴承。它由轴承座 1、衬套 2、径向轴瓦 3 和止推轴瓦 4 组成。止推轴瓦的底部制成球面，以便于对中，并用销钉 5 与轴承座固定。润滑油用压力从

底部注入，从上部油管流出。径向轴瓦是为了固定轴颈的位置，同时可承受一定的径向载荷。

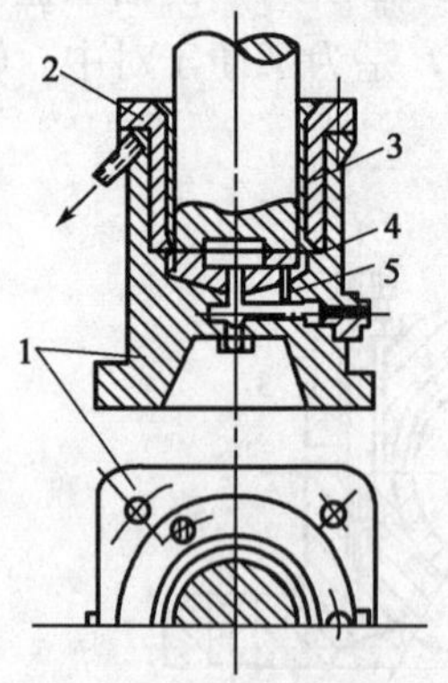

图 12-5　止推滑动轴承

1—轴承座；2—衬套；3—径向轴瓦；4—止推轴瓦；5—销钉

第二节　轴瓦与轴承衬的材料和轴瓦的结构

一、轴瓦与轴承衬的材料

轴瓦是滑动轴承的主要组成部分，它与轴颈直接接触，承受载荷，产生摩擦和磨损。所以轴瓦的材料应具有足够的强度、摩擦系数小、耐磨、耐腐蚀、抗胶合能力强、导热性好等特点。轴瓦可用单一材料制成，或者为了改善轴承的性能并节省贵重材料，可在轴瓦内表面浇铸一层轴承衬。常用轴瓦及轴承衬材料见表 12-1。

表 12-1　常用轴瓦及轴承衬材料

材料		最大许用值				用途
名称	牌号	[p] MPa	[v] m/s	[pv] MPa·m/s	t ℃	
铸造锡锑轴承合金	ZSnSb11Cu6	平稳载荷			150	用于高速重载的重要轴承，变载荷下易疲劳，价贵
		25	80	20		
	ZSnSb8Cu4	冲击载荷				
		20	60	15		
铸造铅锑轴承合金	ZPbSb16Sn16Cu2	15	12	10	150	用于中速、中等 载荷的轴承。不宜受显著冲击。可作为锡锑轴承合金的代用品
	ZPbSb15Sn5Cu3	5	6	5		
	ZPbSb15Sn10	20	15	15		
铸造锡青铜	ZCuSn10P1	15	10	15	280	用于中速、重载及受变载荷的轴承
	ZCuSn5Pb5Zn5	5	3	10		用于中速、中载的轴承
铸造铅青铜	AI10Fe3	15	4	12	280	用于润滑充分的低速、重载轴承

注：[p] 为许用压强；[v] 为许用速度；pv 值代表轴承的发热情况，[pv] 为许用值。

二、轴瓦的结构

整体式轴承的轴瓦如图 12－6 所示，其中图 12－6（a）为无油槽的轴瓦，图 12－6（b）为有油槽的轴瓦。轴瓦与轴承座采用过盈配合，为了配合牢固，还可以在配合表面上用螺钉固定。

图 12－6　整体式轴承轴瓦的结构

剖分式轴承采用剖分式轴瓦，如图 12－7 所示。轴瓦两端的凸缘可以防止轴向窜动，并能承受一定的轴向力。为保证润滑油的引入和均匀分布，应在轴瓦的非承载部分开设油孔 1 和油槽 2，油槽不应开至端部，其长度尺寸为轴瓦长度的 80%，以防漏油。

在轴瓦上浇铸轴承衬时，为了使轴承衬贴附牢固，常在轴瓦内部开设燕尾槽，如图 12－8（a）所示；对于青铜轴瓦可不开燕尾槽，如图 12－8（b）所示。

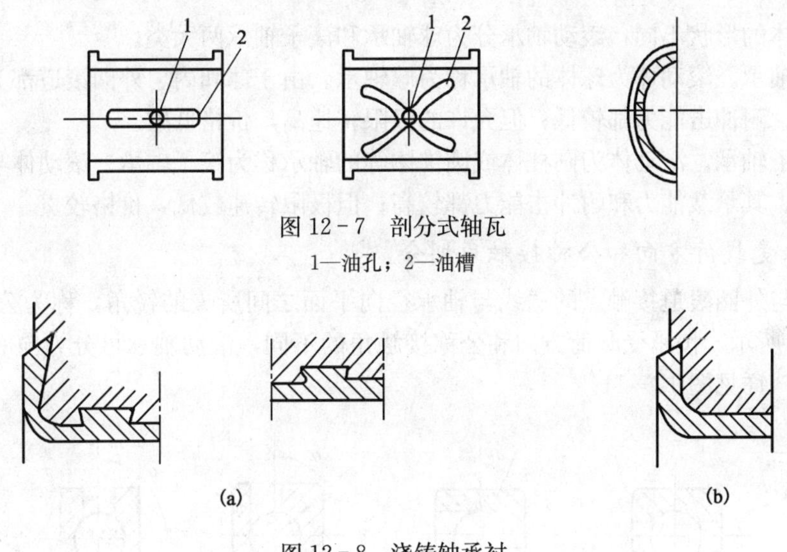

图 12－7　剖分式轴瓦

1—油孔；2—油槽

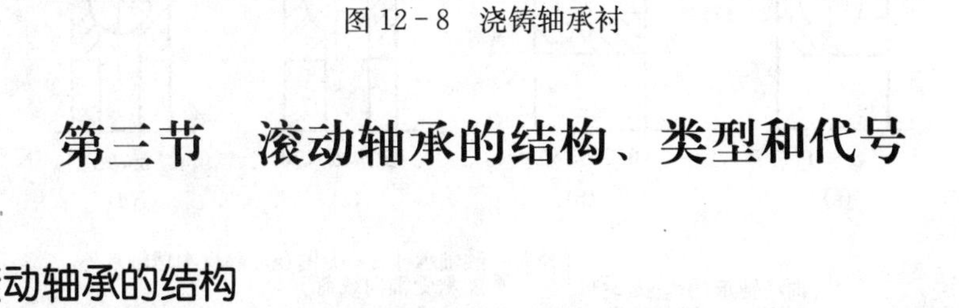

图 12－8　浇铸轴承衬

第三节　滚动轴承的结构、类型和代号

一、滚动轴承的结构

滚动轴承的构造如图 12－9 所示，它由外圈 1、内圈 2、滚动体 3 和保持架 4 组成。内圈装在轴颈上，外圈装在机座或零件的轴承孔中。工作时滚动体在内、外圈间的滚道（凹槽）上滚动，形成滚动摩擦。保持架的作用是使滚动体均匀分布，并避免滚动体直接接触而增加摩擦和加剧磨损。

常用的滚动体有球、圆柱滚子、圆锥滚子、球面滚子和滚针等（图 12－10）。

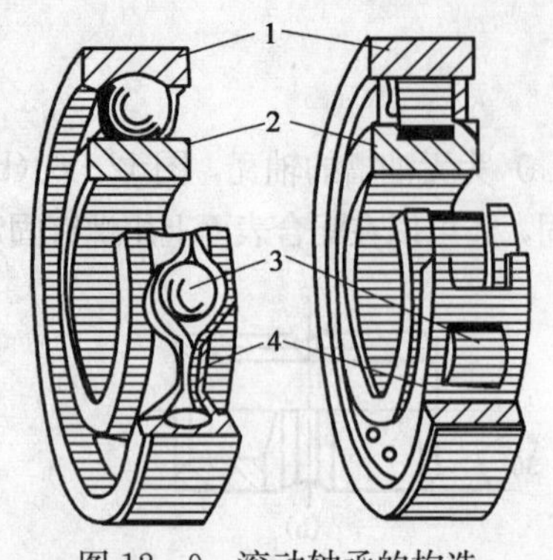

图 12-9　滚动轴承的构造

1—外圈；2—内圈；3—滚动体；4—保持架

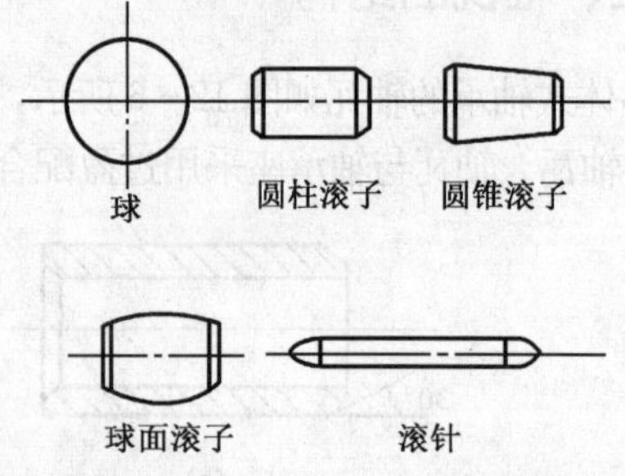

图 12-10　滚动体

滚动轴承是标准件，由专业工厂进行大批量生产。使用时根据工作条件和使用要求，选择合适的轴承类型和型号，并进行轴承组合设计。

二、滚动轴承的类型

1. 按滚动体形状划分

按滚动体的形状不同，滚动轴承分为球轴承和滚子轴承两大类。

(1) 球轴承。滚动体为球体的轴承称为球轴承。由于球和内、外圈滚道都为点接触，故其承载能力、耐冲击能力都较低；但允许的极限转速高，价格低廉。

(2) 滚子轴承。滚动体为圆柱体或圆锥体等的轴承称为滚子轴承。滚动体与内、外圈滚道为线接触，其承载能力和耐冲击能力都较高；但极限转速较低，价格较贵。

2. 按承受载荷方向和公称接触角划分

滚动体与外圈滚道接触点的法线与轴承径向平面之间所夹的锐角，称为公称接触角 α，如图 12-11 所示。按承受载荷方向和公称接触角的不同，滚动轴承可分为向心轴承和推力轴承两大类，详见图 12-11。

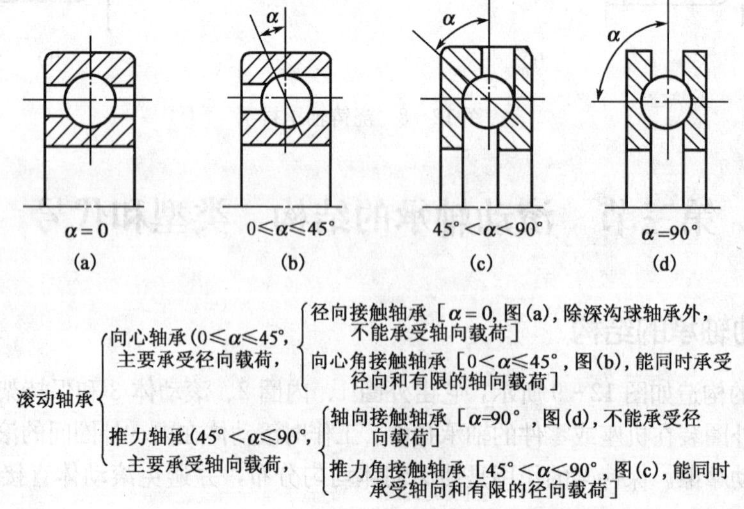

图 12-11　滚动轴承的公称接触角和分类

常用滚动轴承的名称、性能和特点列于表 12-2 中。

表 12-2 滚动轴承的主要类型和特性

轴承名称类型代号	结构代号	结构简图	承载方向	基本额定动载荷比[1]	极限转速比[2]	允许倾斜角	主要特征和应用
调心球轴承 1	10000			0.6～0.9	中	2°～3°	主要承受径向载荷，同时也能承受少量的轴向载荷。因为外圈滚道表面是以轴线中点为球心的球面，故能自动调心
调心滚子轴承 2	20000			1.8～4	低	1°～2.5°	能承受很大的径向载荷和少量轴向载荷，承载能力大，具有自动调心性能
圆锥滚子轴承 $\alpha=10°\sim18°$	30000			1.1～2.5	中	2′	能同时承受较大的径向、轴向联合载荷，因系线接触，承受能力大于 7 类，内、外圈可分离，装拆方便，成对使用
3 大锥角圆锥滚子轴承 $\alpha=27°\sim30°$ 3	30000B						
推力球轴承(轴向接触球轴承)5	51000			1	低	不允许	只能承受轴向载荷，而且载荷作用线必须与轴线相重合，不允许有角偏差。有两种类型：单向—承受单向推力；双向—承受双向推力。高速时，因滚动体离心力大，球与保持架摩擦发热严重，寿命较低，只用于轴向载荷大，转速不高之处
	52000						

续表

轴承名称 类型代号	结构代号	结构简图	承载方向	基本额定 动载荷比①	极限转速比②	允许倾斜角	主要特征和应用
深沟球轴承	60000	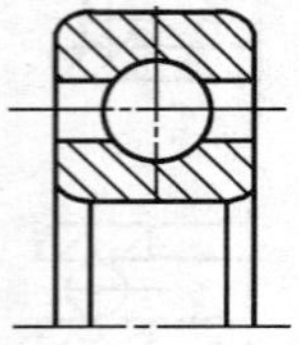	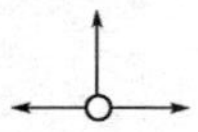	1	高	2′～10′	主要承受径向载荷，同时也可承受一定量的轴向载荷。当转速很高而轴向载荷不太大时，可代替推力球轴承承受纯轴向载荷
角接触球轴承 7	70000C α=15° 70000AC α=25° 70000B α=40°	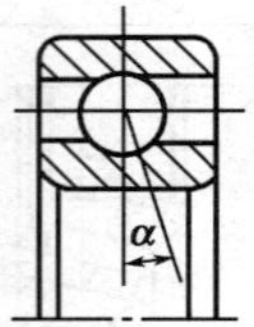		1.0～1.4	较高	2′～10′	能同时承受径向、轴向联合载荷，接触角越大，轴向承载能力也越大。有接触角 α=15°(7200C)，α=25°(7200AC)和 α=40°(7200B)三种，成对使用，可以分装于两个支点或装于一个支点上
圆柱滚子轴承(外圈无挡边，径向接触滚子轴承)N	N0000	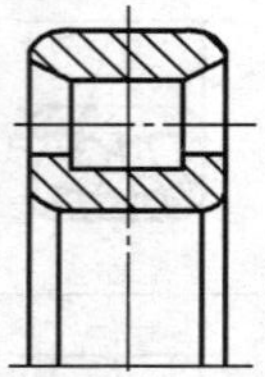		1.5～3	较高	2′～4′	能承受较大的径向载荷，不能承受轴向载荷。因系线接触，内、外圈只允许有极小的相对偏转
滚针轴承 NA	NA0000	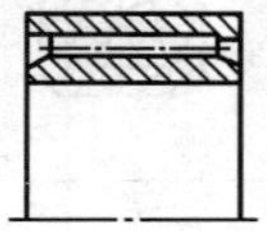		—	低	不允许	径向尺寸最小，径向承载能力较大，摩擦系数大，极限转速低。内、外圈可以分离，工作时允许内、外圈有少量的轴向错动。适用于径向载荷很大而径向尺寸受到限制的地方，如万向联轴器、活销等

①基本额定动载荷比：与 6 类轴承为 1 的比值；

②极限转速比：高—为 6 类轴承的 90%～100%；中—为 6 类轴承的 60%～90%；低—为 6 类轴承的 60%以下。

三、滚动轴承的代号

滚动轴承的种类很多，而各类轴承又有不同的结构、尺寸、公差等级和技术要求，为了便于生产、设计和使用，国标 GB/T 272—1993《滚动轴承　代号方法》规定了滚动轴承代号。滚动轴承的代号通常压印在轴承的端面上。

滚动轴承的代号由基本代号、前置代号和后置代号组成，用数字和字母表示。轴承代号的构成见表 12－3。

表 12－3　滚动轴承代号的构成

<table>
<tr><td rowspan="2">前置代号</td><td colspan="5">基本代号</td><td colspan="8" rowspan="2">后置代号</td></tr>
<tr><td>五</td><td>四</td><td>三</td><td>二</td><td>一</td></tr>
<tr><td rowspan="2">轴承分部件代号</td><td rowspan="2">类型代号</td><td colspan="2">尺寸系列代号</td><td colspan="2" rowspan="2">内径代号</td><td rowspan="2">内部结构代号</td><td rowspan="2">密封与防尘结构代号</td><td rowspan="2">保持架及其材料代号</td><td rowspan="2">特殊轴承材料代号</td><td rowspan="2">公差等级代号</td><td rowspan="2">游隙代号</td><td rowspan="2">多轴承配置代号</td><td rowspan="2">其他代号</td></tr>
<tr><td>宽度系列代号</td><td>直径系列代号</td></tr>
</table>

注：基本代号下面的一至五表示代号自右向左的位置序数。

1. 基本代号

基本代号表示轴承的类型、宽（高）度系列、直径系列和轴承内径，是轴承代号的核心，一般用五位数字。

（1）内径代号。右起第一、二位数字表示轴承内径，表示方法见表 12－4。对于内径小于 10mm 和大于 500mm 时，其表示方法见 GB/T 272—1993。

表 12－4　轴承内径代号

内径代号	00	01	02	03	04～96
轴承内径，mm	10	12	15	17	数字×5

（2）直径系列代号。右起第三位数字表示轴承的直径系列。直径系列是指内径相同的轴承，有不同外径的尺寸系列，其常用代号见表 12－5。

表 12－5　轴承直径系列常用代号

直径系列代号	0，1	2	3	4
系列	特轻系列	轻系列	中系列	重系列

注：推力轴承的“0”代表超轻系列。

（3）宽（高）度系列代号。右起第四位数字表示轴承的宽（高）度系列。宽（高）度系列是指内径和外径都相同的轴承，对向心轴承，配有不同宽度的尺寸系列；对推力轴承，配有不同高度的尺寸系列。常用宽（高）度系列代号见表 12－6。当宽度系列为“0”系列时，对多数轴承在代号中可不标出宽度系列代号，但对于调心滚子轴承和圆锥滚子轴承，应标出宽度系列代号“0”。

表 12－6　轴承宽（高）度系列代号

向心轴承宽度系列代号	0	1	2	3
系列	窄系列	正常系列	宽系列	特宽系列
推力轴承高度系列代号	7	9	1	2
系列	特低系列	低系列	正常系列	正常系列

(4) 轴承类型代号。右起第五位数字表示轴承的类型（圆柱滚子轴承和滚针轴承的类型号为字母），其表示方法见表 12 - 2。

2. 前置代号

前置代号表示可分离轴承的分部件，用字母表示，如用 L 表示可分离的内圈或外圈。

3. 后置代号

轴承后置代号用字母和数字表示，包括八项内容，见表 12 - 3。对其常用代号说明如下：

(1) 内部结构代号，表示同一类型轴承的不同内部结构，用紧连着基本代号后的字母表示。例如，以 C、AC、B 分别表示公称接触角 $\alpha = 15°$、25°、40°的角接触球轴承(表 12 - 2)。

(2) 公差等级代号，滚动轴承的公差共六级，其代号和精度顺序为：/PO、/P6、/P6X、/P5、/P4、/P2，依次由低级到高级。/PO 级为常用的普通级，在轴承代号中不标出。P6X 级仅适用于圆锥滚子轴承。

(3) 游隙代号。滚动轴承的游隙是指轴承的一个套圈固定，另一个套圈由一个极限位置到另一个极限位置的移动量。游隙大小对轴承寿命、温升和噪声都有很大影响，应按使用条件进行选择和调整。游隙的代号为：/CI、/h、/CO、/C3、/h、/CS，游隙依次增大。/CO 为常用的基本游隙，在轴承代号中可不标出。

当公差代号与游隙代号同时标注时，可省去后者字母，如/P6、/C3，应标注为/P63。滚动轴承代号举例如下：

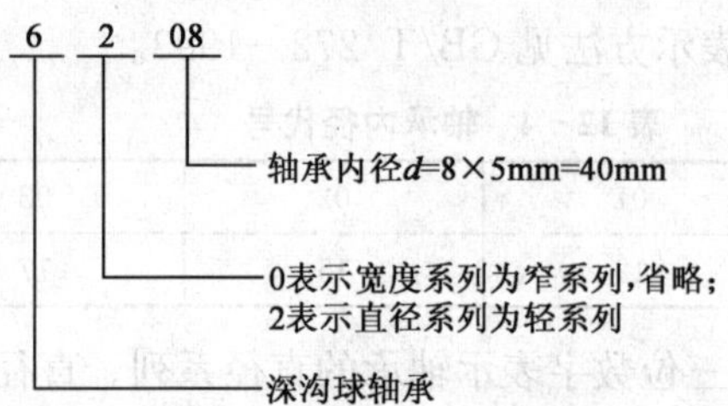

上述代号表示内径为 40mm，轻窄系列深沟球轴承，普通级公差，基本游隙。

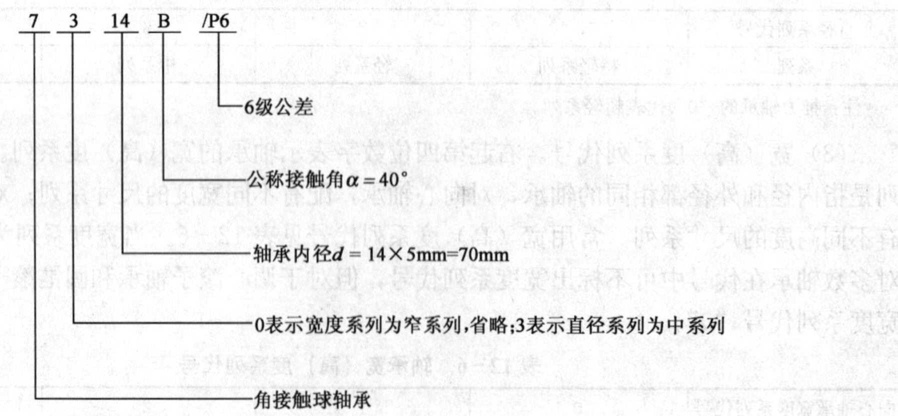

上述代号表示内径为 70mm，中窄系列角接触球轴承，公称接触角 $\alpha = 40°$，6 级公差，基本游隙。

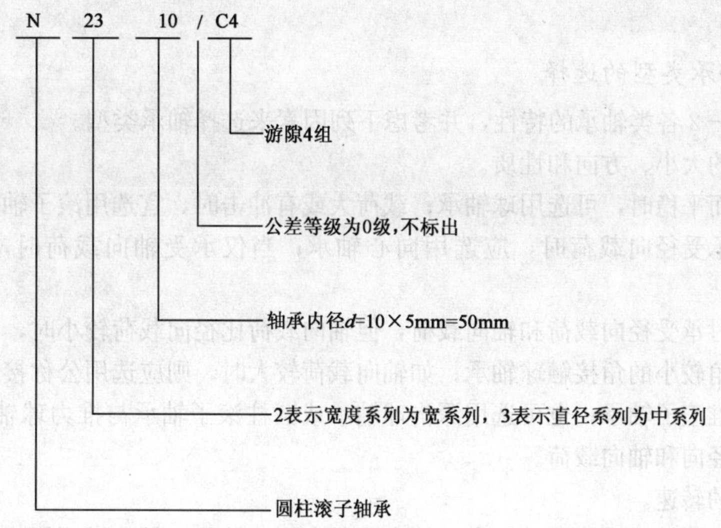

上述代号表示内径为 50mm，中宽系列圆柱滚子轴承，普通级公差，游隙为 4 组。

第四节　滚动轴承的失效形式和选择

一、滚动轴承的失效形式

在使用中为了选择和维护轴承，必须要了解轴承的失效形式和原因。滚动轴承常见的失效形式有以下几种。

1. 疲劳点蚀

滚动轴承承受载荷时，滚动体和滚道表面上均产生接触应力。由于滚动体和内圈（或外圈）不断旋转，所以接触应力按脉动循环变化。在轴承工作中，若所产生的接触应力过大或应力循环次数达到一定数值时，滚动体、内圈或外圈滚道表面上形成疲劳点蚀。轴承产生疲劳点蚀后，运转时将产生噪声和振动，导致轴承失效。

2. 塑性变形

当轴承转速极低或只作间歇摆动时，由于接触应力变化次数很少，不会发生疲劳点蚀现象。但若承受很大静载荷或冲击载荷，由于接触应力过大而超过材料的屈服极限，滚动体或滚道表面出现表面塑性变形。若变形量超过一定范围，轴承将不能正常工作。

3. 磨损和破裂

当滚动轴承的工作环境恶劣、润滑密封不良或安装使用不当时，滚动体、保持架和内、外圈会发生破裂或过早磨损而导致轴承失效。

4. 退火、卡死

润滑不良或安装、选型、使用不当时，滚动体出现退火、卡死等，导致轴承失效。

二、滚动轴承的选择

滚动轴承是标准件，在机械设计中，根据轴承的具体工作条件，要合理地选择轴承的类型和型号。

1. 滚动轴承类型的选择

根据表 12－2 各类轴承的特性，并考虑下列因素来选择轴承类型。

(1) 载荷的大小、方向和性质。

当载荷小而平稳时，可选用球轴承；载荷大或有冲击时，宜选用滚子轴承。

当轴承只承受径向载荷时，应选用向心轴承；当仅承受轴向载荷时，则应选用推力轴承。

当轴承同时承受径向载荷和轴向载荷，但轴向载荷比径向载荷较小时，可选用深沟球轴承或公称接触角较小的角接触球轴承；如轴向载荷较大时，则应选用公称接触角较大的角接触球轴承或圆锥滚子轴承；也可选用深沟球轴承或圆柱滚子轴承与推力球轴承的组合结构，让其分别承受径向和轴向载荷。

(2) 轴承的转速。

球轴承的极限转速比滚子轴承高，故高速时宜用球轴承，低速时可用滚子轴承。

推力轴承极限转速低，不宜用于高速。如转速较高又需要受纯轴向载荷时，可选用深沟球轴承或角接触球轴承。

(3) 特殊要求。

当轴弯曲变形较大，或两轴承座孔的同轴度较差时（图 12－12），要求轴承的内外圈有一定的角位移，应选用调心球轴承或调心滚子轴承。

当径向空间受到限制时，可选用特轻、超轻系列轴承或滚针轴承。当轴向空间受到限制时，可选用窄、特窄系列的轴承。

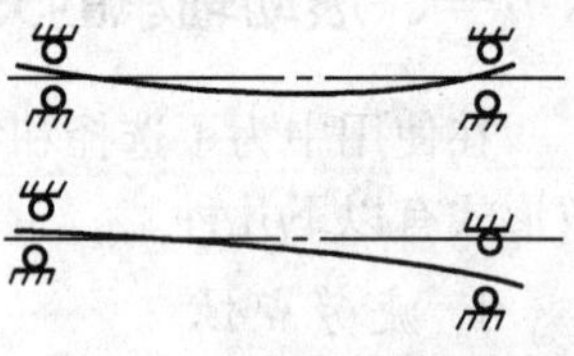
图 12－12　轴较大弯曲变形

(4) 经济性。

普通结构的轴承比特殊结构的便宜，球轴承比滚子轴承便宜，公差等级低的轴承比公差等级高的便宜。不同公差等级轴承的相对参考价格为：P0 : P6 : P5 : P4 : P2＝1 : 1.8 : 2.3 : 7 : 10。因此，选择轴承类型时，应在满足工作要求的前提下，尽量选用价格低廉的轴承。

2. 滚动轴承型号的选择

滚动轴承型号的选择是指轴承内径和外廓系列的选择，即尺寸的选择。它是根据轴承的载荷、工作转速、失效原因等，在试验的基础上推导出理论公式，经过计算，从标准中选择滚动轴承的型号。

第五节　滚动轴承组合的结构

为了保证轴承正常工作，除了合理地选择轴承类型和型号外，还必须正确设计轴承组合的结构。轴承组合的结构设计包括轴承的固定、轴系的固定、轴系的调整、轴承的安装与拆卸等。

一、滚动轴承的固定

滚动轴承的固定分轴向固定和周向固定。

1. 滚动轴承的轴向固定

为了使轴承能承受轴向载荷，轴承内、外圈要分别固定在轴和轴承座上。

（1）轴承内圈固定常用的方法如图 12－13 所示。

图 12－13（a）是利用轴肩固定，只能承受单方向的轴向力。图 12－13（b）是利用弹性挡圈和轴肩实现双向固定，用于轴向力不大和转速不高的场合。图 12－13（c）是利用轴端挡圈和轴肩实现双向固定，能承受中等的轴向力。图 12－13（d）是利用圆螺母和轴肩实现双向固定，可承受较大的轴向力。

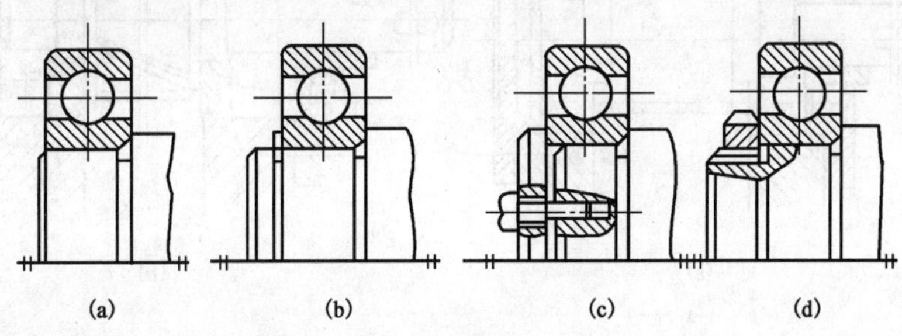

图 12－13　轴承内圈的固定

（2）轴承外圈固定常用的方法如图 12－14 所示。

图 12－14（a）利用轴承端盖作单向固定。图 12－14（b）利用轴承端盖和轴承座凸肩作双向固定。图 12－14（c）利用弹性挡圈和轴承座凸肩作双向固定。

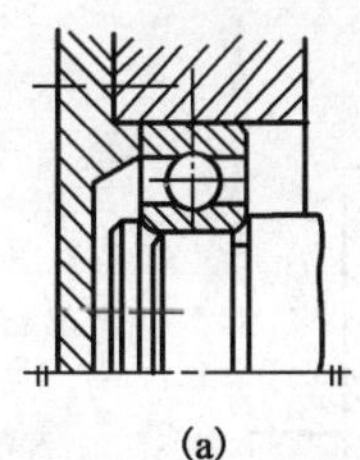

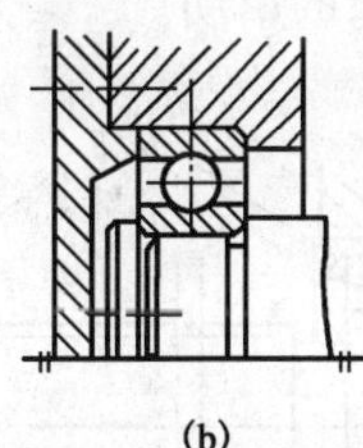

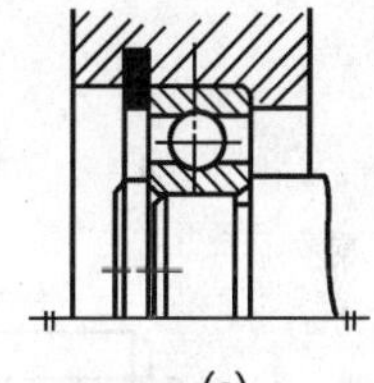

图 12－14　轴承外圈的固定

2. 滚动轴承的周向固定

滚动轴承的周向固定是通过选择适当的配合来保证的。由于滚动轴承是标准件，所以内圈与轴的配合采用基孔制，外圈与轴承座的配合采用基轴制。一般情况下，转动套圈比固定套圈的配合应紧些。对于一般机械，轴与内圈的配合常选用 n6、m6、k6、js6 等公差带，外圈与座孔的配合常选用 J7、J6、H7、G7 等公差带。

二、轴系的轴向固定

为保证轴系（轴、轴承和轴上零件的组合）在机器上有确定的位置，工作时不得窜动，应使轴系在轴的轴向方向固定，而且允许轴在温度变化时自由伸缩。

对于短轴（跨距 $l<400$mm），运转温度不高时，可采用如图 12－15 所示的结构。这种结构利用轴肩固定轴承内圈，用轴承端盖顶住轴承外圈，两端轴承端盖各限制轴系的一个方向的轴向移动。考虑到温度升高后轴的伸长，对于深沟球轴承，在支点一端的轴承外圈与轴承端盖之间留出 $c=0.2\sim0.3$mm 的轴向间隙［图 12－15（a）］；对于圆锥滚子轴承（或角接

触球轴承)，通常是利用增减轴承端盖与机座间的垫片调整轴承外圈的轴向位置[图 12-15 (b)]。

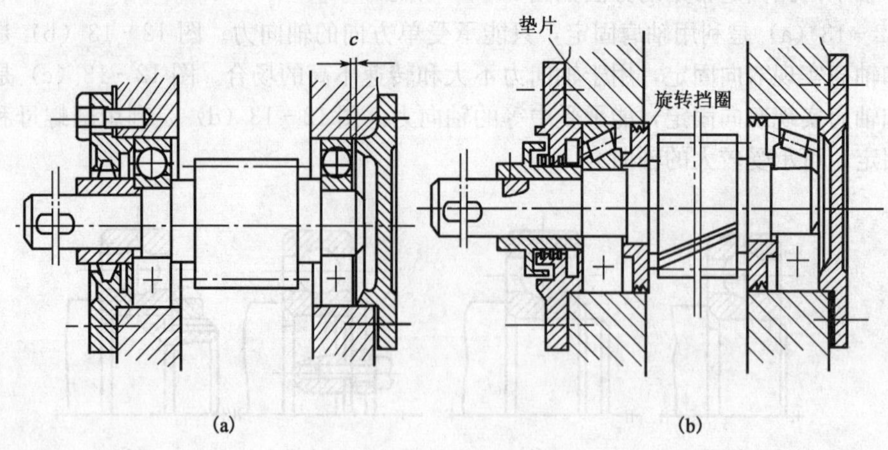

图 12-15　轴系的双向固定

当轴较长或运转温度较高时，轴的热膨胀伸缩量大，可采用如图 12-16 所示的结构。这种结构是将一端轴承的外圈用轴承端盖和套杯作双向固定（图中为左端轴承），另一端轴承能沿轴向游动。游动轴承与端盖之间留有较大间隙，温度变化时允许轴自由伸缩。固定端轴承可承受双向的轴向载荷，限制轴系的窜动。

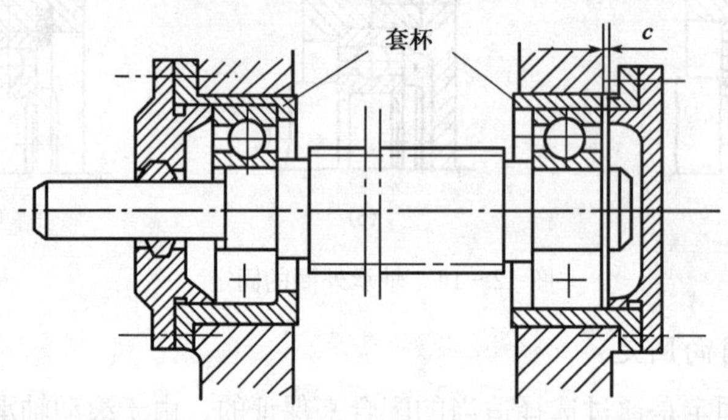

图 12-16　轴系的单向固定

三、轴系的轴向位置调整

为了保证机器的正常工作，装配时必须使轴上零件处于正确的位置，为此，轴系应能作必要的轴向调整。如图 12-17 (a) 所示的蜗杆传动，为使蜗轮处于正确的工作位置（图中的实线位置)，要求蜗轮轴系必须能作轴向调整。又如图 12-17 (b) 所示的锥齿轮传动，为使两锥齿轮的锥顶相重合（图中的实线位置)，两锥齿轮轴系也必须作必要的轴向调整。

轴系的轴向位置调整，可以通过增减轴承盖处的垫片厚度来实现。如图 12-15 (b) 中，若把左轴承盖处的垫片厚度增加，同时把右轴承盖处的垫片相应地减少，则轴系就会向左移动。

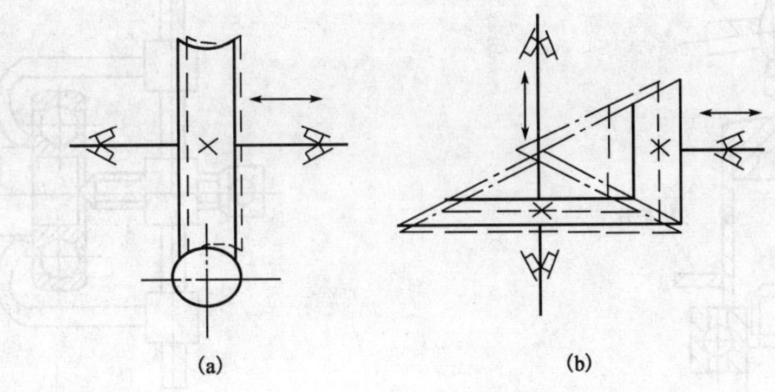

图 12－17　轴系的轴向调整

在图 12－18 所示的轴承组合结构中，利用垫片组 1 调整小锥齿轮轴的轴向位置，垫片组 2 调整轴承的游隙。

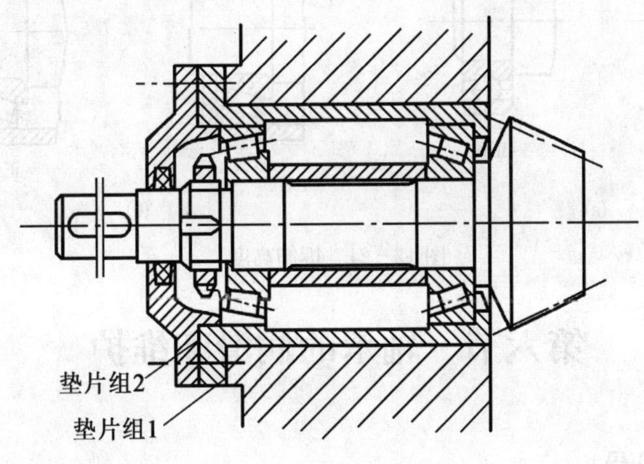

图 12－18　轴承组合结构

四、滚动轴承的安装和拆卸

滚动轴承内圈与轴颈的配合较紧。装配时，大尺寸的轴承，可用压力机在内圈端面上加压力，把轴承装在轴颈上。小尺寸的轴承可用手锤和套筒安装（图 12－19），套筒对准内圈，手锤打击套筒，不能用手锤直接打击外圈，以防止轴承变形。对于配合较紧的轴承，为了提高装配质量，可把轴承放在油中加热（油温不超过 80～90℃），使轴承内孔胀大，然后压装到轴颈上。

拆卸轴承时，要用专门工具（轴承拉马）钩住轴承内圈（图 12－20），将轴承卸下，不允许用钩头钩住外圈或用手锤敲打外圈拆卸轴承。为了便于拆卸轴承，内圈的厚度应比轴肩高，外圈在套杯内应留出足够的高度（图 12－21）。

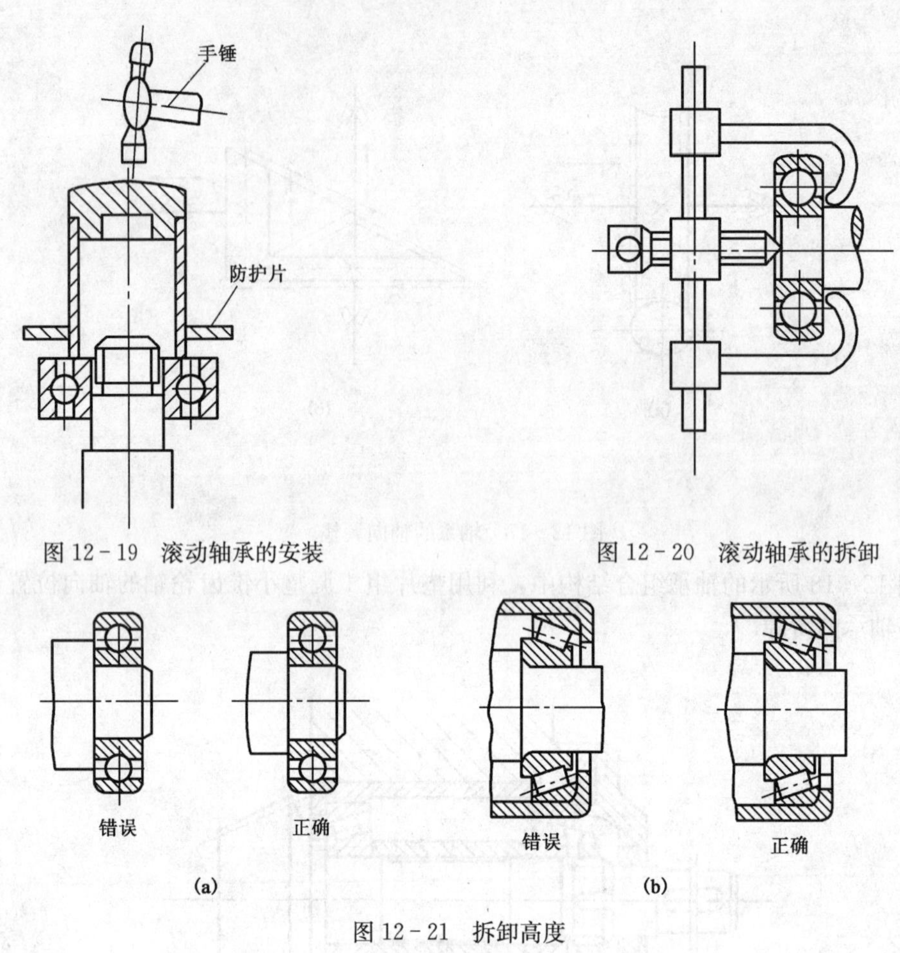

图 12-19　滚动轴承的安装

图 12-20　滚动轴承的拆卸

图 12-21　拆卸高度

第六节　轴承的润滑和维护

一、轴承的润滑

轴承润滑的主要目的是：降低摩擦，提高效率；减少磨损，延长寿命；冷却工作表面；减振和防锈等。为保证轴承有良好的润滑，应正确选择润滑剂和润滑装置。本节简要介绍润滑剂的选择，润滑装置见第十三章。

1. 滑动轴承的润滑

常用的润滑剂有液体润滑油、润滑脂和固体润滑剂（如石墨、二硫化铝等）。

润滑油按轴颈圆周速度 v（单位 m/s）和压强 p（单位 MPa），由表 12-7 选择润滑油牌号。

润滑脂按轴颈圆周速度 v、压强 p 和工作温度，由表 12-8 选择。

表 12-7　滑动轴承润滑油的选择（工作温度 10～60℃）

轴承圆周速度 v m/s	轻载 $p<3$MPa		中载 $p=3\sim7.5$MPa	
	40℃运动黏度，mm²/s	润滑油牌号	40℃运动黏度，mm²/s	润滑油牌号
0.1～0.3	65～125	L-AN68 L-AN100	120～170	L-AN100 L-AN150

续表

轴承圆周速度 v m/s	轻载 $p<3$MPa		中载 $p=3\sim7.5$MPa	
	40℃运动黏度，mm²/s	润滑油牌号	40℃运动黏度，mm²/s	润滑油牌号
0.3～1.0	45～70	L-AN46 L-AN68	100～125	L-AN100
1.0～2.5	40～70	L-AN32 L-AN46 L-AN68	65～90	L-AN68 L-AN100
2.5～5.0	40～55	L-AN32 L-AN46		
5～9	15～45	L-AN15 L-AN22 L-AN46		

注：(1) 轴颈圆周速度 $v=\frac{\pi dn}{60\times1000}$（单位为 m/s），$d$ 为轴颈直径（单位为 mm），n 为转速（单位为 r/min）；

(2) 压强 $p=\frac{F_r}{Bd}$（单位 MPa），F_r 为径向力（单位为 N），B 为轴瓦宽度（单位为 mm），d 为轴颈直径（单位为 mm）。

表 12-8 滑动轴承润滑脂的选择

轴颈圆周速度 v，m/s	压强 p，MPa	工作温度 t，℃	润滑油牌号
<1	1～6.5	<55～75	2号钙基脂 3号钙基脂
0.5～5	1～6.5	<110～120	2号钠基脂 1号钙钠基脂
0.5～5	1～6.5	-20～120	2号锂基脂

2. 滚动轴承的润滑

滚动轴承的润滑剂主要是润滑油和润滑脂两类。润滑剂一般可按 dn 值进行选择，d 为轴承内径，单位为 mm；n 为转速，单位为 r/min。当 $dn<2\times10^5\sim3\times10^5$ mm·r/min 时，轴承采用脂润滑。润滑脂的填充量一般不超过轴承空间的 1/3～1/2。润滑脂的牌号按轴承工作温度、dn 值，由表 12-9 选择。

表 12-9 滚动轴承润滑脂选择

轴承工作温度，℃	dn 值，mm·r/min	使用环境	
		干燥	潮湿
0～40°	>80000	2号钙基脂、2号钠基脂	2号钙基脂
	<80000	3号钙基脂、3号钠基脂	3号钙基脂
40～80	>80000	2号钠基脂	3号钡基脂、3号锂基脂
	<80000	3号钠基脂	

当 dn 值过高或轴承附近有润滑油源（如齿轮减速器或变速器中的油），可采用润滑油。按 dn 值及工作温度 t，由图 12-22 选择润滑油黏度（单位为 mm²/s）。

二、轴承的维护

轴承的维护工作包括以下两个方面：

(1) 对机器定期维修，认真检查轴承的完好程度，及时修理或更换。安装时，按要求调

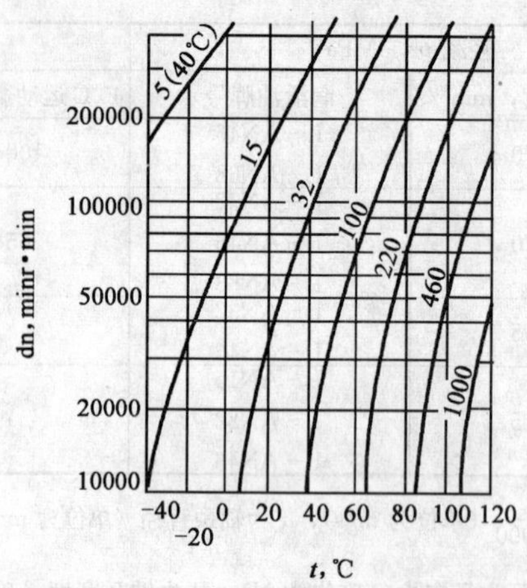

图 12-22　润滑油黏度选择图

整轴承游隙，以保证轴承正常工作。

（2）机器运转中，若出现轴承温度突然升高、轴承噪声或振动异常、机器工作精度显著下降等，应停机检查。

检查时，首先检查润滑情况，如供油是否正常、油路是否畅通；再检查零件有无损坏，仔细察看轴颈与轴承表面状况，从油迹、伤痕可以判断损坏原因。针对故障原因，及时妥善解决。

本 章 小 结

滑动轴承部分：

（1）滑动轴承根据摩擦状态不同可分为非液体润滑轴承和完全液体润滑受轴承。完全液体润滑轴承又分为动压润滑轴承与静压润滑轴承。工程上大多用非液体润滑轴承。滑动轴承有多种结构类型：整体式、剖分式、自动调心式等。由于滑动轴承本身有一些独特的优势，适用于一些特殊的场合，如高速、重载、高精。

（2）轴承材料和轴瓦结构对滑动轴承的性能影响较大，应综合考虑多方面因素选定轴承材料和轴瓦结构。

（3）非液体摩擦滑动轴承计算和校核时，限制压强 p，以保证润滑油膜不被破坏；限制 pv 值，以保证轴承温升不至于太高，因为温度太高容易引起边界油膜的破裂。

（4）根据流体动压润滑的形成原理设计出的动压润滑滑动轴承，主要用于连续高速运转的场合。动压润滑滑动轴承的设计较复杂，故不在本书中叙述，必要时请参阅有关资料。

滚动轴承部分：

（1）滚动轴承是标准件，在类型和尺寸方面已制定了国家标准，并有专业厂家生产。因此，作为设计者的任务是：熟悉滚动轴承的有关国家标准，选择轴承的型号，进行轴承装置的结构设计。

（2）在熟悉常用滚动轴承的类型、代号、基本性能和结构特点的基础上，根据轴承所受载荷大小、方向、性质、工作转速高低、轴颈的偏转情况等要求，来选择滚动轴承的类型。通过寿命计算，确定轴承尺寸。另外，轴承装置的结构设计不可忽视，由于轴承装置设计不合理而导致设计失败的情况时有发生，所以应根据不同类型的轴承、功用、工况、载荷特性等，设计出合理的轴承装置结构形式和结构尺寸。

(3) GB/T 272—1993 规定了滚动轴承代号的表示方法，通过学习，应掌握轴承代号中的基本代号，了解前置代号和后置代号。

(4) 滚动轴承主要承受的是脉动接触应力，主要的失效形式是疲劳点蚀破坏。

习　题

1. 滑动轴承适用于什么场合？

2. 滑动轴承有哪些主要类型？各类轴承的结构特点是什么？

3. 选用轴瓦和轴承衬材料应满足哪些基本要求？常用的材料有哪些？

4. 轴瓦上为什么要开油槽？开油槽时应注意哪些问题？

5. 滚动轴承有哪几部分组成？各起什么作用？

6. 球轴承和滚子轴承各有什么特点？分别适用于哪些场合？

7. 按承受载荷的方向和公称接触角的不同，滚动轴承可分为哪几类？各有何特点？

8. 滚动轴承的代号由哪几部分组成？

9. 指出下列滚动轴承代号的含义：6208，31210，30316/P4，51310，7310B/P5，52206，7210ACP5。

10. 滚动轴承有哪几种失效形式？产生的原因是什么？

11. 选择滚动轴承时，要考虑哪些因素？

12. 试述选择滚动轴承型号的方法。

13. 滚动轴承的固定方法有哪几种？

14. 轴系的轴向固定有几种结构？各适用在什么场合？

15. 为什么要进行轴系的轴向位置调整？如何调整？

16. 试述滚动轴承装拆的方法。

17. 图 12-23 所示轴承的组合结构中，标号处的结构是否有错误？如何改正？

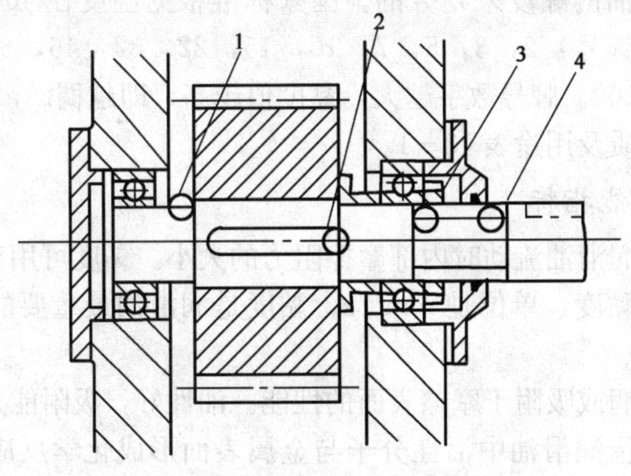

图 12-23　习题 17 图示

18. 如何选择轴承的润滑剂？

19. 如何维护滚动轴承？

第十三章　润滑和密封装置

为保证机器的正常运转，必须对机器进行良好的润滑，即选用适当的润滑剂，确定合理的润滑方式、润滑和密封装置。

第一节　润滑剂及其选择

润滑剂的主要作用是：减少摩擦、提高效率；减轻磨损、延长机器寿命；润滑油流动，带走热量起散热作用；缓冲和减振等。

润滑剂分为液体润滑剂、半固体润滑剂和固体润滑剂。在一般机械中，常用润滑油或润滑脂来润滑。

一、润滑油及其选择

1. 润滑油的种类

工业用润滑油主要有合成油和矿物油两类。合成油为有机合成产品，具有优良的润滑性能，且化学稳定性好、耐高温或低温，但价格较贵，目前多用于航天航空、原子能工业等高科技领域。矿物油为石油分馏产品，润滑性能较好，品种多，价格较低，应用广泛。

矿物油类润滑油种类繁多，国家标准 GB/T 7631.1—2008《润滑剂、工业用油和有关产品（L类）的分类　第1部分：总分组》根据油品特性和应用场合，将工业用润滑油及其有关产品分为19个组别，用拉丁字母 A、B、…、Z（I、J、K、L、O、U、V除外）表示。例如，全损耗系统用油（A）、齿轮油（C）、压缩机油（D）、液压油（H）、内燃机油（E）、轴承油（F）等。

润滑油的牌号是按照油的黏度来划分的。国家标准根据温度在40℃时的运动黏度值，将工业润滑油分为18个牌号：2，3，5，7，10，15，22，32，46，68，100，150，220，320，460，680，1000，1500。牌号数字越大，黏度值越高，即越稠。

工业常用润滑油的性质及用途表13-1。

2. 润滑油的主要性能指标

(1) 黏度。黏度表征润滑油流动时内部摩擦阻力的大小。黏度可用动力黏度或运动黏度来表示。润滑油采用运动黏度，单位是 mm^2/s。黏度是润滑油最重要的性能指标，是选用润滑油的主要依据。

(2) 油性。油性是湿润或吸附于摩擦表面的性能。油性好，吸附能力强。

(3) 极压性。极压性指润滑油中活性分子与金属表面形成化学反应膜的能力。极压性强，油膜化学稳定性好。低速重载的机械，要采用极压性好的润滑油。

(4) 闪点。润滑油在规定条件下加热，油蒸气和空气的混合物与火焰接触发生瞬间门火时的最低温度称为闪点。这是一项使用安全指标，一般要求润滑油闪点高于工作温度20～30℃。

（5）倾点。在规定的条件下，被冷却的润滑油开始连续流动时的最低温度，称为倾点。它表示油品低温流动时的最低温度。一般使用温度，应比润滑油的倾点高出 10～20℃。

工业常用润滑油的性能和用途见表 13－1。

表 13－1　工业常用润滑油的性能和用途

类　别	品种代号	牌号	运动黏度① mm^2/s	黏度指数 不小于	闪点 ℃ 不低于	倾点 ℃ 不高于	主要性能和用途	说明
工业闭式齿轮油（GB 5903—2000）	L－CKB 抗氧防锈工业齿轮油	46	41.4～50.6	90	180	－8	具有良好的抗氧化、抗腐蚀性、抗浮化性等性能，适用于齿面应力在 500MPa 以下的一般工业闭式齿轮传动、润滑	L 为润滑剂类
		68	61.2～74.8					
		100	90～110					
		150	135～165					
		220	198～242		200			
		320	288～352					
	L－CKC 中载荷工业齿轮油	68	61.2～74.8	90	180	－8	具有良好的极压抗磨和热氧化安定性，适用冶金、矿山、机械、水泥等工业中载荷（500～1100MPa）闭式齿轮的润滑	
		100	90～110					
		150	135～165					
		220	198～242		200			
		320	288～352					
		460	414～506					
		680	612～748			－5		
	L－CKD 重载荷工业齿轮油	100	90～110	90	180	－8	具有更好的极压抗磨性、抗氧化性，适用于矿山、冶金、机械、化工等行业重载荷齿轮传动装置	
		150	135～165		200			
		220	198～242					
		320	288～352					
		460	414～506					
		680	612～748			－5		
轴承油	L－FC 或 L－FD 轴承油（SH/T 0017—1990）	2	1.98～2.42	90	60	L－FC/	主要适用于精密机床主轴轴承的润滑及其他以油浴、压力、油雾润滑的滑动轴承和滚动轴承的润滑。N10 可作为普通轴承用油和缝纫机用油	
		3	2.88～3.52		70	L－FD		
		5	4.14～5.06		80			
		7	6.12～7.48		90	－18/		
		10	9.0～11.0		100	－12		
		15	13.5～16.5		110	－12		
全损耗系统用油	L－AN 全损耗系统用油（GB 443—1989）	5	4.14～5.06		80	－5	不加或加少量添加剂，质量不高，适用于一次性润滑和某些要求较低，换油周期较短的油浴式润滑	全损耗系统用油包括 L－AN 全损耗系统油（原机械油）和车轴油（铁路机车轴油）
		7	6.12～7.48		110			
		10	9.00～11.00		130			
		15	13.5～16.5		150			
		22	19.8～24.2					
		32	28.8～35.2					
		46	41.4～50.6		160			
		68	61.2～74.8					
		100	90.0～110		180			
		150	135～165					

①在 40℃条件下。

3. 润滑油的选择

选择润滑油主要是确定油品的种类和牌号。选择时应考虑以下几方面：

（1）工作载荷。重载或冲击、振动载荷，应选黏度高的润滑油，便于形成油膜；轻载或平稳载荷，可选黏度低的润滑油。

（2）工作速度。高速应选黏度低的油，以免油液内部摩擦损失过大和发热严重；低速可选黏度高的润滑油。

（3）工作温度。高温应选黏度大而闪点高的油，低温应选黏度小而倾点低的润滑油。

二、润滑脂及其选择

1. 润滑脂的种类

润滑脂是润滑油与稠化剂（如钠、锂、钙、铝的金属皂）的膏状混合物。根据调制润滑脂所用皂基之不同，润滑脂主要有：钠基润滑脂、锂基润滑脂、钙基润滑脂和铝基润滑脂。它们的性能和用途见表 13-2。

表 13-2　常用润滑脂的性能及用途

<table>
<tr><th colspan="2">润滑脂</th><th></th><th rowspan="2">针入度
10^{-1}mm</th><th rowspan="2">滴点
℃</th><th rowspan="2">性　能</th><th rowspan="2">主要用途</th></tr>
<tr><th colspan="2">名　称</th><th>牌号</th></tr>
<tr><td rowspan="2">钠基</td><td rowspan="2">钠基润滑脂
GB 492—1989</td><td>2</td><td>265～295</td><td>160</td><td rowspan="2">耐热性很好，黏附性强，但不耐水</td><td rowspan="2">适用于不与水接触的工农业机械的轴承润滑，使用温度不超过 110℃</td></tr>
<tr><td>3</td><td>220～250</td><td>160</td></tr>
<tr><td rowspan="4">钙基</td><td rowspan="4">钙基润滑脂
GB 491—2008</td><td>1</td><td>310～340</td><td>80</td><td rowspan="4">抗水性好、适用于潮湿环境，但耐热性差</td><td rowspan="4">目前尚广泛应用于工、农业、交通运输等机械设备的中速中低载荷轴承的润滑。逐步为锂基脂所取代</td></tr>
<tr><td>2</td><td>265～295</td><td>85</td></tr>
<tr><td>3</td><td>220～250</td><td>90</td></tr>
<tr><td>4</td><td>175～205</td><td>95</td></tr>
<tr><td rowspan="2">钙钠基</td><td rowspan="2">钙钠基润滑脂
SH/T 0368—1992</td><td>1</td><td>250～290</td><td>120</td><td rowspan="2">兼有钙基、钠基润滑脂的优点</td><td rowspan="2">在 80～100℃，有水分或较潮湿环境中工作的机械润滑；多用于铁路机车、列车、小电机滚动轴承润滑；不适于低温工作</td></tr>
<tr><td>2</td><td>200～240</td><td>135</td></tr>
<tr><td rowspan="6">锂基</td><td rowspan="3">通用锂基润滑脂
GB/T 7324—2010</td><td>1</td><td>310～340</td><td>170</td><td rowspan="3">具有良好的润滑性能、抗水性、机械安定性、耐热性和防锈性</td><td rowspan="3">为多用途、长寿命通用脂，适用于－20～120℃各种机械的轴承及其他摩擦部位的润滑</td></tr>
<tr><td>2</td><td>265～295</td><td>175</td></tr>
<tr><td>3</td><td>220～250</td><td>180</td></tr>
<tr><td rowspan="3">极压锂基润滑脂
GB/T 7323—2008</td><td>0</td><td>355～385</td><td rowspan="3">170</td><td rowspan="3">具有良好的机械安定性、抗水性、极压抗磨性、防锈性和泵送性</td><td rowspan="3">为多效、长寿命通用脂，适用于温度范围为－20～120℃的重载机械设备齿轮轴承等的润滑</td></tr>
<tr><td>1</td><td>310～340</td></tr>
<tr><td>2</td><td>265～295</td></tr>
<tr><td rowspan="4">铝基</td><td rowspan="4">复合铝基润滑脂</td><td>1</td><td>310～340</td><td rowspan="4"></td><td rowspan="4">耐热性、抗水性、流动性、泵送性、机械安定性等均好</td><td rowspan="4">称为“万能润滑脂”，适用于高温设备的润滑，1 号泵送性好，适用于集中润滑，2 号、3 号适用于轻中载荷设备轴承，4 号用于重载荷高温设备</td></tr>
<tr><td>2</td><td>265～295</td></tr>
<tr><td>3</td><td>220～250</td></tr>
<tr><td>4</td><td>175～205</td></tr>
</table>

2. 润滑脂的主要性能指标

（1）针入度。针入度指一个重 1.5N 的标准锥体，在 25℃恒温下，由润滑脂的表面经 5s 后锥入的深度（以 10^{-1}mm 为单位），称为针入度。针入度表示润滑脂的黏稠程度。润滑脂按针入度自大至小分为 0～9 号共 10 种，号数越大，针入度越小，润滑脂越稠，常用 0～4 号。

（2）滴点。在规定的加热条件下，润滑脂从标准量杯的孔口滴下第一滴油时的温度，称为滴点，表征润滑脂的耐热能力。

(3) 耐水性。润滑脂遇水时保持原有性能的能力。耐水性好的润滑脂用于潮湿的工作环境。

3. 润滑脂的特点和选用原则

与润滑油相比，润滑脂流动性差，不易流失，不需经常补充；但润滑脂摩擦系数大，效率低，不宜用于高速。

选择润滑脂的原则为：重载、低速时，选锥入度小的润滑脂，反之选锥入度大的润滑脂；滴点要比工作温度高 20～30℃，以免润滑脂流失；在水淋或潮湿的环境，应选用耐水性好的润滑脂。

第二节　润滑方法和润滑装置

一、油润滑方法和装置

为了获得良好的润滑效果，在正确地选择润滑剂后，还应选择合适的润滑方法和润滑装置。常用的润滑方法和装置有以下几种。

1. 手工给油润滑

操作人员用油壶或油枪将油注入设备的油孔或油杯中（图 13-1），使油流至需要润滑的部位。这种润滑方法简单，但供油不均匀、不连续，只适用于低速、轻载和间歇工作的场合，如开式齿轮、链轮、简易小型机械的润滑。

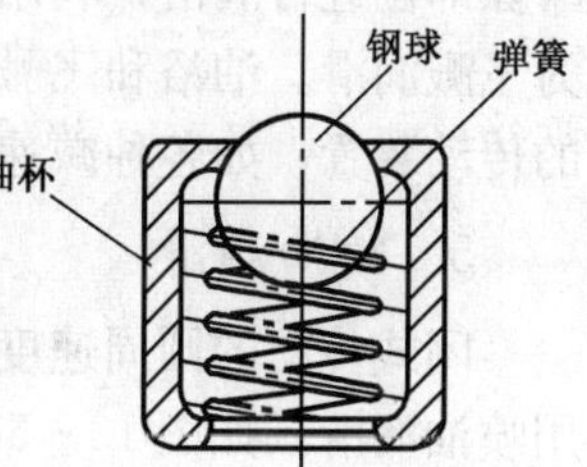

图 13-1　油杯

2. 滴油润滑

滴油润滑用油杯供油，常用滴油油杯有油绳式油杯和针阀式油杯。

图 13-2 所示为油绳式油杯。油绳的吸油端浸入油中，另一端悬垂在送油管中，利用毛细管虹吸作用吸油，滴落入润滑部位。油绳滴油自动连续，但供油量有限，不能调节，停车时仍继续滴油，造成浪费，可用于低速轻载滑动轴承的润滑。

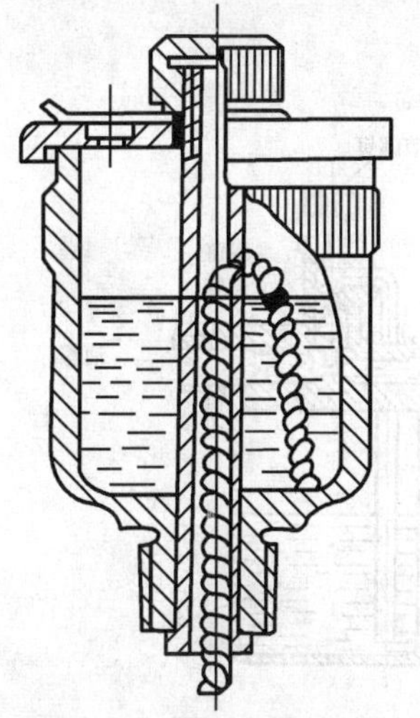
图 13-2　油绳式油杯

图 13-3 所示为针阀式油杯。供油时，将手柄竖起，提起针阀，油通过针阀与座间的缝隙流出。用调节螺母可控制针阀的开启高度来调节供油量。停止供油时，将手柄放倒（图示位置），针阀在弹簧的压力下堵住油孔。此种装置适用于要求供油可靠的场合。

3. 油环润滑

图 13-4 所示为油环润滑。在轴颈 1 上套有油环 2，油环下部浸入油池中。当轴颈旋转时，靠摩擦力带动油环旋转，把油池里的油带到轴颈上进行润滑。油环润滑结构简单，供油充分，但转速不能太高或太低，适用于 50～3000r/min 范围内的水平轴。

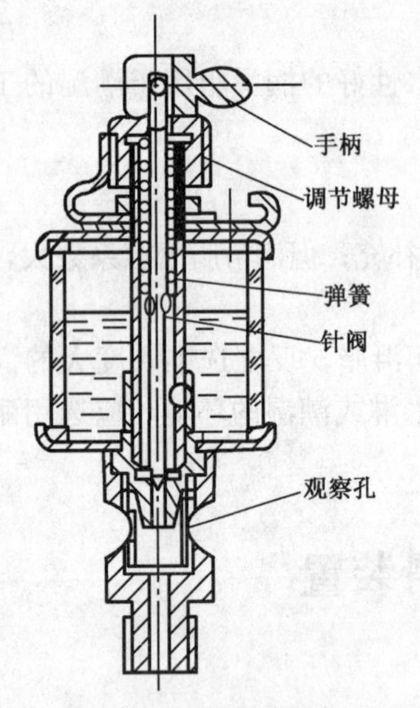

图 13-3 针阀式油杯

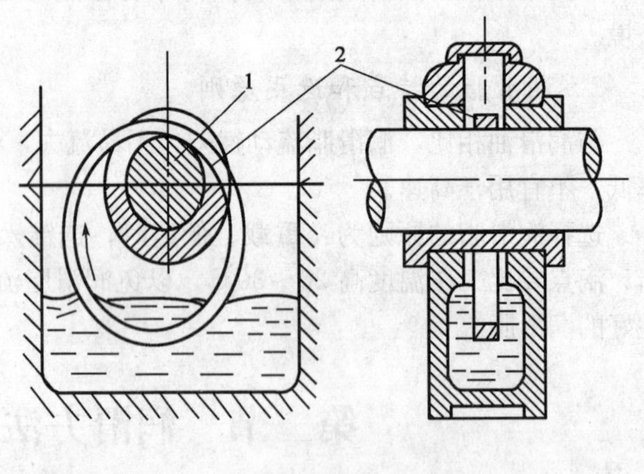

图 13-4 油环润滑

1—轴颈；2—油环

4. 油浴和飞溅润滑

油浴润滑是利用旋转零件（如齿轮、甩油盘等）的一部分浸入油池中，旋转时将油带到摩擦部位进行润滑；利用旋转零件将油溅到减速器的内壁上，油槽将油汇集流到润滑部位称为飞溅润滑。油浴和飞溅润滑简单可靠，连续润滑，但有搅油损失，常用于转速不高、封闭的传动装置，如各种减速器和内燃机的曲轴等。

5. 喷油润滑

闭式传动的圆周速度较高时（如齿轮的圆周速度 $v>12\mathrm{m/s}$），传动零件的啮合部位应采用喷油润滑。如图 13-5 所示，油泵供应的压力油，经油管、喷嘴直接喷射到摩擦表面。

6. 油雾润滑

采用专门的油雾发生器（图 13-6），以压缩空气为载体，将油雾化，油雾随压缩空气喷射到润滑表面。油雾润滑效果良好，且能起到冷却和清洗的作用，但排出的空气中含有油粒，污染环境。

油雾润滑主要用于高速轴承、高速闭式齿轮传动和链传动等。

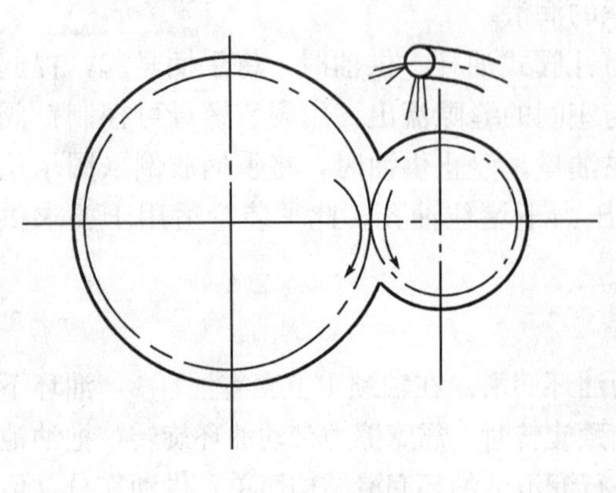
图 13-5 喷油润滑

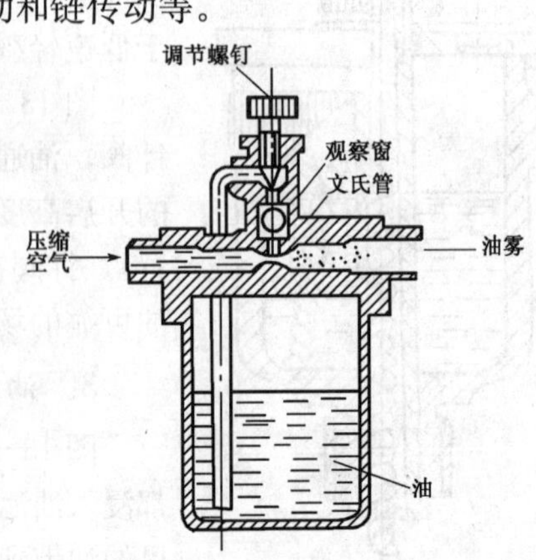

图 13-6 油雾发生器

7. 压力循环润滑

压力循环润滑是利用油泵将油箱中的油以一定的压力输送到各个润滑部位，使用过的油再回送到油箱，油可循环使用，如图 13-7 所示。

压力循环润滑可调整供油压力和油量，能保证连续供油。由于供油充分，油能带走热量，其冷却效果良好。压力循环润滑适用于润滑点多而集中、负荷较大、转速较高、精密和自动化的机械设备上。

二、脂润滑方法简介

润滑脂的加脂方式有人工加脂或脂杯加脂。图 13-8 所示为旋盖式油脂杯，杯中装满润滑脂后，旋动上盖即可将润滑脂挤入润滑部位。

对于润滑点多的大型设备，可采用集中润滑系统。集中供脂装置由润滑脂储罐、给脂泵、分配器等部分组成。

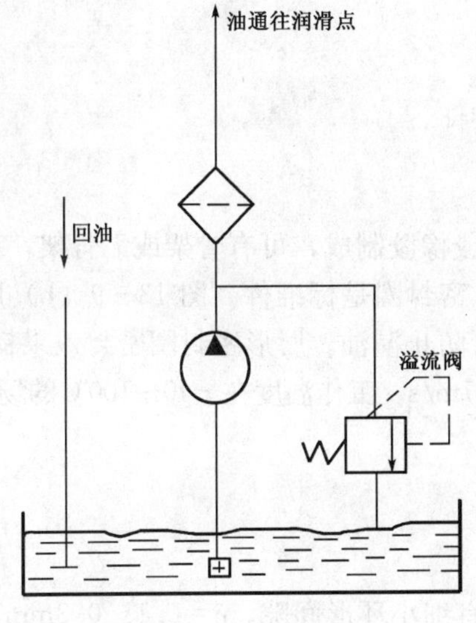

图 13-7 压力循环润滑

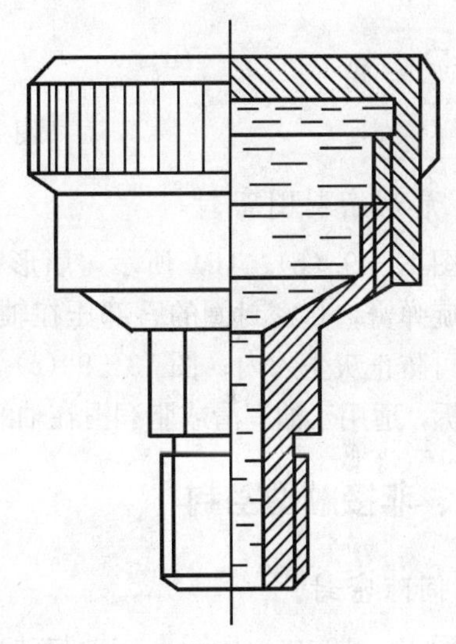
图 13-8 旋盖式油脂杯

第三节 密封装置

使用密封装置的目的是：防止灰尘、水、酸气和其他杂物等侵入机器；并阻止润滑剂流失。

密封分为静密封和动密封。两零件结合面间没有相对运动的密封称为静密封，如减速器箱盖与箱座凸缘处的密封、轴承闷盖与轴承座端面的密封等。实现静密封的方法有：结合面加工平整、加垫或密封胶等。

动密封分为移动密封和转动密封。本书仅介绍旋转轴外伸端的密封方法。旋转轴动密封分为接触型和非接触型两类。

一、接触型密封

1. 毡圈密封

如图 13-9（a）所示，密封元件为毡圈，截面为矩形，尺寸已标准化。毡圈内径略小于轴的直径，将毡圈安装在轴承盖的梯形槽中，利用其弹性变形对轴表面产生的压力，封住轴与轴承盖孔间的缝隙，起到密封作用。毡圈密封结构简单，易于更换，但摩擦较大，适用于环境清洁、轴的圆周速度 $v<5$m/s、工作温度不超过 90℃、不太重要轴的脂润滑。

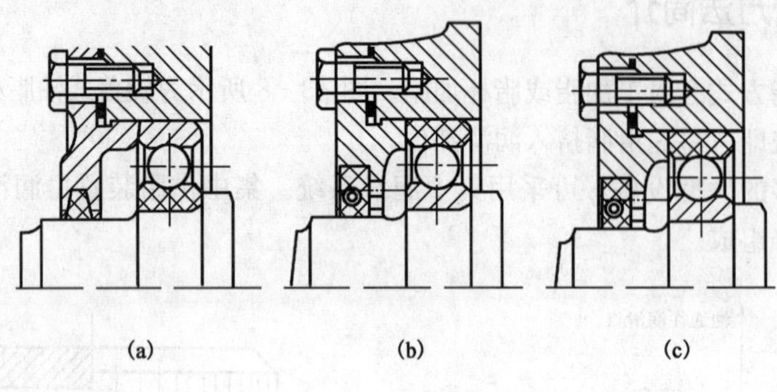

图 13-9　接触型密封

2. 唇形密封圈密封

如图 13-9（b）、（c）所示，唇形密封圈由皮革或橡胶制成，可有骨架或无骨架，利用环形螺旋弹簧，将密封圈的唇部压在轴上实现密封。密封圈是标准件。图 13-9（b）唇部向外，可防止灰尘入内；图 13-9（c）唇部向内，可防止漏油。唇形密封圈密封效果良好，易于装拆，适用于油润滑或脂润滑在轴的圆周速度 $v<7$m/s、工作温度在 -40～100℃的场合。

二、非接触型密封

1. 间隙密封

如图 13-10（a）所示，在轴与轴承盖孔间，留有细小环形间隙，$\delta=0.1$～0.3mm。为了提高密封效果，常在轴承盖孔内车出几个环形槽，中间填充润滑脂。间隙密封适用于脂润滑在工作环境清洁、干燥的场合。

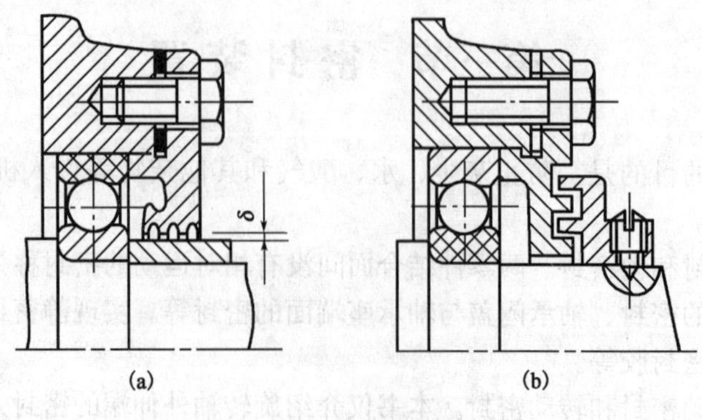

图 13-10　非接触型密封

2. 迷宫密封

如图 13 - 10（b）所示，将旋转件与静止件之间做成曲折的间隙，在间隙中填充润滑脂，形成迷宫密封。迷宫密封适用于油润滑或脂润滑在工作环境要求不高、转速高的场合。也可将毡圈和迷宫密封组合使用，以提高密封效果。

习 题

1. 润滑剂的主要功用是什么？
2. 常用的润滑剂有哪几类？
3. 润滑油有哪几类？各适用于什么场合？润滑油的牌号是如何划分的？
4. 润滑油的主要性能指标有哪些？
5. 怎样选择润滑油？
6. 润滑脂根据什么分类？其主要性能指标有哪些？
7. 试述润滑脂的特点和选用原则。
8. 常用的润滑方法和装置有哪几种？各适用于什么场合？
9. 密封的目的是什么？密封分哪些类型？
10. 常用的接触型和非接触型密封装置有哪几种？各适用于何种场合？

参 考 文 献

[1] 喻怀正．机械设计基础．北京：高等教育出版社，1985

[2] 唐照民．机械设计．西安：西安交通大学出版，1995

[3] 黄森彬．机械设计基础．北京：高等教育出版社，1997

[4] 丁树模．机械工程学．北京：机械工业出版社，1996

[5] 刘跃南．机械基础．北京：高等教育出版社，2000

[6] 胡家秀．机械设计基础．北京：机械工业出版社，2001

[7] 胡家秀．机械基础．北京：机械工业出版社，2001

[8] 李秀珍，曲玉峰．机械设计基础．北京：机械工业出版社，2004

[9] 张定华．工程力学．北京：高等教育出版社，2000

[10] 吕维愈，徐志锋．工程力学．北京：石油工业出版社，2008

[11] 徐灏．新编机械设计师手册．北京：机械工业出版社，1995